中国资源生物研究系列

大豆品质生物学与遗传改良

王绍东　夏正俊　主编

科学出版社
北京

内 容 简 介

本书共分为九章，内容涉及世界大豆生产利用及动向，大豆种子构造及品质性状，大豆品质性状及其营养功能，大豆品质性状生理学与分子生物学基础，生态环境对大豆品质性状的影响，大豆种子成分含量检测分析，大豆品质性状的遗传、QTL 定位与基因克隆，大豆品质改良育种途径与方法，大豆品质改良与分子设计育种等方面。

本书可供从事大豆科学研究，特别是从事大豆品质改良与分子育种研究的各涉农大专院校及科研院所的科研人员及学生使用，也可为关注我国大豆食品科学事业的发展、重视健康饮食的热心人士参阅。

图书在版编目(CIP)数据

大豆品质生物学与遗传改良 / 王绍东，夏正俊主编. —北京：科学出版社，2014. 7

(中国资源生物研究系列)

ISBN 978-7-03-041385-7

Ⅰ. ①大… Ⅱ. ①王… ②夏… Ⅲ. ①大豆–粮食品质–生物学–研究 ②大豆–粮食品质–遗传改良–研究 Ⅳ. ①S565. 103. 3

中国版本图书馆 CIP 数据核字(2014)第 153683 号

责任编辑：岳漫宇 罗 静 / 责任校对：桂伟利
责任印制：赵德静 / 封面设计：耕者设计工作室

科 学 出 版 社 出版
北京东黄城根北街 16 号
邮政编码：100717
http://www.sciencep.com

北京凌奇印刷有限责任公司 印刷
科学出版社发行 各地新华书店经销

*

2014 年 7 月第 一 版 开本：787×1092 1/16
2014 年 7 月第一次印刷 印张：20
字数：448 000

POD定价： 108. 00元
(如有印装质量问题，我社负责调换)

《大豆品质生物学与遗传改良》编写人员

主　　编

王绍东　夏正俊

主　　审

刘宝辉

各章编写人员

第一章　王绍东　王　浩　　第二章　王绍东　姜　妍

第三章　王　浩　王绍东　　第四章　辛大伟

第五章　姜　妍　王　浩　　第六章　姜振峰

第七章　蒋洪蔚　　　　　　第八章　王绍东　姜　妍

第九章　夏正俊

序　一

应《大豆品质生物学与遗传改良》作者的盛情相约，代为作序，欣然命笔。

现代中国十分关注粮食生产。粮食指什么？古代的“粮”指五谷，即稻、黍、稷、麦、豆。大豆是五谷之一。古人早已强调“食”，有“民以食为天”之说。粮食=“粮”+“食”，粮为食所必需，古人特别重视人们要食用的粮。五谷中四个是禾本科谷物，一个是豆科粮食，这个搭配有其科学意义，禾谷类谷物以淀粉为主，大豆富含蛋白质(约 40%)和油脂(约 20%)。因此古书记载：“圣人治天下，使有菽粟如水火”（《孟子》）。五谷搭配组成了相对完整的人体必需营养，再加上蔬菜富含维生素和纤维素，保证了以植物营养为主的东方民族生息繁衍。但是目前出现了一些偏向，将粮食的概念狭隘化为禾谷类，误导了作物布局和种植结构，干扰了作物生产的可持续发展。该书《大豆品质生物学与遗传改良》从大豆籽粒品质性状的组成、功能，品质形成的生态、生理与分子生物学基础，以及品质性状的遗传与改良等方面来说明大豆对于人类的重要性，从而科学地解释了古人关于五谷认识的全面性。

大豆在中华民族发展的历史长河中曾经是主要粮食，因此有“菽粟如水火”之说。自汉代淮南王刘安发明制作豆腐后，豆腐、豆浆成为重要的营养食品，以后对豆腐进一步加工技术的发展形成了一系列的豆腐类制品。大豆发酵是另一类加工方向，如豆豉、纳豆、酱油等形成了另一系列的大豆佐餐食品。煎制大豆、毛豆、豆芽又是另一类大豆食品。因此大豆长期以来是我国先祖们的主辅食品和蛋白质营养的直接来源。此外，大豆尤其豆粕历来都是重要的动物饲料，通过肉食转换成先祖们蛋白质营养的间接来源。现代科学研究对大豆的营养成分有了更全面的了解，大豆种子富含脑磷脂、卵磷脂、异黄酮、维生素 E、低聚糖、皂苷等多种功能成分，在降低心脑血管疾病、乳腺癌、前列腺癌的发病率、延缓病程、增强抵抗力等方面有着很好的功效。相应地，这些功能性营养物质得到了开发和应用，并发展了现代加工技术，形成了深度加工的新产品。大豆油脂和蛋白质除了食用外，还有多种工业利用途径，油漆、塑料、胶合剂、纺织纤维等都是新兴的大豆工业产品。由大豆生产到大豆加工利用形成了长长的产业链，大豆产业链比其他任何作物要长得多，因而是营养价值高、产品多、附加值高的重要农作物。

我国大豆生产面临着严峻的经济效益竞争，这涉及与国际大豆行业的竞争，也涉及国内政策因素的竞争。解决这类大豆生产外部条件的问题主要有赖于政府部门的宏观调控。从科学技术的角度看，决定大豆生产和产业发展的主要因素是提高大豆的产量和品质，其中首先是大豆品种的改良，尤其是产量和品质的改良。中国的种业正在与育、繁、推一体化的商业化育种转轨。未来的大豆品种必然要应对大豆利用和加工的需求。鉴于大豆利用和加工是多方向的，要求一个品种适合各种各样的需求是困难的，针对不同利用和加工产业培育专用品种是未来多快好省的育种策略。

面向未来大豆多方向品质改良的需求，东北农业大学国家大豆工程技术研究中心的王绍东与中国科学院大豆分子设计育种重点实验室的夏正俊两位博士，共同组织编写了《大豆品质生物学与遗传改良》。该书内容包括：世界大豆生产利用及动向，大豆种子构造及品质性状，大豆品质性状及其营养功能，大豆品质性状生理学与分子生物学基础，生态环境对大豆品质的影响，大豆种子成分含量检测分析，大豆品质性状遗传、QTL 定位与基因克隆，大豆品质改良育种途径与方法，大豆品质改良与分子设计育种等部分。作者以大豆品质生物学为基础，从大豆遗传改良的角度，提出了“品质制胜”的观点。他们通过对世界大豆生产发展和利用现状的分析，阐述了近期世界大豆的供需关系和发展动向。在大豆种子微观结构、品质性状组成与功能特性、环境影响、检测方法等的基本知识的基础上，对品质性状生理、生态和遗传的分子生物学基础做了介绍。回归到大豆品质育种，作者以回交转育为重点说明了相关的理论、途径与方法，结合现代发展还介绍了基因/QTL 定位、基因克隆等分子技术及其育种应用。最后，作者对大豆品质改良与分子育种的应用前景做了讨论和展望。

该书内容丰富，资料详实，引用的近千份国内外文献既涉及经典的育种理论，又包含现代分子生物学理论与技术，为读者提供了广泛的知识拓展线索，是一本值得大豆育种及加工等科技工作者参考的专著。

故特此作序。

国家大豆改良中心 盖钧镒

2014 年 3 月 18 日

序　二

我国著名作物遗传育种学家、中国工程院院士、南京农业大学教授盖钧镒先生已经为该书作序，对该书做了十分确切的评价和推荐。这里我仅从另一个侧面谈谈阅读该书的感悟。

中国有着近5000年的大豆耕种史，在中华民族繁衍生息过程中，大豆元素无处不在。应该说中国的大豆为全人类的健康发展做出了卓越的贡献。特别是近1个多世纪以来，随着大豆育种技术的快速发展，大豆的单产和品质水平都有了较大程度的提高。比较黑龙江省近20年的大豆育成品种品质特性，不难发现2006～2010年审定的品种品质性状的最高值，均高于1986～1990年的最高值。其中，大豆品种粗脂肪含量在23.0%以上的品种就有9个，蛋白质含量高于45.0%的大豆品种有8个，蛋脂总量在63.0%以上的品种有23个。作为一名长年躬耕于陇亩的大豆育种人，实为我国近年来在大豆新品种培育方面所取得的骄人成绩而欣慰。

同时，也应该看到随着转基因技术发展的日渐成熟，特别是以孟山都公司为代表的转基因大豆的普及，使得世界大豆的生产格局发生了巨大的变化，中国大豆生产由加入世界贸易组织(WTO)前的净出口国，一跃成为世界上最大的进口国。由于人们对于转基因大豆的安全尚存有诸多疑虑等原因，因此人们对大豆的进口忧心忡忡。大豆等豆科植物具有的生物固氮特性，使其成为大田轮作制度的核心作物；大豆的种植具有良好的生态效应，加之大豆中富含有多种有益人体健康的次生代谢产物，使得我国人民对大豆有一种特殊的情缘。

在国外，跨国公司已纷纷将大豆的品质性状的改良，列入了本国大豆育种的战略目标。目前，美国、日本等发达国家的大豆品质改良育种，如脂氧酶完全缺失的无豆腥味大豆、高油酸大豆、低过敏源大豆育种，都已经进入了商业化种植阶段。而我国，尽管“七五”计划、“八五”计划和“九五”计划期间，国家委托南京农业大学大豆研究所主持“大豆新品种选育技术”攻关项目，开展优质和抗病虫大豆新品种选育，取得很大进展，改善了此方面的薄弱环节；但有关大豆品质改良育种实用化方面，多偏重于高蛋白质及高脂肪含量的品种改良，在蛋白质组分及脂肪酸组成等方面，研究进展迟缓，特别是高附加值的加工专用品种的培育较为欠缺。在有关大豆品质改良的基础理论研究方面，我国科学家虽然对大豆的诸多品质性状进行过较为详尽的研究，并发表了很多有价值的论文。但是，整体而言，我国的大豆品质改良育种研究，与美国、日本等发达国家相比，尚存在一定的差距。

基于此，经编写组成员反复酝酿，在中国工程院盖钧镒院士的亲自指导下，《大豆品质生物学与遗传改良》一书的编写工作随之启动。该书从大豆品质性状构成要素、种子微观组织构造、品质性状关联的诸成分的分类组成及其营养功能特性、环境因素对大豆品质性状组成及含量等的影响，到诸成分含量的分析检测方法都进行了系统介绍；从品质性状生理学、遗传学及 QTL 定位、基因克隆等分子生物学角度，对关联品质性状的基础研究进行了详尽的阐述；以品质改良常用方法之一——回交转育技术为重点，着重介绍了大豆品质改良育种适宜的途径与方法，最后指出了大豆品质改良与分子设计育种今后的发展方向。

该书的两位主编王绍东和夏正俊博士均留学日本多年，他们分别师从日本著名品质改良育种学家、前植物育种学会会长喜多村啓介教授和日本著名大豆分子生物学家原田久也教授，对国际大豆品质改良与大豆分子生物技术都有较为深入的研究和建树。因为大豆高产稳产始终是育种者目标，所以要在提高大豆产量基础上进行品质遗传改良，将高产和优质这两个复杂相互矛盾的生态性状聚合到一个品种上是很难的课题。该书用充分的论据，从大豆品质生物学角度对大豆品质遗传改良进行了深刻的解析。相信该书的出版，定会为今后的我国大豆品质改良育种理论研究与实践应用，提供可借鉴的宝贵的经验和进一步研究的铺垫，对缩短我国与发达国家在该领域的距离，起到积极的推动作用。尤其对从事大豆或其他作物遗传育种研究的科研人员，农学和生物科学工作者，广大的教师、学生等，不失为一本很好的参考书。因此，这是一本很值得一读的书。

最后，借此《大豆品质生物学与遗传改良》一书即将出版面世之际，衷心期待我国在大豆品质改良育种研究领域，能够更进一步地开展全面深入的研究，培育出产量与品质均为世界一流的大豆新品种，以繁荣和振兴我国的大豆产业。

黑龙江省农业科学院大豆育种研究所 杜维广

2014 年 3 月 21 日

前　言

大豆是世界上植物性蛋白和油脂含量最丰富、最廉价的供给源。它原产于中国，有近5000年的耕种历史。《诗经》中曾有：“中原有菽，庶民采之”的记载；“大豆”的称谓始于西晋时期的杜预对菽字注释：“菽，大豆也”。在第二次世界大战之前，我国一直是世界第一大豆生产大国；至20世纪80年代末，大豆还一直是中国最重要的出口创汇物资之一。然而，自1996年我国加入世界贸易组织以来，我国已由大豆净出口国急转为净进口国。预计2014年，我国大豆进口量将达到7200万t。短短几十年时间，中国大豆经历了从辉煌至极到走向衰败边缘的梦魇般的巨变！作为中国新生代的“大豆人”，面对曾经令世界仰慕的中国大豆,发自肺腑地想问一声：“中国大豆还能否走出低谷？如何走出低谷？”作者认为前者的回答是肯定的，后者的回答应该是见仁见智。

本书作者多年来一直从事大豆科研、教学工作，深刻了解生产一线农技推广人员、广大豆农及大豆深加工企业的诉求，从大豆改良育种的角度提出了“品质致胜”的观点。即通过遗传育种手段并结合现代分子生物学技术，在高产、高蛋白质或高油基础上，提高我国国产大豆的整体品质，赋予国产大豆更多的适于加工企业加工需求的加工性状。例如，在功能性营养成分增强型改良方面，可以在高11S含硫氨基酸、高油酸、高维生素E、高异黄酮、高皂苷含量等方面加以改良；在抗功能性营养成分低减或去除型改良方面，可以在脂氧酶完全缺失、过敏源蛋白缺失、胰蛋白酶抑制剂缺失，以及低植酸含量等方面加以改良，从而赋予国产大豆高加工适性、高附加值特性，尽最大限度使大豆产业链下游的加工企业实现利益最大化。产业链下游的出口畅通了，位于产业链上中游的大豆育种科研成果的转化及大豆种植业的发展，也就水到渠成了。这也正是本书写作的初衷，即通过本书的出版，唤起大豆育种科研界同仁对大豆品质改良育种的重视，培育出更多的适用于大豆深加工企业加工需求的高附加值大豆新品种。

本书通过对世界大豆的生产发展利用现状分析，对近期世界大豆的生产需求及产量做出了预测。在明确品质性状构成要素的基础上，介绍了种子微观组织构造，品质性状关联的诸成分性状的分类组成及其营养功能特性，环境因素对大豆品质性状组成及含量等的影响，以及诸成分含量的分析检测方法，并从品质性状遗传学、QTL定位及基因克隆等分子生物学角度，对关联品质性状的基础研究进行了阐述。本书以回交育种技术为重点，着重介绍了大豆品质改良育种的途径与方法。最后，对大豆品质改良与分子设计育种的现状及应用前景进行了展望，指出了大豆品质改良育种今后的发展趋势。

本书由东北农业大学国家大豆工程技术研究中心王绍东牵头，由其与中国科学院东北地理与农业生态研究所大豆分子设计育种重点实验室夏正俊共同负责组稿、统稿等工作，由国家大豆工程技术研究中心、东北农业大学大豆生物学教育部重点实验室及黑龙江省农垦科研育种中心等单位从事大豆科研教学研究工作的学者共同编写，最后由中国科学院大豆分子育种重点实验室主任刘宝辉教授审定完成。具体分工如下：前言由王绍东编写；第一章由王绍东、王浩编写；第二章由王绍东、姜妍编写；第三章由王浩、王绍东编写；第四章由辛大伟编写；第五章由姜妍、王浩编写；第六章由姜振峰编写；第七章由蒋洪蔚编写；第八章由王绍东、姜妍编写；第九章由夏正俊编写。

本书从组织编写到最后定稿，历经了3年半的时间。在此过程中，从编写提纲到最后的定稿，自始至终都得到了中国工程院院士、南京农业大学教授、国家大豆改良中心主任盖钧镒先生的精心指导，他亲自为本书作序，并提出了许多宝贵的意见。此书还承蒙黑龙江省农业科学院大豆育种研究所原所长杜维广先生的审阅，他还为本书作序，并提出了许多宝贵的意见。本书在编写过程中得到了以下项目的支持：国家高技术研究发展计划(863计划)(2012AA101106，2013AA102602-3)、“十二五”农村领域国家科技支撑计划(2011BAD35B06)、国家自然科学基金(31271742)、中国科学院“百人计划”、中国科学院战略性先导科技专项(XDA0801010503)、黑龙江省科技厅省院科技合作项目(HZ201210)、黑龙江省自然科学重点基金项目(ZD201120)、中国博士后科学基金(一等)(2012M520030)、教育部博士点基金联合资助课题(20122325120015)，以及东北农业大学留学回国博士启动基金等。

在此书的编写过程中，东北农业大学国家大豆工程技术研究中心、农学院，中国科学院东北地理与农业生态研究所，黑龙江省农垦科研育种中心等单位领导都给予了莫大的关怀和支持；科学出版社的罗静编辑为此书的顺利出版付出了大量的心血；国家大豆工程技术研究中心的沙汉景、杨冬、于佳、王晓云等参与了本书文字、图表等的编辑整理工作，在此一并表示最诚挚的谢意！

此外，在此书的编写过程中，作者参阅并引用了大量的国内外有关大豆的著作、论文及相关网络文献，在此对文献作者也一并深表谢意！

由于作者水平有限，书中肯定会存在诸多缺点及不足之处，在此恳请广大读者批评指正。

编者

2014年3月10日

目　　录

第一章　世界大豆生产利用及动向

第一节　传统大豆产业在东亚的发展

东亚地区位于亚洲东部，太平洋西岸，大部分地区气候温暖湿润，适宜玉米、大豆、水稻等农作物生产。东亚作为大豆的原产区域，该区的大豆产量约占全球总产量的20%。由于饮食习惯和人口数量优势，长期以来，东亚地区一直是世界传统大豆食品的主要消费区，其大豆消费量为西方人的20～50倍。

一、大豆的起源

大豆在中国古代称“菽”。关于大豆的起源，虽然不同的学者存在不同的看法，但是，总体上大豆的起源地可能在中国、日本和印度等地区，其中多数学者支持大豆起源于中国。据史料记载，早在3000多年前的周朝和秦汉时期，大豆就已经是我国黄河流域最主要的农作物品种之一。在我国出土的商代甲骨文中，也发现有“菽”的记载。在春秋战国时期的黄河流域，大豆就已成为重要的食物，并位居五谷之首。公元前5世纪～公元前3世纪，已有大豆形状、种类、分布等较为详细的记载。秦汉以后，“菽”被“大豆”一词替代，并最早在《神农书》的《八谷生长篇》中出现。至明清时期，大豆种植就已经遍及东北、华北及西北等地区(郭文韬，1993)。

在国外的相关著作中，也有过关于大豆起源于中国的记载。《美国大百科全书》曾这样记载：大豆是中国文明基础的五大谷物之一(水稻、大豆、粟、小麦、大麦)。《苏联大百科全书》也有“栽培大豆起源于中国，中国在5000年以前就有栽培这个作物”的记载。

大豆中国起源说虽已被大多数学者所认可，但是对于大豆在我国具体的起源地，还存在一定的争议。目前主要观点有：东北起源说(李福山，1994；陈文华，1990；张德慈和王庆一，1987；星川清亲，1981；Fukuda，1933)，南方起源说(盖钧镒等，2000；刘德金和徐树传，1995；庄炳昌等，1994；王金陵，1947)，黄河流域说(徐豹，1993；李莹和罗建军，1991；常汝镇，1989；王书恩，1986；王连铮，1985；Hymowitz and Newell，1981)，多中心起源说(吕世霖，1978)，云南、贵州起源说等(李璠，1985)。以上各种关于大豆中国起源地的理论是从不同角度来阐述的，目前还不能形成最终统一的结论，但是随着历史学及古生物学研究的深入，野生大豆地理分布及栽培大豆遗传多样性的逐渐明晰，以及生态学、生物化学、分子生物学等新技术的综合应用，具体的中国大豆起源地将会逐步得到证实(田清震和盖钧镒，2001)。

二、中国传统大豆产业的发展

中国人最早栽培了大豆，并且发明了一系列与大豆相关的食品，不但丰富了中国的饮食文化，还强健了中国人的体魄，曾一度创造了辉煌的“大豆文明”(江玉祥，2003)。由此衍生出了一系列与大豆相关的产业，包括种植业，油脂加工业，食品、餐饮业及饲料加工业，等等。这里主要介绍几种传统大豆食品及其相关产业的发展情况。

传统大豆食品是指直接由大豆加工而成的豆制品。按照生产工艺的不同，大致划分为非发酵豆制品和发酵豆制品两大类。其中，非发酵豆制品包括：水豆腐类、卤制品(如五香豆腐干、豆腐丝等)、半脱水制品(即将豆腐压去一部分水，成为豆腐干、豆腐干丝、干豆腐、百叶、千张等)、冷冻豆制品(冻豆腐等)、油炸制品(炸豆皮、炸豆腐泡等)、烘干制品(腐竹、豆腐皮、豆根、片竹)、熏制品(如熏素肚、鸡丝卷)、豆浆、豆粉等。发酵豆制品包括：腐乳、臭豆腐、豆豉、豆酱、酱油等100多个品种。下面介绍几种主要传统大豆制品。

(一)豆腐

豆腐，以豆浸水，磨成浆，滤去滓，煎成，点以盐卤汁或石膏末等，凝固而成。关于中国豆腐的起源，最早可以追溯到南宋，具有久远的历史。我国豆腐按照地理位置分为南豆腐和北豆腐，它们的加工工艺都为大豆清选，浸泡，再清洗，磨浆，然后浆渣分离，形成生豆浆，再煮浆与冷却，接着点脑，浇制，再压制，然后出包，最后切块，形成成品(张红梅等，2010)。除豆腐加工工艺外，豆腐的质量与大豆品种有着密切关系，与大豆种植的环境因素也存在一定的相关性(张红梅等，2008；刘顺湖等，2007；王春娥等，2007)。传统豆腐生产和加工，过去在我国一直处于作坊式加工模式，并没有统一的配套设备和标准，诸多工序还靠手工操作，使用的凝固剂和消泡剂还是传统的盐卤或石膏。由于没有包装或包装过于简单，不便储运，卫生也难以得到保证，产品销售受到很大制约，使不同风味的豆腐制品难以形成有规模的市场。近年来，随着消费者对豆制品保健功能认识的加深，以豆腐为代表的传统豆制品的消费量呈现出逐年上升的趋势，引进豆腐生产线，采用全套进口生产设备，包括无布豆腐生产NC型箱，无消泡剂连续煮浆机，不锈钢磨浆机，全自动无人生产线，CIP自动清洗设备等，实现了高品质豆腐，豆乳的规模化、机械化、包装化、冷链化的生产。

(二)腐乳

腐乳，又称豆腐乳、酱腐乳和霉豆腐，是我国传统的发酵豆制品之一，已经有1500多年的历史。它是用豆浆的凝乳状物，经过微生物发酵而制成的一种奶酪型食品，腐乳可以有效地提高大豆的消化率和生物价，也被西方人称为“东方奶酪”(张雪梅和蒲彪，2005)。腐乳滋味鲜美，风味独特；营养丰富，富含优质蛋白质、亚油酸、油酸等不饱和脂肪酸，且不含胆固醇，含钙量高；腐乳还含有许多生理活性物质，如大豆多肽、大豆异黄酮和大豆皂苷，对改善人体生理机能具有重要作用；从营养角度来看，腐乳比其他发酵豆制品，如豆豉、豆酱、纳豆的蛋白质含量高，营养丰富，容易消化，老少皆宜(龚树立，2004；孙显慧和蒋文强，2004；许金新和陈安国，2003；张岭和刘景春，2002)。腐乳作为我国传统的发酵型大豆食品，其酿制过程包括物理化学过程和生物化学过程。

我国的腐乳生产主要有两大类：腌制型和发霉型。腌制型主要是利用辅料所含有的微生物进行自然发酵，以及依靠所添加的辅料，如面糕曲、红曲米、米酒或黄酒等进行生化反应制成，如唐场腐乳。而发霉型腐乳是豆腐坯通过纯种培养或自然培菌，待豆腐坯上长出网状白色菌丝后，即可进行腌制和后期发酵，因使用的菌种不同，分为毛霉型、根霉型和细菌型。目前，大多数厂家都采用毛霉或根霉进行腐乳的酿造，也有极少数通过接种细菌进行腐乳的生产，如黑龙江的克东腐乳(张雪梅和蒲彪，2005)。中国腐乳的产业化还有巨大的发展空间，因此，在创新腐乳工艺，开发低盐化、多味化、系列化植物奶酪等休闲新食品方面应加强研发；加强腐乳潜在功能的科学研究与发掘，开发腐乳新产品；优化低盐及无盐发酵生产工艺，开发酶法大豆发酵食品，将是传统豆制品发展的重要途径之一(李幼筠，2006)。

(三) 豆豉

豆豉，也是从我国古代流传下来的一种大豆制品，是用整粒大豆(一般用黑大豆)经蒸煮、发酵而成的调味豆制品，最早可以追溯到西汉时期(洪光住，1984)。豆豉按口味可分为淡豆豉、咸豆豉和酒豆豉；按发酵菌种类型可以分为毛霉型豆豉、曲霉型豆豉、根霉型豆豉和细菌型豆豉。湖南浏阳豆豉和广东阳江豆豉是曲霉型豆豉的典型代表；四川永川豆豉则是毛霉型豆豉的典型代表；而山东临沂的八宝豆豉和被药典收录的淡豆豉都是细菌型豆豉的典型代表(李华等，2009a)。按产品形态可将其分为干豆豉和水豆豉。豆豉具有丰富的营养，在其发酵过程中通过微生物产生的蛋白酶，使大豆原料中的蛋白质部分水解，提升水溶性氮的水平，从而降低大豆的硬度。由于大豆存在5%的纤维素，能使蛋白质与消化酶分隔开来，因此，其蛋白质消化率仅为60%左右。在豆豉的加工过程中会产生单糖，以及一系列的中间产物，如多肽、氨基酸等，这些物质可以直接被肠黏膜吸收。大豆的矿物质含量丰富，但是大都以植酸盐的形式存在，植酸盐是肌醇磷酸酯的钾、钙、镁复盐。此外，由于微生物分泌的活性植酸酶能使植酸水解生成肌醇和磷酸盐，使植酸减少 15%～20%。因此，矿物质的可溶性可增加 2～3 倍，利用率可增加30%～50%。豆豉在发酵过程中还会产生大豆异黄酮类、大豆低聚糖、大豆皂苷及大豆磷脂等生理活性物质(代丽娇等，2007)。由于豆豉产生的多种生理活性成分，赋予了其多种生理功能，如抗氧化作用、抗血栓作用、降血糖作用、降血脂作用及抑制肝癌肿瘤细胞增殖作用等(李华等，2009b)。

三、日本及朝鲜半岛传统大豆产业的发展

(一) 日本传统大豆产业的发展

日本是较早种植和食用大豆的国家之一，同时也是大豆消费大国之一。日本居民有

喜食大豆食品的历史，而且特别强调风味和品质，这使日本的大豆生产和科研形成了一定的独特性。

最早记载日本大豆种植情况的书籍是《古世纪》(公元 712 年)和《日本书纪》(公元 720 年)。在日本山口县的宫元遗迹及群马县的八崎遗迹，都有弥生时代的大豆出土。在日本大豆食品加工方面，《大宝律令》(公元 701 年)最早记载了以大豆做酱和豆豉。早在弥生时代(公元前 300 年～公元 300 年)大豆就已经成为了日本的旱田作物之一。到了奈良时代(公元 710 年～公元 794 年)初期，从中国传入了大豆加工的方法，从此大豆开始被广泛地栽培和利用。到了公元 9～10 世纪，大豆作为五谷之一，更加受到重视和推广种植，其栽培也得到政府的奖励支持。日本西南部地区就是那个时代的主要大豆种植地区(山内文男，1992；杉山信太郎，1985)。

日本作为世界传统豆制品消费大国，目前，豆腐、纳豆和煮豆用的大豆多数为本国产大豆，从中国进口的大豆主要用于制作豆酱和酱油。因此，日本国产大豆需求量有不断扩大的趋势。豆腐最初传入日本时，被认为是非常高级的食品，经过不断的技术改进和创新，日本豆腐品种主要有普通豆腐、绢豆腐、袋豆腐、盒豆腐等 4 种。日本制作酱油的历史也比较悠久，其中，日式酱汁已成为西餐中主要的调味品。

在日本每年需要消耗掉 460 万～500 万 t 大豆，其中有 4/5 用于榨油和饲料，余下的用于食品加工。生产传统大豆食品，如制作豆腐及其副产品，每年需消耗 80 万 t，约占食品加工用豆的 60%。由于工业化和现代化的成果应用，豆制品加工业发展迅速，除了发酵和非发酵豆制品外，大豆分离蛋白、浓缩蛋白和组织蛋白等制品也逐渐形成规模。自 20 世纪 70 年代中期始，利用传统和现代技术加工大豆制品，已成为日本食品加工业一个综合性较强的工业领域(肖文言等，1996)。

(二)朝鲜半岛传统大豆产业的发展

朝鲜半岛，关于大豆种植的最早记录，大约在公元 3 世纪中叶。但是，从中国和朝鲜交流历史看，早在先秦时代(公元前 221 年～公元 207 年)，中朝两国就已经开始了一些经贸文化上的交流。由此推断朝鲜的大豆种植及利用，可能要早于公元 3 世纪中叶(郭文韬，1993)。由于饮食习惯的偏好，韩国也是大豆消费大国，但是大豆自给率较低，目前，该国大豆自给率只有 10%左右。大豆传统产业的发展也比较精细，在大豆育种中非常重视品质的改良，根据不同用途培育加工专用型大豆品种，使之能适合于生产豆油、豆腐、豆芽或做毛豆、酱豆及饭拌豆(与大米、大麦、杂粮混合蒸煮的品种)等。

朝鲜用于生产豆制品的大豆主要源自进口，每年需要消耗大豆 45 万 t。其传统豆制品主要以发酵和非发酵豆制品为主。近年来，豆粉和分离蛋白作为食品添加助剂在食品工业中所占比例逐渐增加。其中，大豆组织蛋白主要满足汉堡包和方便面汤料的需求，大豆分离蛋白和浓缩蛋白主要用于加工火腿、冰淇淋和面包，其市场需求量，以每年 10%～15%的速度增加(肖文言等，1996)。

(本节由王绍东、王浩共同完成)

第二节　大豆生产在美洲的发展与崛起

欧美等西方国家历来不是传统大豆及其制品生产和消费国，但是自20世纪中叶至今，这些区域国家的大豆生产进入到了一个高速发展阶段，尤其是北美洲及南美洲地区的大豆生产，已经成为其农业产业中的重要组成部分，全球最大的大豆生产区和大豆出口区。

一、大豆生产在北美洲的发展与崛起

在北美洲人们对大豆的认识，起始于1900年以前，一些在那个时期的关于大豆的记载和报道都很零散，并且大部分是关于酱油及其调味功能的报道。直至19世纪80年代，美国的一些农业试验报告里，才有关于大豆作为畜牧饲料及大豆能够增加土壤氮素的相关报道。大豆蛋白质的营养成分的测定，是1897年由美国的Osborne和Campbell首次完成的(William et al.，2007)。

美国虽然从1804年开始种植大豆，但是至1900年左右，对大豆的种植才引起足够的重视，并开始从中国引进种子进行试种。1925年，其大豆总产量还只有13.3万t，到1979年美国大豆的产量已达6178.9万t。从20世纪30年代开始，美国已从纯粹的大豆进口国，转变为大豆出口国。但是，这一时期美国生产的大豆，基本用于饲料加工和牧草生产，只有少量(大约25%)用于收获种子。

从20世纪50年代至21世纪初叶，北美洲的大豆生产一直处于世界第一位。2008～2009年其种植面积为3010万hm^2，达到了历史最高水平，其单产维持在2680kg/hm^2，2006年其单产达到3025kg/hm^2的历史最高水平。而近几年，美国大豆的单产基本保持在2600kg/hm^2以上。2004～2005年总产量达到8501万t，达到历史最高水平。2007～2008年，由于玉米种植面积的扩张及自然灾害的影响，产量降至7036万t，但是，仍处于世界第一位。2008～2009年，产量回升至8030万t，2009～2010年产量为9108万t，创造新的历史最高水平(侯升文等，2010；之莲，2010)。另据联合国粮食及农业组织(FAO)最新数据显示，美国2010～2011年大豆产量为8317万t，比上一年度有所减少，但仍然维持在较高水平。

在加拿大，大豆及相关制品也是从19世纪才开始进入人们生活的。1831年1月8日，大豆制品以“新型的东方酱汁”的宣传方式，第一次在加拿大销售。1855年在加拿大安大略省，人们第一次开始种植大豆。随后的60余年，大豆在加拿大的各个省份逐渐推广开来。到1922年，大豆开始成为加拿大的贸易产品之一。1954年，加拿大安大略省的大豆开始寻求出口贸易。随着大豆价格的不断攀升，新品种的不断培育，新型除草剂及新型种衣剂的问世，以及窄行种植技术的发展，1976~1997年，加拿大的大豆种植面积及产量进入了加速发展阶段，大豆总产量从最初的250.38t激增到2394.96t(William et al.，2010)。近年来，加拿大大豆产量呈现出迅猛增长趋势，据联合国粮食及农业组织数据显示，2007年加拿大大豆产量为269万t，2008年突破300万t，达到333万t，2010年突破400万t，达到434万t，2011年大豆产量略有减少，为424万t。

二、大豆生产在南美洲的发展与崛起

(一)巴西

巴西是世界第二大大豆生产和出口国，大豆是其主要农作物之一和农业收入的重要来源。大豆在巴西的种植，始于20世纪40年代，第二次世界大战之后，随着世界对大豆油及大豆粕需求量的增加，巴西从南部地区开始种植大豆，20世纪70年代以后，大豆生产已在巴西全面展开。1950年，巴西大豆的播种面积仅为3.4万hm^2，单产176.25kg/hm^2，总产约0.6万t，1960年面积为24.1万hm^2，单产1117.5kg/hm^2，总产为27万t，1970年面积发展到131.9万hm^2，单产1140kg/hm^2，总产约150万t。但是，进入20世纪80年代，其大豆生产发展迅速，到1980年面积已发展到875.4万hm^2，单产达到1725kg/hm^2，总产约1510万t。1997年，巴西大豆播种面积为1174万hm^2，单产2300kg/hm^2，总产约2700万t。至2000年，巴西大豆种植面积已达到1630万hm^2，约是1970年的12倍。巴西大豆的传统产区在南部地区，但是，近年来中西部的稀树草原地区大豆播种面积不断扩大，大豆占当地农产品产量的比例也逐渐增加，从20世纪70年代的2%，增加到80年代的20%，90年代达到40%，在2003年达到60%。大豆产量为3100多万吨，占巴西当年大豆总产量的60%，已经发展成为巴西大豆的主要产区(鲁振明，2005；刘忠堂，1999)。近几年巴西大豆产量也有了一个飞跃，从2007年的5700多万吨，增加到2010年的6875万t，到2011年产量达7481万t，截至2012年，巴西大豆播种面积已达2500万hm^2，单产达2950kg/hm^2，总产7375万t。

近年来，随着巴西政府对大豆新品种研究经费投入的不断增加，高产栽培技术不断提高，新品种推广力度逐年加大，巴西的大豆播种面积急剧扩大，单产快速提高，且单产提高速度远超过其面积扩张的速度。在大豆育种方面，巴西引进美国品种作为杂交亲本，与其他国家品种进行杂交，选育开花晚、高抗病虫害的高产品系。因此，在巴西一般的大豆品种血缘中，美国品种占75%，其他外源品种占25%。巴西大豆研究中心对育成后的品种进行繁殖与推广，农户则根据国家规定，按种子售价的3%支付给育种者，作为技术转让费。巴西育种家则根据热带和亚热带气候特点和巴西自然资源状况，有针对性地开展大豆育种科研工作，至今已培育出100多个适应性强的大豆高产新品种，一定程度上弥补了长期依赖美国品种的缺陷。在培育大豆新品种的同时，科研人员还研究和推广了一整套简单、实用、有效的大豆高产栽培技术。由于品种和栽培技术的改进，加速了巴西大豆单产水平的提高。

在大豆栽培技术普及方面，科研人员很重视对土壤养分及生理生态方面的研究，测土配方施肥和大豆根瘤菌接种技术等一批新技术，在巴西的大豆生产中得到广泛应用。在大豆根瘤固氮研究方面，巴西全国有8个科研机构，主要开展筛选固氮能力强的菌株，固氮菌与大豆品种亲和性及高固氮能力菌株的固氮机制研究，其研究成果已在生产上大面积推广应用(刘丽君，2003)。

(二)阿根廷

阿根廷是南美洲第二大国，也是世界第三大大豆生产国，其豆油出口量居世界第一位，豆粕出口量居世界第二位，在世界大豆市场上占有重要位置。阿根廷大豆种植起源于20世纪60年代，最初的种植面积仅为1万多公顷，其后得到迅猛发展。到1997年，其大豆种植面积已达708.4万hm^2,其大豆单产和总产也分别由最初的单产1147.5kg/hm^2,总产3万t，增加到1997年的单产2227.6kg/hm^2，总产1578万t的水平。自2006年阿根廷大豆产量突破4000万t以后，一直保持增长态势，但总产量有所波动。2009年大豆产量降至3099万t，2010年又猛增到5267万t，2011年大豆产量为4887万t。到2012年，其大豆播种面积已达1970万hm^2，单产达2790kg/hm^2，总产约达5500万t。

在阿根廷大豆加工业中，浸油业最为发达，其采用的技术都是美国的先进技术，浸油企业大都是国际集团性质。在阿根廷，大豆总产的62%被加工成豆油和豆粕，出口至世界各地。

(三)巴拉圭

巴拉圭是南美洲内陆国家，国土面积40万km^2，耕地面积约4.5万km^2。东部地区是巴拉圭农业最发达的地区，面积约16万km^2，其中大豆是其主要的农产品，占其出口产值的40%。

巴拉圭大豆种植始于20世纪60年代，到70～80年代，种植面积始终保持在50万～80万hm^2，至90年代中后期面积持续增加。巴拉圭大豆单产在20世纪90年代前保持在1500～2000kg/hm^2，90年代以后保持在2500～2800kg/hm^2，但2004～2007年大豆单产有所下降。整体而言，巴拉圭大豆总产量一直有增加的趋势。据美国农业部的数据显示，2007年巴拉圭大豆总产量为600万t，占世界大豆总产量的3%，成为了世界第六大豆生产国。但是，近几年其产量与阿根廷类似，经历了一次小的波动，2009年大豆产量跌至385万t，2010年大豆产量又激增到746万t，2011年突破800万t，大豆产量达到830万t。

巴拉圭政府于2004年批准转基因大豆的种植，所有机械化农场均采用抗农达大豆品种，实行免耕作业。目前，巴拉圭种植的大豆80%以上为转基因大豆(王曙明和范旭红，2009)。

(本节由王浩完成)

第三节　世界大豆生产及利用

随着世界各国人民生活水平及饮食习惯的逐渐改善，消费者对大豆及其制品营养价值的认识不断加深，大豆在全球的消费量正呈现出逐年递增的趋势。大豆制品作为一种营养全面的健康食品，已经为越来越多的人所喜爱和接受，世界大豆的生产与加工，也因此进入到了一个全球化发展的新阶段。

一、中国大豆生产及利用

(一)中国大豆生产状况

我国大豆播种面积在1978～2009年的32年间，从714万hm^2增加到919万hm^2，年均增加6.45万hm^2。自2000年之后，大豆播种面积基本保持在900万hm^2以上，其中2005年达到历史最高的959万hm^2。

目前，我国大豆的区域布局不断向优势产区集中，北方春大豆种植区面积不断增加，至2009年已增加到553万hm^2，占全国大豆播种面积的比例，也从1978年的39.35%增加到60.21%，提高了20.86%。黄淮海地区春夏大豆种植区面积不断减少，从313万hm^2减少到250万hm^2，减少了63万hm^2，种植面积占全国播种面积的比例也从1978年的43.84%减少到27.29%，减少了16.55%。南方多作大豆种植区面积从120万hm^2减少到115万hm^2，种植面积占全国播种面积的比例，从16.81%下降到12.5%，降低了4.31%(徐雪高，2011)。

目前，我国大豆生产的主产区主要集中在东北地区，尤以黑龙江省为主。截至2009年，黑龙江省大豆种植面积，占北方地区的比例从56.1%增加到72.4%，提高了16.3%，产量从62%增加到70.1%，提高了7.9%。但是，近年随着我国加入世界贸易组织以来，我国的大豆市场对外呈现出全面开放的态势，转基因大豆趁机涌入；对内为了确保国家粮食安全，在玉米、水稻等高产作物种植面积的急剧扩张的情况下，产量及比较效益低下的国产大豆的种植、加工业正面临着朝不保夕的严重困局。2008年以后，我国大豆种植面积和产量呈现出逐年减少的趋势。2009年，大豆种植面积从2008年的950万hm^2，减少到910万hm^2，产量从2008年的1650万t，减少到1560万t。至2010年，大豆种植面积已经锐减到840万hm^2，大豆产量也随之减少到1350万t。然而，我国对大豆、豆油和豆粕等的刚性需求却逐年增长，特别是随着国内食品加工业和畜牧业的快速发展，大豆和豆油等的供需缺口急剧扩大，国内的大豆生产与供给已无法满足日益增长的大豆需求。

目前，中国已成为世界第一大大豆进口国，2003年中国进口大豆就已经达到2074万t，豆油175万t，豆粕5万t，总计2254万t，仅占世界大豆贸易总量的19.7%，其中，原豆进口量占世界原豆总贸易量的30.72%，进口大豆量为我国大豆总产量的1.53倍(刘忠堂，2004)。据我国农业部公布的数据显示，1999年中国大豆的进口总量不到450万t，从2000年开始突破了1000万t，到2010年我国进口大豆总量已经达到5480万t。至2012年底，我国进口大豆总量更是接近6000万t，几乎占到国内大豆消费总量的80%，进口量超过国产大豆的5倍之多。中国对进口大豆依赖程度，严重影响了大豆主产区豆农的种豆积极性，极大地冲击了民族大豆深加工企业的发展。

(二)中国大豆制品生产状况

中国大豆的加工利用主要是以大豆油脂、传统大豆制品和大豆蛋白加工等为主。我国的大豆加工业在经历建国后60余年的发展，已经由传统的作坊式生产，逐渐形成了一批以加工国产大豆为主的黑龙江农垦总局“九三油脂”、山东“谷神”等为代表的规模化、现代化的民族企业集团，以及以加工进口转基因大豆为主，并在大连、连云港、天津、上海和广州等一些沿海港口城市，完成产加销全产业链布局的合资或独资油脂加工企业，如ADM、嘉吉、邦吉、路易达孚，简称ABCD四大跨国粮商集团。

中国人自古就有食用传统豆制品的习惯，因此，以国产大豆为原料制作的传统大豆制品，在以转基因大豆原料为主的现代豆制品领域，仍占有一定的份额。中国传统的大豆制品，如前所述，主要分为浸渍大豆制品和发酵大豆制品2大类、9个系列的100多个品种，花色繁多，口味独特。近年来，随着消费者对传统豆制品认可度的提升，以及传统豆制品加工技术的改造升级，其生产水平、规模和市场供应能力等，都有了较大程度的提升。与传统豆制品相比，大豆蛋白系列产品的生产起步较晚，在中国最早始于20世纪80年代，比发达国家晚了近30年。但是，随着国内食品加工业的迅猛发展，以大豆分离蛋白、浓缩蛋白、组织蛋白和大豆蛋白粉等为代表的大豆蛋白的生产和加工规模也随之扩大。目前，我国大豆分离蛋白生产厂家规模达到5万t的企业有近30家。但是从整体来看，大豆蛋白加工与应用的市场还未完全成熟，正处于发展上升阶段，并且在未来一段时间内，具有相当大的发展潜力和市场空间(江连州和胡少新，2007；刘大川和田少君，2002)。

从整个豆制品行业的发展来看，豆制品种类日益繁多，特别是休闲类豆制品，如豆腐干、蒜蓉豆等的生产消费增长很快，随着人们对于传统加工食品的重视，其市场空间巨大。而且，豆制品产业正向着规模化、集约化的方向发展，先进的工艺和机械设备在产业上被大量采用，已经逐步告别了小作坊和小工厂的生产方式，步入到规模化、自动化、效益化发展的良性轨道(李德远等，2012)。

二、日本及朝鲜半岛大豆生产及利用

(一)日本大豆生产及利用状况

日本是大豆主要消费国之一，这与日本人自古喜欢食用大豆制品有关。但是，日本属于岛国，国土面积较小，加之一些土壤不适合种植大豆等因素，大豆种植面积小，产量低，其大豆年总产量不足50万t，而其食用大豆的年消费量就达100万t以上，再加上饲料和工业原料所需，其大豆进口量常年保持在500万t左右。其中，美国是日本最大的大豆进口国，其次为巴西、加拿大、中国，因此，日本也是世界上主要的大豆进口国之一。

日本国内种植的大豆，均为传统的非转基因大豆品种，日本大豆40%左右的种植面积，在北海道及东北地区的青森、岩手、秋田、宫城、山形和福岛等地。其次是九州地区的福冈、佐贺、长崎、熊本、大分、宫崎和鹿儿岛等地，大约占大豆种植面积的17%。另外，在关东、北陆和四国地区也有一定面积的大豆种植区。

日本大豆加工主要用于生产新鲜豆腐和油炸豆腐等，约占总加工量的50%。其次用于生产豆酱和纳豆等发酵豆制品，约占30%。此外，酱油、冻豆腐和豆奶等豆制品也占有一定的规模，而且豆奶在日本的生产比例也呈不断上升趋势(谢甫绨，2007)。

(二)朝鲜半岛大豆生产及利用状况

在韩国，大豆是仅次于水稻的第二大作物，种植面积在10万hm^2左右，2005年，韩国大豆种植面积为10.5万hm^2，总产量为18.3万t，单产为1.74t/hm^2；2006年种植面积约为9万hm^2，总产为15.6万t，单产为1.73t/hm^2。韩国大豆种植区主要分布在南部的全南南道、庆北北道和庆南南道，这几个区域总面积占全国大豆种植面积的1/2以上，韩国北部地区大豆种植面积较少。韩国的大豆自给率也很低，主要依靠进口。2005年韩国进口大豆量为133.0万t，自给率为9.7%，2006年进口大豆112.7万t，自给率为11.3%。

韩国的大豆育种，强调对大豆品质的改良，培育适合于不同用途的加工专用型大豆品种，以满足豆油、豆腐、豆芽、毛豆、酱豆及饭拌豆等食品加工业的需求。例如，豆油加工所用的原料，要求其无脂肪氧化酶活性或活性较低，油酸和亚油酸含量高，亚麻酸含量低，加工后油的气味好、颜色透明(李金玉等，2008)。

三、欧洲及美洲大豆生产及利用

(一)欧洲大豆生产及利用状况

欧盟是大豆食品重要的新兴市场，每年大豆的消耗量在3700万～4000万t。但是自产大豆仅为80万t左右，自给率只有2%～3%，其余主要依靠从北美洲及南美洲等地进口。欧洲大豆食品生产量大，产品种类多，其中榨油是大豆消耗的主要方面，其次是用于食品加工。欧盟也曾对外出口过豆油，但现在基本不再出口，而是更加专注于高附加值大豆功能性营养成分及制品的生产与进出口贸易等方面。

目前，欧盟大豆市场以非转基因为主，公众比较反对转基因大豆的引入。但是，2009年欧盟批准了两个转基因大豆新品种的进入，主要用于榨油行业，并且依照2003年欧盟颁布的1829号令及1830号令，应用转基因大豆必须对其产品进行标识。目前，欧盟大豆食品加工业主要应用的还是非转基因大豆，用量在100万t左右，主要用于专用特殊饲料的加工，大豆食品及豆制品的加工用量在80万～100万t。为了保障消费者的权益，对于使用非转基因大豆加工的产品要使用绿色标签。

欧洲大豆食品主要有4类：传统大豆食品，包括豆腐、豆浆、全豆粉、整粒干大豆、毛豆、豆芽、发酵豆制品；现代大豆制品，包括脱脂豆粉、大豆浓缩蛋白、分离蛋白、组织蛋白、烤大豆等；第二代大豆食品，包括大豆甜品、大豆奶酪和酸奶、大豆冰激凌、素汉堡、面包、饼干等；大豆营养品，包括大豆异黄酮、大豆低聚糖、酚酸、大豆卵磷脂、植物固醇、生育酚、植酸、皂苷、蛋白酶抑制剂等。

目前，欧盟主要生产大豆粉的工厂有Cargill-Cargill Soy Protein Solutions(荷兰、比利时、英国)、ADM Protein Ingredients(荷兰、比利时)、Solae(丹麦、法国)、Schouten Products(荷兰)、Finnsoypro Oy(芬兰)、Solbar Hatzor(以色列)、Edelsoja(德国)、Soja

Austria（奥地利）、Arkady-Craigmillar（英国）、Kerry Ingredients（荷兰、英国、爱尔兰）、Vaessen-Schoemaker Chemische Industrie（荷兰）（Ignace，2011）。

欧洲生产大豆粉（soy meal）、组织化大豆蛋白（tex-tured soy protein，TSP）、浓缩大豆蛋白（soy protein concentrate，SPC）、大豆分离蛋白（soy protein isolate，SPI）及大豆卵磷脂（soy lecithin）的公司主要分布在西欧，此类产品主要应用于烘焙食品（面包、点心）、快速食品、熟肉加工、海鲜产品及素食品的加工等。

基于对营养保健的需求，欧盟国家的消费者正逐渐接受和喜爱上具有多元健康元素的大豆食品，大豆食品在欧洲也必将成为带动食品业发展的重要产业。

（二）南北美洲大豆生产及利用状况

美国是目前世界大豆种植面积最大、产量最多的国家，大豆遗传育种研究居世界领先水平。美国大豆种植面积在 7500 万 acre（约相当于 3036 万 hm^2）以上，是仅次于玉米的第二大作物。美国大豆的主要种植区分布在中西部和中南部地区，中西部主要是艾奥瓦州和伊利诺伊州，中南部主要是阿肯色州、田纳西州和密西西比州。美国大豆以春大豆为主，只在中南部地区有少量的麦茬夏大豆种植（李晓芝等，2011）。

美国种植的大豆绝大多数为转基因大豆，主要是抗草甘膦除草剂大豆，其面积占大豆种植总面积的 90%以上。由于抗草甘膦除草剂的转基因大豆种植成本低，便于田间管理及适于大型农场的一元化生产，因此自美国 1996 年推出第一代转基因大豆后，种植面积迅速增加，并持续保持在较高水平。由于转基因大豆在种植成本及田间管理等方面的优势，致使转基因大豆种子的价格远高于非转基因种子的价格。目前，转基因大豆种子基本被孟山都、先锋、先正达这 3 大巨头公司所垄断。孟山都公司新推出的第二代转基因大豆品种，比第一代增产 7%～11%，并且具有更好的除草稳定性。

美国非转基因大豆种植面积在 10%左右，主要用于食用、有机豆和一些特殊出口市场。食用豆以加工纳豆、豆腐、豆奶和菜豆为主。酱油加工、饲料、豆芽、色豆（黑、绿、棕色等）也都需要用非转基因大豆。另外，出口日本及欧洲市场的大豆也为非转基因大豆。非转基因大豆生产成本高于转基因大豆，除了在除草剂使用等生产环节要求严格以外，还要在生产、运输、储藏等环节实行隔离，确保不会受到转基因污染。

美国大豆研究也非常注重品质改良，其改良范围覆盖高蛋白质、高脂肪、高蔗糖、高异黄酮、高含硫氨基酸、高油酸、低植酸、低亚麻酸及低多糖等多方面，以满足不同生产消费需求。除此之外，提高大豆抗病虫害及抗逆能力也是美国大豆研究的一个主要方向。

美国大豆研究除了具备强大的科研实力以外，一些民间组织，如美国大豆协会在大豆生产相关的推广与服务体系方面，也建立了比较完善的制度。他们可以为农户及时地提供大豆生产情况及市场价格与供需信息，使农户及时掌握市场动态，从而调整经营管理结构。

近年来，南美洲的大豆生产水平得到迅猛发展，在 2002～2003 年，南美洲的大豆生产总量就已经超过了美国。其中，巴西和阿根廷是南美洲大陆处于领先地位的两大大豆生产国。巴西大豆的产量从 1987～1988 年的 1800 万 t 增加到 2002～2003 年的 5100 万 t。

同时，大豆出口从 270 万 t 增加到 2050 万 t。巴西有两个大豆主产区，分别是南部地区和中西部地区。南部地区土壤自然条件好，肥沃丰产，是巴西传统的大豆产区。中西部地区是在 19 世纪 60 年代以后形成的大豆产区，土壤肥力需要加强。在 1987～2002 年，世界大豆贸易的增加值为 3310 万 t，巴西大豆出口增加值为 1780 万 t，而美国出口增加值仅为 520 万 t。巴西大豆生产的成本相对较低，2003 年巴西的马托格罗索州的大豆生产成本，在扣除到荷兰鹿特丹港的运输成本后，仍低于美国的北达科他州和艾奥瓦州的生产成本，这一优势使得巴西大豆在国际市场上具有强劲的竞争优势。

四、世界其他地区大豆生产及利用

印度大豆生产在近 30 年发展较快，尤其在近 10 年发展尤为迅速。目前，印度大豆种植面积在 600 万 hm^2 左右，总产在 630 万 t，印度大豆的单产水平是世界上最低的国家之一，仅为世界平均水平的 40%。2004 年的数据显示，印度大豆的单产为 1.06t/hm^2。因此，印度大豆总产的增加，主要是依靠面积的扩大实现的(邵立红和王育民，2004)。印度的土壤肥沃，水源丰富，许多地区都非常适宜种植大豆，随着国内对大豆及其深加工产品需求的不断扩大，以及政府对种植大豆的政策扶持，印度农民种植大豆的积极性及比较效益会不断提高。

印度是世界油料主产国，大豆在印度油料作物中位居第三，仅次于花生和油菜籽，同时大豆也是印度重要的食品、饲料及工业原料作物。随着人口及消费的不断增长，印度每年的食用油需求量超过 1000 万 t，其消费总量只在中国和欧盟之后，巨大的消费市场，使得印度成为了世界上最大的食用油进口国，其中豆油进口量占食用油进口量的 35%～46%，巴西、阿根廷和美国为其主要进口国。印度国内豆粕消费量不大，约 75%的豆粕都用于出口，年出口量在 200 万～400 万 t。主要出口国为孟加拉国、巴基斯坦和韩国等国家。

目前，限制印度大豆单产提高的主要因素包括：大部分农户习惯自己留种，高质量的改良品种的供给及应用不足；大豆高产栽培技术未能得到普遍推广应用；对于大豆病虫草害的防治力度不够；休耕地不使用大豆根瘤菌接种；另外还易受高温、洪水及飓风等不良气候影响。以上限制因素如能得到有效解决，将会大大提高印度大豆的生产能力。

（本节由王浩完成）

第四节　世界大豆需求与生产动向

大豆的生产、贸易及其价格变动受大豆市场消费需求强劲程度影响。大豆的消费需求主要源自于食用油的消费、蛋白质制品及饲料的消费、直接食用及种用消费等几个方面。近年来，随着民众生活水平的整体提高，特别是发展中国家如中国等对肉、禽、蛋、奶等蛋白质制品需求的急剧增加，加之大豆制品对人类营养保健功能的逐渐明晰，大豆及其制品的消费呈现出逐年攀升的趋势。

一、世界大豆需求动向

(一)大豆食用油消费需求

世界大豆消费的90%用于榨油。至2007年，用于榨油的大豆消耗量就已经超过了2亿t，年增长率达到5%，大豆食用油的消费需求成为各种大豆消费需求中增长速度最快的一种。至2013年，大豆食用油的消费已达到4441.5万t，约占总消耗量的30%，仅次于棕榈油(5727万t)，是世界第二大植物油消费种类(Anon，2013)。

目前，我国食用油的人均消耗量为22kg，其中大豆油的人均消耗量为9.9kg，占到总消耗量的45%。至2012年，国内大豆油总消费量已经达到1264万t，其构成主要是以进口转基因大豆为原料的压榨油及直接进口的大豆食用油，即进口大豆占据了国内压榨油市场的主要份额，国产大豆的压榨油消费量则由1996年的76.6%减少到2008年的10.3%，(Anon，2013；冯晓，2011)。至2010年，在国家实施扶持国产大豆政策之后，国产大豆压榨油消费量才回升至600万t，占压榨油消费市场份额也增至13.6%。即便如此，压榨油国产大豆的消费量，将会在未来较长一段时期内维持较低水平，我国大豆食用油的供给将主要依赖于进口大豆。

但是，随着世界经济的发展及居民收入水平的提高，以及民众健康意识的增强，以转基因大豆为主要榨油原料的大豆油的消费增速将会明显放缓。

(二)大豆蛋白类产品消费需求

由于大豆蛋白含有人体必需的8种氨基酸，且不含胆固醇，因此可作为一种替代动物蛋白的优质植物蛋白。目前，国际上对于大豆蛋白的开发已经达到了很高的水平，人们可以利用先进的加工工艺，将脱脂豆粕加工成浓缩蛋白、分离蛋白、组织蛋白等蛋白质产品，并以此为食品添加助剂，广泛应用于肉制品、乳制品、焙烤食品、儿童食品、方便食品、保健品等几十大类产品中。

近年来，中国大豆蛋白的消费量呈持续上升势头，估计年增长10%以上，并将向更健康、更合理、更科学的方向发展。尤其是随着国内外对非转基因大豆蛋白产品需求加大，中国国产大豆蛋白加工，将成为国内大豆加工业发展的新趋势。

在蛋白质饲料需求方面，随着包括中国在内的新兴国家居民收入的增加，对畜禽产品的消费也呈现出快速增长的趋势。饲用豆粕、豆饼的供给，自然成为世界畜禽养殖业不可欠缺的蛋白质的重要来源。目前，饲用豆粕、豆饼的供给已经占到菜籽粕、花生粕、鱼粉、肉骨粉等各类饼粕粉使用量的70%以上，成为极为重要的畜禽饲料蛋白质源(Anon，2013)。近年来，随着欧美等地区疯牛病(BSE)发生频率增加，作为饲料蛋白质源的肉骨粉的利用率呈下降趋势，进一步加大了养殖业对饲用豆粕的依存度。

目前，饲用豆粕的需求以中国及非大豆产区的欧盟及东南亚诸国为主，这些国家对畜禽生产及饲料生产支持政策的变动，将左右饲用豆粕的世界需求与供给。

(三) 直接食用消费需求

在 20 世纪 80 年代之前，大豆消费形式主要以食用为主，豆制品的加工一直处于低水平的手工作坊式的运行状态。据美国农业部网站数据显示：至 1993 年，世界食用大豆总消费量为 970 万 t；至 2013 年，世界食用大豆总消费量为 1565 万 t，中国已达到 955 万 t（Anon，2013）。20 年间，世界与中国食用大豆消费量分别增长了 64%和 70%，这表明我国的食用大豆消费量增长明显高于世界增速，这与改革开放 30 多年来快速增长的中国经济密不可分，尤其是随着民众营养平衡观念的提升、饮食结构的改善，以及加工工艺技术和设备水平的提高，用于直接食用的消费需求将日益增大。

(四) 种用需求

世界种用大豆的需求动向，主要取决于世界大豆播种面积的增减，世界上种用大豆需求最多的国家有南北美洲的巴西、阿根廷、美国及亚洲的中国等。其中，巴西和阿根廷两个南美洲国家，他们自 1977 年种植大豆以来，其播种面积处于直线上升阶段，至 2013 年，巴西和阿根廷的播种面积已经分别达到 2800 万 hm^2 和 2000 万 hm^2，与之对应的用种量分别达到 220 万 t 和 150 万 t 左右。近 15 年来，美国大豆的播种面积基本在 3000 万 hm^2 左右浮动，种子需求量在 250 万 t 左右，其年度间的变动受玉米的播种面积影响较大。同一年度内，如果玉米的播种面积增加，大豆的播种面积则会相应的下降，其年度间大豆用种量的变化，一般在 8 万～10 万 t 变动。

中国的大豆播种面积自 1964 年达到 1000 万 hm^2 后，一路下滑至 700 万 hm^2 左右，至 2005 年才恢复到 960 万 hm^2。但是 2010 年后，我国大豆播种面积却在以每年 15%的速度递减，至 2013 年我国大豆播种面积已减少至 680 万 hm^2 左右，基本降至自 20 世纪 60 年代以来的最低点，其年用种量随之减至 50 万 t 左右。

二、世界大豆生产动向

(一) 面积及产量动向

1964 年，世界大豆总生产面积仅为 2500 万 hm^2，不及现在的美国或巴西等一个国家的播种面积。但是随着大豆在巴西、阿根廷等南美洲国家试种成功、适宜品种的育成，以及亚马孙河流域的大规模农业综合开发的实行，世界大豆的生产面积从 1976 年的 3000 万 hm^2，迅速上升至 2013 年的 1.1 亿 hm^2，总产由原来的 4546 万 t，有望突破 2.8 亿 t 大关，面积和总产分别增加了 267%和 516%（Anon，2013）。

以上数据表明，产量增长的幅度几乎为面积的 2 倍，这与大豆单产的提高有密切关系。据美国农业部网站统计数据显示，1964 年世界大豆的平均单产仅为 1.14t/hm^2，至 2013 年，平均单产已达到 2.51t/hm^2。可以预见，随着各国政府对粮食安全重视程度的提高，转基因技术的成熟应用，以及众多优质、多抗、超高产大豆新品种的推广和应用，世界大豆单产及总产将不断提高。

（二）主产地动向

1. 南美洲动向

据美国农业部网站数据显示，自1977年以来，以巴西和阿根廷为代表的南美洲大豆，其总产量占世界大豆总产量的比例呈现出急剧上涨的态势。巴西南部地区为其传统大豆产区，从1980年开始，在日本“政府开发援助（official development assistance，ODA）”项目的支持下，其大豆生产开始逐渐向中西部的塞拉多（Cerrado）高原扩张，使得巴西的大豆生产进入了长期的快速发展期。随着世界大豆消费需求的扩大，预计巴西大豆生产面积的扩张，仍将呈现出持续发展的态势。

阿根廷的大豆总产量，在1988年之前从未超越过中国。但是，自1997年之后，其大豆生产进入了快速增长期，总产从1997年的1950万t，急剧增加至2012年的4950万t（Anon，2013），成为仅次于巴西的世界第三大豆生产国，预计这种增长趋势仍有发展的空间。

2. 北美洲动向

从美国历年来的大豆生产面积和总产量来看，北美洲大豆生产呈缓慢增长的态势，至2013年，其播种面积已超过3260万hm^2，总产量已达到9500万t，但它在世界总产量中所占的比例，从1975年最高时的78.6%，一路下滑至2012年的30.7%。这主要是由南美洲新兴大豆生产国的面积及总产量的迅速增加所致。预计在今后一段时期内，其面积不会有较大幅度的变动，但美国在世界大豆播种面积及总产量中所占的比例，仍将随着南美洲诸国大豆生产的崛起而下降。

3. 中国动向

中国自1996年加入世界贸易组织（World Trade Organization，WTO）以来，低廉的大豆进口关税政策（3%）助长了转基因大豆的进口。1996～1998年，我国转基因大豆的年进口量不足400万t，至1999年进口量迅速蹿升至1010万t，至2012年已达到5900万t，1999～2012年13年间以年均37.2%的速度迅速占领了中国大豆消费市场近80%的份额。此后，我国的大豆生产，在经过近10年的艰苦抗争后，从高峰时2005年的960万hm^2，骤降至2012年的675万hm^2。伴随着国产大豆播种面积下滑的，我国大豆总产占世界大豆总产的比例，也从2005年的7.4%，下降至2012年的4.8%。

国产大豆播种面积下滑，主要是由于我国大豆主产区黑龙江的大豆种植比较效益低下所致。在该地区种植大豆的效益，仅为同区种植玉米、水稻的25%～35%。由于比较效益的低下，导致主产区豆农纷纷弃种大豆，而转向玉米或水稻生产。

但是，随着对产品“转基因标识”强制执行力度的加强，以及国内外客商对中国非转基因大豆所具有的高蛋白质含量特性的认知程度的提高，在今后一段时期内，如果国家能够尽快出台一些有利于促进国产非转基因大豆发展的政策，如提高进口转基因大豆的进口关税、建立合理的补贴制度等，国产大豆仍有恢复性增长的上升空间。

三、世界大豆生产发展趋势

Informa 2013 年 6 月 6 日发布的报告指出，2013/2014 年度全球大豆产量将达到 2.866 亿 t。其中，美国大豆总产量将达到 9220 万 t，巴西大豆产量将达到 8270 万 t，阿根廷 5800 万 t，中国为 1230 万 t(佚名，2013)。美国农业部对世界大豆平均单产的中期预测认为：世界大豆单产整体将呈现提高的趋势，至 2017 年，美国、巴西及阿根廷的大豆平均单产，预计将达到 $3t/hm^2$。根据中国近年的大豆单产增加速度推测，至 2020 年，中国大豆平均单产达到 $2.5t/hm^2$ 左右是可能的。

在播种面积的变化方面，随着今后亚马孙平原及阿根廷等国对森林保护重视程度的提高，以及美国大豆的竞争作物——玉米面积浮动的不确定性，大豆播种面积及总产的增长态势或许会受到一定程度的牵制。但是，近期随着全球大豆平均单产水平的提高，预计至 2017 年全球大豆总产突破 3 亿 t 是完全可能的(喜多村啓介，2010)。随着世界人口的递增，食粮消费的多元化，蛋白质饲料、油脂消费需求的不断扩大，以及大豆新规功能性食品开发水平的提高，人们有理由相信一个世界范围内的大豆生产消费热潮必将到来。

(本节由王绍东完成)

参 考 文 献

常汝镇. 1989. 关于栽培大豆起源的研究. 中国油料, l: 1～7
陈文华. 1990. 漫谈出土文物中的古代农作物. 农史研究, 2: 127～137
代丽娇, 孙森, 钱家亮. 2007. 豆豉营养与保健功能的研究. 粮食加工, 32(2): 57～59, 72
冯晓. 2011. 黑龙江省大豆产业发展战略研究. 北京: 科学出版社: 20~28
盖钧镒, 许东河, 高忠, 等. 2000. 中国栽培大豆和野生大豆不同生态类型群体间遗传演化关系的研究. 作物学报, 26(5): 513～520
龚树立. 2004. 大豆多肽研究概况及其在运动饮料中的应用. 食品与发酵工业, 30(6): 112～117
郭文韬. 1993. 中国大豆栽培史. 南京: 河海大学出版社: 15
洪光住. 1984. 豆豉起源考. 中国酿造, 1: 36
侯升文, 胡继海, 李明姝, 等. 2010. 世界大豆生产发展现状与趋势. 农业与技术, 30(2): 1～2
江连洲, 胡少新. 2007. 中国大豆加工产业发展现状与建议. 中国农业科技导报, 9(6): 22～27
江玉祥. 2003. 论大豆及相关豆制食品的起源. 四川大学学报, 129(6): 113～119
李德远, 李玮, 叶志能, 等. 2012. 豆制品加工业现状及发展对策研究. 食品研究与开发, 33(2): 220～222
李璠. 1985. 中国栽培植物发展史. 北京: 科学出版社: 76～83
李福山. 1994. 大豆起源及其演化研究. 大豆科学, 13(1): 61～66
李华, 冯凤琴, 沈立荣, 等. 2009b. 豆豉生理功能的研究进展. 科技通报, 25(4): 498～502
李华, 沈立荣, 冯凤琴, 等. 2009a. 细菌型豆豉发酵菌株的鉴定. 食品工业科技, 12: 212～214
李金玉, 孔凡杰, 韩天富. 2008. 韩国农业及大豆生产概况. 现代农业科学, 15(10): 122～123, 128
李晓芝, 张强, 赵双进, 等. 2011. 美国大豆生产、育种及产业现状. 大豆科学, 30(2): 337～340
李莹, 罗建军. 1991. 对三种不同类型的大豆开花习性的观察//李莹. 大豆遗传资源研究论文集. 太原: 山西科学技术出版社: 128～137
李幼筠. 2006. 中国腐乳的现代研究. 中国酿造, 154(1): 4～7
刘大川, 田少君. 2002. 中国大豆工业当前形势及展望. 中国油脂, 27(5): 5～9
刘德金, 徐树传. 1995. 福建省野生大豆生态分布及其分类//李福山, 徐豹. 中国野生大豆资源研究进展.

北京: 中国农业出版社: 21～26
刘丽君. 2003. 巴西大豆的科研与生产服务体系. 大豆科学, 22(3): 233, 236～239
刘顺湖, 周瑞宝, 盖钧镒. 2007. 大豆蛋白质及其组分含量对豆腐产量和品质的影响. 中国油脂, 32(2): 65～68
刘忠堂. 1999. 巴西、阿根廷大豆的生产与科研. 大豆科学, 18(2): 176～180
刘忠堂. 2004. 世界大豆生产走势和我们的对策. 大豆通报, 6: 2～3
鲁振明. 2005. 巴西大豆生产与科研概况. 大豆通报, 1: 35～36
吕世霖. 1978. 关于我国栽培大豆原产地问题的探讨. 中国农业科学, 4: 90～94
邵立红, 王育民. 2004. 印度大豆生产发展的现状、问题与展望. 大豆通报, 5: 24～25
孙显慧, 蒋文强. 2004. 大豆多肽功能特性及其开发应用. 粮食与油脂, 5: 7～10
田清震, 盖钧镒. 2001. 大豆起源与进化研究进展. 大豆科学, 20(1): 54～59
王春娥, 赵团结, 盖钧镒. 2007. 中国栽培和野生大豆豆腐与豆乳得率的遗传变异. 作物学报, 33(12): 1928～1934
王金陵. 1947. 大豆性状之演化. 农报, 12(5): 6～11
王连铮. 1985. 大豆的起源演化和传播. 大豆科学, 4(1): 1～6
王书恩. 1986. 中国栽培大豆的起源及其演变的初步探讨. 吉林农业科学, l: 75～79
王曙明, 范旭红. 2009. 巴拉圭大豆产业概况. 大豆科技, 3: 21～22
肖文言, 王岚, 裴颜龙, 等. 1996. 亚洲地区大豆加工与利用概况. 作物杂志, 3: 36～37
谢甫绨. 2007. 日本的大豆生产历史和现状概况. 大豆通报, 6: 45～47
星川清亲. 1981. 栽培植物的起源. 郑州: 河南科学技术出版社: 115～116
徐豹. 1993. 中国大豆起源与进化研究//徐豹. 作物育种研究与进展: 第一集. 北京: 中国农业出版社: 24～26
徐雪高. 2011. 我国大豆生产区域布局变化与后期展望. AO 农业展望, 7: 42～44
许金新, 陈安国. 2003. 大豆皂苷的生理功能以及应用. 饲料博览, 10: 11～13
佚名. 2013. 全球大豆产量有望增加巴西产量存争议. http://www.82158.com/html-27384. html[2013-8-25]
张德慈, 王庆一. 1987. 谷类及食用豆类之起源与早期栽培. 农业考古, 1: 273～282
张红梅, 顾和平, 陈华涛, 等. 2010. 国内外豆腐加工主要研究进展. 江苏农业科学, 5: 409～410
张红梅, 赵团结, 盖钧镒. 2008. 黄淮海和南方地区大豆品种豆腐和豆乳得率的变异特点与选优. 中国油料作物学报, 30(1): 56～61
张岭, 刘景春. 2002. 浅谈腐乳的营养价值. 中国调味品, 5: 9～10
张雪梅, 蒲彪. 2005. 腐乳的研究概况与发展前景. 食品与发酵工业, 31(5): 94～97
之莲. 2010. WPI: 美国 2010/11 年度大豆产量预计为 33.64 亿蒲式耳. http: //www. chinagrain. cn/dadou/2010/1/21/20101219454033149. html [2013-2-19]
庄炳昌, 惠东威, 王玉民, 等. 1994. 中国不同纬度不同进化类型大豆的 RAPD 分析. 科学通报, 39(23): 2178～2180
山内文男. 1992. 大豆食品の歴史. 大豆の科学, 朝倉書店: 1～11
杉山信太郎. 1985. 大豆の起源と伝播について. 恵泉女学園短期大学紀要, 8: 123～142
喜多村啓介. 2010. 大豆のすべて. 東京: Science Froum: 426～520
Anon. 2013. Production, supply and distribution online. http://www.fas.usda.gov/psdonline/psdHome. aspx[2013-8-24]
Debruyne I. 2011. 欧洲大豆原料及大豆食品市场. 大豆科技, 2: 37～40
Fukada Y. 1933. Cyto-genstieal studies on the wild and cultivated manchurian soybean. Jan. J. Bos., 6(4): 489～506
Hymowitz T, Newell C A. 1981. Taxonomy of genus *Glycine*, domestication and uses of soybeans. Econ. Bot., 35: 272～288
William S, Akiko A. 2007. History of soy in the United States 1766—1900. http: //www. soyinfocenter. com/HSS/usa. php[2012-6-9]
William S, Akiko A. 2010. History of soybeans and soyfoods in Canada (1831—2010). http: //www. soyinfocenter. com/pdf/137/Cana. pdf [2012-6-9]

第二章　大豆种子构造及品质性状

第一节　大豆种子构造

种子是高等植物进行有性繁殖、保持后代延续的方式之一。被子植物通过双受精进行繁殖：一个精子与卵细胞结合形成受精卵，即将来发育成幼体的胚(embryo)，一个精子与极核结合为受精极核，形成营养物质，并贮藏于子叶(cotyledon)中(双子叶植物)，或贮藏于胚乳(endosperm)中(单子叶植物)。植物种类不同，胚乳的发达程度也有差异。第一类为胚乳发达的种子，如玉米、水稻等禾本科植物种子；第二类为半退化的不完全胚乳种子，如菊科植物、茄科植物等，这类种子胚乳发育停止乃至退化；第三类为完全退化的无胚乳种子，如蚕豆、菜豆等部分豆科及蔷薇科植物。大豆种子则属于胚乳被压缩的不完全无胚乳种子，种子发育过程中，子叶替代胚乳，成为大量光合产物的贮存体，是典型的不完全无胚乳种子的代表(Liu，1997)。

本节将重点介绍大豆种皮的构造、存在于细胞中的组织器官，以及种皮细胞内器官等。

一、大豆种子的组织构造

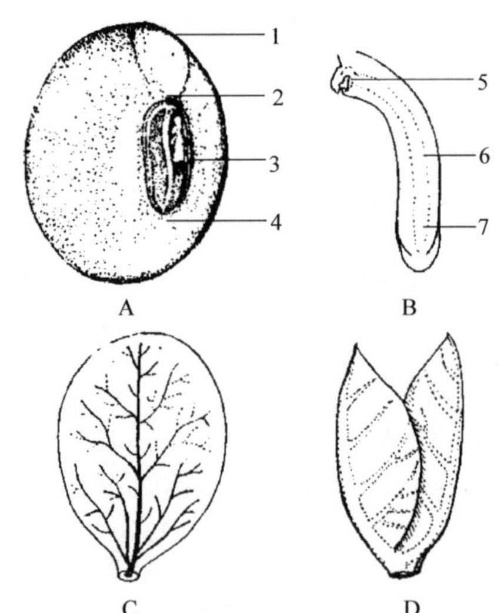

图 2-1-1　大豆种子构造(王金陵，1982)

A.成熟的大豆种子：1.种皮，2.种孔，3.种脐，4.合点；B.胚轴：5.胚芽，6.胚轴，7.胚根；C.子叶；D.胚芽的幼叶(初生叶)

大豆种子主要由胚、子叶及种皮等组织构成。其中胚由胚根(radicle)、胚轴(hypocotyl)和胚芽(germ)组成(图 2-1-1)。种皮由栅栏组织、柱状组织、薄壁组织、糊粉层和压缩胚乳组织 5 部分组成，约占种子质量的 1%～2%，子叶占种子质量的 95%以上。大豆品种不同，种子大小、形状及种子成分组成也各异。一般单粒大豆种子质量为 7～50mg，形状有圆形(球形)、椭圆形、长椭圆形及扁圆形之分等。

(一)种皮

1. 种皮的特点

包裹在大豆种子表面一层薄壳称为种皮，它由胚珠被发育而成，位于种子表面起保护种子的作用。大多数种子表面光滑，也有部分品种表面附有蜡粉或泥膜，种皮上还附有种脐、种孔和合点。不同品种种脐颜色、大小及形状略有差异，在种脐纵向的一侧，有一个凹陷的小点称为合点，是种子从豆荚脱离时，在珠柄维管束与种胚连接处断裂时留下的痕迹。种脐合点的相反侧有一个小孔，种子萌发时，胚根将由此孔伸出，此孔即称为种孔(图 2-1-1)。

种皮颜色一般分为 5 种，分别为黄色、青色、褐色、黑色和双色。现代遗传学表明，至少有 5 个基因位点(*I*、*R*、*T*、*W1*、*O*)控制大豆种皮颜色，这些位点都与色素的沉积有关，其中 *I*、*T*、*W1* 3 个位点与类黄酮生物代谢途径相关酶的结构基因有关，*O*、*R* 也推测为类似的类黄酮生物合成途径、类黄酮转运途径酶的结构基因，以及相关酶的调节基因或转录因子(宋健等，2012)。大豆的种皮色与利用要求有关。黄种皮大豆用途广泛，油用或食用，色泽好，商品价值高。青大豆子叶中，淀粉粒分布于各部，易煮熟，适于作蔬菜用。黑大豆、褐大豆和双色大豆多用作饲料或酱豆，也有药用功效。黄种皮大豆的种脐色有黄色、极淡褐色、褐色、黑色、深褐色和蓝色，青大豆的脐色可分为无色、淡褐色、褐色、深褐色和黑色。黑大豆、褐大豆和双色大豆的种脐多为深色。这是种脐内含不同色素沉积造成的。它是鉴别品种纯度及品质优劣的重要农艺性状之一。从商品角度看，脐色越淡且整齐一致，越受市场欢迎。

2. 种皮构造

如图 2-1-2 所示，除种脐以外的大豆种皮，由 5 层组织构成。从外向内依次是栅栏组织(palisade layer)、柱状组织(hourglass layer)、薄壁组织(parenchyma tissue)、糊粉层(aleurone layer)和压缩胚乳组织(compressed endosperm tissue)。

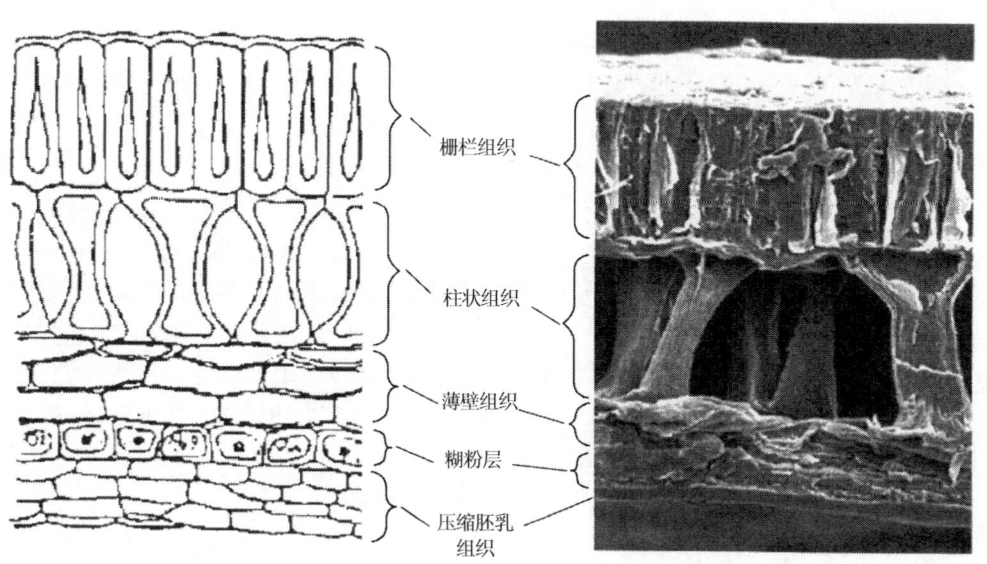

图 2-1-2　种皮的构造(杉田律子等，2005)

大豆种皮表面看上去较为平滑，但在显微镜下仔细观察，可以看到无数的凹陷于种皮表面的壁孔(pit)(图 2-1-3)。种皮的部位不同，壁孔的密度也有差异，靠近种脐附近的壁孔密度最大。它是在种子成熟过程中，在脐的近旁开始形成的，其密度和深度，品种间也有较大遗传变异，如品种‘Tachinagaha’、‘Williams’等的壁孔就较深，可贯通孔内角质膜层至栅栏组织，而品种‘Harovinton’及‘OX951’的壁孔较浅(Ma et al.，2004)(图 2-1-3)。据 Chachalis 和 Smith(2001)研究表明，种子的吸水速度与种子壁孔的深度及分布广度有关。一般种皮壁孔的深度及广度越大的品种，其吸水速度就越快。但种皮的透水性与壁孔的有无并不完全一致，即种皮的吸水速度，除与壁孔的深度和密度有关以外，还与种皮的透水性密切相关。

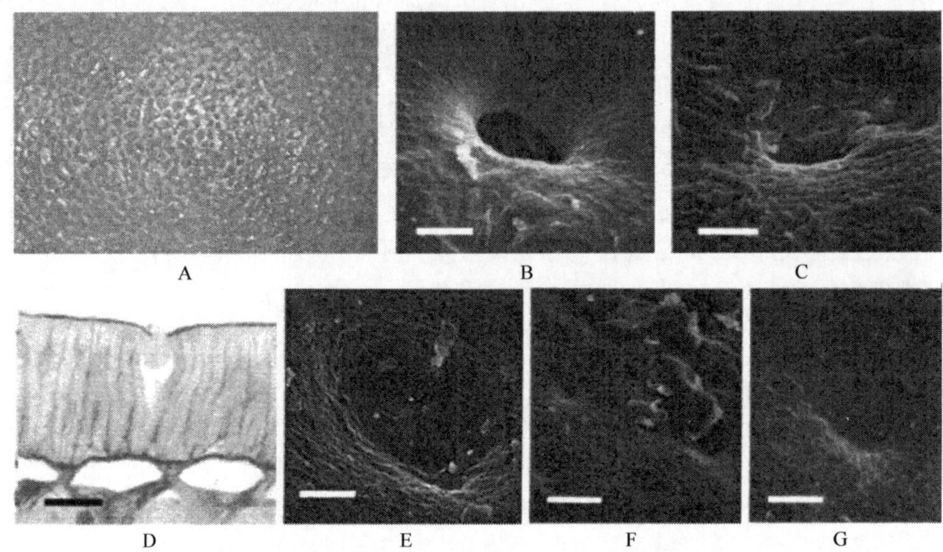

图 2-1-3 种皮表层壁孔构造(Ma et al.，2004)

A.分布在种皮表面的壁孔；B.壁孔的广度和深度；C.壁孔底部角质层开裂；D.栅栏组织；E～G.不同品种的壁孔深度差异；比例尺长度：A～C 为 10μm，D 为 20μm，E～G 为 10μm

在大豆成熟种子的种皮表面，即栅栏组织的外侧，形成了一层质地坚硬、致密折叠的角质膜层构造，它的存在可以防止种子水分过度蒸发和外界对种子的物理冲击，对种子起保护作用。这层角质主要由不饱和脂肪酸沉积物和蜡状物构成，根据堆积物的形态特征，分为 3 种类型，第一种是Ⅰ型堆积物，堆积物层较薄，无特定的性状；第二种是Ⅱ型堆积物，在第一种的基础上，堆积物增厚，形成了特定的蜂巢构造；第三种是Ⅲ型堆积物，是荚的内果皮脱落形成的形状各异的堆积物(图 2-1-4)。大豆种皮表面形成的从高光泽度到低光泽度白霜(bloom)的各种变异，无不与堆积物的量的多少和比例有关系(Gijzen et al.，2003，1999)。

大多数的大豆品种种皮的角质膜层，都会有不同程度的龟裂。但是，也有一些即便是使其浸水几天也不吸水膨胀的种子，即通常所称的“石豆”(stone seed 或 hard seed)，其角质膜层根本不会产生龟裂。但是，如果用 NaOH 处理不龟裂的角质膜层，即便是不吸水的石豆也会开始吸水。据 Shao 等(2007)对易产生石豆的大豆品种‘OX951’研究表明，其种皮的角质膜层不易产生龟裂的特性是可遗传的，不龟裂是形成石豆的主要原因，但其遗传机制尚不清楚。

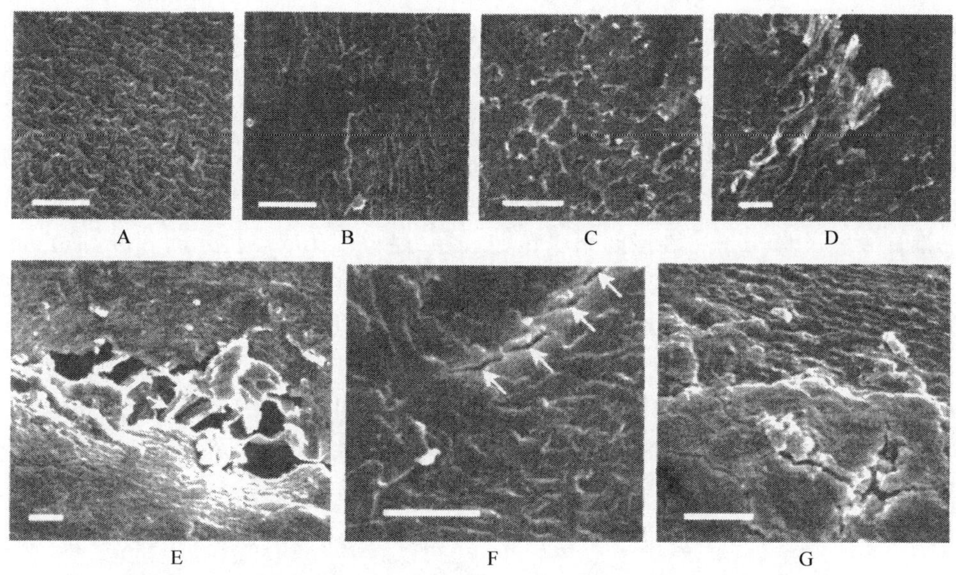

图 2-1-4　种皮表层角质层表面构造（Ma et al.，2004）

A.角质层表面致密的折叠构造；B.覆盖在角质层表面的Ⅰ型堆积物形态；C.Ⅱ型堆积物的蜂巢状结构；D.Ⅲ型堆积物（荚内裹皮脱落到其他堆积物上的形态）；E～G 明显龟裂的角质层（箭头所指为栅栏组织）；比例尺长度：A～D 为 5μm，E～G 为 10μm

栅栏组织是一种与种子表皮呈垂直方向的纵向圆柱形且无细胞间隙的长形厚壁异形细胞密集的组织。在这些细胞的一次壁——细胞壁（cell wall）内侧，形成了较为坚固的二次壁，使种皮的物理强度和化学稳定性得到提高。有色大豆的种皮所呈现的颜色，就是栅栏组织细胞内的液泡（vacuole）中蓄积了花青素（anthocyanin）的缘故所致（Lindstrom and Vodkin，1991）。在栅栏组织的内侧，有细胞间隙较大的骨状厚壁异形细胞（osteosclereid）。大豆种子的柱状组织，细胞间隙大，与红小豆、蚕豆等豆科作物相比，较为发达。主要作用体现为在种子急剧吸水时，起缓冲作用。而且柱状组织的厚度也因种皮部位不同，存在显著差异。吸水量最多的部位为柱状组织最厚的种脐附近，也有报道，厚的柱状组织可以储藏为幼根伸长时所需的必要水分（McMonald et al.，1988）。

受精之后的胚囊（embryo sac）被从外向内的表皮（epidermis）、未分化的薄壁组织（parenchyma tissue）及内皮（endothelium）3 层所包裹。受精后 6 天，从表皮分化出栅栏组织，受精后 9 天，与表皮邻接的外珠皮的皮下组织（hypodermis）分化出柱状组织。但是其他组织以薄壁组织的形式残存下来，并随着胚的肥大而被压缩。它会成为淀粉粒、脂体的临时储藏库，但在受精 18 天后，这些临时储藏物几乎不复存在。在上述分化过程中，栅栏组织、柱状组织和薄壁组织均为来自于母体的母性组织（maternal tissue）。与之相对应，糊粉层及压缩胚乳组织等都是来自于胚和胚乳等新形成的组织。因此，严格来说，糊粉层及压缩胚乳组织不包含在种皮组织中（谷坂隆俊和吉川贵德，2010）。

在糊粉层的外侧表面有角质膜层形成，它与栅栏组织相同，作为蛋白质性颗粒、脂肪颗粒、酶及矿物质元素的集合体，蓄积于胚乳的表层组织。在大豆吸水发芽时，在胚中合成的赤霉素（gibberellin acid，GA）会向糊粉层移动，促使α-淀粉酶（α-amylase）合成，从而分解子叶中的淀粉成葡萄糖，为种子发芽提供能量。糊粉层还是大豆种皮组织中唯一的细胞壁特别发达的活细胞。在淹水条件下，有糊粉层包裹的胚要比裸胚应对水淹危害的缓冲能力显著增强，即糊粉层可以在一定程度上抑制种子吸水速度(松井美預子等，1996)。

大豆的花器官，一朵花含有一个子房(ovary)，子房中形成有数个胚珠(ovule)。雌蕊受精后，子房将发育成荚，胚珠将发育成种子。珠柄(funicle)为连接胚珠与胎座的短柄，其内的维管束将胚珠与子房连接起来以传递营养与激素。在成熟种子的表面看到的种脐，是珠柄从结合部位脱离时留下的痕迹。种脐会根据种子内外的湿度差自动开闭，即在种脐部位的栅栏组织外侧，形成薄壁组织和成对栅栏组织(palisade layer)(图 2-1-5A，B)，当种子外部环境湿度低下时，成对栅栏组织开始萎缩，引起种脐中间部位的裂缝(hilar fissure)张开，种子内多余的水分，会通过假导管带(tracheid bar)蒸发出去；相反，当外部环境湿度上升时，成对栅栏组织膨胀，脐中间部的裂缝关闭，可以防止多余的水分进入种子内部，起到保护种子的作用(Lersten，1982)。

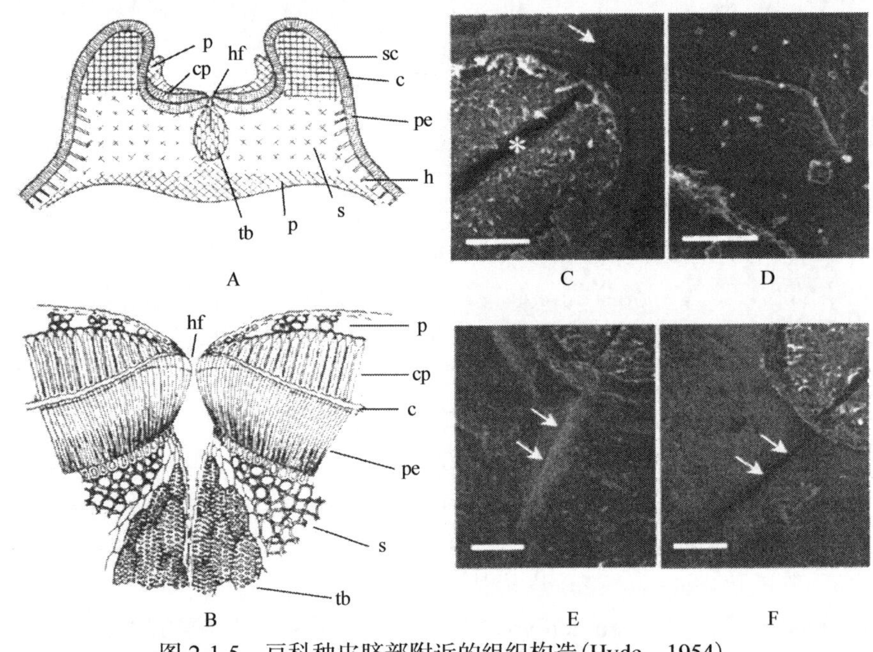

图 2-1-5　豆科种皮脐部附近的组织构造(Hyde，1954)

A，B.鹰嘴豆种皮脐部组织构造：hf 脐部中央龟裂，p 薄壁组织，cp 成对栅栏组织，sc 厚膜组织，c 角质层，pe 栅栏组织，h 柱状组织，s 星状细胞，tb 假导管；C.胚囊侵入口(星号指示种脐部，箭头指示珠孔)；D.关闭的珠孔；E，F.缝线(箭头指示处)；比例尺长度：10μm

珠孔，是大豆种脐部位纵向一侧的一个小孔，它是由环绕珠心(newcellus)的珠皮(integument)间隙发育而来的，它是花粉发芽后，经花粉管进入胚囊的侵入口(图 2-1-5C)。在种子形成后，珠孔还承担着种子初期吸水的路径及种子发芽后幼根穿过种皮的出口作用。珠孔的开闭度，显著地影响着种子吸水特性，珠孔开闭度小的品种(图 2-1-5D)‘石豆’的发生比例会显著地增加，前述的‘OX951’大豆品种，其珠孔处于关闭状态的种子比例就显著高于其他品种(Kulik and Yaklich，1991)。珠孔的相反侧有一条细沟，称为缝线(raphe)。但是，一般的品种很难清晰地看到(图 2-1-5E，F)。

（二）胚

大豆种子的胚由胚根、胚轴和胚芽组成。胚根将发育成主根，胚轴包括子叶上胚轴和子叶下胚轴，是幼胚的茎，上连胚芽下连胚根，胚芽具有生长点和已分化了的真叶（单叶），以及第一复叶原基。大豆种子的胚根、胚轴和胚芽这 3 部分的质量一般为种子总质量的 2%～3%。与子叶相比，胚轴中异黄酮、皂苷含量极高，而且贮藏蛋白的组成也有显著差异（Kudou et al.，1991；谷山登志男等，1988；Sugimoto et al.，1987）。子叶和胚轴的衔接处称子叶节（cotyledonary node），为了与胚轴相区分，从子叶节向上至幼芽部分称为上胚轴（epicotyl）。由于大豆子叶节具有极强的组织再分化能力，因此，子叶节常被用作大豆转基因技术中的农杆菌介导子叶节转化体系的构筑。

胚轴从外向内由表皮（epidermis）、皮层（cortex）和中心柱（stele）构成。中心柱的内层称为髓（pith），外层是水分和养分的传导组织（conducting tissue）。发芽后的幼苗胚轴表皮颜色与花色相对应，受位于 *W1* 基因座的调控大豆花颜色的显性基因 *F3'5'H* 基因控制，即当其基因型为 *W1 W1 或 W1w1* 时，花色为紫色，其胚轴颜色也为紫色。反之，当大豆花为白色时，胚轴颜色则表现为绿色（Zabala and Vodkin，2007）。

（三）子叶

作为不完全无胚乳大豆种子，子叶肥厚而发达，约占种子质量的 95%以上。子叶内贮藏着丰富的营养物质，对大豆的萌发和初期的幼苗的生长具有重要作用，也是最具经济价值的部分。在成熟种子的子叶细胞内，分布着丰富的蛋白质颗粒（protein body），在蛋白质颗粒之间，散布着较多的油体颗粒（oil body，OB）（图 2-1-6，图 2-1-7）。但是，随着大豆种子的成熟，子叶细胞质体（plastid）内的淀粉含量会逐渐减少，其含量远低于红小豆、芸豆等其他豆类作物。

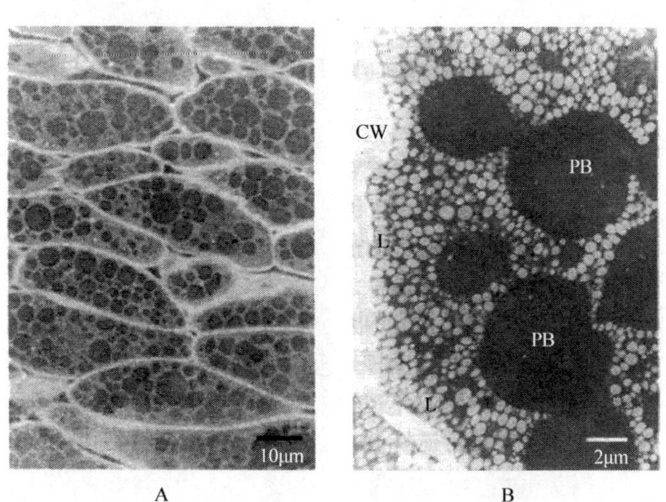

图 2-1-6　光学显微镜与电子显微镜下的大豆子叶细胞（斎尾恭子，1999）

A. 光学显微镜下的大豆子叶细胞；B. 电子显微镜下的大豆子叶细胞：CW 细胞壁，PB 蛋白质颗粒，L 脂肪颗粒

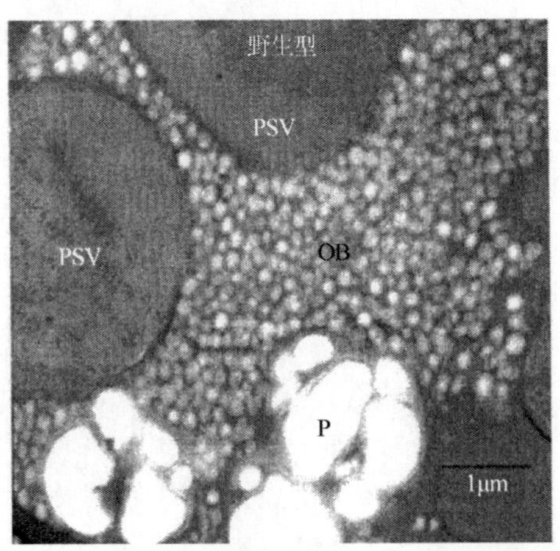

图 2-1-7 大豆组织中的油体颗粒(Monica and Eliot，2008)

OB 油体颗粒，PSV 蛋白质贮藏型液泡，P 贮藏蛋白

二、细胞内器官

(一)蛋白质颗粒

成熟的大豆种子蛋白质，主要存在于蛋白质贮藏型液泡(protein storage vacuole，PSV)中，在干燥种子中称为蛋白质颗粒(图 2-1-8)。作为大豆种子贮藏蛋白，7S 球蛋白和 11S 球蛋白主要蓄积在液泡基质(matrix)中。

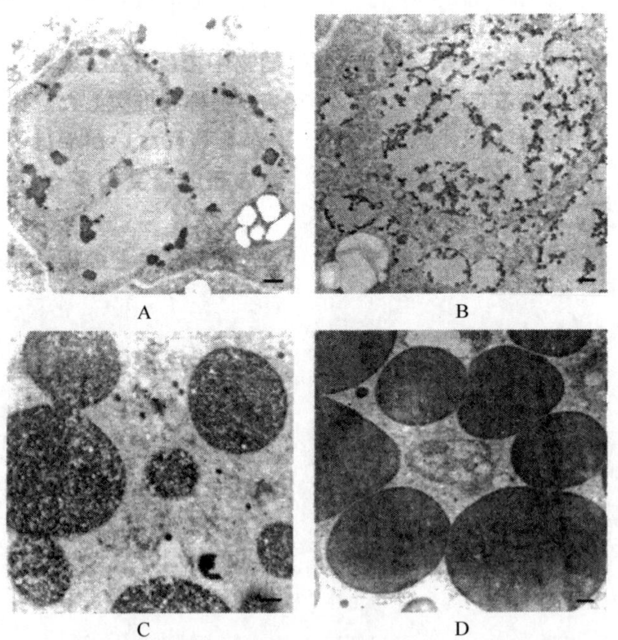

图 2-1-8 蛋白质贮藏型液泡的蛋白质蓄积过程(Mori et al.，2004)

A～D. 不同阶段种子蛋白质蓄积量的变化；A. 蛋白质积累在液泡外围阶段；B. 蛋白质接近液泡外围阶段；C. 蛋白质大致进入液泡外围阶段；D. 蛋白质完全进入液泡外围阶段；比例尺长度：1μm

（二）油体颗粒

1. 存在部位

大豆种子中储藏了约20%的脂质，为种子发芽提供能量。它分为极性脂质和非极性脂质。非极性脂质中，大部分以三酰甘油（triacylglycerol，TAG）的形式，蓄积于胚轴和子叶的油体颗粒中。总脂质中15%为磷脂质和糖脂质，它们属于极性脂质。磷脂质主要以细胞膜、PSV、细胞核（nucleus）、高尔基体（golgiosame）、线粒体（mitochondrial）等细胞器官膜的形式存在。糖脂质存在于脂质二层膜内部向膜表面突出的部位，作为特定化合物的识别位点，与特定的细胞结合，形成稳定的组织结构。

2. 存在状态

极性脂质中的磷脂质和糖脂质，常作为膜的构造成分存在，非极性脂质几乎以油体颗粒的内溶物的形式存在。OB以TAG为核，呈球形，其表面覆盖一层磷脂质，在磷脂质上面有钉状的碱性蛋白——油质蛋白（oleosin）插入其中，推测OB模型构造如图2-1-7所示，它先在细胞的小胞体（endoplasmic retiuculum，ER）内合成后，再输送至细胞质中。

（三）其他组织

其他组织如细胞核、小胞体、过氧化物酶体等。细胞核由2层核膜包裹，核膜上到处分布着直径为50～80nm的小孔，称为核膜孔。mRNA在细胞核内合成后就是通过核膜孔来到细胞质中的。小胞体是与核膜外膜相连的网状构造体。膜上附着有核糖体的小胞体称为粗面小胞体，核糖体上新合成的种子贮藏蛋白，被送入小胞体内。7S和11S球蛋白在小胞体内形成三聚体分子集合，据Kamauchi等（2008）研究表明，在催化蛋白质分子中，巯基与二硫键结合的蛋白质二硫键异构酶（protein disulfide isomerase，PDI）与大豆种子的贮藏蛋白的高级结构的形成密切相关。种子贮藏蛋白主要通过小胞体向高尔基体输送，最终蓄积到蛋白质贮藏型液泡。过氧化物酶体（peroxisome）又称微体（microbody），它是真核细胞中普遍存在的一层单位膜包裹的囊泡。它含有氧化酶、过氧化氢酶和过氧化物酶等丰富的酶类。其主要作用：①参与光呼吸作用，将光合作用的副产物乙醇酸氧化为乙醛酸和过氧化氢，过氧化氢酶利用过氧化氢氧化各种底物，如酚、甲酸、甲醛和乙醇等，氧化的结果是使这些有毒性的物质变成无毒性的物质，从而保护细胞免受高浓度氧的毒害。②在萌发的大豆种子中，进行脂肪的β-氧化，产生乙酰辅酶A，经乙醛酸循环，由异柠檬酸裂解为乙醛酸和琥珀酸，加入三羧酸循环，在大豆幼苗生长发育过程中承担着重要的作用。

（本节由姜妍、王绍东共同完成）

第二节　大豆品质性状分类

大豆品质包括两方面：一是种子的外观品质，指大豆种子的物理指标，大豆的外观等级即种子的商品品质；二是种子的内在品质，指种子的化学成分，即大豆中蛋白质、脂质、碳水化合物、维生素、配糖体、矿物质及微量元素等，它关系到大豆的营养价值及特殊用途。

一、外观品质

大豆种子的形状，分为球形、椭圆形、长椭圆形、扁椭圆形和肾形等。

大豆种子的大小，一般用百粒重(100 粒种子的克数)表示，按粒重大小可将其分为特大粒(>24.1g)、大粒(18.1～24g)、中粒(12.1～18g)、小粒(6.1～18g)和极小粒(<6g)5种。由于用途不同，对种粒大小的要求也不同。一般蔬菜用的要求大粒种或特大粒种，而作芽豆、纳豆用的要求百粒重在 10g 左右的小粒种。

大豆种皮的颜色，一般分为黄色、青色、黑色、褐色和双色等。种皮的颜色关系到大豆的商品价值，其中以黄色最佳，生产上大部分也都是以黄色为主。随着人们生活质量的提高，追求营养健康的饮食，黑色和褐色种皮的大豆越来越受到人们的喜爱。

大豆种脐的颜色，一般分为黄白色、淡褐色、褐色、深褐色、蓝色和黑色。

从商品质量检验角度，大豆分级标准是根据籽粒饱满、整齐度，种皮是否光洁，有无皱缩、破裂，成熟度是否一致，含水量，破碎率及杂质率多少而定。中国大豆标准 GB1352—2009 规定了大豆的商品等级，主要指标有纯粮率、杂质、水分(表 2-2-1)。纯粮率是指除去杂质的大豆(其中不完善粒折半计算)占试样质量的百分率。不完善粒包括未熟粒、虫蚀粒、病斑粒、破碎粒、生芽粒、涨大粒、霉变粒和冻伤粒等。中国大豆商品等级较低。目前，各类大豆按纯粮率分为 5 个等级，以 3 等为中等标准，低于 5 等的大豆为等外品。收购大豆水分的最大限度和大豆安全储存水分标准，由各省、自治区与直辖市规定。与国外标准相比较，中国大豆标准中杂质限量较低，而水分规定较严。但指标内容与国外标准不一致，各类大豆按纯粮率分等，标准中对不完善粒未作规定，缺乏可比性。因此，大豆标准的修订工作亟待加强。

表 2-2-1　中国大豆标准 GB1352—2009 等级指标

等级	完整粒率/%	损伤粒率/%		杂质含量/%	水分含量/%	色泽、气味
		合计	其中：热损伤率			
1	≥95	≤1.0	≤0.2			
2	≥90	≤2.0	≤0.2			
3	≥85	≤3.0	≤0.5	≤1.0	≤13.0	正常
4	≥80	≤5.0	≤1.0			
5	≥75	≤8.0	≤3.0			

二、内在品质

大豆的营养价值很高，其种子中含有丰富的蛋白质、脂肪、碳水化合物、维生素、矿物质及配糖体等物质，它们构成了大豆的内在品质，即化学品质。关于大豆化学品质的组成成分、分子结构、特性等方面的详细内容将在第三章中介绍，这里着重介绍大豆化学品质中的两个主要品质：蛋白质与脂肪。

大豆蛋白质是一种植物性蛋白。大豆蛋白质含量平均为40%左右，是谷类食物的4～5倍。大豆蛋白质的氨基酸组成与牛奶蛋白质相近，除甲硫氨酸略低外，其余必需氨基酸含量均较丰富，是植物性的完全蛋白质，在营养价值上，可与动物蛋白等同，在基因结构上也最接近人体氨基酸，因此是最具营养的植物性蛋白。王文真等(1998)分析了中国栽培大豆21 050份品种资源，蛋白质含量为29.3%～52.9%，平均为44.31%，产平均含量超过45%的高蛋白质大豆的省份有湖北、江苏、四川、贵州、江西、湖南、福建等。

大豆籽粒的蛋白质含量因品种、产地、栽培条件不同而不同。一般来讲，大豆蛋白质的生态地理分布，随着纬度的升高，蛋白质含量逐渐少。蛋白质含量与纬度呈极显著负相关，相关系数为−0.679，纬度每升高1°，蛋白质含量下降0.2138%(徐豹等，1984)。这是因为低纬度的高温、多雨和日照时数较短等条件有利于蛋白质的合成，40°N以北地区，东北大豆主产区蛋白质含量37%～41%；黄淮夏大豆区为中间过渡带，蛋白质含量40%～42%；南方夏大豆区为高含量区，蛋白质含量44%～45%。刘萌娟等(2007)对1012份陕西大豆品种资源的蛋白质和脂肪含量的分析结果表明：陕西大豆品种资源的蛋白质平均含量为(43.30±2.69)%；脂肪平均含量为(16.76±1.41)%，说明陕西大豆蛋白质含量较高而脂肪含量低，蛋白质和脂肪总含量为(60.05±2.48)%，蛋白质与脂肪含量呈极显著负相关($r=-0.404^{**}$，$P<0.01$)。蛋白质含量的变化范围较大，在高纬度地区，其中也不乏蛋白质含量高的大豆品种。闫春娟等(2011)采用辽宁省农科院种质资源圃的45份大豆种质资源，进行蛋白质及脂肪含量的测定，并对其进行相关及聚类分析。结果表明：45份大豆种质资源的蛋白质含量为39.86%～47.37%，平均值为43.34%，变异幅度为7.51%；供试品种的脂肪含量为17.58%～22.08%，平均含量为20.52%，变异幅度为4.50%；供试品种蛋脂总量变异范围为60.15%～66.69%，平均值为63.86%，变异幅度为6.54%。

脂肪是大豆种子中的重要组成成分和营养物质。中国栽培大豆种子中的脂肪含量一般为17%～21%，最高可达24%。大豆脂肪含量高低差异较大，主要受品种、产地、纬度、生态环境影响。一般地，温度较低、雨量偏少、日照时数较长的高纬度地区，则有利于脂肪的合成。大豆脂肪含量随纬度的增加而增加，据分析，东北春大豆平均脂肪含量＞南方夏大豆平均脂肪含量＞秋大豆平均脂肪含量。李卫东等(2006)通过对河南夏大豆主产区的5个试点，以‘豫豆25号’13期分期播种的方法研究了气象、土壤养分和海拔等38个生态因子对‘豫豆25号’脂肪含量的影响，通过逐步回归统计分析，确定了大豆脂肪含量与其密切相关的11个生态因素间的直线或曲线关系。明确了夏大豆鼓粒成熟期较少的日照、较高的均温、较多的降水和较大的昼夜温差，以及出苗期较高的均温和花荚期较多的降水均利于脂肪的积累形成。较高的土壤全氮和钾含量、较低的硫含量有利于大豆脂肪含量大幅度提高。pH为6.95～7.89时，偏碱性土壤利于脂肪的形成。在所有研究因子中，其他生态因子对大豆脂肪含量无明显影响。通常，东北主产区大豆脂肪含量在19%～22%，黄淮平原大豆产区脂肪含量在17%～18%，长江流域大豆产区脂肪含量在16%～17%，当然在每个产区也有局部地区不符合上述规律的现象。

随着民众消费水平的不断提升及大豆精深加工技术的快速发展，大豆新品种的培育朝着优质化、专用化的方向发展。例如，大豆油脂加工企业需要高脂肪含量的品种（>23%），分离蛋白加工企业则需要高蛋白质含量（>45%）且蛋白质凝胶稳定性好（高 11S 球蛋白含量）的大豆品种，豆奶加工企业则需要无豆腥味（脂氧酶完全缺失）、高分散性（高 7S 球蛋白含量）的大豆品种。

（本节由姜妍完成）

第三节　大豆种子成分

大豆种子以富含优质蛋白质、脂质、异黄酮、维生素 E 等多种营养成分而著称。在蛋白质含量方面，与其他粮油作物相比明显偏高，素有“植物肉”、“旱田之肉”等美称。除此之外，它还富含人体必需的多种氨基酸，仅赖氨酸含量，就比精白米、小麦、玉米等禾谷类作物种子高出数倍以上，对于人类长期摄食禾谷类粮食作物所致的食欲缺乏、偏食、消瘦等赖氨酸缺，起到了很好的补充作用（喜多村啓介，2010；Maruyama et al.，2001）。大豆还是重要的油料作物之一，脂肪含量多达 16%～22%，它还是多种灰分及矿物质营养元素的供给源。大豆种子主要成分含量与人体每人每天必需量比较详见表 2-3-1。

表 2-3-1　大豆种子成分含量与人体需要量比较

项目	蛋白质	豆油	低聚糖	膳食纤维	皂苷	异黄酮	各种维生素	微量元素	磷脂	核酸
大豆成分/(g/100g)	40	18～20	7～10	20	0.08～0.10	0.05～0.07	—	4～4.5	1.5～3.0	0.1～0.2
人体每日需要量/mg	91	350	10 000～20 000	25～35	30～50	40	149.4	—	—	400

资料来源：姜浩奎，2003

注：—表示无检测数据

上表数据表明，大豆种子几乎含有人体必需的各种营养成分。一方面，它承担了大豆自身生长所需的各种生理功能，称为一重功能；一方面，它又兼备一定的食品加工物性功能，称为二重功能；最重要的是它的三重功能，即它所具备的影响人类健康的诸多药理功能，如可降低血压的大豆多肽，可清除自由基、抗氧化的天然大豆维生素 E，可引起过敏反应的 Gly m Bd 28k、Gly m Bd 30k、Gly m Bd 60k 等过敏源蛋白，影响凝胶稳定性（加工物性）的 7S、11S 球蛋白亚基，可引起大豆腥臭味的脂氧酶等。如何调控这些成分的多寡，避开有可能对人类健康造成危害的一面，充分发挥其二、三重功能的作用，对保障人类健康、增强国民体质具有重要的意义。

一、蛋白质

（一）蛋白质含量、分类及氨基酸组成

1. 蛋白质含量

据中国农业科学院油料作物研究所对 3202 份栽培大豆粗蛋白含量分析，最低为

30.10%，最高为52.02%，平均为40%左右。其中，夏大豆蛋白质含量高于春大豆，野生大豆蛋白质含量高于栽培大豆（谢令琴等，1996）。蛋白质含量高，是我国大豆的竞争优势，美国大豆协会（American Soybean Association，ASA）及美国联合大豆委员会（United Soybean Board，USB）公布的数据表明，近年美国大豆蛋白质平均含量较低，仅为35%左右。

2. 蛋白质分类

按照蛋白质生理功能分类，可分为贮藏蛋白、酶及生理活性蛋白。贮藏蛋白根据其结构及溶解特性，可分为球蛋白和清蛋白，其中球蛋白约占90%，可溶于水或碱性溶液。因球蛋白加酸，调节pH至等电点（pI=4.5）可析出沉淀，也被称为酸沉淀蛋白，清蛋白无此特性，被称为非酸沉淀蛋白。球蛋白大部分贮存于子叶亚细胞结构——蛋白体中，大豆种子主要球蛋白成分，详见图2-3-1及表2-3-2。应用超速离心分离法对球蛋白进行分离分析，可将其分为2S、7S、11S、15S等4级组分（$1S=10^{-13}s$），分别占球蛋白总量的22%、37%、31%和10%（Peng et al.，1984）。2S球蛋白分子质量较小，在工业提取分离时，因其分散于水溶液中不易被回收；15S球蛋白分子质量较大，不易溶解于溶液而多残留于豆渣中。因此，7S和11S球蛋白无论从含量上，还是蛋白质的提取上，自然成为大豆种子主要蛋白质成分（周宝瑞和周兵，1998）。虽然大豆、蚕豆、豌豆等豆类作物种子中，均含有7S、11S这两种球蛋白，但是作物种类或品种不同，含有球蛋白的种类及7S与11S的比率，也存在一定的差异。例如，芸豆、红小豆种子中，只含有7S球蛋白（喜多村啓介，2010）。

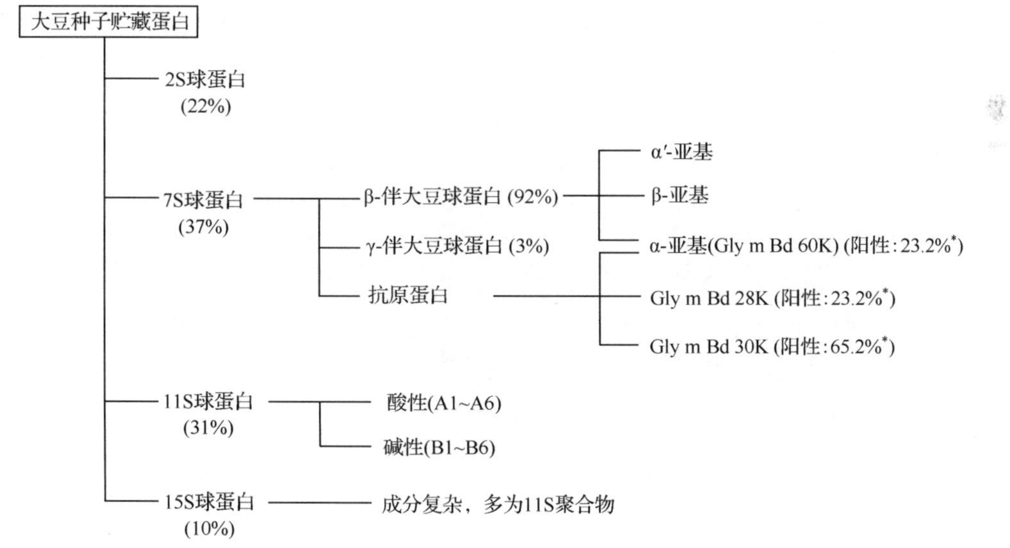

图2-3-1 大豆种子贮藏蛋白组分构成

星号标注数字表示过敏人群对该亚基呈阳性反应的比例

表 2-3-2　大豆种子主要球蛋白组分

组分	成分	相对分子质量
2S	胰蛋白酶抑制剂	8 000～21 500
	细胞色素 C	12 000
7S	血球凝集素	110 000
	脂氧酶	102 000
	淀粉酶	61 700
	7S 球蛋白	180 000～210 000
11S	11S 球蛋白	302 000～375 000
15S	11S 球蛋白聚合物等	600 000

资料来源：周瑞宝和周兵，1998

3. 氨基酸组成

大豆蛋白质的氨基酸组成相对比较均衡，而且较易被人体吸收，其生物学价值与动物蛋白相似，含有人体必需的 8 种氨基酸，属于全价蛋白。如表 2-3-3 所示，其氨基酸的比例与联合国粮食及农业组织/世界卫生组织(FAO/WHO)的推荐值较为接近(王连铮，2010)。但是，由于甲硫氨酸、胱氨酸等含硫氨基酸所占的比值较低，一定程度上影响了它的有效利用价值。因此，通过遗传改良手段，提高蛋白质营养价值，增加含硫氨基酸含量，已成为大豆品质改良育种的重要目标。

表 2-3-3　大豆及主要粮油作物氨基酸含量组成比较　(单位：g/100g 蛋白质)

氨基酸		大豆蛋白	菜籽蛋白	大米蛋白	小麦蛋白	玉米蛋白	FAO/WHO 推荐值
必需氨基酸	赖氨酸	6.01	5.81	3.52	2.44	3.67	5.50
	甲硫氨酸	1.56	2.38	1.73	1.41	1.83	—
	苏氨酸	3.66	4.50	3.85	3.04	4.40	4.00
	亮氨酸	7.72	7.31	8.40	7.11	15.20	7.00
	异亮氨酸	5.02	4.20	3.54	3.58	3.28	4.00
	苯丙氨酸	5.00	4.14	4.75	4.53	4.96	—
	缬氨酸	5.30	5.29	5.43	4.22	4.95	5.00
	色氨酸	1.20	1.45	1.68	1.14	0.78	1.00
非必需氨基酸	组氨酸	2.25	2.72	2.32	2.23	3.03	—
	精氨酸	7.55	6.64	9.15	4.29	4.70	—
	天冬氨酸	10.38	7.12	8.46	7.22	7.05	—
	丝氨酸	4.61	4.71	5.02	5.97	3.62	—
	谷氨酸	18.42	17.92	19.68	29.94	13.25	—
	脯氨酸	6.20	6.14	3.95	7.56	5.63	—
	甘氨酸	4.62	5.33	3.27	4.46	6.65	—
	丙氨酸	4.50	4.90	5.43	4.02	4.62	—
	胱氨酸	1.63	2.64	2.21	2.54	2.40	＞3.5
	酪氨酸	3.91	3.10	3.80	3.20	5.20	＞6.0

资料来源：王连铮，2010

注：—表示无推荐值

(二)贮藏蛋白

大豆贮藏蛋白主要由7S球蛋白和11S球蛋白构成。7S球蛋白的含硫氨基酸含量较低，其中β-伴大豆球蛋白(β-conglycinin)的β-亚基无含硫氨基酸(Coates，1985)。大豆贮藏蛋白含硫氨基酸含量较低，限制了人和其他动物对大豆贮藏蛋白中其他氨基酸的吸收，特别是限制了人体不能合成的必需氨基酸的吸收，如甲硫氨酸等含硫氨基酸的吸收利用。另外，β-伴大豆球蛋白中的α-亚基是引起人体对大豆蛋白制品过敏的主要因子之一(Ping et al.，2004)。因此，增加11S球蛋白的含量降低7S球蛋白的含量，可以提高大豆蛋白的营养品质，调节7S球蛋白与11S球蛋白的比例，可以改善大豆蛋白的加工品质(Fukushima，1991；Yamaguchi et al.，1991)。

1. 球蛋白的组成及营养特性

(1)7S球蛋白

7S球蛋白又称为豆球蛋白(legumin)，是一种带有5万～7万个亚基的三级结构蛋白质，相对分子质量为6万～20万(表2-3-2)。大豆、红小豆、芸豆等的7S球蛋白是一种带有糖锁的糖蛋白；豌豆、蚕豆等的7S球蛋白则不带糖锁。7S球蛋白主要由β-伴大豆球蛋白(92%)和γ-伴大豆球蛋白(3%)构成，其中，β-伴大豆球蛋白是主要贮存形式，它由α′、α、β 3种亚基组成(图2-3-1)。7S球蛋白含有人体必需的8种氨基酸，在分散性及赖氨酸含量方面高于11S球蛋白，但是甲硫氨酸等含硫氨基酸含量较低，仅为11S球蛋白的16%～20%，在营养性上不如11S球蛋白高，而且7S球蛋白稳定性较差，在离子强度发生变化时，极易发生聚合或离析作用(喜多村啓介，2010)。

(2)11S球蛋白

11S球蛋白又称为豌豆球蛋白(vicilin)，是一种不均匀性蛋白质(Iwabuchi，1991)，由6个酸性亚基(A1～A6)和6个碱性亚基(B1～B6)交互构成两个比较稳定的环状六角形结构，它们以二硫键结合形成特定的酸-碱配对的二聚体(Badley，1975)。根据其相对分子大小及同源性差异，Scallon等把它们划分为两组：组Ⅰ($A_{1a}B_{1b}$、A_2B_{1a}和$A_{1b}B_2$)和组Ⅱ($A_5A_4B_3$和A_3B_4)。组Ⅱ又可分为$Ⅱ_a$($A_5A_4B_3$)和$Ⅱ_b$(A_3B_4)两个亚组(Scallon et al.，1985)。相对分子质量约为35万(表2-3-2)，约占种子总蛋白质的35%，等电点为pI 4.64。11S球蛋白与植物种类无关，是一种无任何糖锁附加的非糖蛋白。其甲硫氨酸、色氨酸等含硫氨基酸较7S球蛋白含量高，具有较高的营养特性及凝胶稳定性。

(3)7S球蛋白与11S球蛋白的关系

日本学者Ogawa等(1989)、姜振峰等(2007)研究表明，7S球蛋白与11S球蛋白含量之间呈显著的负相关，相关系数$r=-1^{**}$，即可以通过降低7S球蛋白的含量，提高11S球蛋白含量及11S球蛋白与7S球蛋白比值，改良大豆种子贮藏蛋白中甲硫氨酸等含硫氨基酸含量不足的弊端，提高其营养价值。根据Maruyama等(2002)对7S球蛋白与11S球蛋白的同源性比较，发现二者的氨基酸序列在局部领域存在类似性，认为二者可能来自共同的祖先。它们均在粗面内质网(rough-surfaced endoplasmic reticulum，rER)上合成，在翻译的同时移行至小胞体(endoplasmic reticulum)内，经分子聚合成三聚体，运至液泡，经液泡底物结合酶的催化，11S 球蛋白各亚基经二硫键(—S—S—)连接的酸性链(A 链)和碱性链(B 链)被切断，聚合成分子六聚体。7S 球蛋白尽管存在少数亚基 N 端的前肽域(propeptide region)被切除，但是它仍然保持着三聚体的分子聚合状态不变(喜多村启介，2010)。

2. 球蛋白的加工特性

大豆球蛋白的溶解性、凝胶稳定性及乳化性被认为是重要的加工功能特性。特别是有关大豆蛋白质的溶解性研究，很久以来就备受重视。若大豆蛋白质的溶解性不良，必然会影响大豆的加工功能特性。

(1)球蛋白的溶解性

众多的研究报道，大豆种子贮藏蛋白具有不易溶于纯水，但溶于低浓度中性盐溶液的特性。它的溶解性是蛋白质-水、蛋白质-蛋白质相互作用，最终达到平衡的结果。影响蛋白质溶解度的因素，主要有溶媒的 pH、离子强度及该蛋白质的等电点等。大豆蛋白质的平均等电点在 pH=4.8 时，几乎不含盐离子的水溶液的溶解度最低。陈海增等(1991)认为，大豆种子中含有的植酸成分，通常以植酸钙、镁盐的形式和植酸-7S 球蛋白结合的形式存在，其含量的降低或去除，会极大地改善大豆蛋白的溶解性、豆乳的均质及稳定性。

(2)球蛋白的凝胶稳定性

大豆蛋白质凝胶是基于蛋白质三级结构形成的具有保水功能的透明或半透明网络构象体，它是大豆分离蛋白(soybean protein isolate，SPI)最主要的功能特性之一。球蛋白凝胶网络的形成，主要由加热所致，其形成过程如图 2-3-2 所示，分为 3 个阶段：Ⅰ可溶性团粒的形成，即天然球蛋白(native glcinin)经初级加热形成可溶性聚合体(soluble aggregates，straight or branched)→Ⅱ网状结构的形成，即通过继续加热，可溶性凝聚物相互自由缔合，形成网络结构的软胶(network structure，soft gel)→Ⅲ凝胶硬度的增强，即继续加热至 80℃以上，可形成结构有序的凝胶(network structure，hard gel)(喜多村启介，2010；朱晓烨等，2010；陈复生，2000)。这种热致凝胶网络，具有束缚水、脂质、风味物质、色素等成分，使其在分散相中保持相对稳定的功能(Shand et al.，2007)，凝胶稳定性的好坏，将直接影响食品加工企业的经济效益。

大豆球蛋白(glycinin)和β-伴大豆球蛋白是大豆分离蛋白的两种主要成分。但在凝胶形成的贡献方面，大豆球蛋白远大于β-伴大豆球蛋白，主要原因取决于前者的变性温度大于后者，即在加热至变性温度以上时，凝胶随着温度的增加而变硬，后者则不再变硬。反之，低温加热条件下，因球蛋白的变性不充分，β-伴大豆球蛋白对凝胶形成所起的作用会更大一些(Saio and Watanabe，1978)。另据 Nakamura 等(1984)、Adachi 等(2004)等众多的研究表明，大豆蛋白的各亚基不同，也会影响凝胶的形成：例如，A_3B_4 球蛋白亚基形成的凝胶硬度大于其他亚基，$A_5A_4B_3$ 亚基形成凝胶的速度大于其他亚基；β-伴大豆球蛋白方面，α-亚基形成凝胶的硬度比α′-亚基形成凝胶的硬度大。以上是加热条件下蛋白质自身特性对凝胶形成的影响。另外，通过改变蛋白质的环境条件，如改变二价离子的强度、降低 pH 等方法，也可以影响凝胶形成的强度及速度。

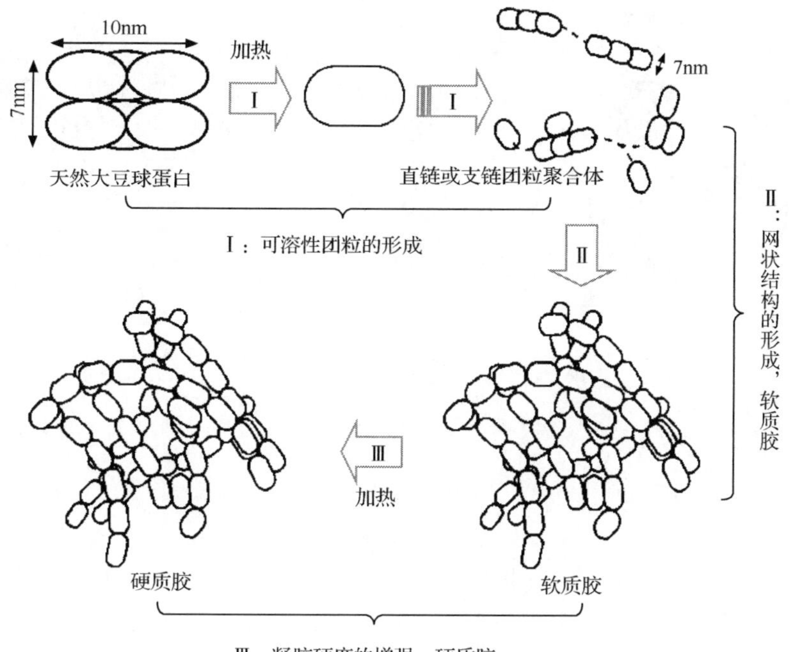

图 2-3-2　大豆球蛋白热致凝胶过程(中村卓等，2010)

(3)球蛋白的乳化性

大豆球蛋白的乳化性是指油水混合在一起形成的乳状液性能，是大豆球蛋白的一种重要功能性质。球蛋白乳化性常用乳化稳定性指数(ESI)和乳化活性指数(EAI)两个指标来评价。乳化稳定性是指蛋白质维持油水混合不分离的乳化特性对外界条件的抗应变能力，乳化活性是指蛋白质在促进油水混合时，单位质量的蛋白质(g)能够稳定的油水界面的面积(m^2)。大豆球蛋白具有很强的表面活性，它既能降低油和水的表面张力，又能降低水和空气的表面张力，其乳化能力的强弱与蛋白质浓度、pH、NaCl 浓度、受热温度、物理作用力及增稠剂浓度等密切相关(张宏露等，2011；张根生，2006；潘秋琴和沈培英，1997)。

常见的天然乳化物有豆乳(soymilk)、豆腐(tofu)等。关于豆乳、豆腐的构造，日本学者小野伴忠团队的研究较为详尽(小野伴忠，2009；Guo and Ono，1997)，如图 2-3-3 所示，豆乳主要成分是水溶性蛋白(球蛋白、β-伴大豆球蛋白等)和油体(或称“油滴”)。水溶性蛋白或游离于水中，或附着于油体表面，油体由油质和镶嵌于油质表面的油质蛋白和磷脂质构成，它们共同形成了分散稳定性极佳的乳状液——豆乳。豆腐由油体、水及蛋白质网状结构组成。豆乳加热后，附着在油体表面的球蛋白、β-伴大豆球蛋白发生脱离进入水中，并与水中已经存在的蛋白质凝集形成的较大的胶状体(colloid)。这些胶状体遇到 Mg^{2+}(卤水，$MgCl_2$)或 Ca^{2+}(石膏，$CaCO_3$)，或将 pH 往酸性方面调整时，蛋白质粒子会更加聚合，形成复杂的网络构造，形成豆腐。豆乳、豆腐构成模式详见图 2-3-3。

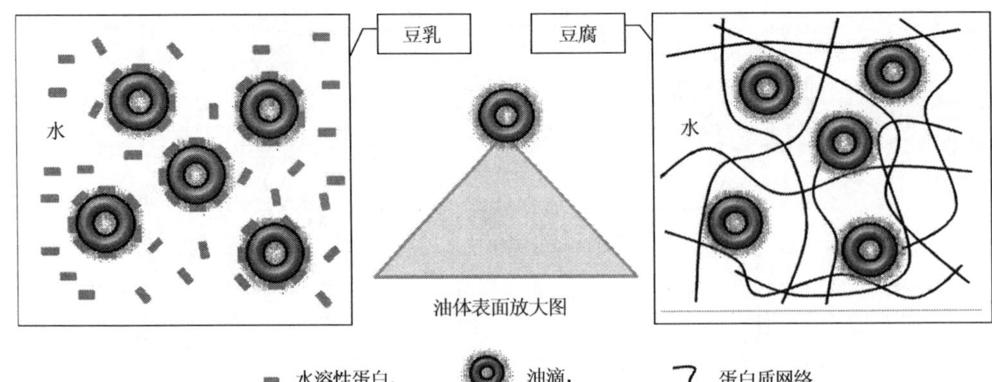

图 2-3-3 豆乳、豆腐中油分和蛋白质存在模式（喜多村啓介，2010；小野伴忠，2009；Guo and Ono，1997）

Maruyama 等（2004，2002，1999）的研究表明，β-伴大豆球蛋白亚基构成不同，其乳化性也有差异。其中，β-亚基与α-、α′-亚基的乳化性相比，其乳化性远低于后两者；球蛋白亚基组成不同，其乳化性高低也不同，Group Ⅱ（A_3B_4，$A_5A_4B_3$）亚基比 Group Ⅰ（$A_{1a}B_{1b}$，$A_{1a}B_2$，A_2B_{1a}）亚基的乳化性高，即便是同一 Group Ⅱ 内，$A_5A_4B_3$ 亚基的乳化性也比 A_3B_4 高。

（三）酶及生理活性蛋白

1. 酶的组成及功能

大豆种子中主要包含以下 4 种酶，即脂肪氧化酶（lipoxygenase，以下简称为脂氧酶，Lox）、β-淀粉酶（β-amylase）、脲酶（urease）和蛋白酶（proteinase）。

（1）脂氧酶

大豆脂氧酶约占大豆蛋白总质量的 1%，存在于大豆种子和叶片中。在食品加工领域，它具有漂白小麦面粉和增强面团的黏性和弹性的功效。自古以来，人们利用这一特性，在面制品制作过程中，常添加适量的豆粉，以增加其商品性和适口性。另外，由于它具有氧化分解大豆油中不饱和脂肪酸的特点，降低了大豆油的营养品质和保存期限，使豆油产生令人不快的气味，因此通过遗传改良育种手段，去除大豆种子的脂氧酶，已成为大豆品质改良育种的一个重要目标。

大豆脂氧酶有 3 个同工酶（Lox_1，Lox_2 和 Lox_3），cDNA 克隆结果显示，它们分别由 838 865 857 个氨基酸构成（Shibata，1988；Axelrod，1981），分子质量为 94～101 kDa。如图 2-3-4 所示，在酶的中间部位，含有较多的保存良好的组氨酸[histidine，His（H）]序列，这部分序列包含的 2 个非钼铁结合的 His 残基，对保持脂氧酶活性起重要作用（Shibata et al.，1988）。

```
                    *       *
Lox1(494)    HQLMSHWLNTHAAMEPFVIATHRHLSVLHPIYKLLTPH   (530)
Lox2(522)    HQLMSHWLNTHAV I EPF I IATNRHLSALHPIYKLLTPH  (559)
Lox3(513)    HQLVSHWLNTHAVVEPF I IATNRHLSVVHPIYKLLHPH  (549)
```

图 2-3-4 含有较多组氨酸的脂氧酶氨基酸序列

*表示非钼铁结合的 His 残基

(2) β-淀粉酶

β-淀粉酶是一种能降解淀粉的外切型糖化酶。日本学者三上文三(2004)推断它以贮藏蛋白的形式存在于大豆种子中，含量较为丰富。用水抽提大豆蛋白经过超速离心后，存在于 7S 球蛋白组分中。它由 1 条 495 个残基组成的多肽链构成，分子质量为 56～62kDa。它作用于淀粉时，从α-1，4-糖苷键(glucoside)的非还原性末端，顺次切下麦芽糖(maltose)单位，水解产物为麦芽糖及大分子的β-界限糊精(limit dextrn)，同时发生瓦尔登转位反应(Walden inversion)，使产物由α-型麦芽糖转变为β-型麦芽糖，故称为β-淀粉酶。

(3) 脲酶

脲酶广泛分布于豆科植物和多种细菌中，是一种可以将尿素水解为氨(ammonia)及氨基甲酸(carbamic acid)的尿素水解酶，是植物生长的氮素供给源。它在大豆种子的含量较低，仅为大豆种子可溶性蛋白的 0.2%以上。它有 2 个同工酶，cDNA 克隆结果显示，它们均由 838 个氨基酸构成，一级结构有 87%的同源性。分子质量为 480kDa (Goldraij et al.，2003)。

(4) 蛋白酶

大豆蛋白酶是一类能水解大豆蛋白的酶的总称，其种类较为繁多，分子质量也大小不一。在众多的大豆蛋白酶中，以对作用于大豆种子形成过程及发芽过程的蛋白酶研究较多(Müntz et al.，2001)。按水解蛋白质底物的部位不同，可将其分为内肽酶(endopeptidase)和外肽酶(exopeptidase)，前者水解蛋白质中间部分的肽键，后者则可催化多肽链末端肽键水解，所剪切的肽链末端为氨基端的又称为氨基肽酶，末端为羧基端的又称为羧基肽酶。内肽酶水解物易产生苦味，其活性越大，产生的苦味越浓。按作用的最适 pH 不同，可将其分为酸性蛋白酶(vernase)、碱性蛋白酶(alcalase)和中性蛋白酶(neutrase)，酸性、碱性蛋白酶的酶切位点易产生苦味，中性蛋白酶的酶切位点不易产生苦味(张树政，1998)。

2. 生理活性蛋白的组成及功能

(1) 凝集素

凝集素(lectin)是一种能与单糖或糖锁特异结合的糖蛋白总称。在植物、无脊椎动物和高等动物中都有分布，因其能凝集红细胞，故名凝集素。大豆凝集素占大豆总蛋白含量的 1%～2%，它由 4 个含有 253 个残基的亚基构成，每个亚基都存在一个糖结合位点，与糖特异结合的氨基酸仅有 3 种，分别为天冬酰胺(Asn)，苯丙氨酸(Phe)及天冬氨酸(Asp) (Gonzalez et al.，2003)。由于凝集素具有只对某一种特异性糖基专一性结合的能力，特别是它能识别细胞膜表面的糖基。因此，它常作为研究细胞膜结构的探针。凝集素在大豆上的生理功能主要体现为：它作为大豆与根瘤菌共生的中间媒介，具有对其他病原微生物的生理防御功能(Sharon and Lis，2006)。

(2) 蛋白酶抑制剂

蛋白酶抑制剂(protease inhibitor)是一类可阻碍或降低蛋白酶生物活性而不使酶蛋白变性的蛋白质总称。根据蛋白酶抑制剂作用于蛋白酶的类型，大致可以将其分为 4 大类：丝氨酸蛋白酶抑制剂(Ser-protease inhibitor)、半胱氨酸蛋白酶抑制剂(Cys-protease inhibitor)、天冬酰胺蛋白酶抑制剂(Asp-protease inhibitor)和金属蛋白酶抑制剂(metallo-protease inhibitor)。丝氨酸蛋白酶抑制剂是研究较多的一大类，酶的活性中心含有丝氨酸和组氨酸残基，如大豆胰蛋白酶抑制剂(trypsin inhibitor)属于典型的丝氨酸蛋白酶抑制剂，它既能与丝氨酸蛋白酶的活性部位的丝氨酸(Ser)、组氨酸(His)残基结合，又不使酶蛋白变性。

大豆中胰蛋白酶抑制剂有7～10种，目前已分离出2种：Kunitz型抑制剂(KSTI)和Bowman-Birk型抑制剂(BBI)，前者分子质量较大(约20kDa)，后者分子质量较小(8～12kDa)。Koide和Ikenaka(1973)对KSTI的氨基酸序列分析结果表明：KSTI的一级结构由181个氨基酸残基构成，内含2个二硫键(Cys39-Cys86，Cys138-Cys145)，活性反应部位是Arg-63和Ile-64，1分子的KSTI能使1分子的胰蛋白酶失活。Odani和Ikenaka(1972)对BBI的氨基酸序列分析表明：BBI的一级结构是一条由71个氨基酸残基组成的肽链，含有14个Cys和7个二硫键，1分子中有2个活性反应部位：一个是Lys16-Ser17，为胰蛋白酶结合位点，另一个是Leu44-Ser45，为胰凝乳蛋白酶结合位点。

大豆胰蛋白酶抑制剂主要存在于大豆的子叶中，占大豆总蛋白含量的6%～8%。它的生理功能主要体现为：可防止大豆种子蛋白自身分解代谢的发生，促进种子处于休眠状态，具有抗虫等植物防御功能。从大豆蛋白的营养性方面考虑，让大豆种子中的胰蛋白酶抑制剂缺失，利于蛋白质的消化吸收。目前，中国农业科学院已通过遗传改良手段，培育出了‘中黄16’等KSTI缺失型大豆新品种。

二、脂质

大豆脂质的构成成分较多，从大豆粗脂肪(未经精制的大豆油)成分来看，三酰甘油酯(triacylglycerol，TAG)是其主要成分，约占95%。其次为磷脂质，如可用作食品乳化剂的卵磷脂(lecithin)、具有健脑功效的脑磷脂(cephalin)等，占2%左右。另外，大豆脂质还含有一些微量成分，非皂化物(unsaponifiable)，如豆甾醇(stigmasterol)等，维生素E(tocopherol)、类胡萝卜素(carotenoid)及植物色素(plant pigment)等占1%左右。这些成分含有的比例，虽受品种间差异、成熟度及成熟期气候因素等影响，但它们却是构成大豆脂质的最基本成分(喜多村啓介，2010)。

(一)大豆脂质的含量、特征及其脂肪酸组成

大豆素以蛋白质、脂质含量高而闻名，是世界4大油料作物之一。它是植物贮藏能量的两种形态之一，其中一种为碳水化合物的形式(主要以淀粉为主)，一种即为脂质。大豆贮藏能量的形态，以脂质的形式贮藏于子叶中。同样是豆科植物，红小豆却是以淀粉形式贮藏能量的。大豆油作为食用油，被广泛地应用于日常饮食和食品加工领域，消费量几乎占到世界食用油总消费量的1/3以上。

大豆脂质在常温下呈液体状态时称为“油”，常温下呈固体状态时称为“脂”。一般大豆种子平均含油量在20%左右，主要由甘油和脂肪酸形成的甘油脂肪酸酯组成。根

据中国农业科学院油料作物研究所，对我国 3202 份栽培大豆的脂质含量分析结果表明，其粗脂肪平均含量为 17.39%。其中，春大豆含量较夏大豆高，最高可达 24.16%；栽培大豆较野生大豆高，野生大豆脂质的平均含量仅为 10.68%（谢令琴等，1996）。傅翠真等（2000）对我国 16 000 份栽培大豆资源粗脂肪含量分析显示，含量在 18%以下的品种占总调查份数的 55.24%，含量超过 22%的品种仅占 0.94%。按照我国优质大豆的标准，种子粗脂肪含量超过 22%，即属于高油大豆品种。美国大豆脂质含量近年虽有下降趋势，但平均含量也超过 19%，而巴西等南美洲国家大豆脂质平均含量较高，保持在 21%左右。

如表 2-3-4 所示，构成大豆脂质的脂肪酸种类很多，超过 10 种以上。但大豆脂质的特征是不饱和脂肪酸，尤其是多价不饱和脂肪酸，如亚油酸的含量较为丰富，约占全部脂肪酸含量的 60%。近年来，因大豆油脂中的不饱和脂肪酸具有降低人体血液中胆固醇含量的功效，因而备受关注，有必需脂肪酸之称。但也因其易被氧化，而影响豆制品的保存期限及风味品质等。相反，根据其易被氧化的特点，即利用涂成薄层的大豆油与空气中的氧气接触，会形成膜状物的特点，大豆油作为半干性油，成为涂料的主要成膜物质。

表 2-3-4　大豆脂质中脂肪酸的组成及其含量

	脂肪酸种类	含量范围/%	平均值/%
饱和脂肪酸	月桂酸（$C_{12:0}$）	—	0.1
	豆蔻酸（$C_{14:0}$）	＜0.5	0.2
	棕榈酸（$C_{16:0}$）	7.0～12.0	10.7
	硬脂酸（$C_{18:0}$）	2.0～5.5	3.9
	花生酸（$C_{20:0}$）	＜1.0	0.2
	山萮酸（$C_{22:0}$）	＜0.5	—
合计		9.0～19.5	15.1
不饱和脂肪酸	棕榈油酸（$C_{16:1}$）	＜0.5	0.3
	油酸（$C_{18:1}$）	20.0～50.0	22.8
	亚油酸（$C_{18:2}$）	35.0～60.0	50.6
	α-亚麻酸（$C_{18:3}$）	2.0～13.0	6.8
	花生四烯酸（$C_{20:4}$）	＜1.0	—
合计		—	80.5

资料来源：王连铮等，2010

注：—表示无检测数据

（二）中性脂质

中性脂质（neutral lipid）一般指的是三酰甘油酯，即 TAG。它是由甘油的 3 个羟基和脂肪酸的 3 个羧基脱水缩合而成的酯。根据其与脂肪酸结合的种类不同，中性脂质的理化性质也会发生大的变化。它主要包括以下 5 种脂肪酸：棕榈酸（$C_{16:0}$）、硬脂酸（$C_{18:0}$）、油酸（$C_{18:1}$）、亚油酸（$C_{18:2}$）及α-亚麻酸（$C_{18:3}$）。如表 2-3-4 所示，由于在精制大豆油中，TAG 的含量占 95%左右，通常所说的大豆脂质的脂肪酸组成，也可以认为是 TAG 的脂肪酸组成（喜多村啓介，2010）。TAG 脂肪酸的组成不是一成不变的，它较易受品种、成熟度及气候因素变化等的影响。例如，随着大豆种子成熟的推移，棕榈酸、α-亚麻酸含量会减少，亚油酸含量会上升。由于 TAG 中多价不饱和脂肪酸(PUFA)中亚油酸和α-亚麻酸含有的比例都较高，二者均易被氧化。脂质的氧化，是由于与之结合的各种脂肪酸的氧化所致。由于 PUAF 分子内都含有 2 个以上的双键，在 2 个双键之间存在的甲基成为 PUAF 易被氧化的根源。特别是α-亚麻酸由于含有 3 个不饱和键，极易被氧化产生游离脂肪酸，然后氧化产生过氧化物，再分解成为多种小分子质量的醛、酮等具有刺激性腥臭味的化合物。

(三)磷脂质

大豆磷脂质(phospholipid)是一种混合脂质，它是由磷脂酰胆碱(卵磷脂，简称 PC，高等级为 PPC)、磷脂酰乙醇胺(脑磷脂，简称 PE)、磷脂酰肌醇(肌醇磷脂，简称 PI)、磷脂酰丝胺酸(丝胺酸磷脂，简称 PS)等成分组成。其中最典型的是 PC、PE 和 PI。具有促进细胞增殖，预防粥样动脉硬化和神经衰弱，抑制肠内胆固醇的吸收和抗脂肪肝，以及减缓脑细胞的退化与死亡，增强体质和记忆力等功效。

(四)植物性固醇

大豆粗脂质中约含有 0.3%的植物性固醇(phytosterol)。大豆种子中含有的固醇主要有 3 种，即β-谷甾醇(β-sitosterol)、菜油甾醇(campesterol)及豆甾醇(stigmasterol)。其中，β-谷甾醇是主要的植物性固醇，占大豆植物性固醇总量的 50%以上。大豆固醇是大豆中的一种活性成分，具有降低血液胆固醇、防治前列腺肥大、抑制肿瘤、抑制乳腺增生和调节免疫等作用。

(五)糖脂质

糖脂质(glycolipid)包括甘油糖脂、鞘糖脂、脂多糖等。它是植物细胞膜的重要组成成分，在生物体含量较少，但分布甚广的一种脂质。植物的叶绿体、类囊体膜成分的 90%是由甘油糖脂构成(田尾早奈英和田中伸子，2006)。糖脂质也存在于大豆中，但含量极低。

三、碳水化合物

大豆碳水化合物(carbohydrate)的构成及含量，因大豆品种种类及部位的不同而异。其含量为 22%～38%。根据碳水化合物的结构划分，可将它分为单糖(monosaccharide)、寡聚糖(又称低聚糖，oligosaccharide)及纤维素(cellulose)、淀粉(starch)等在内的多糖。按溶解性分类，可将其分为可溶性碳水化合物及不溶性碳水化合物两类，可溶性碳水化合物主要包括大豆寡聚糖，不溶性碳水化合物主要指大豆膳食纤维(dietary fiber)等。

(一)单糖、寡聚糖及淀粉

大豆碳水化合物含量的积累是随着大豆种子的成熟而变化的。一般呈现出先增后降的变化趋势。特别是对以鲜食为目的的毛豆来说，在开花后 35～45 天时，蔗糖及淀粉的含量达到最大值，之后呈显著下降趋势；棉子糖(raffinose)、水苏糖(stachyose)等寡聚糖含量则随着种子的成熟而增加。在成熟的大豆种子中，葡萄糖(glucose)、阿拉伯糖(arabinose)等单糖的含量极低(Masuda and Harada，2000)。

一般成熟的大豆种子中，寡聚糖的含量为 7%～14%，其中蔗糖含量占 3%左右，棉子糖占 1%左右，水苏糖占 2%～4%，而且，它们大部分存在于胚轴及子叶部位，种皮中几乎不存在。过去，大豆寡聚糖曾被认为是产生肠内胀气的根源，近年来，随着人们对大豆寡聚糖的保健功能——“活化人体肠内有益菌群、促进人体内双歧杆菌的增殖、抑制有害菌群的生长及增强机体免疫力”的认识，大豆寡聚糖作为保健食品被越来越多的民众所接受(Mitsuoka et al.，1987)。另外，由于它具有的较高的热稳定性，也被广泛地用于食品加工制造领域。

(二)膳食纤维

大豆膳食纤维，素有人类“肠道清道夫”的美誉，是纤维素(cellulose)、半纤维素(hemicellulose)、树脂(resin)、果胶(pectin)及木质素(lignin)等的总称。它主要存在于大豆子叶和种皮细胞壁内，其含量占大豆种子总质量的 15%左右，大豆种子部位不同，其含量也有较大的差异，种皮虽然仅占种子总质量的 8%左右，但种皮中 86%左右的成分属于此类物质。

根据膳食纤维在水溶液中的提取性质，通常将其分为两大类：即水溶性膳食纤维(SF)和不溶性膳食纤维(ISF)。根据 Ouhida 等(2002)的研究结果表明，SF 主要存在于子叶中，主要单糖构成包括半乳糖(galactose)、阿拉伯糖等；种皮部的水溶性膳食纤维的构成糖主要包括甘露糖(mannose)、半乳糖、葡萄糖(glucose)等；构成胚轴的膳食纤维与子叶和种皮不同之处，是其构成糖中含有核糖(ribose)，用热水抽提胚轴所得的多糖多为果胶质，不溶性糖较少。ISF 主要存在于种皮中，含量约占膳食纤维总量的 60%，主要构成糖为纤维素、半纤维素和木质素。纤维素构成了细胞壁的骨骼，半纤维素则包裹在纤维素的周围，形成高保水性的特异构造，对子叶的吸水膨胀起到了重要作用。大豆膳食纤维的生理功能，主要体现在它除具有明显地降低血浆胆固醇浓度，调节胰岛素水平，调节胃肠功能，营造利于矿物质元素消化吸收的环境等功能外，它还可以通过显著提高机体巨噬细胞吞噬率和巨噬细胞吞噬指数，刺激抗体的产生，从而起到增强机体免疫力等作用。

四、维生素

维生素(vitamin)是生物生长和代谢所必需的微量有机物。根据其溶解特点，可将其分为脂溶性维生素和水溶性维生素两大类。大豆与其他禾谷类作物相比较，脂溶性维生素含量方面：在普通黄大豆种子中，维生素 E(vitamin E，VE)的含量较高；VK 在大豆发酵食品如纳豆中含量较高；在绿子叶或菜用大豆中，类胡萝卜素(carotenoid)如叶黄素(lutein)、β-胡萝卜素(β-carotene)等含量较高。与 VE 的积累相反，大豆种子成熟期遇较低温度条件，有利于类胡萝卜素的积累。水溶性维生素含量方面：VB_1，VB_2含量较高，VD，VC 含量很低，但在菜用大豆及大豆芽中 VC 含量较高，不含有 VB_{12}。

(一)大豆维生素的特征

大豆维生素的含量与小麦、玉米等禾谷类作物相比，如表 2-3-5 所示，无论是 VA、VE、VK，还是 VB 的含量，均比禾谷类作物维生素含量高，并且数倍于禾谷类作物的含量。特别是大豆种子中的 VE 含量，最高可达禾谷类作物的 20 倍以上，堪称 VE 的首选供给源。如表 2-3-6 所示，大豆与小豆、菜豆、豌豆、蚕豆等豆科作物比较结果显示，维生素含量没有大的差异，只是大豆中 VA 的含量少于豌豆，VK 的含量不如小豆和菜豆，VE 含量比豌豆、蚕豆高出 3 倍多，与小豆、菜豆含量相当。

表 2-3-5　大豆与禾谷类作物种子维生素构成比较

作物种子	VA (carotene) /(μg/100g)	VE /(mg/100g)	VK /(μg/100g)	VB_1 /(mg/100g)	VB_2 /(mg/100g)	烟酸(VB_3) /(mg/100g)	泛酸(VB_5) /(mg/100g)	VB_6 /(mg/100g)	叶酸(VB_9) /(μg/100g)	VC /(mg/100g)
大豆	6.00	25.10	18.00	0.83	0.30	2.20	1.50	0.50	230.00	tr
小麦(玄粒)	0.00	1.80	0.00	0.41	0.10	6.30	1.00	0.40	38.00	tr
大米(玄米)	1.00	1.40	0.00	0.41	0.04	6.30	1.36	0.50	27.00	0.00

资料来源：福田满，2010

注：tr 表示微量

表 2-3-6　大豆与其他豆科作物种子维生素构成比较

作物种子	VA (carotene) /(μg/100g)	VE /(mg/100g)	VK /(μg/100g)	VB_1 /(mg/100g)	VB_2 /(mg/100g)	烟酸(VB_3) /(mg/100g)	泛酸(VB_5) /(mg/100g)	VB_6 /(mg/100g)	叶酸(VB_9) /(μg/100g)	VC /(mg/100g)
大豆	6.00	25.10	18.00	0.83	0.30	2.20	1.50	0.50	230.00	tr
小豆	7.00	22.80	34.00	0.88	0.30	2.10	1.50	0.50	220.00	tr
菜豆	9.00	29.40	34.00	0.84	0.30	2.20	1.60	0.60	260.00	tr
豌豆	82.00	7.00	16.00	0.72	0.20	2.50	1.70	0.30	24.00	tr
蚕豆	5.00	6.30	13.00	0.50	0.20	2.50	0.50	0.40	260.00	tr

资料来源：福田满，2010

注：tr 表示微量

(二)维生素 E

VE，学名生育酚(tocopherol)，由α-、β-、γ-、δ-生育酚 4 种同分异构体构成。根据甲基官能团在芳香环上的位置和数量不同，其生物活性也有明显的差异。其中，α-生育酚的生物活性最高，以α-生育酚的活性为 100%计算，β-生育酚活性为 30%～50%，γ-生育酚为 10%，δ-生育酚仅为 2%以下(Bramley et al.，2000)。在抗氧化活性方面，VE 可以有效抑制机体内外的不饱和脂肪酸的氧化，抗氧化效果以δ-生育酚最高，抗氧化顺序依次为：δ-生育酚＞γ-生育酚＞β-生育酚＞α-生育酚。

在大豆叶片中，α-生育酚的含量能占到总生育酚含量的90%左右。而在成熟的黄种皮大豆种子中，γ-生育酚的含量占总VE的80%～90%。一般，大豆种子中总生育酚的含量在18～35mg/100g DW。其中，α-生育酚的含量为1～2mg/100g DW，γ-生育酚的含量为15～25mg/100g DW，δ-生育酚的含量为2～8mg/100g DW，β-生育酚的含量很低，约占总VE含量的3%以下，在少量试样检测的情况下，几乎检测不到β-生育酚的存在。

大豆种子中VE的含量，易受栽培环境的温度、水分等变化的影响。据Britz和Kremer等(2002)，在气温为23℃、水分充足与干旱，气温28℃水分充足与干旱栽培条件下的研究表明，高温和干旱均有利于总VE的积累，特别有利于α-生育酚的积累，而且同一品种在同时处于高温和干旱条件下，可使α-生育酚的含量增加2倍左右，可见通过适当的栽培措施，提高总VE特别是α-生育酚的含量是可能的。

(三)维生素K

天然维生素K是一组具有抗出血活性的脂溶性化合物，又称凝血维生素。常见VK分为VK_1、VK_2和VK_3共3种，VK_1是由苜蓿、菠菜等绿色植物合成的，VK_2是由微生物合成的，人体肠道细菌也可合成VK_2，VK_3与前两者不同，是由人工合成的水溶性维生素。在大豆种子中，虽然VK含量较低[18μg/100g DW]，但也远高于其他禾谷类作物，尤其是在大豆的发酵品中，如纳豆VK含量会显著增加至600μg/100g以上(增加30倍)。日本学者Tsukamoto等(2001)研究发现，用改良纳豆菌发酵的纳豆VK含量，可增加至1719μg/100g。VK的生物学活性主要体现为：它是合成凝血因子的必需成分，是骨骼形成的必需维生素。由于VK可以由肠内细菌合成，一般成人不缺乏VK。但乳幼儿缺乏VK，易引起发育不良。

(四)维生素B族

维生素B族是一类作为辅酶参与体内糖、蛋白质和脂肪代谢的水溶性维生素。它们是所有人体组织必不可少的营养素，是食物释放能量的关键元素。目前，被一致公认的B族维生素有9种之多。如表2-3-5和表2-3-6所示，大豆种子中含有的B族维生素，除VB_{12}等不能在植物体内合成以外，其他B族维生素的含量也较高，是B族维生素的优良供给源。据日本学者西場洋一等(2007)对日本国内20个大豆品种的VB_1、VB_2等含量的调查显示，VB_1的平均含量为0.71mg/100g DW，变异系数(*VC*)为13.0%，VB_2的平均含量为0.23mg/100g DW，变异系数(*VC*)为10.3%，品种之间的差异仅为1.1～1.4倍，与VE含量相比较，变动幅度很小，说明品种间及品种内VB含量比较稳定，不易受栽培环境等的影响。如表2-3-6和表2-3-7所示，VB_1在经加热制成的豆制品中显示出极易被分解的特性，VB_2和VB_5在带有纳豆菌菌丝的纳豆中，显示出成倍增加的趋势。B族维生素的生物学活性主要体现为：能够共同调节新陈代谢，维持皮肤和肌肉的健康，增进免疫系统和神经系统的功能，促进细胞生长和分裂，促进红细胞的产生，预防贫血症的发生等。

表 2-3-7　主要豆制品维生素含量构成比较

豆制品	VA (carotene) /(μg/100g)	VE /(mg/100g)	VK /(μg/100g)	VB_1 /(mg/100g)	VB_2 /(mg/100g)	烟酸 (VB_3) /(mg/100g)	泛酸 (VB_5) /(mg/100g)	VB_6 /(mg/100g)	叶酸 (VB_9) /(μg/100g)	VC /(mg/100g)
木棉豆腐	0.00	4.70	13.00	0.07	0.03	0.10	0.02	0.05	12.00	tr
冻豆腐	tr	32.70	57.00	0.01	0.01	tr	0.07	0.02	5.00	tr
带丝纳豆	0.00	9.90	600.00	0.07	0.56	1.10	3.60	0.24	120.00	tr
豆乳	0.00	3.10	4.00	0.03	0.02	0.50	0.28	0.06	28.00	tr
豆粉	4.00	20.20	37.00	0.76	0.26	1.80	1.33	0.58	250.00	tr
分离蛋白	0.00	0.50	tr	0.11	0.14	0.40	0.37	0.06	270.00	tr
腐竹(鲜)	10.00	5.30	22.00	0.17	0.09	0.30	0.34	0.13	25.00	tr
菜用大豆	260.00	9.90	30.00	0.31	0.15	1.60	0.53	0.15	320.00	27.00
豆芽	tr	3.20	57.00	0.09	0.07	0.04	0.36	0.08	85.00	5.00
大豆油	0.00	114.10	210.00	0.00	0.00	0.00	0.00	0.00	0.00	0.00

资料来源：福田满，2010

注：tr 表示微量

五、配糖体成分

配糖体(glucoside)是指分解后可以得到糖类的化合物的总称。大豆种子中的配糖体成分，如皂苷及异黄酮等，它们一般占种子质量的 0.2%～0.5%。

(一)大豆异黄酮

异黄酮(isoflavone)是植物苯丙氨酸代谢过程中，形成的一种次生代谢产物，是由肉桂酰辅酶 A 侧链延长后环化形成的以苯色酮环为基础的酚类化合物，含有 3-苯并呋喃酮母核是其基本的结构特征。由于其提取于植物，且与雌激素存在类似的结构，因此称为植物雌激素。目前，已知大豆异黄酮有 12 种，由 9 种结合型的葡糖苷(glucoside)和 3 种游离型的苷元(aglycon)(配糖体)构成。9 种异黄酮葡糖苷分别是：①7,4′-二羟基异黄酮-7-葡萄糖苷(daidzin，大豆苷)，②5,7,4′-三羟基异黄酮-7-葡萄糖苷(genistin，染料木苷)，③7,4′-二羟基-6-甲氧基异黄酮-7-葡萄糖苷(glycitin，6-甲氧基大豆苷)，④6″-*o*-乙酰基-7,4′-二羟基异黄酮-7-葡萄糖苷(6″-*o*-acetyl-daidzin)，⑤6″-*o*-乙酰基-5,7,4′-三羟基异黄酮-7-葡萄糖苷(6″-*o*-acetyl-genistin)，⑥6″-*o*-乙酰基-7,4′-二羟基-6-甲氧基异黄酮-7-葡萄糖苷(6″-*o*-acetyl-glycitin)，⑦6″-*o*-丙酰基-7,4′-二羟基异黄酮-7-葡萄糖苷(6″-*o*-malonyl-daidzin)，⑧6″-*o*-丙酰基-5,7,4′-三羟基异黄酮-7-葡萄糖苷(6″-*o*-malonyl-genistin)，⑨6″-*o*-7,4′-二羟基-6-甲氧基异黄酮-7-葡萄糖苷(6″-*o*-malonyl-glycitin)；3 种糖苷苷元分别是：①7,4′-二羟基-异黄酮(daidzein，大豆苷元)，②5,7,4′-三羟基异黄酮(genistein，染料木素)，③7,4′-二羟基-6-甲氧基异黄酮(glycitein，大豆黄素)。其中，游离型的苷元仅占异黄酮总量的 2%～3%，葡糖苷占总量的 97%～98%。大豆种子中异黄酮主要以丙二酰染料木苷(malonyl-genistin)、丙二酰大豆苷(malonyl-daidzin)、染料木苷(genistin)和大豆苷(daidzin)形式存在。

大豆是植物界已知异黄酮含量最高的食用植物，主要存在于大豆种子的子叶和胚轴中，种皮中极少。胚轴异黄酮主要成分为大豆苷，含量大于子叶。子叶异黄酮主要成分为染料木苷，其含量受种子成熟期温度的影响较大，成熟期低温有利于异黄酮的积累。因此，一般高纬度地区生产的大豆异黄酮含量高于低纬度地区生产的大豆（Tsukamoto et al.，1995）。大豆品种间异黄酮含量差异也较为明显，一般品种含量变动幅度为 0.2%～0.5%，日本培育的高异黄酮含量的品种‘Fukuibuki’，变动幅度可达 0.8%～1%。

（二）大豆皂苷

皂苷（saponin）又名皂苷或皂素，是一类广泛存在于植物和海洋动物体内，由糖单元、碱基与固醇类或三萜类化合物构成的低聚配糖体的总称。因其水溶液能形成像肥皂一样的持久泡沫而得名。根据日本大阪大学北川勳和日本东北大学大久保一良教授等研究小组的研究，大豆皂苷（soyasaponin）的种类可达 50 种之多（Kitagawa et al.，1988a）。根据其糖苷配基结构不同，天然大豆皂苷可分为 A 和 DDMP 两个大族群。其中，A 族皂苷是含有大豆皂苷元 A 的双糖链皂苷，又可细分为乙酰基大豆皂苷、脱乙酰基大豆皂苷和 A0 大豆皂苷；DDMP（2,3-dihydro-2,5-dihydroxy-6-methyl-4-H-pyran-4-one，2,3-二氢-2,5-二羟基-6-甲基-4-H-吡喃-4-酮）族大豆皂苷，又细分为 B 族和 E 族大豆皂苷。A 族的乙酰基大豆皂苷是存在于大豆种子胚轴的主要皂苷成分，大豆皂苷的酰基化，被认为是大豆苦涩味的主要根源（Okubo et al.，1992）。在大豆种子中一般不含有脱乙酰基大豆皂苷，它是由 A 族大豆皂苷分解生成的。A0 大豆皂苷是一种特殊的皂苷，其糖单元的 C-22 位置的羟基不能与 C 端酰基化糖结合，只与α-L-阿拉伯吡喃糖结合，产生一种不含乙酰基苦涩味的新皂苷——A0-αg 皂苷，利用这种变异，日本已经育成了没有苦涩味的大豆新品种‘きぬさやか’（加藤信等，2007）。

DDMP 大豆皂苷是 20 世纪 90 年代才被发现的一类新规大豆功能性营养成分。依据其在高效液相色谱仪（HPLC）中的析出顺序，分为 αg、βg、βa、γg 和 γa5 种。由于它不稳定，只有在温和条件下提取、短时间内检测，DDMP 皂苷才能被检测到。但随着提取液放置时间的推移，DDMP 含量降低的同时，B 族和 E 族皂苷的含量会逐渐增加。因此，DDMP 族大豆皂苷，被认为是真正的大豆种子皂苷，B 族和 E 族皂苷是其派生的产物（Kudou et al.，1993）。

B 族皂苷是一种含有大豆皂苷元 B 的单糖链皂苷，仅在 C-3 位置上有一个糖链通过醚键连接到苷元上，分为 Ba，Bb，Bc，Bb′及 Bc′共 5 种。它主要存在于胚轴中，是大豆皂苷中的恒定成分，其含量受外部环境因素的影响较小，是受遗传因素决定的（李晓东，2006）。E 族大豆皂苷是一种大豆皂苷元 E 的单糖链皂苷，分为大豆皂苷 Be 和 Bd 两种。Kitagawa 等（1988b）研究认为 B 族和 E 族大豆皂苷是可以通过光氧化相互转变的。

Shiraiwa 等（1991）比较了日本、加拿大、美国及中国大豆，发现中国大豆中的皂苷含量最高（约 0.3%）。Tsukamoto 等（1995）研究了不同品种大豆胚轴中皂苷的含量，指出遗传因素对 A 族大豆皂苷含量的影响要大于环境因素。大豆中皂苷的含量和皂苷组成也是变化的，大豆开花后，胚轴中皂苷含量增加较快，在鼓粒的中后期左右，其含量又随种子的发育呈降低趋势，至成熟时其含量保持恒定状态。

六、灰分及矿物质元素

大豆矿物质元素，在各类植物性食品中，为含量较为丰富的一种作物(表 2-3-8)。大豆种子中的灰分含量，通常为 4.5%～5.0%。在主要的矿物质元素中，钾的含量最高，其余依次为磷＞镁≈钙＞钠，其含量为 0.2%～2.1%。除此之外，大豆种子中还含有铁、锌、铜、锰、钼、钴、铬、碘等多种微量矿物质元素(表 2-3-8)。

表 2-3-8 主要豆类及禾谷类作物种子灰分及矿物质元素含量组成比较 (单位：mg/100g DW)

作物种子	主要常量矿物质元素				主要微量矿物质元素					灰分
	钾(K)	磷(P)	镁(Mg)	钙(Ca)	钠(Na)	铁(Fe)	锌(Zn)	锰(Mn)	铜(Cu)	
大豆	1900	580	220	240	1	9.4	3.2	1.9	0.98	5000
小豆	1500	350	120	75	1	5.4	2.3	—	0.67	3300
菜豆	1500	400	150	130	1	6	2.5	0.54	0.75	3800
豌豆	870	360	120	65	1	5	4.1	—	0.48	2200
蚕豆	1100	440	120	100	1	5.7	4.8	—	1.2	2800
小麦	470	350	80	26	2	3.2	2.6	3.9	0.4	1600
大米	230	290	110	9	1	2.1	1.8	2.05	0.3	1200

资料来源：福田满，2010

注：—表示无检测数据

比较世界大豆主产国及日本的大豆种子矿物质元素含量(表 2-3-9)，可以发现日本产大豆种子矿物质元素整体水平较低，可能与其特有的海洋性气候条件等因素有关；巴西产大豆种子中铁元素含量较低，钾、钠等元素含量变动都较小，说明这几种矿物质元素含量不易受产地栽培土壤的影响。平春枝等(1974)的早期研究发现，大豆灰分及 K、P、Ca 等矿物质元素含量的变动，易受品种及气候条件的影响，Ca、Mg、P 也易受栽培地域的影响。另外，从加工利用方面，由于大豆种皮中也含有一定量的 Ca、P、Fe 等元素，因此种皮的有无，也会影响豆制品矿物质元素的含量。

表 2-3-9 世界大豆主产国大豆种子矿物质元素含量组成比较 (单位：mg/100g DW)

产地	主要常量矿物质元素				主要微量矿物质元素				
	钾(K)	磷(P)	镁(Mg)	钙(Ca)	钠(Na)	铁(Fe)	锌(Zn)	锰(Mn)	铜(Cu)
中国	2120	760	270	230	10	21.33	5.83	4.47	1.87
美国	2070	720	290	310	10	12.59	5.31	5.1	1.66
巴西	2460	650	280	240	10	9.08	5.32	3.13	1.46
阿根廷	2710	710	350	270	10	14.88	6.18	3.98	2.94
日本	1900	580	220	240	1	9.4	3.2	1.9	0.98

资料来源：福田满，2010

(本节由王绍东完成)

参 考 文 献

陈复生. 2000. 大豆7S球蛋白透明凝胶形成机理研究. 粮食与饲料工业, 6: 46～48

陈海增, 李玉振, 宋世廉. 1991. 大豆植酸及其盐类. 大连轻工业学院学报, 10(2): 81～87

傅翠真, 常汝镇, 邱丽娟. 2000. 中国大豆品种营养品质评价. 中国食物与营养, 3: 12～13

姜浩奎. 2003. 大豆与健康. 北京: 科学技术文献出版社

姜振峰, 郝卫, 汪洋, 等. 2007. 大豆种子7S、11S球蛋白及7S球蛋白亚基的研究. 中国油料作物学报, 29(2): 32～35

李卫东, 王树峰, 卢为国, 等. 2006. 大豆脂肪含量与生态因子关系的研究. 大豆科学, 25(2): 127～132

李晓东. 2006. 功能性大豆食品. 北京: 化学工业出版社: 93～99

刘萌娟, 翟亚萍, 李鸣雷. 2007. 陕西省大豆品种资源蛋白质和脂肪含量研究. 大豆科学, 26(4): 533～537

潘秋琴, 沈培英. 1997. 花生蛋白的磷酸化改性. 中国油脂, 22(1): 25～27

宋健, 郭勇, 于丽杰, 等. 2012. 大豆种皮色相关基因研究进展. 遗传, 34(6): 687～694

王金陵. 1982. 大豆. 哈尔滨: 黑龙江科学技术出版社: 22

王连铮. 2010. 大豆研究50年. 北京: 中国农业科学技术出版社: 353～355

王文真, 刘兴媛, 曹永生, 等. 1998. 中国大豆种质资源的蛋白质含量研究. 作物品种资源, (1): 35～36

谢令琴, 赵占军, 刘占国. 1996. 作物品质遗传育种. 北京: 中国农业出版社: 403～427

徐豹, 郑惠玉, 吕景良, 等. 1984. 中国大豆的蛋白质源. 大豆科学, 3(4): 327～331

张根生, 岳晓霞, 李继光, 等. 2006. 大豆分离蛋白乳化性影响因素研究. 食品科学, 27(7): 48～51

张宏露, 江连洲, 胡少新. 2011. 大豆蛋白乳化性研究进展. 大豆科技, 1: 27～29

张树政. 1998. 酶制剂工业(下册). 北京: 科学出版社

周宝瑞, 周兵. 1998. 大豆7S和11S球蛋白的结构和功能性质. 中国粮油学报, 13(6): 39～42

朱晓烨, 迟玉杰, 许岩, 等. 2010. 大豆分离蛋白凝胶稳定性的研究进展. 食品科学, 31(19): 422～425

福田满. 2010. ビタミン//喜多村啓介. 大豆のすべて. 東京: Science Forum: 139～145

谷坂隆俊, 吉川贵德. 2010. ダイズ種子の構造//喜多村啓介. 大豆のすべて. 東京: Science Forum: 96～109

谷山登志男, 吉川雅之, 北川勲. 1988. 各種大豆におけるサポニン組成とサポニンの存在部位, 大豆胚軸から得られたSoysaponinVの化学構造. 薬学雑誌, 108: 562～571

加藤信, 湯本節三, 高田吉丈, ほか. 2007. リポキシゲナーゼとグループAアセチルサポニンを欠失した大豆新品種「きぬさやか」の育成. 東北農業研究センター研究報告, 107: 29～42

平春枝, 平宏和. 1974. 大豆の化学成分組成と栽培地の関係について: 第5報 品種および栽培地の影響について. 食品総合研究所報告, 29: 21～26

三上文三. 2004. β-アミラーゼ. 酵素. ヒドロラーゼ[II]//廣川たんぱく質科学. 第4巻. 東京: 廣川書店: 14

松井美預子, 上中登紀子, 豊沢功, 他. 1996. ダイズ種子の吸水時におけるアリューロン層の特徴的役割. 日本農芸化学会誌, 70: 663～669

杉田律子, 笹川薫, 鈴木真一. 2005. 走査型電子顕微鏡を用いたマメ類種皮の断面観察. 日本法科学技術学会誌, 10: 77～82

田尾早奈英, 田中伸子. 2006. 大豆複合脂質に関する基礎的研究. 昭和女子大学学苑·生活科学紀要, 794: 60～65

喜多村啓介. 2010. 大豆のすべて. 東京: Science Froum: 112～149

西場洋一, 須田郁夫, 沖智之, 他. 2007. 国内産大豆のイソフラボン, チアミン, リボフラビン及びトコフェロール含量の変動. 日本食品科学工学会誌, 54: 295～303

小川正, 辻英明, 坂東紀子. 1992. 大豆たんぱく質の低アレルゲン化に関する研究. 大豆たんぱく質栄養研究会会誌, 13: 86～91

小野伴忠. 2009. マメ類たんぱく質の乳化性//原田久野監修. 種子の科学とバイオテクノロジ. 東京: 学会出版センター: 302～306

斎尾恭子. 1999. 食品加工総覧. 東京: 農山漁村文化協会: 487～497

中村卓, 松村康生, 内海成. 2010. 大豆の成分//喜多村啓介. 大豆のすべて. 東京: Science Forum: 121～129

Adachi M, Ho C, Utsumi S. 2004. Effects of designed sulfhydryl group and disulfide bonds into soybean proglycinin on its structural stability and heat-induced gelation. J. Agric. Food Chem., 52(18): 5717～5723

Axelrod B, Cheesbrough T M, Laakso S, et al. 1981. Lipoxygenase from soybeans. Methods Enzymol., 71: 441～451

Badley R A, Atkinson D, HauserH, et al. 1975. The structure, physical and chemical properties of the soybean protein glycinin. Biochim. Biophys. Acta., 412: 214～228

Bramley P M, Elmadfa I, Kafatos A, et al. 2000. Vitamin E. J. Sci. Food Agric., 80: 913～938

Britz S J, Kremer D F. 2002. Warm temperatures or drought during seed maturation increase free α-tocopherol in seeds of soybean (*Glycine max* [L.] Merr.). J. Agric. Food Chem., 50: 6058～6063

Chachalis D, Smith M L. 2001. Seed coat regulation of water uptake during imbibition in soybean (*Glycine max* (L.) Merr.). Seed Sci. Technol., 29: 401～412

Coates J B, Medeiros J S, Thanh V H, et al. 1985. Characterization of the subunits of β-conglycinin . Arch. Biochem. Biophys., 243: 184～194

Fukushima D. 1991. Recent progress of soybean protein foods. Food Rev. Int., 7: 323～335

Gijzen M, Miller S S, Kuflu K, et al. 1999. Hydrophobic protein synthesized in the pod endocarp adheres to the seed surface. Plant Physiol., 120: 951～959

Gijzen M, Weng C, Kuflu K, et al. 2003. Soybean seed lustre phenotype and surface protein cosegregate and map to linkage group E. Genome, 46: 659～464

Goldraij A, Beamer L J, Polacco J C. 2003. Interallelic complementation at the ubiquitous urease coding locus of soybean. Plant physiol., 132: 1801～1810

Gonzalez E, Bradford T, Hasler C. 2003. The anticarcinogenic potential of soybean lectin and lunasin. Nutr. Rev., 61: 239～246

Guo S T, Ono T. 1997. Interaction between protein and lipid in soybean milk at elevated temperature. J. Agric. Food Chem., 45: 4601～4605

Hyde E O C. 1954. The function of the hilum in some papilionaceae in relation to the ripening of the seed and the permeability of the testa. Ann. Bot., 18: 241～256

Iwabuchi S. 1991. Thermal denaturation of beta-conglycinin. J. Agri. Food Chem., 39(1): 27～32

Kamauchi S, Wadahara H, Iwasaki K, et al. 2008. Molecular cloning and characterization of two soybean protein disulfide isomerases as molecular chaperones for seed storage protein. FEBS J., 275: 2644～2658

Kitagawa I, Taniyama T, Murakami T, et al. 1988a. Saponin and sapogenol. XLVI. On the constituents of aerial part of *American alfalfa, Medicago sativa* L. The structure of dehydrosoyasaponin Ⅰ. Yakugaku Zasshi, 108: 547～551

Kitagawa I, Wang H K, Taniyama T. et al. 1988b. Saponin and sapogenol. XLI. Reinvestigation of the structures of soysapogenols A, B, and E, oleanene-sapogenols from soybean. Structures of soysaponins Ⅰ, Ⅱ, and Ⅲ. Chem. Pharm. Bull., 36: 153～161

Koide T, Ikenaka T. 1973. Studies on soybean trypsin inhibitor. 3. Amino-acid sequence of the carboxyl-terminal region and the complete amino-acid sequence of soybean trypsin inhibitor (Kunitz).

Eur. J. Biochem., 32: 417～431

Kudou S, Fleury Y, Welti D, et al. 1991. Malonyl isoflavone glycosides in soybean seeds (*Glycine max* Merrill). Agric. Biol. Chem., 55: 2227～2233

Kudou S, Tonomura M, Tsukamoto C, et al. 1993. Isolation and structural elucidation of DDMP-conjugated soysaponins as genuine saponins from soybean seeds. Biosci. Biotechnol. Biochem., 57: 546～550

Kulik M M, Yaklich R W. 1991. Soybean seed coat structures: Relationship to weathering resistance and infection by the fungus *Phomopsis phaseoli*. Crop Sci., 31: 108～113

Lersten R N. 1982. Tracheid bar and vestured pits in legume seeds (Leguminosae: Papilinoideae). Amer. J. Bot., 69: 98～107

Lindstrom J T, Vodkin L O. 1991. A soybean cell wall protein is affected by seed color genotype. The Plant Cell, 3: 561～571

Liu K S. 1997. Soybeans: Chemistry, Technology, and Utilization. NewYork: Chapman and Hall: 4～5

Ma F, Cholewa E, Mohamed T, et al. 2004. Cracks in the palisade cuticle of soybean seed coats correlate with their permeability to water. Ann. Bot., 94: 213～228

Maruyama N, Adachil M, Takahashi K, et al. 2001. Crystal structure of recombinant and native soybean β-conglycinin β-homotrimers. Eur. J. Biochem., 268: 3595～3604

Maruyama N, Mohamad R, Mohamed S, et al. 2002. Structure-Physicochemical function relationships of soybean beta-conglycinin heterotrimers. J. Agric. Food Chem., 50: 4323～4326

Maruyama N, Prak K, Motoyama S, et al. 2004. Structure-Physicochemical function relationships of soybean glycinin at subunit levels assessed by using mutant lines. J. Agric. Food Chem., 52: 8197～8201

Maruyama N, Sato R, Wada Y, et al. 1999. Structure-Physicochemical function relationships of soybean β-conglycinin constituent cubunits. J. Agric. Food Chem., 47: 5278～5284

Masuda R, Harada K. 2000. Carbohydrate accumulation pattern of developing soybean seeds. Proceeding of ISPUC-Ⅲ: 67～68

McMonald M B, Vertucci C W, Roos E E. 1988. Seed coat regulation of soybean seed imbibitions. Crop Sci., 28: 987～992

Mitsuoka T, Hidaka H, Eida T. 1987. Effect of fructo-oligosaccharides on intestinal microflora. Nahrung, 31: 427～436

Monica A S, Eliot M H. 2008. Suppression of soybean oleosin produces micro-oil bodies that aggregate into oil body/ER complexes. Molec. Plant, 1: 910～924

Mori T, Maruyama N, Nishizawa K, et al. 2004. The composition of newly synthesized proteins in the endoplasmic rericulum determines the transport pathways of soybean seed storage proteins. Plant J., 40: 238～249

Müntz K, Belozersky M A, Dunaevsky Y E, et al. 2001. Stored proteinase and the initiation of storage protein mobilization in seeds during germination and seedling growth. J. Exp. Bot., 52: 1741～1752

Nakamura T, Utsumi S, Kitamura K, et al. 1984. Cultivar differences in gelling characteristics of soybean glycinin. J. Agric. Food Chem., 32 (3): 647～651

Odani S, Ikenaka T. 1972. Studies on soybean trypsin inhibitor Ⅳ. Complete amino acid sequence and the anti-proteinase sites of Bowman-Birk soybean proteinase inhibitor. J. Biochem., 71: 839～848

Ogawa T, Tayama E, Kitamura K, et al. 1989. Genetic improvement of seed storage protein using three variant alleles of 7S globulin subunits in soybean. Jpn. J. Breed., 39: 137～147

Okubo K, Iijima M, Kobayashi Y, et al. 1992. Components responsible for the undersirable taste of soybean seeds. Biosci. Biotechnol. Biochem., 56: 99～103

Ouhida I, Pérez J F, Gasa J. 2002. Soybean (*Glycine max*) cell wall composition and availability to feed enzymes. J. Agric. Chem., 50(7): 1933～1938

Peng I C, Quass D W, Dayton W R. 1984. The physicochemical and functional properties of soybean 11S globulin a review. Cereal Chem., 61: 480～489

Ping X, Haas E J, Zeece M G, et al. 2004. C-Terminal 23kDa poly peptide of soy bean Glym Bd 28K is a potential allergen. Planta, 220: 56～63

Saio K, Watanabe T. 1978. Differences in functional properties of 7S and 11S soybean protein. J. Text. Stud., 9(1): 647～651

Scallon B, ThanhV H, Floener L A, et al. 1985. Identification and charaacterization of DNA clones encoding group-Ⅱ glycinin subunits. Theor. Appl. Genet., 70: 510～519

Shand P J, Ya H, Pietrasik Z, et al. 2007. Physicochemical and textural properties of heat-induced pea protein isolate gel. Food Chem., 102(4): 1119～1130

Shao S, Meyer C J, Ma F, et al. 2007. The outermost cuticle of soybean seeds: Chemical composition and function during imbibitions. J. Exp. Bot., 58: 1071～1082

Sharon N, Lis H. 2006. Lectins(Japanese translation of 2nd ed. Osawa T, Konamy Y, Yamamoto K.). Tokyo: Springer-Verlag

Shibata D, Steczko J, Dixon J E, et al. 1988. Primary structure of soybean lipoxygenase L-2. J. Biol. Chem., 263: 6816～6821

Shiraiwa M, Harada K, Okubo K, 1991. Composition and content of saponins in soybean seed according to variety, cultivation year, and maturity. Agric. Biol. Chem., 55: 323～331

Sugimoto T, Momma M, Hashizume K, et al. 1987. Components of storage protein in hypocotyl-radicle axis of soybean (*Glycine max*. cv. Enrei) seeds. Agric. Biol. Chem., 51: 1231～1238

Tsukamoto C, Shimada S, Igita K, et al. 1995. Factors affecting isoflavone content in soybean seeds: Changes in isoflavones, saponins, and composition of fatty acids at different temperatures during seed development. J. Agric. Food Chem., 43: 1184～1192

Tsukamoto Y, Kasai M, Kakuda H. 2001. Construction of a *Bacillussubtilis* (natto) with high productivity of vitamin k_2 (menaquinone-7) by analog resistance. Biosci. Biotechnol. Biochem., 65: 2007～2015

Yamaguchi F, Yamagishi T, Lwabuchi S. 1991. Molecular understanding of heat-induced phenomena of soybean protein. Food Rev. Int., 7: 283～332

Zabala G, Vodkin L O. 2007. A rearrangement resulting in small tandem repeats in the *F3'5'H* genes of white flower genotypes is associated with the soybean *W1* locus. Crop Sci., 47: 113～124

第三章　大豆品质性状及其营养功能

第一节　蛋白质营养功能

大豆种子组分中约含有40%的蛋白质及多种人体自身不能直接合成的必需氨基酸，是含量最为丰富的植物蛋白质资源之一。大豆蛋白由于易于获得，因此其价格相对低廉，而且具有很高的营养性和保健功能，作为油脂加工的副产品——大豆蛋白则是重要的食品加工原料。下面将分别介绍几种重要的大豆蛋白的功能。

一、分离蛋白

(一)组成与结构

大豆分离蛋白(soybean protein isolated，SPI)是一种重要的植物性蛋白产品，已广泛应用在食品及其他行业中。大豆分离蛋白其蛋白质含量可达90%以上(赵光明等，2001)，消化利用率较高，可达93%～97%(董怀海，2001)，含有8种人体必需氨基酸，其中4种氨基酸含量高于FAO/WHO推荐值(表3-1-1)。大豆分离蛋白主要是由11S和7S球蛋白组成，而且蛋白质组成中，人体必需的8种氨基酸较为平衡，其中，尤以赖氨酸最高。同时，还含有大量对人体健康有益的必需脂肪酸、磷脂和丰富的钙、磷等矿物质，且不含胆固醇。因此，具有较高的营养价值和保健功能(李玉珍等，2008)。

表3-1-1　大豆制品蛋白质含量及氨基酸组成

项目	蛋白质含量	赖氨酸(Lys)	亮氨酸(Leu)	缬氨酸(Val)	异亮氨酸(Ile)	苏氨酸(Thr)	苯丙氨酸+酪氨酸(Phe+Tyr)	甲硫氨酸+半胱氨酸(Met+Cys)	色氨酸(Trp)
FAO/WHO*	—	5.5	7.0	5.0	4.0	4.0	6.0	3.5	5.0
FNB**	—	5.1	7.0	4.8	4.2	3.5	7.3	2.6	1.1
脱脂蛋白	56.0	6.9	7.7	5.4	5.1	4.3	8.9	3.2	1.3
浓缩蛋白	72.0	6.3	7.8	4.9	4.8	4.2	9.1	3.0	1.5
分离蛋白	96.0	6.1	7.7	4.8	4.9	3.7	9.1	2.1	1.4

资料来源：李玉珍等，2008

注：—表示无推荐值

* 联合国粮食及农业组织与世界卫生组织建议的配比

** 美国联邦营养局规定的高级蛋白质标准

大豆分离蛋白主要由大豆球蛋白和β-大豆伴球蛋白组成，两者约占球蛋白的70%。大豆球蛋白由5种亚基组成，包括$A_{1a}B_{1b}$、A_2B_{1a}、$A_{1b}B_2$、A_3B_4(Ⅱa)和$A_5A_4B_3$(Ⅱb)，每个亚基都由酸性亚基和碱性亚基组成，酸性亚基的等电点为4.7～5.4，碱性亚基等电点为8.0～8.5。β-大豆伴球蛋白属于大豆7S球蛋白的主要组分。β-大豆伴球蛋白分子质量为 180～210kDa，由 3 个亚基，即α-、α′-、β-亚基形成 B_1～B_6 6 种异构体构成。

(二)营养及功能

大豆分离蛋白含有 8 种人体必需氨基酸，其含量与人体需要量相比较，除甲硫氨酸含量略低外，其他与肉、鱼、蛋、奶含量近似，属于全价蛋白。但是与动物蛋白相比，具有低脂、低胆固醇等优势。研究表明，大豆蛋白具有调节血脂、调节胰岛素敏感性和减肥等多种功效。大豆球蛋白的酸性亚基 A_{1a} 及其胰蛋白酶酶解产物(A_{1a}/Try)具有增强胰岛素机能的作用。β-大豆伴球蛋白通过与人体血液内胆酸结合，可降低血液中脂肪的含量，从而实现降低血脂、抑制体内脂肪累积的作用。体内的葡萄糖代谢平衡会受到长时间摄入大豆蛋白的影响，胰岛素敏感性会增强，胰岛素调节基因和肠促胰酶素等基因表达谱将受到明显影响；大豆蛋白还可以通过调节血液中胰岛素浓度，改变胆固醇调控元件结合蛋白-1(SREBP-1)的表达，降低肝脏中胆固醇和甘油三酯的浓度，进而有效预防脂肪肝发生。有研究证实，血浆中肠促胰酶肽的浓度，可以受到β-大豆伴球蛋白的蛋白胨的影响，从而减少身体对食物的摄入；大豆蛋白的产热效应也要高于碳水化合物。因此，食用大豆蛋白能够有效降低肥胖的风险(袁德保等，2012)。由于大豆蛋白的优良功能特性，在食品加工业的面制品、肉制品、乳制品及饮料中的应用十分广泛。

二、极性脂质结合蛋白

(一)组成与结构

大豆极性脂质结合蛋白(lipophilic protein，LP)是 Samoto 等(2007)在大豆分离蛋白精制过程中，利用改良等电点沉淀法分离出来的一种新规大豆蛋白质成分，因其含有约 10%的脂质，故称为大豆极性脂质结合蛋白。根据 SDS-PAGE 电泳解析，LP 可以分划出多种分子质量大小不同的蛋白质种类，初步推断 LP 为一族与脂质高度亲和的、能形成油体(oil body)的油质蛋白(oleosin)等膜蛋白的集合体(Samoto et al.，2007)。同研究还发现，LP 对考马斯亮蓝染色或 LP 对一般比色定量法的着色程度显著低下。推断 LP 此前一直没被发现的主要原因，可能由于原有的 7S 和 11S 提纯分化法，无法检出混在分离蛋白中的 LP。使用凯氏定氮法对 SPI 中 LP 含量的测定发现，SPI 中 LP 含量占 30%之多，因此，无论是在蛋白质有效利用方面，还是蛋白质品质改良研究方面，LP 的存在都是无法忽视的。

(二)营养及功能

目前，有关大豆极性脂质结合蛋白的结构组成、营养及功能特性等方面尚知之甚少，据日本学者初步研究，LP 尤其 LP 肽，具有较强降低血液胆固醇含量的作用，它还可以抑制三脂酰甘油的合成，对脂肪酸的β-氧化起促进作用，推断其与脂质代谢关联的基因表达制御有关(Bata et al.，2004；Moriyama et al.，2004；Aoyama et al.，2001)。尽管如此，大豆极性脂质结合蛋白的研究，尚处于起步阶段，几乎不被众多的研究者所知晓。随着其营养特性及功能特性研究的不断深入，可以预见不久的将来，大豆极性脂质结合蛋白的研究，必将成为大豆蛋白研究领域的热点之一。

三、胰蛋白酶抑制剂

(一) 组成与结构

大豆胰蛋白酶抑制剂(soybean trypsin inhibitor，STI)是一种分子质量为 7.98～21.5kDa 的多肽类或蛋白质，是大豆中主要抗营养因子之一。由于其氨基酸的组成及性质的不同，大豆胰蛋白酶抑制剂的种类也有差异。一般，未经加工的大豆种子中胰蛋白酶抑制剂含量高达 30mg/g。

目前所发现的 STI 有 7～10 种，但是迄今为止，人们成功分离并进行研究的大豆胰蛋白酶抑制剂主要有两种，分别是库尼兹胰蛋白酶抑制剂(kunitz soybean trypsin inhibitor，KSTI)和鲍曼-贝尔克胰蛋白酶抑制剂(Bowman-Birk soybean trypsin inhibitor，BBI)。KSTI 的分子质量是 20.1kDa，内有 181 个氨基酸残基，含 2 个二硫键。活性中心是精氨酸 63-异亮氨酸 64，一个 KSTI 分子抑制剂能钝化 1 个分子的胰蛋白酶。其结构为直径 3～5nm 的球体，由 12 个反平行 β 带十字交叉构成，其疏水性侧链主要起稳定作用，因而属于β-折叠蛋白，它具有特殊热稳定性和化学稳定性。KSTI 在大豆种子中含量最丰富，能专一抑制胰蛋白酶，该种蛋白酶抑制剂被认为具有贮藏、调节内源蛋白酶活性及植物防御等作用。BBI 的分子质量为 7.9kDa，有 71 个氨基酸残基，7 个二硫键，分子中有 2 个活性中心：一个是赖氨酸 16-丝氨酸 17，为胰蛋白酶的结合点；另一个是亮氨酸 44-丝氨酸 45，是胰凝乳蛋白酶的结合点(McManus and Burgess，1995)。

(二) 营养及功能

1. 营养拮抗作用

胰蛋白酶抑制剂能够抑制人体胰蛋白酶和胰凝乳蛋白酶活性，降低蛋白质消化吸收率，造成人和动物的胰腺肿大。因此，胰蛋白酶抑制剂是大豆主要抗营养因子之一。目前，对于大豆胰蛋白酶抑制剂的去除方法，主要是通过物理或化学方法，使其失活来达到去除其对人体不利影响的目的。物理方法主要包括热失活法、超声波失活法、射线照射法。另外，浸泡、焙烤和挤压膨化也能够有效去除大豆中的胰蛋白酶抑制剂。化学方法主要通过利用化学物质破坏胰蛋白酶抑制剂的二硫键，从而改变胰蛋白酶抑制剂的分子结构来达到灭活的目的。常用的化学物质有亚硫酸钠、偏重亚硫酸钠、硫酸铜、硫酸亚铁、硫代硫酸钠、戊二醛及一些带硫醇基的化合物(胱氨酸、N-乙酰胱氨酸等)(焦万洪，2005)。除此以外，还可以通过酶法和作物育种法去除大豆中的胰蛋白酶抑制剂。

2. 抗肿瘤等药理活性功能

从药用价值来看，大豆胰蛋白酶抑制剂具有多种药理活性，其中包括抗炎、抗病毒、抗肿瘤等。科研人员对结肠癌、前列腺癌、乳腺癌、宫颈癌的研究表明，大豆胰蛋白酶抑制剂有明显的抗肿瘤作用(Kennedy et al.，2002；Wan et al.，1999；Stonelake et al.，1997)。有实验证明，大豆胰蛋白酶抑制剂具有明显的抑制肿瘤细胞、降解基质膜的作用，从而能够抑制肿瘤细胞离开原来的生长部位，突破细胞外基质(extracellular matrix，ECM)的屏障和侵犯周围毗邻的正常组织(杜惠芬等，2004)。

3. 抗辐射作用

有文献报道 BBI 具有抗辐射的作用。辐射可引起人类成纤维细胞的祖代在有丝分裂过程中发生不成熟的终末分化。但是，经过 10nmol/L BBI 处理 2h 后，再进行辐射处理，可明显抑制其不成熟的终末分化(Dittmann et al.，1995)。BBI 处理还能够明显改变成纤维细胞生存曲线及培养基中细胞型的构成。此外，BBI 处理还可以减少辐射引起的正常成纤维细胞的蛋白质固化。因此，BBI 被认为可以作为人类正常母细胞的选择性辐射保护剂(Dittmann et al.，1998)。

4. 其他生理活性功能

另据研究，大豆胰蛋白酶抑制剂在外科手术后，可以减少失血和输血；还能够对胰腺的胰岛素分泌起调节作用，具有降低血糖的功能；大豆胰蛋白酶抑制剂对治疗脑出血和脑水肿等，也具备一定的疗效(詹欢和郭瑞华，2011)。基于大豆胰蛋白酶抑制剂具有多种生理活性作用，关于从大豆中提取纯化大豆胰蛋白酶抑制剂，以及制备高浓度的大豆胰蛋白酶抑制剂的研究对于人类健康具有重要意义。

大豆胰蛋白酶抑制剂除对哺乳动物具有营养保健功能外，它还可以使种子处于休眠状态，防止种子自身发生分解代谢。此外，它还能够抑制昆虫肠道蛋白酶的活性，使昆虫因消化不良而死亡，从而达到抗虫作用，对于植物起到保护作用(Ryam，1990)。

四、大豆凝集素

(一)组成与结构

大豆凝集素(soybean agglutinin，SBA，或 Lectin)，是 Liener 和 Pallansch 在 1952 年首次从大豆中提取出来的一种能够凝集红细胞的蛋白质，并将其命名为大豆凝集素。它属于对 N-乙酰基 D-半乳糖胺/D-半乳糖有结合特异性，分子质量约 120kDa 的一类糖蛋白。在超速离心中随 7S 蛋白一起沉淀，是大豆种子中主要抗营养因子之一(Sharon and Lis，2002)。大豆凝集素主要存在于大豆的种子和豆粕中，是大豆中含量较高的生物活性蛋白(含 1%左右)，具有典型的豆类凝集素的四级结构，由等量的两种略有不同的 4 个亚基组成，每个亚基分子质量约 30kDa，大豆凝集素每个亚基还分别含有一个紧密结合的 Ca^{2+}或 Mn^{2+}，是其特异性结合糖的活性位点；大豆中还存在着另一种分子质量约为 175kDa 的凝集素，它由两种 4 个不同的亚基组成(张柏林等，2009)。Lotan 等(1974)测定了大豆凝集素的氨基酸组成，发现大豆凝集素中酸性和羟基氨基酸含量丰富，其中，以 4-羟基脯氨酸含量最高，而胱氨酸和甲硫氨酸含量较低。

(二)营养及功能

1. 营养拮抗作用

由于凝集素为大豆的主要抗营养成分之一，因此在加工过程中去除大豆种子中的凝集素是提高大豆营养价值的重要方式。大豆凝集素对热敏感，但对干燥加热处理相当稳定，在流通蒸汽 121℃，7.5min 条件下，能将大豆凝集素及其他热不稳定性抗营养因子去除(Qin et al.，1996)。许多动物实验表明，大豆凝集素具有多种抗营养因子，具体体现如用含大豆凝集素的口粮饲喂小猪，能使猪产生腹泻，体重降低(Makind et al.，1996)；若以其饲喂大鼠，会明显抑制大鼠的生长(Grant，1989)。Liener 等(1952)的动物实验研究也表明，大豆凝集素与许多健康问题有关。例如，它可以使胰脏肥大、血液中胰岛素水平降低、抑制肠道中二糖酶和蛋白酶活性、使肝肾功能退化，以及干扰饮食中铁及油脂的吸收等。

2.抗肿瘤活性

随着研究的深入，发现大豆凝集素还具有抗肿瘤的药理学功能。荆剑等(2003)研究比较了纯化的大豆凝集素对不同肿瘤细胞的凝集效果。实验结果表明，大豆凝集素对小鼠 Lewis 肺癌细胞、大鼠乳腺癌 SHZ-88 细胞，以及人鼻咽癌细胞都具有凝集作用。但在同样条件下，大豆凝集素对肝癌 BEL-7402 细胞则无凝集作用。此外，大量的体内、体外实验都证明大豆凝集素具有抑制肿瘤细胞生长，降低由致癌物质导致癌症发生的功能。对于其抗肿瘤的机制研究，目前主要集中在大豆凝集素可能与肿瘤细胞的识别、细胞黏着和定位、细胞膜的信号转导、有丝分裂产生的细胞毒素的清除，以及细胞凋亡等有关(Abdullaev and de Mejia，1997)。

五、露那辛

(一)组成与结构

露那辛(lunasin)也称月芸辛是研究人员从大豆的子叶中发现的一种由 43 个氨基酸组成的具有抗癌功能的天然活性肽，它也是一种信号肽(季国和冯志彪，2010)。在这个信号肽的羧基端包括：①连续 9 个天冬氨酸残基；②一个细胞黏附因子模块 Arg-Gly-Asp(RGD)；③与染色质结合蛋白保守区同源的螺旋结构。通过蛋白质电泳和蛋白质印迹(Western Blot)对不同基因型和不同品种大豆中的露那辛进行分析，测得它的分子质量为 5.5kDa，与氨基酸序列分析测得的分子质量为 5.2～5.7kDa 相吻合。

(二)营养与功能

露那辛作为一种抗肿瘤肽，其抗癌机制主要是通过抑制哺乳动物细胞的有丝分裂，从而导致细胞死亡。除此之外，露那辛还能够预防哺乳动物细胞受化学致癌物 P-7,12-二甲氨基苯甲醛(DMAB)和病毒致癌 E1A(一种癌蛋白)基因影响引起的变异(Galvez et al.，2001）。经实验证实，当露那辛浓度为 10nmol/L～10μmol/L，在 DMAB 存在时，露那辛能抑制 62%～90%的细胞不产生变异。在对小鼠进行皮肤乳头瘤抑制实验中，每周用 250g 露那辛处理致癌因子敏感小鼠，与对照相比生成肿瘤小鼠数量显著减少，并且乳头瘤出现的时间也比对照推迟了两个星期。

除了抗肿瘤的功效之外，露那辛还具有预防心血管疾病和降低胆固醇等功效，相信随着对露那辛研究的不断深入，该大豆多肽必将对人类的健康发挥重要作用。

六、小分子肽

(一)组成与结构

大豆多肽是大豆蛋白经酶水解得到的产物，其氨基酸组成与大豆蛋白完全一样，但比大豆蛋白具有更优越的加工特性。它一般是由 3～6 个氨基酸残基构成，分子质量大约为 1kDa，游离氨基酸含量为 10%～15%，还含有少量的糖类物质。

(二)营养及功能

1. 氨基酸补给功能

科学研究表明，氨基酸的特定序列，赋予了活性肽的生物效应和专一性。大豆蛋白主要是以水解后的小肽形式被吸收，以游离氨基酸形式被吸收的量只占很少部分。作为一种活性多肽，其具有的抗疲劳、防辐射、降血压、降血脂和促进脂肪代谢等多种保健功能。这一研究结果使得肽类的保健产品，用来作为氨基酸的补给具有了更大的优势(高春霞，2006)。王启荣等(2004)对 21 名男性省级中长跑运动员饮服大豆多肽和饮服多糖后进行 4 周高强度训练，并测定运动员在实验前、训练两周后及实验完成后的体内成分、主观用力率(rating of perceived exertion，RPE)等级和血液的生化指标。实验结果表明，饮服大豆多肽后，运动员的体重、瘦体重、血清睾酮水平比对照组明显提高，RPE 等级和血清肌酸激酶显著下降。

2. 抗辐射、抗氧化功能

颜燕等(2004)以小鼠为对象，研究了大豆多肽的辐射保护功能。给小鼠以每日 0.21g/(kg BW)(BW 为 body weight)，0.42g/(kg BW)，1.26g/(kg BW)大豆多肽胶囊喂养 60 天，在第 30 天给予一次性全身 γ 射线照射，观察小鼠辐照后 30 天存活率、平均存活时间、白细胞总数、骨髓细胞 DNA 含量及血清溶血素水平。实验结果表明，饲用大豆多肽能使辐照后小鼠 30 天存活率显著提高、平均存活时间延长、白细胞总数明显增加，并且能够提高骨髓细胞 DNA 含量及血清溶血素水平。

荣建华(2001)通过对大豆多肽的生物活性进行研究发现，大豆多肽对脂质体系、非脂质体系、酶系统、非酶系统、体外实验均具有显著的抗氧化作用。因此，推测大豆多肽可能对肝细胞、肝线粒体脂质过氧化和红细胞的自氧化损伤等具有一定保护作用。

3. 保护心脑血管功能

大豆多肽还具有降血压、降血脂等保健功能。其降血压的主要机制是由于大豆多肽能够与催化产生血管紧张素Ⅱ的关键酶——血管紧张素转化酶(ACE)的活性中心结合，抑制 ACE 的活性，而血管紧张素Ⅱ可以使血管强烈收缩，导致血压上升(李玉珍等，2005)。Shin 等(2001)的研究表明，注射 5mg/(kg BW)氨基酸序列为 His-His-Leu 的强活性片断，能显著降低心脏收缩 61mmHg($P<0.01$)。

以上实验说明大豆多肽可以作为心脑血管疾病患者的一种安全、可靠、有效的降压保健品。另外，胡可心等(2004)的研究表明，大豆多肽还具有降低血清胆固醇的生物活性，能够升高高密度脂蛋白胆固醇，降低低密度脂蛋白胆固醇，阻碍肠道内胆固醇的再吸收，促使其排出体外等功能。还能够刺激甲状腺激素分泌，促使胆固醇代谢产生胆汁酸，胆汁酸被食物纤维吸收后最终排出体外。

4. 其他功能

大豆多肽还能够活化交感神经，引发发热脏器褐色脂肪功能的激活，阻止脂肪吸收和促进脂质代谢。因此，大豆多肽作为减肥保健品，可以在保证减肥者体质的前提下，达到科学健康减肥的目的。还有一些相关研究表明，大豆多肽具有与钙及其他微量元素有效结合的活性基团，可以与这些元素形成多肽络合物，促进这些元素的吸收，提高这些元素在体内的输送速度。

正是由于大豆多肽具有以上这些优良的生物活性和生理功能，使得大豆多肽在保健食品的领域具有非常广阔的应用前景。目前，在运动型饮料、酸奶、奶粉和焙烤食品等方面，大豆多肽的应用比较广泛。

(本节由王浩完成)

第二节 脂质营养功能

大豆种子中约含有 20%的脂质，是大豆种子中含量仅次于蛋白质的营养成分。大豆脂质成分除了含有甘油三酯以外，还包括磷脂、植物甾醇、生育酚、角鲨烯等不皂化物及游离脂肪酸和微量元素。随着精炼油的不断加工，其次要成分的浓度会逐渐减少，精炼大豆油中甘油三酯的含量能达到 99%以上。

一、脂肪酸

(一)组成与结构

大豆种子中脂肪酸包括：棕榈酸($C_{16:0}$)4%～23%、硬脂酸($C_{18:0}$)3%～30%、油酸($C_{18:1}$)25%～86%、亚油酸($C_{18:2}$)25%～60%及亚麻酸($C_{18:3}$)1%～15%。一般大豆油脂中的脂肪酸组成为 $C_{16:0}$(11%)、$C_{18:0}$(4%)、$C_{18:1}$(24%)、$C_{18:2}$(53%)及 $C_{18:3}$(7%)。其中，

油酸属于单不饱和脂肪酸，亚油酸和亚麻酸属于多不饱和脂肪酸，多不饱和脂肪酸是人体必需脂肪酸。所谓必需脂肪酸是指哺乳动物(包括人类)不能够自身合成，必须从膳食中获得的脂肪酸(王连铮和郭庆元，2007)。油酸、亚油酸和亚麻酸的含量与大豆品种种类密切相关。除此之外，不饱和脂肪酸的含量还受到种植地区、温度、年份、气候条件、成熟度等因素的影响。苗兴芬等(2011)对东北地区选育的 172 个大豆品种的脂肪酸组成与含量进行了测定与分析，结果表明，软脂酸和油酸的分布趋势是黑龙江＞吉林＞辽宁，硬脂酸和亚油酸的情况是辽宁＞吉林＞黑龙江，而亚麻酸的趋势是吉林＞辽宁＞黑龙江。该结果反映出气温高低与降雨的多少可能与软脂酸和油酸的形成有关。

(二)营养及功能

一般来说，饱和脂肪酸会提高胆固醇的含量，而单不饱和脂肪酸和多不饱和脂肪酸则具有降低胆固醇含量的作用。研究表明，当血清中总胆固醇含量和低密度脂蛋白(low density lipoprotein，LDL)增多时，冠心病(coronary heart disease，CHD)的危险系数就会增加，而高密度脂蛋白(high density lipoprotein，HDL)增加时，患病率就会下降(Chow，1992)。由于天然大豆油是不含胆固醇的，而且饱和脂肪酸含量低(约 15%)，不饱和脂肪酸含量高(85%)，因此被认为是保健油脂。

含两个不饱和键的亚油酸是食品营养品质的重要指标，具有降低血浆中胆固醇、降低血脂、软化血管、降低血压、促进微循环的作用与功效。而含有一个不饱和键的油酸也被证实有同样的功效。α-亚麻酸也被称为 ω-3 脂肪酸，属于多不饱和脂肪酸，它进入人体后在脱氢酶和碳链延长酶的作用下，转化成二十碳五烯酸(eicosa pentaenoic acid，EPA)和二十二碳六烯酸(docosa hexaenoic acid，DHA)，这样才能够被人体吸收。α-亚麻酸、EPA 和 DHA 统称为 ω-3 系列(或 *n*-3 系列)脂肪酸，α-亚麻酸是前体或母体，而 EPA 和 DHA 是 α-亚麻酸的后体或衍生物。α-亚麻酸是构成人体脑细胞和组织细胞的重要成分，人体一旦缺乏 α-亚麻酸，就会引起人体脂质代谢紊乱，导致免疫力降低、健忘、视力减退、动脉粥状硬化等症状的发生。尤其是青少年和婴幼儿，如果缺乏 α-亚麻酸，会严重影响智力和视力的发育。但是，亚麻酸含量较高会导致大豆油的稳定性相对较差。

二、磷脂质

(一)组成与结构

磷脂质是植物细胞的主要成分，通常以非极性盐的形式存在于粗油中。它能够参与动物的神经、生殖、激素等代谢活性。磷脂质主要存在于动物的脑、卵、骨髓、心、肝、肾、生殖腺和油料植物种子中。大豆种子中含有丰富的磷脂质，其含量为 1.5%～3%，通常随榨油或浸油一起榨出。栽培条件及成熟度的不同会导致大豆中磷脂质的含量有所差别。当有水分存在时磷脂质会与油分离形成极性化合物，从油中沉淀出来，是榨油工业的副产物。商品磷脂质一般是多种成分的混合物，一般含有 19%～20%的卵磷脂，8%～20%的脑磷脂，20%～21%的磷脂酰肌醇和磷脂酰丝氨酸等。大豆是磷脂质的重要来源，并且大豆磷脂质以质量好，含量高，易加工，成本低而受到人们的青睐。

大豆卵磷脂为浅黄色透明或半透明的黏稠状液体物质，或为白色、浅棕色的粉末或颗粒，无味或略带坚果味。大豆卵磷脂不稳定，遇空气或光线易变黄，成为不透明状态。部分溶于水而成为乳浊液。溶于脂肪酸，但不溶于挥发性酸。部分溶于乙醇，易溶于乙醚、石油醚及氯仿等。大豆卵磷脂是食品工业中重要的乳化剂、表面活性剂、巧克力黏度降低剂、脱模剂等。

(二)营养及功能

大豆磷脂质中卵磷脂因具有重要的营养和保健功能，受到关注较多。研究发现，在人体中卵磷脂是胆碱、肌醇、磷及必需脂肪酸的供给源；并且可以调节与生物膜结合的酶的活性及血液中脂质和胆固醇的含量；同时还能促进体内油脂及脂溶性维生素的消化吸收。此外，大豆磷脂质还具有改善肝脏、胆囊的代谢机能，调整机体免疫和神经组织功能。基于卵磷脂独特的营养和保健价值，营养学家将其称为与蛋白质、维生素并列的“第三营养素”(谈黎明，1992)。其保健功能主要可以归纳为以下 4 点。

1. 具有调节神经和健脑功效

由于构成卵磷脂的成分乙酰胆碱是神经细胞传导的主要介体。因此，卵磷脂具有健脑的功效。老年人适当补充卵磷脂，能够防治神经衰弱和阿尔茨海默病，年轻人补充卵磷脂，能够起到缓解用脑疲劳和记忆力下降等症状。由于卵磷脂对于大脑的发育至关重要，能够促进大脑神经系统与脑容积的增长、发育，因此，孕妇及婴幼儿也是需要补充卵磷脂的重点人群。由于卵磷脂具有增强大脑养分供给，激活脑细胞的功效，可以使人们保持健康、愉悦的身心状态，对改善因工作压力及环境所造成的焦虑、急躁、易怒、失眠等自主神经紊乱，具有一定调节作用(杨闯，2011)。

2. 具有预防动脉硬化及胆结石作用

卵磷脂还具有乳化分解油脂的作用，它能够清除血液中的过氧化物，改善血清脂质，降低血液中的胆固醇及中性脂肪含量，减少脂肪在血管内壁的滞留时间，促进粥样硬化斑的消散，对于因高血脂、高胆固醇引起的动脉硬化具有显著的功效。由于胆汁的主要成分是卵磷脂，其可以分解、消化、吸收多余的胆固醇，因此，适当补充卵磷脂能够防止肝硬化并有助于肝功能的恢复，有效预防胆结石的形成，对于已经形成的胆结石，也具有一定化解作用。

3. 具有利尿排毒、美容养颜的功效

卵磷脂还具有利尿的功能，能够从细胞层次上排除体内多余的水分和废物，从而使体内的血液保持洁净和水分平衡。由于大豆卵磷脂是自然存在的物质，因而不会产生化学利尿剂所带来的不良反应，是一种天然的利尿剂，对于维护泌尿系统的功能具有重要作用。卵磷脂还是一种天然的解毒剂，能够分解体内毒素，并随肝脏和肾脏排出体外。此外，卵磷脂还具有一定的亲水性，有增加细胞血红素的功能。因此，卵磷脂能够排除

体内毒素，增加人体肌肤的水分和供氧，具有美容养颜的功效。

4. 具有预防糖尿病作用

卵磷脂不足还会导致胰脏机能下降，无法正常分泌胰岛素，是导致糖尿病的病因之一。研究表明，每天补充 20g 以上的卵磷脂，对于糖尿病的恢复是非常必要而有效的，甚至可以摆脱对注射胰岛素的依赖，尤其对于糖尿病坏疽和动脉硬化等并发症患者效果更加显著(朱杰和张百刚，2005)。

(本节由王浩完成)

第三节　碳水化合物营养功能

大豆中的碳水化合物含量较其他作物少，每 100g 大豆中约含碳水化合物 25g，其中约一半为淀粉、阿拉伯糖、半乳聚糖和蔗糖等；另一半是一类能形成黏质纤维素的物质，如棉籽糖、水苏糖等，这些物质存在于大豆细胞壁，不能被消化吸收，但是，在肠道中可以被肠道益生菌吸收利用，具有重要的保健功能。

一、寡聚糖

(一)组成与结构

大豆寡聚糖主要由水苏糖、棉籽糖、蔗糖 3 部分构成。此外，还含有少量的葡萄糖、果糖、松醇、毛蕊花糖、半乳糖松醇等。水苏糖属于蔗糖的衍生物质，是半乳糖苷类非还原性功能低聚糖，相对分子质量为 666.29，结构式为 D-吡喃半乳糖基α-1,6-D-吡喃半乳糖基α-1,6-D-吡喃葡糖基α-1,2-D-β-D-呋喃果糖苷(刘娴和赵恕，2012)。棉籽糖又称蜜三糖、棉子糖、棉实糖，是由半乳糖、葡萄糖及果糖 3 个单糖缩合而成的非还原糖，分子式为 $C_{18}H_{32}O_{16}$，相对分子质量为 504(段雅婷等，2010；袁美兰等，2002)。

(二)营养及功能

寡聚糖具有多种生理功能。服用大豆寡聚糖可以改善肠道内的菌群结构，有效地抑制有害菌的生长，促进肠道中益生菌，特别是可以促进对癌症有预防功能的双歧杆菌的生长。水苏糖和棉籽糖对益生菌的生长促进作用更为明显。食用大豆寡聚糖可以改变体内某些酶的活力，例如，能有效降低肠道内β-葡萄糖醛酸酶和 Azoledactase 等有害酶的活力。由于这些酶活力的下降，体内吲哚和对甲酚等有害产物也呈现下降的趋势，进而减轻肝脏的解毒负担，预防肝病的发生。

此外，大豆寡聚糖还表现出预防龋齿，防止便秘，促进人体对维生素等营养物质的吸收，调低血压，改善皮肤过敏，提升人体免疫力等诸多保健功能(于治中等，2007；黄贤校等，2006；刘冠军等，2006)。因此，大豆寡聚糖被广泛应用于食品、饮料生产、医药、饲料添加剂等方面。

二、膳食纤维

（一）组成与结构

大豆膳食纤维主要是指那些不能为人体消化酶所消化的大分子糖类的总称，主要包括纤维素、果胶、木聚糖、甘露糖等。按其溶解性可分为水溶性膳食纤维（soluble dietary fiber，SDF）和水不溶性膳食纤维（insoluble dietary fiber，IDF）两大类。大豆膳食纤维由纤维素、半纤维素、果胶或果胶类物质、糖蛋白和木质素组成。其中，纤维素是通过β（1→4）糖苷键由β-吡喃葡萄糖基连接起来的聚合物；半纤维素主要包括木糖葡聚糖、半乳糖甘露聚糖、阿拉伯木聚糖和（1→3，1→4）β-葡聚糖 4 种物质。果胶是以聚半乳糖醛酸为骨架链，并通过α（1→4）糖苷键连接，主链中还包含（1→2）鼠李糖残基及经常被甲酯化的部分半乳糖醛酸残基；果胶类物质主要包括阿拉伯聚糖、阿拉伯半乳聚糖或半乳聚糖等物质，其中阿拉伯聚糖是以通过（1→5）糖苷键连接的呋喃阿拉伯糖为主链，有时在 C-2 或 C-3 位形成支链；大豆膳食纤维中糖蛋白以阿拉伯半乳聚糖作为其碳水化合物部分；而大豆木质素是由芥子醇、松伯醇和对羟基肉桂醇 3 种单体组成的大分子化合物（张绪霞等，2007）。大豆膳食纤维主要存在于大豆的种皮和子叶中，干燥的大豆种皮含 85.7%的糖类，子叶中含有 80%的总膳食纤维（赵贵兴等，2006）。

（二）营养及功能

1. 预防肥胖功能

现代营养学与医学研究证明，膳食纤维对人体医疗保健具有十分重要的作用。大豆膳食纤维相对密度较小，且其化学结构中含有许多亲水性基团，具有较强的持水性。研究表明，1g 豆渣粉在 20℃水中可自由膨胀至 7ml，且可保持 24h 不变，而相同质量的麦麸纤维，膨胀力仅为 4ml（李里特和王海，2002）。这种吸水后膨胀的特性，会对肠道产生容积作用，使人产生饱腹感，因此，大豆膳食纤维具有预防肥胖症的作用。

2. 降胆固醇功能

大豆中水溶性膳食纤维，具有一定降低血液胆固醇浓度的作用，从而降低心血管疾病的发生。大豆膳食纤维可以吸附由肝脏分泌入肠腔内的胆汁酸，从而促进胆汁酸随粪便排出，使得肠吸收胆汁酸量减少，因而导致肝脏中胆汁酸水平降低，胆固醇代谢转化胆汁酸的速率增大，最终达到降低血清和肝脏中胆固醇水平的目的。其作用机制和途径主要通过体内胆固醇的代谢能力增强，胆固醇的吸收率降低，以及体内血脂和脂蛋白的代谢增强这 3 个方面来实现的（陈茂生和邢思敏，2000）。

3. 保护肠道、预防癌症功能

大豆膳食纤维还具有预防结肠癌的保健功能。大豆膳食纤维在体内分解产生短链脂肪酸，能够促进一些有益微生物的生长，从而抑制结肠中的一些产生致癌物质，如腐生菌等的生长。而且大豆膳食纤维能够束缚胆酸和次生胆汁酸并将它们排出体外，细菌可以将胆汁中的胆酸和鹅胆酸代谢为次生胆汁酸——石胆酸和脱氧胆酸，这两种物质都是致癌物和致突变物。因此，大豆膳食纤维能够有效降低结肠中胆酸代谢产物——次生胆汁酸的浓度。另外，膳食纤维有较强的吸水性，使粪便的体积增大，有利于粪便成形而排出，减少了粪便在肠道内的停留时间，从而减少肠壁与致癌物的接触时间，使肠道中的致癌物质的浓度降低，从而降低了发生结肠癌的危险(田志刚等，2007；张绪霞等，2007)。

4. 预防糖尿病功能

大豆膳食纤维还具有抑制增血糖素分泌的作用，改善末梢组织对胰岛素的感受性，降低人体对胰岛素的需求，因而对糖尿病的预防有一定的效果，尤其对胰岛素依赖型糖尿病效果较为显著(李八方，1997)。

三、可溶性多糖

(一)组成与结构

大豆可溶性多糖(soybean soluble polysaccharides，SSPS)，主要来自大豆的子叶部分，含有 9%的蛋白质或多肽类物质，含有丰富的膳食纤维，易溶解于水(Fang et al.，2003)，属于酸性多糖，由半乳糖(Gal)、阿拉伯糖(Ara)、半乳糖醛酸、鼠李糖(Rha)、岩藻糖(Fuc)、木糖(Xyl)和葡萄糖(Glc)等组成。其主成分的构造是在聚鼠李半乳糖醛酸和聚半乳糖醛酸的主链上，结合有半乳聚糖和阿拉伯糖聚糖侧链的近似球状结构(Nakamura et al.，2002；Nakamura et al.，2001)。

(二)营养及功能

大豆可溶性多糖也属于膳食纤维的一种，它类似于果胶，具有分散稳定性强、乳化性好的特点，能够使乳饮料体系在不添加增稠剂的情况下，形成稳定的乳液，尤其对于酸性乳饮料，可避免因 pH 的改变而产生的分层现象。以其为原料加工的蛋白质饮料具有黏度低、无黏糊感、口感清爽舒畅、更天然等诸多优点，在提升乳饮料口感的前提下，最大限度地保证了乳饮料的天然营养，近年来，被越来越多地应用在乳饮料的加工生产中。

大豆可溶性多糖具有一般水溶性膳食纤维所具有的多种生理功能。它能够起到调整肠道功能及降低肝脏胆固醇的作用。人体在食用大豆可溶性多糖后，在体内肠道多种微生物的作用下，可部分发生分解并转变为有机酸，能够有效缩短大豆可溶性多糖在胃肠的运输时间。因此，具有减肥、通便，调节胃肠中微生物营养的平衡和类胆固醇的代谢，以及抑制免疫血清中脂质氧化等作用(李小林等，2009)。

(本节由王浩完成)

第四节 配糖体成分营养功能

大豆配糖体成分主要包括异黄酮、皂苷两种成分。由于异黄酮是苦涩味和收敛因子之一，皂苷也具有苦涩味和溶血作用，在早期的研究中，配糖体成分曾一度被视为抗营养因子。近年来的研究发现，大豆异黄酮可以预防甚至治疗多种疾病，包括骨质疏松症、更年期综合征、前列腺癌、乳腺癌、动脉硬化，以及具有女性荷尔蒙样物质功效。目前，含大豆异黄酮的各类保健食品，已畅销美国、日本及欧洲各国。仅美国市场上就有300多种大豆异黄酮功能食品，年销售额近20亿美元。据统计，国际市场对大豆异黄酮的年需求量已达1500t，但实际年产量仅为300t。目前，国外正在积极开发各种大豆异黄酮的医药制品和保健食品，如片剂、口服液、粉剂等。

大豆皂苷是一类具有苦涩味、易溶于水形成泡沫、可使红细胞溶解的结构复杂的糖苷类化合物。由于其结构复杂和实际操作中易出现泡沫，有关皂苷的研究相对较为滞后。直到20世纪70年代，有关研究才陆续被报道，但也都局限于抗营养因子及不良风味的研究上，在豆制品加工中，常被要求尽可能除掉它。进入80年代后，才发现它具有降低胆固醇和抗血栓的功效。进入90年代后，随着其各种组分和化学结构的明晰及DDMP皂苷的发现，有关大豆皂苷的研究，才取得较大的进展(唐传核等，2001)。特别是随着人们对其特殊生理活性功能——包括抗血栓、降胆固醇、抑制甲状腺肿大、镇咳、消炎、抗肿瘤及增强免疫力等认识的增强，大豆皂苷作为一种新型的药疗兼食疗双重功效的天然保健品，已备受关注。

一、异黄酮

大豆在中华民族乃至人类发展的历史长河中，一直被作为蛋白质和脂质的重要营养源。随着大豆种子成分及结构组成的明晰，发现大豆所含的各种功能性营养成分中，异黄酮的保健功能尤为突出。而且，不同类型的大豆异黄酮，对人体的医疗保健功效也不同。目前，市售大豆异黄酮制品，多为染料木苷(genistin)、大豆苷、染料木苷元、大豆苷元等。

(一)大豆异黄酮的类雌激素作用

异黄酮是植物多酚(polyphenol)的一种，多酚是植物及微生物中产生的酚类次生代谢产物，具有很强的抗氧化作用。异黄酮特别引起人们关注的是它具有与雌激素受体(estrogen receptor，ER)结合的能力(Hwang et al.，2006)。作为植物性雌激素，它是人体内分泌紊乱物质的调整因子，当体内雌激素水平偏低时，它可以替代雌激素与ER结合，发挥雌激素样作用。当体内雌激素水平偏高时，给予高剂量外源雌激素(如染料木苷)，可抑制或降低自身雌激素水平，干扰雌激素与ER的结合，表现为抗雌激素作用，起到抑制因高生物活性雌激素引起的癌变。目前，有关该方面的研究，已经成为受人瞩目的热点之一。

最近的研究表明，大豆苷元(daidzein)的代谢产物——雌马酚(equol)具有对人体心血管系统疾病的药理学功能，几乎所有的实验动物结肠内，都含有将大豆苷元降解成雌马酚的细菌，如乳酸菌、双歧杆菌等。在雌激素类似物中，雌多酚的结构与雌激素结构相似度最高。因此，这种细菌对人类饮食生活健康具有重要意义。据调查，只有30%左右的欧美人肠内能够产生雌多酚，而在日本人肠内能够代谢产生雌多酚的比率可达50%，特别在纳豆摄取量高的日本东北地区的高龄者人群中，雌多酚产生的量较其他人群要多，这种导致人种和个体之间雌多酚产生量的差异原因，至今尚不明确(Setchell et al.，2003，2002)。

异黄酮的主要保健功能体现为：一方面它可以防治一些与人体雌激素下降有关的疾病，如改善女性更年期症状、防治阿尔茨海默病、强化女性形体、提高母乳品质与分泌量、促进胎儿生长发育、有效预防骨质疏松、血脂升高、乳腺癌、前列腺癌、心脏病、心血管疾病等。另一方面对于雌激素水平偏高者，又表现为抗激素活性，抑制乳腺、子宫内膜、前列腺、皮肤、结肠、肺等部位癌细胞的生长，以及防治心血管疾病和白血病等。

1. 改善女性更年期综合征

女性在绝经前后，由于卵巢功能减退，体内分泌雌激素水平下降，引起各器官组织的功能调整不相适应，出现一系列病症，如出现潮热、畏寒、胸闷、心悸、头眩、血压波动、情绪不稳定、烦躁、易激动或抑郁、多虑、失眠、记忆力减退、思想不集中、综合判断力下降等症状。大豆异黄酮具有类雌激素活性，而且没有化学合成雌激素的不良反应，不会产生药物依赖，适量补充大豆异黄酮，可以推迟或缓解女性更年期因雌激素分泌量急剧下降引起的各种不适症状。众多的流行病学研究表明，在常食豆制品的亚洲国家，特别是日本、中国、朝鲜半岛等东亚国家，更年期综合征的发病率只有美国的30%左右。日本女性更年期症状就远轻于欧美国家的女性，原因在于其血清中异黄酮的含量要高于欧美国家的女性。据调查，绝经前的女性，每日摄入大豆异黄酮 45mg，可延长月经周期。澳大利亚学者研究发现，更年期女性每日摄入大豆粉 45g，可使更年期综合征发病率下降40%左右。

2. 预防骨质疏松

骨质疏松是一种系统性的骨病，是指以单位体积内骨组织减少，骨骼失去致密性，而变得粗疏与脆弱为特点的代谢性骨病变。骨质疏松以绝经后的女性发病率居多，其根本原因与绝经后的女性雌激素分泌显著下降有关。现代研究表明，雌激素具有与成骨细胞 ER 结合，降低破骨细胞活性的功效。因大豆异黄酮结构与雌激素相似，所以具有类雌激素样活性。流行病学调查也显示，以食用豆制品为主的东方女性中，骨质疏松和骨折发病率，明显低于以食用动物性脂肪、蛋白质的西方女性，排除遗传、人种、锻炼等因素，豆类制品的摄入是其主要原因(李晓东，2006)。据世界卫生组织对女性尿液抽样检测发现，骨密度与人体内大豆异黄酮含量呈正相关，高骨密度者的尿液中，异黄酮含量高于低骨密度者，说明大豆异黄酮在预防中老年女性骨质疏松、减少骨折发病率等方面，具有极为重要的保健功能。特别是大豆异黄酮中的染料木素(genistein)，预防骨质疏松的效果尤为突出。据临床实验表明，更年期女性只要连续 6 个月，每人每日摄入染料木素的量达到 1.39mg，就可显著增加骨骼的矿化度，起到预防骨质疏松的功效。

3. 防治女性阿尔茨海默病

一般女性在进入 35 岁以后，内源雌激素的分泌就开始逐渐减少。女性进入更年期乃至绝经后，雌激素的分泌会出现显著下降。这也是女性阿尔茨海默病的患病率(约占男女患病人数的 79%)明显高于男性的重要原因。阿尔茨海默病早期可能出现的征兆，具体表现为记忆力减退、理解判断力障碍、计算力障碍、语言障碍、定向力障碍、人格变化、情绪和行为变化、丧失对生活的兴趣和积极性等。大豆异黄酮作为类雌激素样物质，可弥补更年期女性因绝经而减少的雌激素分泌，减少的脑部神经元的损伤，可有效预防阿尔茨海默病的发生。美国科学家对大豆异黄酮的脑保健作用，进行了为期 3 年的动物实验，用大豆长期饲喂与人类亲缘关系非常接近的恒河猴，结果发现它绝少发生阿尔茨海默病，而对照组的发病率与西方人近似(Anthony et al.，1996)。这说明大豆异黄酮这种“植物性雌激素”，很可能对灵长类动物大脑中的淀粉样变性有干扰作用，而这种淀粉样变性正是引起阿尔茨海默病的主要病因。目前，大豆异黄酮已经成为防治女性阿尔茨海默病最有开发价值的保健药源。

4. 防癌抑癌功效

研究发现大豆种子中有不少于 5 种抗癌因子，如维生素 E、异黄酮、皂苷、磷脂等。其中，大豆异黄酮的抗癌效果尤为显著。进入 20 世纪 90 年代以来，有关大豆异黄酮防癌抑癌效果的研究，已成为众多科学家的研究热点(Barnes et al.，1996，1995；Messina et al.，1994)。特别是染料木素，是异黄酮中最主要的活性因子，由于其结构与雌激素中的雌二醇(estradiol)相似，具有雌激素的活性基团——二酚羟基，因此染料木素具有类雌激素活性等多种生理活性。流行病学调查表明，不经常食用大豆制品的女性乳腺癌的患病率，是经常食用大豆制品的女性的 1 倍以上。以摄取动物性蛋白、脂肪为主的欧美国家的人群的乳腺癌与前列腺癌的患病率，是经常食用大豆制品的 3 倍多。

根据日本东京国立癌症医疗研究中心对 2.5 万名 40～69 岁之间的女性，历经 10.5 年的跟踪调查显示，114 名乳腺癌女患者血液中染料木素浓度，远低于 288 名未患乳腺癌女性血液中的浓度，血液中染料木素浓度高的女性，患乳腺癌的几率仅为低浓度女性的 30%。尽管有学者认为大豆的抗癌效果是大豆种子中的蛋白酶抑制剂的作用，但蛋白酶抑制剂被高温灭活后的大豆制品，仍显示出很高的乳腺癌抑制作用(Barnes et al.，1995)，说明大豆异黄酮可能是抗癌、抑癌的有效活性成分。另据研究报道，体内染料木素的浓度在高于 10mmol/L 时，具有抑制癌细胞扩散增殖的功效。当它与雌二醇同时存在于体内的时候，染料木素可比雌二醇优先与癌细胞核上的 ER 受体结合，起到防止雌二醇诱变“基因”形成肿瘤增殖细胞的作用。

大豆异黄酮在男性前列腺癌的防治方面也取得了明显的效果，在对前列腺癌晚期的40名重症患者，每日投入120mg大豆异黄酮的剂量治疗中，发现有良好疗效的患者占50%～70%。来自美国《癌症研究》的动物实验表明，饲喂含染料木素的前列腺癌患鼠与对照组相比，癌变向肺部转移的几率减少95%。美国癌症学会认为大豆异黄酮是防治男性前列腺癌的重要物质(姜浩奎和李荣和，2008)。

最新研究发现，大豆异黄酮中的染料木苷中的氢离子易解离，可捕捉自由氧基，从而形成抗氧化作用，同时它还是蛋白质酪氨酸激酶(protein tyrosine kinase，PTK)的抑制剂。由于PTK是一组催化酪氨酸残基磷酸化的酶，它通过从腺苷三磷酸(ATP)转移一个7-磷酸基到酪氨酸残基上，使蛋白质活化，进而参与细胞的信号转导。而且它的过量表达，还会扰乱细胞内正常的信号传递，抑制细胞凋亡，刺激肿瘤新生血管形成，向癌细胞不断输送氧气和营养，从而起到促进癌细胞分裂与增生的作用。因此，作为PTK抑制剂的染料木素，具有了切断营养输送渠道的功能，间接地抑制了癌细胞分裂和扩散，起到了抑癌防癌的作用(姜浩奎和李荣和，2008)。

染料木素的抗癌机制，还体现在它可以通过抑制11型DNA拓扑异构酶，使癌细胞中与蛋白质结合的DNA链断裂，使癌细胞死亡。染料木素这种通过干扰受体后信号通路和DNA功能而发挥的抑制作用是非ER依赖的。近年来，随着现代分子生物学在医药科学领域的深入广泛应用，及有关异黄酮的防癌抑癌机制的明晰，攻克长期以来困扰人类健康的癌症终将会实现。

5. 预防心血管疾病

血液中低密度脂蛋白(LDL)胆固醇浓度高是动脉硬化症的主要病因。20世纪90年代以来，众多的临床实验、动物实验及体外实验的研究结果，进一步肯定了大豆异黄酮在防治心血管疾病中的作用。Anthony 等(1998)认为其作用机制是多元性的，较成熟的机制有4种(Sacks et al.，2006；张秀荣和刘耀春，2003；Venter 1999；Ruiz-Larrea et al.，1997；Potter，1996，1995；Stampfer et al.，1991)。

(1)LDL受体调节机制

大豆异黄酮可使LDL受体发生上调(up-regulation)，增加LDL受体活性，从而促进胆固醇的清除。

(2)抗氧化特性

大豆蛋白具有降低LDL颗粒体积和防止LDL过度氧化作用，异黄酮通过这种作用，可降低LDL颗粒在冠状动脉壁上的沉积，从而减少粥样动脉硬化的发生率。

(3)抑制血管平滑肌细胞的增殖

细胞培养发现25mmol/L的染料木素，可降低基底纤维生长因子(basic fibroblast growth factor，BFGF)及纤维蛋白溶酶原激活因子的活性，从而抑制平滑肌细胞增殖，而这种细胞的增殖，正是粥样动脉硬化发生发展的重要环节。

(4)抗血栓生成和舒张血管的作用

酪氨酸蛋白磷酸化与血小板活性密切相关，染料木素通过对酪氨酸激酶的抑制作用，降低血小板内酪氨酸蛋白磷酸化，进而导致血小板活性降低，使其在血管壁上的沉积和聚积减少，阻止粥样动脉硬化的发生。雌激素对体内和离体血管都有舒张作用，染料木素在舒张血管的同时，还可以增强其他血管舒张剂的效应，使组织血流进一步通畅。Anderson 等（1995）对 38 项大豆异黄酮与血脂或胆固醇关系的研究进行元分析（meta analysis），结果发现有 34 项研究证实大豆异黄酮具有降血脂作用。

（二）大豆异黄酮的抗氧化作用

大豆异黄酮的抗氧化作用，一直是近年来的一个研究热点，其中抑制自由基产生或去除熄灭自由基是其重要的防病机制之一。这里提到的自由基（free radical）是指生物机体中的氧自由基，如超氧阴离子自由基、羟自由基、脂氧自由基、二氧化氮和一氧化氮自由基等，加上过氧化氢、单线态氧和臭氧，通称活性氧（reactive oxygen species，ROS）。生物体内活性氧自由基具有参与免疫和信号转导过程等功能。由于自由基含未配对的电子，极不稳定（特别是羟自由基），因此它会从邻近的分子（包括脂肪、蛋白质和 DNA）上夺取电子，让自己处于稳定的状态，邻近的分子又变成一个新的自由基，然后再去夺取电子，如此连锁反应的结果，使它几乎可以损害所有的机体的组织和细胞，如它可引起蛋白质的合成减少、线粒体 DNA 突变甚至断裂、脂质过氧化、诱导细胞凋亡等，进而引起慢性疾病及衰老效应。现代医学研究发现，许多与年龄有关的疾病，如癌症、心脏病等的发病，都与分子过氧化有直接或间接的关系。其具体作用机制有以下 4 点（刘丽和金宏，2003；李燕，2001）。

1. 抑制或去除活性氧自由基

在有氧条件下，自由基的中间物——半醌、偶氮及硝基离子可以向氧转移 1 个电子，形成超氧阴离子，进一步形成强活性物质，如单线态氧、羟基氧等活性氧物质。这些活性氧物质可以攻击蛋白质、DNA 等生物大分子及细胞器。大豆异黄酮中的染料木素（金雀异黄素）含有 5-,7-,4′-三个酚羟基，大豆苷元含 7-,4′-二个酚羟基。酚羟基作为供氧体能与自由基反应，使之生成相应的离子或分子，能够清除活性氧自由基，预防脂质过氧化的产生，以及阻断脂质过氧化的链式反应。具体体现如染料木素可以显著抑制促癌剂 12-O-十四烷酰佛波醇-13-乙酯（12-O-tetradecanoylphorbol-13-acetate，TPA）诱导的中性多核细胞（polymorphonuclear，PMN）及 HL-60 细胞过氧化物的形成（董光守等，1996）。它还可抑制在癌变过程中起重要作用，并作为 DNA 氧化应激损伤物标志的 8-羟基-2′-脱氧鸟苷（8-OH-dG）的产生。因此，染料木素具有预防 DNA 氧化损伤的功能（Liu et al.，1999）。另据董守光等（1996）研究发现，染料木素与大豆苷元在较高浓度时，可抑制脂质过氧化，并抑制 TPA 诱导的 HL-60 细胞过氧化氢的形成，但不抑制 NADPH（烟酰胺腺嘌呤二核苷酸磷酸，辅酶Ⅱ）的酶促氧化反应，推断其抗氧化机制可能是通过自由基的清除作用实现的。Djuric 等（2001）等每天给予 6 名男性 100mg、6 名女性 50mg 的大豆异黄酮，3 周后测定其血液中氧化损伤标志物 5-羟甲基-2′-脱氧尿苷的含量，发现其明显减少，表明在日常饮食中，适当补充大豆异黄酮，能够减少内源性 DNA 的氧化损伤，可能会产生对癌症预防有益的功效。

2. 提高机体抗氧化酶的活性

大豆异黄酮抗氧化作用的另一个机制，是通过提高抗氧化酶活性实现的。动物体内抗氧化酶的种类很多，如超氧化物歧化酶(SOD)，它是体内特异清除超氧阴离子自由基的一种抗氧化酶，它可以把超氧阴离子歧化成过氧化氢，再经体内的过氧化氢酶(CAT)和谷胱甘肽过氧化氢酶(GSH-PX)，将过氧化氢转化为水。动物实验表明，用染料木素饲喂小鼠30天后，可显著提高小鼠的皮肤、肠等器官的抗氧化酶如CAT、SOD、GSH-PX等的活性。在雌鼠饲料中添加天然大豆苷元和染料木素，2周后发现大豆苷元能显著诱导心脏谷胱甘肽转移酶的活性，但染料木素可使红细胞中谷胱甘肽还原酶(GR)、CAT、GSH-PX的活性下降，并且在机体处于氧化状态时，可抑制氧化反应的进行，有激发机体抗氧化作用的反馈机制。虽然动物实验用的大豆异黄酮的剂量远超过人体摄入水平，在小剂量时，大豆异黄酮只表现出对药物代谢和抗氧化酶的弱诱导作用，但至少可以表明大豆异黄酮的抗氧化作用是通过提高机体抗氧化酶的活性来实现的(刘丽和金宏，2003；李燕，2001)。

3. 降低膜的流动性，抑制脂质过氧化

染料木素、大豆苷元及其代谢产物雌马酚是有效的抗氧化剂，特别是雌马酚，它可以降低LDL氧化的易感性，使之免于过氧化。酯化异黄酮更易与LDL结合，使结合后的LDL抗氧化能力增强。在生物膜的不饱和脂质中，自由基的过氧化作用，可以破坏生物膜的结构，进而影响膜的生理功能。异黄酮类物质可以优先进入膜的疏水核，限制膜成分的流动性，降低自由基在脂质双层中的流动性，阻止自由基的渗入，来稳定膜的结构，保护膜的功能，抑制脂质的过氧化作用(Arora et al.，2000)。

4. 增加抗氧化蛋白的表达，抑制紫外线辐射诱导的氧化应激和细胞凋亡的化学改变

生物体内的抗氧化蛋白有金属硫蛋白(MT)、CAT及SOD等。MT是一类与二价金属离子结合能力很强的非酶蛋白，富含半胱氨酸残基，对自由基有非常强的清除作用。MT的表达能保护细胞免受重金属的毒性侵害，还能防止自由基对细胞膜的损伤。Kameoka等(1999)、Kuo和Leavitt(1999)等研究发现，染料木素能增加人类小肠Caco-2细胞的MT水平，用100mol/L的染料木素等处理小肠Caco-2细胞，发现它能诱导MT表达，并可使MT mRNA表达水平增加15倍，明显超过对照组细胞，而多种糖皮质激素没有这种作用，说明染料木素增强MT的表达，可能不是通过原来公认的雌激素途径，而是通过调节抗氧化蛋白的表达来实现的。

另据研究，半胱天冬酶-3(caspase-3)是一种参与和调节细胞凋亡的蛋白酶，紫外线(ultraviolet，UV)是一个能在细胞内诱导半胱天冬酶依赖的细胞凋亡触发剂，UV辐射可引起细胞内氧化应激的增加，染料木素具有明显减弱这种应激增加的功效。大豆素也具有削弱因UV辐射引起的ROS的量，抑制UV辐射诱导的半胱天冬酶的激活和随后的细胞凋亡作用(Chan and Yu，2000)。

总之，大豆异黄酮具有明显的抗氧化作用，在预防和治疗与氧化损伤有关的各种疾

病，如粥样动脉硬化、脉管系统疾病和癌症等方面，有着较好的效果。我国是大豆的原产地，有着丰富的大豆品种资源，中华民族始终保持者食用传统豆制品的良好习惯，加强豆制品的开发和应用，对改善国民营养健康水平、增强国民体质具有重要的意义。

二、皂苷

皂苷广泛存在于多种植物中，如甘草皂苷、绞股蓝皂苷、人参皂苷等。大豆皂苷作为一类常见的植物活性物质，具有重要的研究价值和广泛的应用价值。众多的国内外研究已经证明，大豆皂苷具有抗脂质氧化、抗自由基、增强免疫调节、抗肿瘤和抗病毒等多种生理功能，加之它具有的良好的发泡性和乳化性，已引起食品营养界、药品界及化妆品等行业的广泛关注。

20 世纪 70 年代之前，对于大豆皂苷的研究，主要局限于对抗营养因子及不良风味因子的研究，曾被认为是豆制品加工过程中尽可能除去的成分(Birk et al.，1963)。进入到 80 年代以后，随着大豆皂苷各种物理性质及化学结构的解析，证明大豆皂苷的毒性作用很小，且具有较多对人体有益的生理药理学功能。大豆皂苷的生理及药理学保健功能，大体可分为 3 个方面：①建立在皂苷物理化学性质基础上的抗高脂血症功能。②建立在化学性质基础上的抑制消化道大肠癌细胞增殖的功能。③通过促进作用于雌激素受体(ER)的甲状腺激素的分泌，抑制肝功能障碍的产生。大豆制品除作为营养保健食品被摄取外，还可制作成化妆品等，具有保护皮肤等功效(喜多村啓介，2010)。

(一)大豆皂苷的抗高血脂作用

据 Lin 等(2005)在老鼠、兔子、猪等动物上的实验表明，大豆皂苷具有抗动物高脂血症的显著功效(Pathirana et al.，1981；Topping et al.，1980)。Fenwic 等(1991)研究表明，大豆皂苷的这种抗高血脂功效，是由它的物理化学性质所决定的。皂苷可以与肠内的中性胆固醇、胆汁酸等结合，在一定程度上抑制了中性胆固醇或胆汁酸的再吸收，增强了它们被排出体外的能力。有关人体经口摄食的皂苷代谢研究表明，皂苷的代谢速度与人体肠内微生物细菌群落有关，菌群不同，其代谢速度也有较大的差异。

(二)大豆皂苷的大肠癌细胞增殖的抑制作用

长期以来，大豆加工食品一直被认为是低危险性的防癌食品，特别是大豆异黄酮在防癌方面的功效研究较为深入。但皂苷的抗癌效果迟迟未得到充分研究，主要是由于其化学结构及成分复杂，而且制备较难等原因。自从日本学者 Konoshima(1996)用分离精制的大豆皂苷成分(Bb 和 Be)开展抗癌作用研究及 DDMP 大豆皂苷被发现后，皂苷的抗癌功效，才有了更进一步的深入研究。

美国研究人员 Ellington 等(2005)的人结肠癌细胞 HCT-15 的体外抗癌实验表明，高纯度的 B 族大豆皂苷 Bb、Bb′、Bc、Bc′的混合物，在适宜的时间(24～48h)和适当的浓度(0.025～0.5mg/ml)条件下，可以使癌细胞的数量减少，使 DNA 复制的 S 期停滞，从而延迟癌细胞的分裂周期，使调控细胞凋亡(apoptosis)的自体吞噬(autophagy)小泡的数目增加。目前，大豆皂苷的抗肿瘤机制尚不明确，加拿大研究人员 Rao 和 Sung(1995)将其总结为以下 4 点：①皂苷对肿瘤细胞有毒性作用和生长抑制作用；②免疫调节功能；③与胆汁酸结合作用，增强胆汁酸的体外排除能力；④使异常增生的上皮细胞正常化。他们在以人结肠癌 HCT-15 细胞株为靶细胞，研究大豆皂苷的抗癌作用的实验中，也证明大豆皂苷在 150～600mg/ml 剂量条件下，可抑制人结肠癌细胞(HCT-15)的生长。

基于大豆皂苷具有显著的抑癌效果，日本学者计算出了每人每天大豆的最低摄取量，认为要达到癌症抑制效果，B 族皂苷的需要量为 0.1mg/ml，按它在大肠内的滞留时间为 24h 计算，成人的大肠容积为 2L，那么每日的必要摄取量为 200mg，按每 100g 大豆含 B 族皂苷 400mg 计算，则每日摄取的大豆量应该在 50g 左右，50g 大豆所含的异黄酮的量为 40～50mg，这也基本符合每人每日对异黄酮需求的摄入标准(喜多村啓介，2010)。

(三)对甲状腺激素分泌的促进和肝脏障碍的抑制作用

日常生活中的饮酒、吃药，以及过氧化脂质的摄入等产生的毒素，都是经过人体肝脏解毒的，增加了肝细胞的解毒负担。若类似的有毒物被长期经口摄入，就会引起肝硬化、肝癌等病变。大豆皂苷虽然不能直接被消化道所吸收，但有学者认为，它可以通过肠道上皮细胞的激素受体，起到抑制肝脏障碍发生的作用。为了验证大豆皂苷具有抑制肝脏障碍的作用，Ohminami 等(1984)用含过氧化玉米油 25%的高脂质饵料饲喂小白鼠(rat)，再用精制的含 Ba 60%，Bb′ 6%，Bc 1%，脱乙酰基 Ab 30%，脱乙酰基 Af 3%的大豆皂苷混合物，按 50mg/kg 体重的量经口投入，发现摄食过氧化脂质饵料的小鼠，经口投入大豆皂苷后，可显著地抑制肝脏障碍指标[血清中谷草转氨酶(GOT)、谷丙转氨酶(GPT)及总胆固醇(TC)和甘油三酯(TG)]浓度的上升。

Ishii 和 Tanizawa(2006)在给白鼠(mouse)腹腔内按 75mg/kg 的标准投入大豆皂苷(Ba、Bb、Bc、脱乙酰基 Ab 和脱乙酰基 Af)混合物的 *in vivo* 实验中，发现大豆皂苷有与α-生育酚(α-tocopherol)相匹敌的抗氧化作用。但在 *in vitro* 实验中，并没发现皂苷的强抗氧化作用。调查在 *in vivo* 实验中出现强抗氧化原因，发现具有抗氧化作用的甲状腺激素分泌大量增加，说明大豆皂苷可能有促进甲状腺激素分泌的作用。

(四)抗病毒及去除活性氧的抗氧化作用

大豆皂苷具有广谱的抗病毒能力。其抗病毒作用，一般认为表现在大豆皂苷对病毒具有直接的杀伤作用。大豆皂苷具有钙通道的阻滞作用，有利于细胞代谢。因此，推测大豆皂苷能够增强机体局部吞噬细胞和天然杀伤细胞(NK cell)的功能，增强机体细胞抵抗病毒的能力(李晓东，2006)。

艾滋病(AIDS)病毒(HIV)是一种人体免疫缺陷病毒，是危害全球人类健康的传染性疾病之一，该疾病一直被认为是不治之症。Nakashima 等(1989)国外学者，用人类的淋巴结细胞和 HIV 病毒细胞共培养 3 天和 6 天后，调查了存活细胞的数目及 HIV 特异抗原的表达强度，然后添加浓度为 0.5g/L 来自大豆胚轴，经过精制的 B 族皂苷(Ba 33%，Bb 67%)，发现淋巴结细胞没有死去，而且 HIV 病毒特异抗原的表达，几乎得到完全的抑制。实验 A 族皂苷虽说也有抑制效果，但是抑制效果很弱。这说明大豆皂苷，特别是

B 族的 Bb 皂苷对 AIDS 无论是治疗还是预防都是有效的。国内学者李静波也对皂苷的抗病毒作用进行了研究，并用含大豆皂苷的霜剂成功地治疗了疱疹性口唇炎、口腔溃疡等疾病。

当人体除去生物体内的活性氧，如羟自由基(·OH)、过氧化氢(H_2O_2)、单线态氧($^1O_2$)等的能力较弱时，机体细胞生物膜上的不饱和脂肪酸发生过氧化反应，组织细胞会遭到破坏而老化。现在已经知道，机体的许多疾病如动脉硬化、癌症等的发生，都与活性氧有密切的关系。日本学者 Kitagawa 等(1983)研究发现，大豆皂苷可以抑制血清中脂质的氧化，进而抑制了过氧化脂质的生成。王银萍等(1994)研究认为，大豆皂苷作用于机体可使机体通过自身调节，增加体内超氧化物歧化酶(SOD)的含量，以清除体内的活性氧，减轻活性氧的损害程度，降低体内过氧化脂质的含量，从而起到抗氧化作用。

(本节由王绍东完成)

第五节　维生素、灰分及矿物质元素营养功能

大豆种子中含有水溶性维生素和脂溶性维生素两大类。其中，水溶性维生素主要有硫胺素(VB_1)、核黄素(VB_2)、烟酸、泛酸、叶酸、维生素 C 等。其中脂溶性维生素在成熟的大豆种子中的含量几乎可以忽略不计。但 VC 在发育中的大豆种子或发芽大豆种子的含量却可以达到 1.3mg/g，大豆种子中脂溶性维生素有 VA、VE 和 VK_1 共 3 种，VA 以其前体β-胡萝卜素的形式存在于发育中的大豆种子或发芽大豆种子中，绿子叶大豆籽粒的β-胡萝卜素含量要高于黄子叶大豆。VK_1 在普通大豆中含量也远高于其他禾谷类作物，在大豆制品如纳豆中的含量比常规大豆增加 30 多倍。VE 是大豆种子中的一类重要的维生素，本节将以 VE 的功能特性为重点进行阐述。

一、维生素 E

作为脂溶性维生素的一族，VE 具有较强的抗氧化作用。大豆是天然 VE 的主要来源，大豆油脂提取过程中，VE 随油脂一起脱离饼粕，进入到粗制豆油(毛豆油)中。因其具有较强的抗氧化作用和营养特性，而成为延长毛豆油的保质期和增加其营养成分的重要物质。但是，随着油脂工业的快速发展及人们对菜肴风味及颜色的要求越来越高，大部分 VE 的异构体如γ-tocopherol 等在脱臭馏出物中被除去了，但大部分 VE 是从豆油精炼的副产物——油角中提取的。

大豆种子中 VE 的基本特性在第二章第三节的维生素部分做过介绍，在此不再赘述。它之所以备受人们关注，是由于其结构特性赋予了它很多其他成分所不具备的特殊生理或药理上的功能，具体如下。

(一)具有清除活性氧自由基等抗氧化作用

活性氧自由基是具有高度化学活性的一类带正电荷、负电荷或者不带电荷的物质，

是机体氧化反应中产生的有害化合物，具有强氧化性，可损害机体的组织和细胞，进而引起慢性疾病及衰老效应。清除自由基的方式分为酶类和非酶类两种方式，VE 作为非酶类清除剂的一种，其抗氧化机制，主要体现在它本身具有产生酚氧基的结构，具有优先同单线态氧反应、被超氧阴离子自由基和羟基自由基氧化等特性，可以阻止和避免自由基对组织细胞生物膜上多不饱和脂质的损伤和攻击，能够有效地保护核酸等生命大分子(Bramley et al.，2000)。

(二)具有抗心、脑血管疾病的作用

血液低密度脂蛋白水平高，被氧化的概率增加，心脑血管疾病发生的危险性就增加，粥样动脉硬化发生的可能性增大。另外，低密度脂蛋白还能破坏巨噬细胞，致其死亡，死亡的巨噬细胞，会对其周边的上皮组织细胞释放毒素，从而诱发心脏疾病(李晓东，2006)。现代流行病学研究证明，在不同的男性人群中，缺血性心脏病的发病几率与血液 VE 的水平呈显著的负相关。适当地补充 VE，可保护 LDL 不被过分氧化，避免血管内皮层巨噬细胞转化为泡沫细胞(foam cell)，稳定血管内皮细胞膜，对减少血液中的脂质沉积，预防动脉粥样硬化发生与发展起到积极作用。氧源性自由基(oxygen derived free radical，ODFR)与脑组织细胞损伤和坏死等众多过程有关系，人体大脑中含有丰富的不饱和脂肪酸，有些部位含有较多的铁质，它是生成自由氧基和脂质过氧化的催化剂，VE 有很强的脂溶性，细胞通过它可产生抗氧化防御系统，控制 ODFR 的水平，达到保护大脑血管免受 ODFR 损伤的功效。

(三)具有防癌、抗衰老作用

VE 的防癌、抗癌作用，虽然尚未得到广泛的证实，但多数研究认为，VE 是一种存在于生物膜上的脂溶性强抗氧化剂，它不但可以保护 VA 不受氧化破坏，并加强其功效的发挥，还与其他微量营养成分如 VC、Se、Zn 等共同构成脂质过氧化机体的防御系统，并通过多方面的免疫功能，阻断化学致癌物质的致癌作用，如它可以通过阻止亚硝酸铵的形成，来保护 DNA 分子，提高机体细胞的免疫和体液免疫水平，从而抑制某些癌基因的表达。VE 的抗衰老作用，主要体现在它可以消除脂褐素(lipofuscin)在细胞中的沉积，消除或减少可诱发死亡的外部因素，改善细胞的正常功能，减慢组织细胞的衰老过程，达到延年益寿的目的。老年病学者认为，衰老的过程，实际上是自由基对核酸、蛋白质、脂质等生物大分子损伤的积累过程，即 VE 的抗衰老作用，一定程度上是通过它的抗氧化作用实现的。

(四)具有抗不孕不育作用

VE 又名生育酚或产妊酚，即抗不育症是 VE 的主要生理功能之一。它可以维持生殖器官的正常机能，对机体的代谢有良好的影响，促进脑垂体前叶促性腺分泌细胞功能，提高卵巢的质量，促进卵泡的成熟，使黄体增大，并可抑制黄体酮在体内的氧化，从而增强黄体酮的作用，促进精子的形成并能增强其活力。缺乏 VE 易引起皮肤早衰多皱、胎动不安或流产后不易再怀孕等病症。

二、灰分及矿物质元素

如第二章第三节所述，灰分约占大豆种子干重的5%。在大豆主要的矿物质元素中，钾的含量最高，还含有磷、镁、硫、钙、氯和钠等常量矿物质元素及硅、铁、锌、硒等微量矿物质元素。

在常量矿物质元素中，钾是人体必需的营养元素，在大豆种子中含量极为丰富(约占1.5%)，它能够维持细胞内的渗透压和维持体液的酸碱平衡，维持机体神经组织、肌肉组织正常的生理功能。磷是构成细胞膜和核酸的必要成分，在大豆种子中含量为0.7%左右。在参与人体能量代谢、增强骨骼和牙齿强度，促进大脑智力发育等方面，磷元素具有极为重要的作用。钙是构成牙齿和骨骼的重要组成成分，在大豆种子中含量约为0.44%。虽然它在人体内含量较低，但对维持人体正常的生理、生化反应，起到了极为重要的调节作用。若人体长时间缺钙，易导致骨质疏松、低血钙等疾病发生。镁也是人体必需的营养元素之一，在大豆种子中含量为0.2%左右，其主要的生理功能表现为，它是骨骼和牙齿的组成部分，是糖蛋白等物质代谢的组成部分，有舒张血管降低血压的作用(姜浩奎，2003)。

在微量矿物质元素中，铁在大豆种子中的含量较为丰富，约9.7mg/100g DW。它作为人体血红蛋白、肌红蛋白的组成成分，参与氧和二氧化碳的运输，在呼吸和生物氧化中起重要作用。锌是人体必需的微量元素，在大豆种子中含量约为4mg/100g DW。它是生物体内许多酶的组成成分，作为起催化作用的活性中心，参与体内各种物质能量代谢。

(本节由王绍东完成)

参 考 文 献

陈茂生, 邢思敏. 2000. 膳食纤维的功能及其开发研究. 食品科技, 1: 23～24
董光守, 张迪, 颜卉君, 等. 1996. 两种分化诱导剂对 HL-60 细胞诱导分化过程中酪氨酸蛋白磷酸化作用的影响. 中国肿瘤临床, 23(2): 84～86
董怀海. 2001. 大豆分离蛋白的提取及其改性方法. 西部粮油科技, 26(1): 34～35
杜惠芬, 李克生, 郭红云, 等. 2004. 胰蛋白酶抑制剂体外抑制肿瘤细胞降解细胞外基质的研究. 中国预防医学, 5(2): 138～139
段雅婷, 田苗, 路锋, 等. 2010. 棉籽糖药学研究现状. 安徽农业科学, 38(13): 7175～7176
高春霞. 2006. 大豆多肽生理活性、应用与前景分析. 大豆通报, 4: 18～22
胡可心, 陈光, 孙旸. 2004. 大豆肽的功能特性的研究. 酿酒, 31(6): 33～34
黄贤校, 谷克仁, 赵一凡. 2006. 大豆低聚糖研究概况. 粮食与食品工业, 13(3): 27～31
季国, 冯志彪. 2010. 抗癌大豆多肽 Lunasin 的研究现状. 食品工业科技, 31(10): 405～407, 412
姜浩奎. 2003. 大豆与健康. 北京: 科学技术文献出版社: 70～73
姜浩奎, 李荣和. 2008. 大豆医疗保健功能成分研究. 北京: 科学技术文献出版社: 51～53
焦万洪. 2005. 大豆中胰蛋白酶抑制剂的去除方法. 四川畜牧兽医, 2: 40
荆剑, 赵翔, 张页. 2003. 大豆凝集素的纯化及其凝集不同肿瘤细胞的探讨. 中国生物化学与分子生物学报, 19(3): 401～405
李八方. 1997. 功能食品与保健食品. 青岛: 青岛海洋大学出版社: 55～56

李里特, 王海. 2002. 功能性大豆食品. 北京: 中国轻工业出版社: 149
李晓东. 2006. 功能性大豆食品. 北京: 化学工业出版社: 74～85
李小林, 何莹, 汪东华, 等. 2009. 可溶性大豆多糖在花生蛋白奶中的应用研究. 现代食品科技, 25(3): 309～311
李燕. 2001. 大豆异黄酮的抗氧化作用及其防治疾病作用. 国外医学卫生学分册, 2: 100～103
李玉珍, 林亲录, 肖怀秋, 等. 2005. 大豆多肽特性及其应用研究现状. 中国食品添加剂, 6: 91～94
李玉珍, 肖怀秋, 兰立新. 2008. 大豆分离蛋白功能特性及其在食品工业中的应用. 中国食品添加剂, 1: 109, 121～124
刘冠军, 董海洲, 刘文, 等. 2006. 大豆低聚糖及其在食品中的应用. 中国食物与营养, 3: 34～36
刘丽, 金宏. 2003. 大豆异黄酮抗氧化作用的研究进展. 中华放射医学与防护杂志, 23(2): 22～24
刘娴, 赵恕. 2012. 水苏糖及其功能的研究进展. 中国微生态学杂志, 24(10): 960～961
苗兴芬, 徐文平, 李灿东, 等. 2011. 东北地区大豆品种脂肪酸组成与含量分析. 大豆科学, 30(3): 529～531
荣建华. 2001. 大豆多肽及其生物活性的研究. 武汉: 华中农业大学博士论文: 20～23
谈黎明. 1992. 大豆磷脂生理功能及其应用. 粮食与油脂, 2: 36～37
唐传核, 杨晓泉, 彭志英. 2001. 大豆皂苷最新研究概况. 大豆科学, 20(1): 60～65
田志刚, 王勇, 马玉霞. 2007. 膳食纤维的生理功能及其在食品中的应用. 农产品加工 • 学刊, 9: 94～96
王连铮, 郭庆元. 2007. 现代中国大豆. 北京: 金盾出版社: 859
王启荣, 李肃反, 扬则宜, 等. 2004. 补充大豆多肽对中长跑运动员训练期生化指标的影响. 中国运动医学杂志, 23(1): 33～37
王银萍, 吴家祥, 王心蕊, 等. 1994. 大豆皂苷和人参茎叶皂苷的抗糖尿病动脉粥样硬化作用. 白求恩医科大学学报, 20(6): 551～553
颜燕, 徐建华, 杨非. 2004. 大豆多肽对辐射的保护功能. 中国公共卫生, 20(5): 564～565
杨闯. 2011. 卵磷脂的特性及其在食品和营养保健方面的应用. 食品科技, 36(7): 73～75, 79
于治中, 丁长河, 李里特. 2007. 大豆低聚糖的生产、生理功能及其应用. 中国食品添加剂, 1: 159～163, 150
袁德保, 李芬芳, 杨晓泉, 等. 2012. 大豆蛋白的结构、营养及功能性质的研究进展. 热带农业工程, 36(3): 12～16
袁美兰, 温辉梁, 黄绍华. 2002. 功能性低聚糖-棉籽糖的开发应用现状. 中国食品添加剂, 4: 54～57
詹欢, 郭瑞华. 2011. 大豆胰蛋白酶抑制剂及其临床应用. 科技信息, 7: 401, 420
张柏林, 秦贵信, 刘宁, 等. 2009. 大豆凝集素结构及其活性测定方法的研究进展. 大豆科学, 28(1): 160～163
张秀荣, 刘耀春. 2003. 大豆异黄酮心血管作用的研究进展. 心血管病学进展, 24(3): 173～176
张绪霞, 陈卫梅, 董海洲, 等. 2007. 大豆膳食纤维的营养功能特性及开发前景. 中国食物与营养, 2: 49～51
赵光明, 蔡淑萍, 高红岩. 2001. 改善大豆分离蛋白功能性质的方法. 食品科技, 5: 21～22, 31
赵贵兴, 陈霞, 赵红宇. 2006. 大豆膳食纤维的功能及其在食品中的应用. 中国油脂, 31(10): 27～28
朱杰, 张百刚. 2005. 卵磷脂在食品加工与营养保健研究中的应用. 食品研究与开发, 26(3): 131～133
喜多村启介. 2010. 大豆のすべて. 東京: Science Froum: 282～287
Abdullaev F I, de Mejia E G. 1997. Antitumor effect of plant lectins. Nat. Toxins, 5(4): 157～163
Anderson J W, Johnstone B M, Cook-Newell M E. 1995. Meta-analysis of the effects of soy protein intake on serum lipids. N. Engl. J. Med., 333: 276～282
Anthony M S, Clarkson T B, Hughes C L, et al. 1996. Soybean isoflavones improves cardiovascular risk factors without affecting the reproductive system of peripubertal rhesus monkeys. J. Nutr., 126(1): 43～50

Anthony M S, Clarkson T B, Williams J K. 1998. Effects of soy isoflavones on atherosclerosis: potential mechanisms. Am. J. Clin. Nutr., 68 (6) (Suppl) : 1390S～1393S

Aoyama T, Kohno M, Saito T, et al. 2001. Reduction by phytate-reduced soybean beta-conglycinin of plasma triglyceride levels of young and adult rats. Biosci. Biotechnol. Biochem., 65 (5) : 1071～1075

Arora A, Byrem T M, Nair M G, et al. 2000. Modulation of liposomal membrane fluidity by flavonoids and isoflavonoids. Arch. Biochem. Biophys., 373 (1) : 102～109

Barnes S, Peterson T G, Coward L. 1995. Use of genistein-containing soy matrices in chemoprevention trials for breast and prostate cancer. J. Cell Biochem. 22 (Suppl.) : 181～187

Barnes S, Sfakianos J, Coward L, et al. 1996. Soy isoflavonoids and cancer prevention. Underlying biochemical and pharmacological issues. Adv. Exp. Med. Biol., 401: 87～100

Bata T, Ueda A, Kohno M, et al. 2004. Effects of soybean beta-conglycinin on body fat ratio and serum lipid levels in healthy volunteers of female university students. J. Nutr. Sci. Vitaminol (Tokyo), 50 (1) : 26～31

Birk Y, Bondi A, Gestetner B, et al. 1963. A thermostable hemolytic factor in soybeans. Nature, 197 (4872) : 1089～1090

Bramley P M, Elmadfa I, Kafatos A, et al. 2000. Vitamin E. J. Sci. Food Agric., 80: 913～938

Chan W H, Yu J S. 2000. Inhibition of UV irradiation-induced oxidative stress and apoptotic biochemical changes in human epidermal carcinoma A431 cells by genistein. J. Cell. Biochem., 78 (1) : 73～84

Chow C K. 1992. Fatty Acids and Their Health Implications. New York: Marcel Dekker: 127

Dittmann K, Loffler H, Bamberg M, et al. 1995. Bowman-Birk Proteinase inhibitor (BBI) modulates radio sensitivity and radiation-induced differentiation of human fibroblasts in culture. Radiother Oncol., 34 (2) : 137～143

Dittmann K H, Gueven N, Mayer C. 1998. The presence of wildtype TP 53 is necessary for the radioprotective effect of the Bowmn-Birk proteinase inhibitor in nortad fibrolasta. Radiat. Res., 150 (6) : 648～655

Djuric Z, Chen G, Doerge D R, et al. 2001. Effect of soy isoflavone supplementation on markers of oxidative stress in men and women. Cancer Lett., 172 (1) : 1～6

Ellington A A, Berhow M, Singletary K W. 2005. Induction of macroautophagy in human colon cancer cells by soybean B-group triterpenoid saponins. Carcinogenesis, 26 (1) : 159～167

Fang X, Watanabe Y, Adachi S, et al. 2003. Microencapsulation of linoleic acid with low-and high-molecular-weight components of soluble soybean polysaccharide and its oxidation process. Biosci. Biotechnol. Biochem., 67 (9) : 1864～1869

Fenwick G R, Price K R, Tsukamoto C, et al. 1991. Saponins, Toxic substances in crop plants (D'Mollo J P F eds) . Cambridge: Royal Society of Chmistry: 285～327

Galvez A F, Chen N, Macasieb J, et al. 2001. Chemopreventive property of a soybean peptide (lunasin) that binds to deacetylated histones and inhibits acetylation. Cancer Res., 61 (20) : 7473～7478

Grant G. 1989. Antinutrituonal effects of soybean: A Review. Prog. Food Nutr. Sci., 13: 317～348

Hwang C S, Kwak H S, Lim H J, et al. 2006. Isoflavone metabolites and their in vitro dual functions: they can act as an estrogenic agonist or antagonist depending on the estrogen concentration. J. Steroid Biochem. Mol. Biol., 101 (4-5) : 246～253

Ishii Y, Tanizawa H. 2006. Effects of soyasaponins on lipid peroxidation through the secretion of thyroid hormones. Biol. Pharm. Bull., 29 (8) : 1759～1763

Kameoka S, Leavitt P, Chang C, et al. 1999. Expression of antioxidant proteins in human intestinal Caco-2 cells treated with dietary flavonoids. Cancer Lett., 146 (2) : 161～167

Kennedy A R, Billings P C, Wan X S, et al. 2002. Effects of Bowman-Birk inhibitor on rat colon carcinogenesis. Nutr. Cancer, 43(2): 174～186

Kitagawa I, Wang H, Saito M, et al. 1983. Chemical constituents of Astragali radix, the root of *Astragalus membranaceus bunge*. (3). Astragalosides Ⅲ, V and VI. Chem. Pharm. Bull., 31: 709

Konoshima T. 1996. Anti-tumor-promoting activities or triterpenoid glycosides; cancer chemoprevention by saponins. Adv. Exp. Med. Biol., 404: 87～100

Kuo S M, Leavitt P S. 1999. Genistein increases metallothionein expression in human intestinal cells, Caco-2. Biochem. Cell Biol., 77(2): 79～88

Liener I E, Pallansch M J. 1952. Purification of a toxic substance from the defatted soybean flour. J. Biol. Chem., 197(1): 29～36

Lin C Y, Tsai C Y, Lin S H. 2005. Effects of soy components on blood and liver lipids in rats fed high-cholesterol diets. World J. Gastroenterol., 11(35): 5549～5552

Liu Z, Lu Y, Lebwohl M, et al. 1999. PUVA (8-methoxy-psoralen plus ultraviolet A) induces the formation of 8-hydroxy-2′-deoxyguanosine and DNA fragmentation in calf thymus DNA and human epidermoid carcinoma cells. Free Radic. Biol. Med., 27(1-2): 127～133

Lotan R, Siegelman H W, Lis H, et al. 1974. Subunit structure of soybean agglutinin. J. Biol. Chem., 249(4): 1219～1224

Makinde M O, Umapthy E, Akingbemi B T, et al. 1996. Effects of dietary soybean and cowpea on gut morphology and faecal composition in creep and noncreep-fed pigs. Zentralbl Veterinarmed A, 43(2): 75～85

McManus M T, Burgess E P J. 1995. Effects of the Soybean (Kunitz) Trypsin Inhibitor on Growth and Proteases of Larvae of Spodoptera Litura. J. Insect Physiol., 41(9): 731～738

Messina M J, Persky V, Setchell K D, et al. 1994. Soy intake and cancer risk: a review of the in vitro and in vivo data. Nutr. Cancer, 21(2): 113～131

Moriyama T, Kishimoto K, Nagai K, et al. 2004. Soybean beta-conglycinin diet suppress serum triglyceride levels in normal and genetically obese mice by induction of beta-oxidation, down regulation of fatty acid synthase, and inhibition of triglyceride absorption. Biosci. Biotechnol. Biochem., 68(2): 352～359

Nakamura A, Furuta H, Maeda H, et al. 2001. Analysis of structural components and molecular construction of soybean soluble polysaccharides by stepwise enzymatic degradation. Biosci. Biotechnol. Biochem., 65(10): 2249～2258

Nakamura A, Furuta H, Maeda H, et al. 2002. Structural studies by stepwise enzymatic degradation of the main backbone of soybean soluble polysaccharides consisting of galacturonan and rhamnogalacturonan. Biosci. Biotechnol. Biochem., 66(6): 1301～1313

Nakashima H, Okubo K, Honda Y, et al. 1989. Inhibitory effect of glycosides like saponin from soybean on the infectivity of HIV in vitro. AIDS, 3(10): 655～658

Ohminami H, Kimura Y, Okuda H, et al. 1984. Effects of soyasaponins on liver injury induced by highly peroxidized fat in rats. Planta Med., 50(5): 440～441

Pathirana C, Gibney M J, Taylor T G. 1981. The effect of dietary protein source and saponins on serum lipids and the excretion of bile acids and neutral sterols in rabbits. Br. J. Nutr., 46(3): 421～430

Potter S M. 1995. Overview of proposed mechanisms for the hypocholesterolemic effect of soy. J. Nutr., 125 (3 Suppl): 606S～611S

Potter S M. 1996. Soy protein and serum lipids. Curr. Opin. Lipidol., 7(4): 260～264

Qin G X, Verstegen M W A, Bosch M W, et al. 1996. Effect of steam toasting on the digestibility and nitrogen utilization Argentine and Chinese soybeans in growing pigs. J. Anim. Physiol. Anim. Nutr., 78: 1~5

Rao A V, Sung M K. 1995. Saponins as anticarcinogens. J. Nutr., 125 (3 Suppl) : 717S～724S

Ruiz-Larrea M B, Mohan A R, Paganga G, et al. 1997. Antioxidant activity of phytoestrogenic isoflavones. Free Radic. Res., 26 (1) : 63～70

Ryam C A. 1990. Protease inhibitors in plant: gene for improving defenses against insects and pathogens . Ann. Rev. Phytopathol., 28: 425～449

Sacks F M, Lichtenstein A, van Horn L, et al. 2006. Soy protein, isoflavones and cardiovascular health an American heart association science advisory for professionals from the nutrition committee. Circulation, 113 (7) : 1033～1044

Samoto M, Maebuchi M, Miyazaki C, et al. 2007. Abundant proteins associated with lecithin in soy protein isolate. Food Chem., 102 (1) : 317～322

Setchell K D, Brown N M, Lydeking-Olsen E. 2002. The clinical importance of the metabolite equol-aclue to the effectiveness of soy and its isoflavones. J. Nutr., 132 (12) : 3577～3584

Setchell K D, Faughnan M S, Avades T, et al. 2003. Comparing pharma-cokinetics of daidzein and genistein with the use of 13C-labeled tracer in premenopausal women. Am. J. Clin. Nutr., 77 (2) : 411～419

Sharon N, Lis H. 2002. How proteins bind carbohydarate: lessons from legume lectins. J. Agric. Food Chem., 50 (22) : 6586～6591

Shin Z I, Yu R, Park S A, et al. 2001. His-His-Leu, an angiotensin I converting enzyme inhibitory peptide derived from Korean soybean paste, exerts antihypertensive activity in vivo. J. Agri. Food Chem., 49 (6) : 3004～3009

Stampfer M J, Colditz G A, Willett W C, et al. 1991. Postmenopausal estrogen therapy and cardiovascular disease. Ten-year follow-up from the nurses' health study. N. Engl. J. Med., 325 (11) : 756～762

Stonelake P S, Jones C E, Neoptolemos J P, et al. 1997. Proteinase inhibitors reduce basement membrane degradation by human breast cancer cell lines. Br. J. Cancer, 75 (7) : 951～959

Topping D L, Storer G B, Calvert G D, et al. 1980. Effects of dietary saponins on fecal bile acids and neutral sterols, plasma lipids and lipoprotein turnover in the pig. Am. J. Clin. Nutr., 33 (4) : 783～786

Venter C S. 1999. Health benefits of soybeans and soy products: a review. J. Fam. Ecol. Consum. Sci., 27 (1) : 24～33

Wan X S, Ware J H, Zhang L, et al. 1999. Treatment with soybean derived Bowman-Birk ihibitor increases serum prostate-specific antigen concentration while suppressing growth of human prostate cancer xenografts in nude mice. Prostate, 41 (4) : 243～252

第四章　大豆品质性状生理学与分子生物学基础

在大豆种子的脂肪含量和种子产量不降低的情况下，大幅度的提高大豆种子的蛋白质含量是一项较为艰难的改良工程(Cianzio 2007；Wehrmann et al.，1987；Brim and Burton，1979)。但随着大豆基因组草图绘制的完成，在大豆中克隆与大豆蛋白质和油分等品质性状相关的基因已经成为可能。同时，随着各种生理与生化相结合的交叉分子生物学研究的不断发展，也为克隆基因的功能验证等提供了坚实的理论基础。本章着重从大豆生理和分子生物学的角度，对近年来的大豆品质性状的研究进展，给予综合性的概述与评价。

第一节　蛋白质性状生理学与分子生物学基础

大豆种子蛋白是食用植物性蛋白的重要来源，与其他植物性蛋白相比较，大豆蛋白中氨基酸种类组成比较齐全。在氨基酸营养品质方面，虽然含硫氨基酸含量较低，但其他氨基酸如赖氨酸等的含量，远高于其他禾谷类作物(王丽侠等，2004)。根据蛋白质生理功能分类法，大豆蛋白质可分为贮藏蛋白和生物活性蛋白。

一、种子贮藏蛋白

根据离心沉淀法的沉淀常数可以区分出的大豆蛋白分子至少有4类，即15S球蛋白、11S球蛋白、7S球蛋白和2S球蛋白。用电泳层析方法也可区分出这几类大豆蛋白分子，它们各组分在大豆蛋白中的含量，如表4-1-1所示，虽然不同的分离方法所获得各组分的含量略有差异，但是，无论哪种分离方法，所获7S和11S球蛋白所占的比例，均超过70%，即7S球蛋白(β-conglycinin)和11S球蛋白(glycinin)是大豆种子贮藏蛋白的主要组成部分(Derbyshire et al.，1976)，前者为糖基化蛋白，后者为非糖基化蛋白。它们在相同的贮藏囊泡中被定位，在植物的萌发过程中，被植物的内源蛋白酶降解，为发芽提供必需的营养。

表4-1-1　大豆贮藏蛋白不同组分的含量　　(单位：%)

种类名称	分离方法	
	沉淀常数	电泳层析
15S	7	10
11S	42	40
7S	34	31
2S	15	14
其他	2	5

种子贮藏蛋白基因，为研究植物中调控基因表达的程序，提供了一个独一无二的平

台。这些次级代谢水平的基因，在植物的整个生命循环中都几乎处在沉默状态；而这些基因的调控复合物却能在种子萌发过程的很短时间内，完成种子贮藏蛋白基因的激活。信使 RNA（message RNA，mRNA）的合成是在种子萌发初期开始的，在成熟中期达到转录高峰，在种子休眠前才开始下调表达，种子形成后基因再一次沉默。种子贮藏蛋白的积累与其编码基因的 mRNA 表达成正比（Harada et al.，1989）。

对于贮藏蛋白基因的表达和多肽的聚合，已经开始使用转基因植物开展深入研究。在转基因矮牵牛种子中发现，其 β-伴大豆球蛋白的α′-亚基以共沉积的方式形成多聚体，与大豆种子中分离的 β-伴大豆球蛋白十分相似。Northern 杂交结果表明，贮藏蛋白 mRNA 具有器官和时间特异性，这些 mRNA 的表达是在花后 10 天开始大量表达。豌豆球蛋白 mRNA 也是在转基因烟草的发育种子的蛋白体中大量积累，它在花后 11 天开始表达，在花后 15 天表达量上升到最高，在花后 20 天迅速下降。这种转基因植物在 mRNA 表达、蛋白质积累、组织器官的特异性和对翻译后进程的敏感程度上，与在豌豆和大豆中的模式一样。

在烟草中采用花椰菜花叶病毒（CaMV）启动子诱导豌豆球蛋白的基因表达发现，蛋白质可以在种子以外的其他器官中表达。CaMV 启动子的增强区（−420～−90）是与豌豆球蛋白上游+100 的区域相结合。当 CaMV 启动子区结合到一个 β-伴大豆球蛋白基因的+14 位置的时候，蛋白质在种子中的积累要大大的高于叶片和愈伤组织。目前，种子贮藏蛋白 mRNA 的表达，在植物的各个组织中都有研究。

种子贮藏蛋白基因具有协调表达的特性，这一现象不仅存在于自然宿主本身，也同样存在于转基因植物中。它们都是在种子萌发过程中才被同时转录激活，在种子休眠前被系统性抑制，而在种子发育以外的其他植物发育过程中也同样被抑制。这些基因的遗传位点，目前已有一些被发现，这些基因的表达在转基因植物中保留着同样的模式。因此，它们可能共用同样的转录调控元件。这些元件在植物的发育循环过程中，对这些基因的系统性调控起着重要作用。

（一）大豆 7S 球蛋白

大豆 7S 球蛋白即 β-conglycinin 是一个三聚体，分子质量为 150～200kDa，由 3 个亚基组成，分别是 α（约 67kDa），α′（约 71kDa）和 β（约 50kDa）。而豌豆（*Pisum sativum*）的 7S 球蛋白至少由 6 个大的亚基类构成，这 6 个亚基类的分子质量大小为 12～50kDa。菜豆（*Phaseolus vulgaris*）7S 球蛋白亚基有 α（51～53kDa）、β（47～48kDa）和 γ（43～46 kDa）。

β-伴大豆球蛋白的亚基是粗糙内质网中形成带有N端信号肽前体的形式（α和α′或者β），并且这些亚基在天冬酰胺的位置（Asn-x-aa-Ser/Thr），被通过含有甘露糖核心骨架的寡糖共同糖基化，糖基化的同时，信号肽序列也被去掉（Shewry，1995）。这些成型或者初成型的亚基在内质网中组装成三聚体（Utsumi et al.，1997）。三聚体通过高尔基体被转运到液泡中，同时寡糖链也被修饰，到达液泡后初步组装成型的亚基才完全成型（Wright，1988）。这时大量含有不同亚基组成的分子形式会随机的出现，其中包括同源三聚体（Utsumi，1992）。

α-和 α′-亚基含有两个 N 端糖基化的一致序列，β-亚基只含有一个。所有这些可能的位点都会被完全的 N 端糖基化（Bollini et al.，1983）。除了 β-conglycinin 之外，许多植物的贮藏蛋白，如菜豆蛋白（法国豆 7S 球蛋白）、一些豌豆球蛋白（7S 球蛋白）、伴刀豆球蛋白、种子血凝素和植物红细胞凝聚素都是糖基化蛋白。其中一些贮藏蛋白已经采用衣霉素抑制多糖合成，或者通过点突变减少糖基化的方法，研究其糖链是否有功能(Chrispeels et al.，1982a)。多数研究认为，糖链合成减半并不显著影响亚基蛋白的聚合、形成和识别，最明确地定义 N 端糖基化的功能，是其可以促进蛋白质的正确折叠(Chrispeels，1991)。同时，也表明 N 端糖基化，与抑制蛋白质-蛋白质互作过程 N 端的多糖互作有关(Katsube et al.，1998；Nakamura et al.，1993)。然而 β-伴大豆球蛋白合成过程中糖链合成减半的机制还有待深入研究。

从核酸推演出的氨基酸序列表明，α-和 α′-亚基含有延伸区域(α-亚基，含有 125 个残基；α′-亚基，有 141 个残基)，而在 420～440 的区域则是 3 个亚基共有的核心区。核心区域中 α 和 α′的同源性是 86.8%，α 和 β 的同源性是 75.5%，α′和 β 的同源性是 71.4%，α 和 α′在延伸区域的同源性是 57.3%。(Harada et al.，1989；Doyle et al.，1986)。这两个亚基在进化过程中都被单独保留了下来，这个延伸区域或许在三聚体的正确形成和组装，以及在后续的从内质网向液泡的运输，还有蛋白体的正确组装过程中起着重要的作用。

7S 球蛋白的合成涉及大量的基因家族，其编码基因至少有 15 个成员(Doyle et al.，1986)。可以将其分成两组，分别为编码 2.5kb 和 1.7kb 的种胚时期特异表达的 mRNA。β-伴大豆球蛋白基因在基因组中，有成簇分布的现象，并且这些成簇分布的基因，其 DNA 长度也很相近。在大豆基因组中某些特殊的位置，这些编码的 DNA 序列，会存在有或没有的现象。DNA 序列也控制着所编码的 β-伴大豆球蛋白 mRNA 的长度。种胚时期特异表达的 2.5kb 和 1.7kb 的 mRNA，会在大豆种胚萌发的不同时期积累和降解。比较发现，编码这些 mRNA 的基因在相同的时期被转录激活或抑制。进化研究发现，β-伴大豆球蛋白基因家族，发生过两个复制和插入/删除的事件。同时该基因家族表达的调控，主要在转录和转录后水平进行。

β-伴大豆球蛋白是大豆的主要贮藏蛋白，是在大豆胚发育过程中逐渐积累的，最终形成蛋白质颗粒，在大豆萌发过程中被水解，为发芽提供碳和氮元素。在大量的大豆种子蛋白中，β-伴大豆球蛋白是唯一一个由两个同源且长度明显不同的 mRNA 所编码的(Doyle et al.，1986)。2.5kb 和 1.7kb 的 mRNA 编码着两类大小完全不同的蛋白质亚基，分别是 α′/α 和 β(Sebastiani et al.，1990)。这些亚基可以相互作用从而形成含有不同亚基结构的三聚体蛋白(Thanh and Shibasaki，1978，1976)。每个 mRNA 的长度级别代表着相关家族的 mRNA 的大小。mRNA 翻译的多样性决定了 β-伴大豆球蛋白在种子中的多样性，这种现象和新合成多肽的翻译后修饰原理一样。

β-伴大豆球蛋白 mRNA 的积累和降解在大豆种胚发育时期的中熟阶段是十分普遍的。在成熟的植物器官系统中这种现象是检测不到的，这一时期 β-伴大豆球蛋白的积累是在转录水平的。单独的某一个 β-伴大豆球蛋白编码基因在大豆的生活史中的表达，随着发育阶段的变化而变化。例如，α′/α-亚基和 β-亚基的 mRNA 和多肽，在不同胚发育时期的胚的中轴线和子叶中的分布存在多样性，这一现象会随着硫元素和甲硫氨酸供给的不同而随之变化。

(二) 大豆 11S 球蛋白

大豆 11S 球蛋白即 glycinin，是重要的大豆种子贮藏蛋白，在不同大豆品种中占大豆种子贮藏蛋白的 50%以上。因为大豆球蛋白具有重要的营养价值和经济价值，因而对它的研究也比较广泛。大豆球蛋白可以使用脱盐法从种子中提取出来，它一般以六倍体的形式存在，分子质量大小为 35kDa。

目前为止，共发现了 7 个基因编码球蛋白不同亚基的蛋白质。这 7 个基因可以根据序列的相似程度分为 3 个家族。球蛋白基因 *Gy1*，*Gy2* 和 *Gy3* 可以划分为第Ⅰ组，其编码的蛋白质亚基具有同样的分子质量(58kDa)，并且蛋白质序列之间含有大约 90%的同源性；其他的 *Gy4* 和 *Gy5* 可以划分为第Ⅱ组，其所编码的蛋白质相对于第Ⅰ组，具有较大的分子质量(62kDa)，蛋白质序列之间也含有大约 90%的同源性。两个家族间的蛋白质序列的同源性为 60%～70%。然而由这两组基因编码的蛋白质亚基所含有的营养成分，会因为来自不同家族的基因编码亚基数目的不同，而出现一些变化。例如，*Gy4* 和 *Gy5* 编码的蛋白质亚基，其含硫氨基酸(甲硫氨酸和半胱氨酸)的含量就会减少。第Ⅲ组是 *Gy6* 和 *Gy7*(米东等，2009)。

目前，对大豆球蛋白基因已开展了很多的遗传定位研究，属于第Ⅰ组的 3 个基因被发现分布在大豆的两个不同的染色体上，被定位到了两段大约 45kb 的片段中。*Gy1* 和 *Gy2* 两个基因在染色体上的位置相隔 3kb，位于一个正向重复的区域里。*Gy3* 位于与 *Gy1* 和 *Gy2* 相近的另一个区域内。在这两个区域内每个区域都含有至少 5 对功能同源的基因，而这些基因在成熟植株的胚和叶片中都有表达。采用合适的 DNA 多态性分析证明，这两个染色体上的区域是彼此独立遗传的，*Gy4* 和 *Gy5* 也具有类似的遗传现象。然而采用突变体的研究分析表明，*Gy1/2* 和 *Gy3* 或许存在连锁遗传。进一步的研究表明，在 N 连锁群上 *Gy2* 基因的下游含有一个新的大豆球蛋白基因 *Gy6*。而另一个新的功能性大豆球蛋白基因 *Gy7* 被定位到 L 连锁群上(图 4-1-1)。

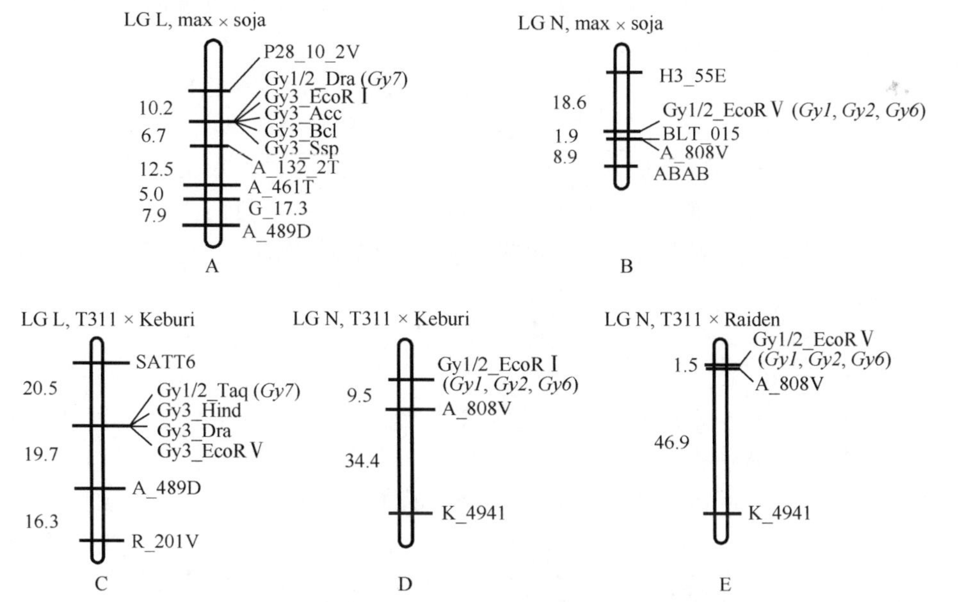

图 4-1-1　在不同遗传背景下 *Gy* 基因家族的定位结果

11S 球蛋白在发育种子的子叶细胞的粗糙内质网中被合成为球蛋白前体(Chrispeel et al.，1982b)。合成后球蛋白前体的信号肽被剪切掉，余下的球蛋白前体则组装成三聚体形式，这样的三聚体通过高尔基体被运送到囊泡中，三聚体到达囊泡后，就会被蛋白酶在保守的 Asn-Gly 位置被切割。蛋白酶的切割导致酸性末端（N 端）和碱性末端（C 端）多肽链上二硫键的形成（Shewry，1995）。研究表明，蛋白酶剪切是六聚体形成所需的重要翻译后修饰。剪切后，三聚体就会聚合成六聚体，进而形成更加复杂的结构，最终形成囊泡蛋白体。而种子中蛋白体的沉积，也是像晶体结构的形成一样，受着严格的调控。

（三）7S 和 11S 球蛋白差异比较

7S 和 11S 球蛋白的氨基酸序列比对发现，二者有很多相同的地方，这表明二者可能出自于同一个基因祖先。由于在一级结构上存在同源性，而且二者已知的功能，都是在发芽过程中胚的发育时起作用，因此二者的三维结构在进化上也可能都含有同样的特性。像从内质网到囊泡的转移、蛋白质单体的互作翻译后修饰的准确切割位点的暴露、发芽过程中蛋白质的降解及最终在囊泡中蛋白质的正确组装，这样的特性在进化中是一直被保留的。

7S 和 11S 球蛋白最不同的共性特征，是在其蛋白质序列家族的比对中发现的，其中有 30 个氨基酸位点，在基因家族中是十分保守的，或者彼此之间有交换现象出现。在这些位点中有 4 个位点是让研究者比较感兴趣的，这 4 个位点被称为 Pro/Gly 单元，它不仅在蛋白质结构域中存在，而且也存在于二者的蛋白质家族。

二者之间最大的区别是，在 11S 球蛋白家族中接近 C 端有蛋白质螺旋结构的插入。这个区域被认为是蛋白质的暴露结构域，与蛋白质的剪切和发芽过程中的分解都有很大关系。因为 11S 球蛋白的这个螺旋结构插入的特点，使它在这个区域存在很多的变化。其中螺旋的大小和氨基酸的组成都有可变性，这对改变蛋白质的质量有很大指导作用，因此，被很多蛋白质工程的改造所利用。

与 11S 球蛋白相同，7S 球蛋白也是在粗糙内质网中先形成球蛋白前体。而与 11S 球蛋白不同的是，7S 球蛋白在内质网中接受糖基，然后在高尔基体中被修饰（Chrispeels，1991）。7S 球蛋白三聚体的形成是在内质网的细胞腔中进行的。三聚体是通过高尔基体运输到囊泡的，三聚体如何在最后组装沉积成种子蛋白体的，目前尚不清楚。在某种程度上，7S 球蛋白翻译后的剪切或许后发生，但是对其功能却没有任何作用（Chrispeels et al.，1982b）。

（四）11S 球蛋白基因转录调控模型

一般认为 11S 球蛋白基因启动子的瞬时表达激活，是受一个高度复杂的调控复合体调控。其中包括一个随着特异识别，所要激活 DNA 特异序列改变而变化的 RNA 聚合酶Ⅱ。一个真核生物中转录激活的一般模型是这样描述的，其中调控元件结合到了两个不同的 DNA 序列区段：一个近起始密码子区段，其中包括 TATA 盒子和其他的对于组织和时空特异性盒子，以及其他的对于组织和时空特异性有作用的保守序列；另一个是远起始密码端，其中包括转录增强和上游调控元件。确定启动子区域生化上真正起作用的作用位点，并不是一项简单的工作。简单的 DNA 序列比对，并不能简单地分辨出功能或非功能位点，尤其是在考虑调控激活元件与其他非特异序列之间可能存在的互作。

转录因子的序列识别区域由两个分开的特异结构域构成。一个是 DNA 结合区域，负责特异性识别接近所要转录激活的 DNA 区段；另一个是转录激活结构域，负责激活所结合的启动子。转录激活区域会直接或间接与一个或多个普通的转录因子相互作用。同时，转录因子也会集合更多的其他调控因子，形成一个新的复合物，进而改变原有的三维结构来终止转录。

通过对不同豆科(蚕豆 *LeB4*、豌豆 *Leg1* 和大豆 *Gy1*)11S 球蛋白起始密码子上游100bp 的核心序列比对发现，存在一个至少 28bp 的高保守序列元件。这个元件被称为"豆球蛋白盒子"，其在已被检测的非 11S 球蛋白基因、其他植物基因和真菌的基因中都没有存在(Barton et al.，1982)。虽然"豆球蛋白盒子"的功能尚未知晓，但其被认为可能会影响启动子区域蛋白质/DNA 复合物结合的稳定性。它也可能控制 DNA 结合复合物，以及形成过程中不同复合物先后结合的顺序。采用转基因烟草检测，发现 *LegA* 基因上游124bp 含有完整的"豆球蛋白盒子"，是不能完成基因激活的。只有到达上游 594bp 的时候，蛋白质的表达才能够被检测到。采用 DNA 步移法发现上游的"124bp"不能够与核蛋白相结合，而在"594bp"的片段中却存在紧密的结合现象。

一种简单而又直接的鉴定调控元件的方法，是利用转基因植物进行待测启动子区域的序列删除实验。采用这种方法发现调控 7S 和 11S 球蛋白基因时空特异性表达的调控元件，在开始翻译的第一个 600bp 范围内(Ishimoto et al.，2010；Inaba et al.，2007)。然而，表达水平是与启动子的长度有紧密关系的，同时也发现在 35S 启动子中，最小化的简短序列也可以激活基因在转基因烟草营养器官中的表达，但是全长的启动子在转基因烟草中，就只有在发育的种子中才会激活基因的表达(Cardinal and Burton，2007)。

二、酶及生理活性蛋白

(一)胰蛋白酶抑制剂

蛋白酶抑制剂是一种在蛋白酶(如胰蛋白酶或者胰凝乳蛋白酶)和其相应的底物存在的情况下，起到降低底物降解速率的一种物质。自然状态下存在的蛋白酶抑制剂有很多种。其中有一种在丝氨酸上起作用的蛋白酶，其利用丝氨酸上的羟基残基催化其底物的剪切(Rahman，et al.，1995)。胰脏中的两个最主要的酶，胰蛋白酶和胰凝乳蛋白酶就属于丝氨酸蛋白酶家族。

大豆中已分离的蛋白酶抑制剂主要有两种，库尼兹胰蛋白抑制剂(KSTI)和鲍曼-贝尔克胰蛋白酶抑制剂(BBI)。KSTI 抑制剂分子质量为 20～25kDa，由 181 个氨基酸和两个二硫键构成，其中 Arg^{63} 和 Ile^{64} 具有催化活性，它具有与胰蛋白酶特异性接触的特性。胰蛋白酶抑制剂与胰蛋白酶的紧密结合，具有严谨的化学计量特性，如 1mol 的抑制剂可以失活 1mol 的胰蛋白酶。

大豆的 BBI 抑制剂起初被人们所认识时，只是作为与乙醇不溶的 KSTI 相对应的一种丙酮不溶因子。BBI 因子是一个由 71 氨基酸(含有 7 个二硫键)组成的单多肽，分子质量为 8kDa。BBI 抑制剂对胰蛋白酶和胰凝乳蛋白酶都具有抑制作用，其对胰蛋白酶的抑

制作用是以 Lys^{16} 和 Ser^{17} 为靶点，对胰凝乳蛋白酶的抑制作用是以 Leu^{44} 和 Ser^{45} 为靶点。研究发现，BBI 抑制剂具有比较低的 α-螺旋结构。随着研究的进一步深入，发现 BBI 抑制剂具有 61%的 β-折叠，38%的不规则排列，1%的 β-转角(Wilcox et al.，1994)。这些研究数据表明，BBI 抑制剂具有稳定的结构，即使其在加热的状态下二硫键被破坏，仍能具有稳定的结构。

除了蛋白酶抑制剂以外，大豆中还含有痕量的自由脂肪酸和脂肪酸乙酰-CoA 酯，同样具有抑制胰蛋白酶的功能(Liu et al.，2002)。类似这种非蛋白质类的胰蛋白酶抑制剂，被发现在大豆发酵中，起着提高胰蛋白酶抑制的作用，与蛋白质类抑制剂不同的是，这一类抑制剂没有特异性。

(二)凝集素

凝集素也被称为红细胞凝聚素，是一种具有高度黏合红细胞和其他类型细胞的蛋白质。凝集素主要在植物的种子中有大量发现，尤其是豆科植物的种子中，但在植物的根、叶和树皮中有少量存在。凝集素具有 4-羟基脯氨酸含量高的特点。其连接细胞的能力主要是通过连接细胞膜表面特异的糖类来形成桥。由于这种特点，凝集素可以作为研究细胞表面结构的新工具。越来越多的研究证据也表明，凝集素具有调控细胞延展性的功能(Schnebly et al.，1994)。

种子中的凝集素最初是在子叶细胞蛋白体中被定位到。大豆的凝集素在高速离心过程中与 7S 球蛋白体一同沉积。大豆中红细胞凝集素分子质量大约为 120kDa，它由 4 个一样的亚基构成，每个亚基的分子质量大约为 30kDa。其完整结构还有碳水化合物修饰，大豆红细胞凝集素属于糖蛋白，每摩尔的红细胞凝集素含有 5 分子的氨基葡萄糖和 37 分子甘露糖(Liu et al.，2002)。

(三)脂氧酶

脂氧酶(Lox)，EC1.13.11.12 亚油酸盐：氧化还原酶，是一种含有铁离子的双氧化酶，它催化某些多聚不饱和脂肪酸的氧化，使不饱和脂肪酸之间以共价键形式连接。同时，这种酶还可以形成自由基团，攻击其他已有的分子。Lox 经在植物、动物和真菌都有发现，尤其是在豆科植物的种子中，具有最高级的活性状态(Wilcox et al.，1994)。Lox 在大豆中被广泛关注，因为其可能是大豆产生令人不喜欢的异味——“豆腥味”的源泉。

三、氨基酸

与其他的豆科植物蛋白质一样，大豆蛋白含硫氨基酸如甲硫氨酸、半胱氨酸等含量较低(Facciotti et al.，1999)。大豆蛋白与其他禾谷类作物相比含有大量的赖氨酸。由于大豆蛋白可以补充谷物蛋白所缺少的赖氨酸和蛋氨酸等，赋予了大豆蛋白重要的营养价值。通过转基因手段可以改良大豆甲硫氨酸等含硫氨基酸的含量。

(一)甲硫氨酸

β-球蛋白基因的表达在外源提供过剩的甲硫氨酸营养和 *mto-1* 突变体中都是下调的(Nakamura et al.,1993)。*mto-1* 突变在胱硫醚-β-合成酶的编码序列中存在一个点突变,导致甲硫氨酸生物合成的反馈调节机制受到了破坏,使得在 *mto-1* 突变体中含有大量的游离甲硫氨酸(Inaba et al.,2007)。

(二)半胱氨酸

很多的研究表明,丝氨酸乙酰转移酶(SAT)是半胱氨酸合成途径中的一个限制酶。在大豆基因组中,目前发现 8 个丝氨酸乙酰转移酶编码基因(表 4-1-2)和 15 个半胱氨酸合成酶基因(OASS)(表 4-1-3)。将这些候选基因和已知的拟南芥基因进行比较分析,发现这些基因可以划分成不同的区组,不同的区组间表现为不同的组织器官特异性(Lju et al.,2002;Jez et al.,2000;Hawkins et al.,1998)。大豆这些可以分到同一区组的 SAT 基因,可能是由于大豆基因组的加倍现象导致的(Flores et al.,2008;Verhoeyen et al.,2002)。同时,也表明这些基因可能在特异的发育时期,或者不同的环境条件下调节半胱氨酸的合成。

在这些分离的大豆 SAT 基因中,有 2 个基因的生化功能和调控活性已经被证明。通过表达序列标签(EST)筛选鉴定了一个 SAT 基因,命名为 *SSAT1*(Glyma16g03080),同时找到了与其互作的基因 *GmSerat2*:*1*(Glyma16g08910)。GmSerat2:1 是一个钙离子依赖型的蛋白酶(CDPK)的作用底物(Cardinal and Burton,2007;Liu et al.,2001)。SSAT1 缺少 N 端的信号肽,因而推测其可能定位在细胞质中。带绿色荧光标记的 GmSerat2:1 被发现可以定位在细胞质和质体中(Liu et al.,2001)。

表 4-1-2 大豆基因组中 SAT 基因的候选基因

基因序号	蛋白质家族	(蛋白质长度/aa)/(分子质量/kDa)	亚细胞定位	酶活性
Glyma16g03080	GmSERAT1:1	286/30	细胞质	已知
Glyma07g06480	GmSERAT1:2	286/30	细胞质	未知
Glyma18g08910	GmSERAT2:1	391/43	细胞质/质体	已知
Glyma08g43940	GmSERAT2:2	387/42	—	未知
Glyma02g46870	GmSERAT2:3	356/39	—	未知
Glyma14g010840	GmSERAT2:4	351/38	—	未知
Glyma16g22630	GmSERAT3:1	391/44	—	未知
Glyma02g04770	GmSERAT3:2	385/42	细胞质	未知

注:—表示细胞位置不确定

表 4-1-3　大豆基因组中 OASS 基因的候选基因

基因序号	蛋白质家族	(蛋白质长度/aa)/(分子质量/kDa)	亚细胞定位	酶活性
Glyma11g00810	GmBSAS1:1	325/34	细胞质	已知
Glyma19g43150	GmBSAS1:2	325/34	细胞质	未知
Glyma03g40490	GmBSAS1:3	325/34	细胞质	已知
Glyma20g28630	GmBSAS1:4	315/33	细胞质	未知
Glyma10g39320	GmBSAS1:5	286/30	细胞质	未知
Glyma02g15640	GmBSAS2:1	394/42	质体	未知
Glyma07g32790	GmBSAS2:2	389/41	质体	已知
Glyma09g39390	GmBSAS3:1	373/40	—	未知
Glyma18g46920	GmBSAS3:2	372/40	—	已知
Glyma15g41600	GmBSAS4:1	321/34	细胞质	未知
Glyma10g30140	GmBSAS4:2	324/35	细胞质	未知
Glyma20g37280	GmBSAS4:3	323/35	细胞质	未知
Glyma10g30130	GmBSAS4:4	323/34	细胞质	已知
Glyma20g37290	GmBSAS4:5	295/32	细胞质	未知
Glyma03g00900	GmBSAS5:1	320/35	质体	未知

注：—表示细胞位置不确定

(三)色氨酸

邻氨基苯甲酸酯合成酶(anthranilate synthetase，AS)是植物中色氨酸生物合成途径中的一个关键酶。在大豆中表达烟草的邻氨基苯甲酸酯合成酶 ASA2 或者水稻的 OASA1D 都发现，大豆中的游离色氨酸的含量比对照多出 4～5 倍，而且在转基因 OASA1D 大豆中发现，色氨酸总含量是非转基因大豆的 2 倍，并且不影响植物的正常生长发育(Ishimoto et al.，2010；Inaba et al.，2007)。

第二节　脂质性状生理学与分子生物学基础

大豆是重要的油料作物，大豆脂质是目前食用植物油的主要来源。大豆脂质中脂肪酸的种类及配比是衡量其品质的一个主要因素。因此，深入地研究大豆脂肪酸合成代谢过程，修饰改造其中起决定作用的关键酶基因，并定向生产出更具营养和利用价值的大豆脂质变得尤为重要。

另外，随着生物信息资源的日益丰富和生物信息学的快速发展，使电子定位基因成为可能。本节着重介绍了利用大豆基因组物理图与遗传图的整合图谱完成的 12 个大豆脂肪酸合成关键酶基因的电子定位及结构分析，展示了研究基因结构、基因功能、基因互作及分子辅助育种的重要性。

一、脂肪酸种类构成与合成代谢

(一) 脂肪酸种类构成

植物种子中以三乙酰甘油(TAG)的形式将脂肪酸作为主要的贮藏物质积累。植物种子中有300余种TAG，它们的链长8～22个碳不等，双键数目和位置各不相同，而且还有各种功能基团，如氢基和环氧基加到脂肽链上(Nakamura et al.，1993)。由于不同的脂肪酸种类，决定了不同的TAG的主要功能及其经济价值，因此，脂肪酸研究成为植物油脂相关研究的热点之一。目前，人类对脂肪酸的利用还主要局限在少量已驯化植物——大豆、油棕榈、油菜及向日葵中特定的脂肪酸，如表4-2-1所示，植物中主要的脂肪酸有棕榈酸、月桂酸、油酸、亚油酸和亚麻酸等。除此之外，还发现上百种含特殊脂肪酸成分的植物品种，为脂肪酸代谢的基因工程研究奠定了良好的基础。

表 4-2-1　植物中的主要脂肪酸

脂肪酸种类	名称	分子式	缩写
饱和脂肪酸	月桂酸	$CH_3(CH_2)_{10}COOH$	$C_{12:0}$
	棕榈酸	$CH_3(CH_2)_{14}COOH$	$C_{16:0}$
	硬质酸	$CH_3(CH_2)_{16}COOH$	$C_{18:0}$
不饱和脂肪酸	棕榈油酸	$CH_3(CH_2)_5CH{=}CH(CH_2)_7COOH$	$C_{16:1}$
	油酸	$CH_3(CH_2)_7CH{=}CH(CH_2)_7COOH$	$C_{18:1}$
	亚油酸	$CH_3(CH_2)_4CH{=}CHCH_2CH{=}CH(CH_2)_7COOH$	$C_{18:2}$
	亚麻酸	$CH_3CH_2CH{=}CHCH_2CH{=}CHCH_2CH{=}CH(CH_2)_7COOH$	$C_{18:3}$

至今从生物体中分离的脂肪酸已有百种以上。在组织和细胞中，它们绝大部分为结合形式，极少数以游离形式存在。所有的脂肪酸都有一个长的烃链和一个羧基端。烃链以线性的为主，分支或环状的为数甚少。不同脂肪酸之间的区别主要在于烃链的长短、饱和与否及双键的数目和位置等。

根据烃链的饱和程度，可将脂肪酸分为以下3类：第一类，饱和脂肪酸(saturated fatty acid，SFA)，其烃链是饱和的，没有双键；第二类，单不饱和脂肪酸(monounsaturated fatty acid，MUFA)，含有一个双键；第三类，多聚不饱和脂肪酸(polyunsaturated fatty acid，PUFA)，含有多个双键。其中，MUFA和PUFA又统称为不饱和脂肪酸(unsaturated fatty acid，UFA)。根据烃链的长短，也可将脂肪酸分为3类：第一类，短链脂肪酸，指链长为4～7个碳的脂肪酸；第二类，中长链脂肪酸，指链长为8～18个碳的脂肪酸；第三类，超长链脂肪酸，指链长为20或20个碳以上的脂肪酸。根据人体需要又将脂肪酸分为必需脂肪酸和非必需脂肪酸。必需脂肪酸是指人体内不能自行合成，必须依靠膳食来提供的脂肪酸，主要指大于18个碳的多不饱和脂肪酸，如亚油酸和亚麻酸。

脂肪酸是生物体基本组成之一，具有重要的生理功能。它们既是细胞膜脂的主要成分，又是重要的能源物质，还是一些信号分子的前体，可与其他物质一起，分布于机体表面，防止机械损伤和热量散发等。此外，它还与细胞识别、种特异性和组织免疫等有密切关系。

随着生物化学、生理物理学和分子生物学的不断发展，人们对植物脂肪酸的代谢途径及功能有了更深的了解和认识。为利用基因工程技术定向生产特定的脂肪酸、改善油脂组分和品质、增加机体的抗逆性等提供重要的理论依据。

自植物低温伤害的膜脂相变假说被提出以来，大量实验证明膜脂的不饱和脂肪酸的比例和含量与植物的耐寒性关系密切。不饱和度降低，会增加膜的流动性，从而使植物的抗寒性相应提高。反之，冷敏感植物的膜脂相变可能是由于膜脂脂肪酸的不饱和程度较低，低温下膜脂由液晶相向凝胶相转变，造成细胞膜膜相分离，从而引起细胞代谢紊乱。改变膜的流动性有 3 种机制，即脂肪酸碳链变短、使碳链分支及引入双键(Sangeeta et al.，2007；Rahman et al.，1995)。但前两者只能在其生物合成过程中实现，而引入双键既可以在生物合成过程中进行，也可以通过去饱和酶对已有的脂肪酸催化实现(Schlueter et al.，2007；Shirley et al.，1992；Sebastiani et al.，1990)。因此，当植物受到低温胁迫时主要是通过提高不饱和脂肪酸含量和比例来提高抗寒性。

脂肪酸可以与甘油分子结合形成储存形式的脂肪，几乎所有生物能量储存的主要形式都是脂肪。大多数生物体内的脂肪合成途径是相同的。植物的脂肪酸合成主要在质体当中发生，随后运输到细胞之中的内质网中加工成三酰甘油(Ohlrogge and Browse，1995)

(二)脂肪酸合成代谢

大豆脂肪酸合成主要发生在质体的内质网和其他部位，加工成三酰甘油(Ohlrogge and Browse，1995)。乙酰辅酶 A 是脂肪酸合成的前体物质(Nakamura et al.，1993)，参与脂肪酸的合成，主要为乙酰辅酶 A 羧化酶(acetyl-CoA carboxylase，ACCase)和脂肪酸合酶。大豆种子脂肪酸合成途径类似于细菌，其生化反应步骤见图 4-2-1。

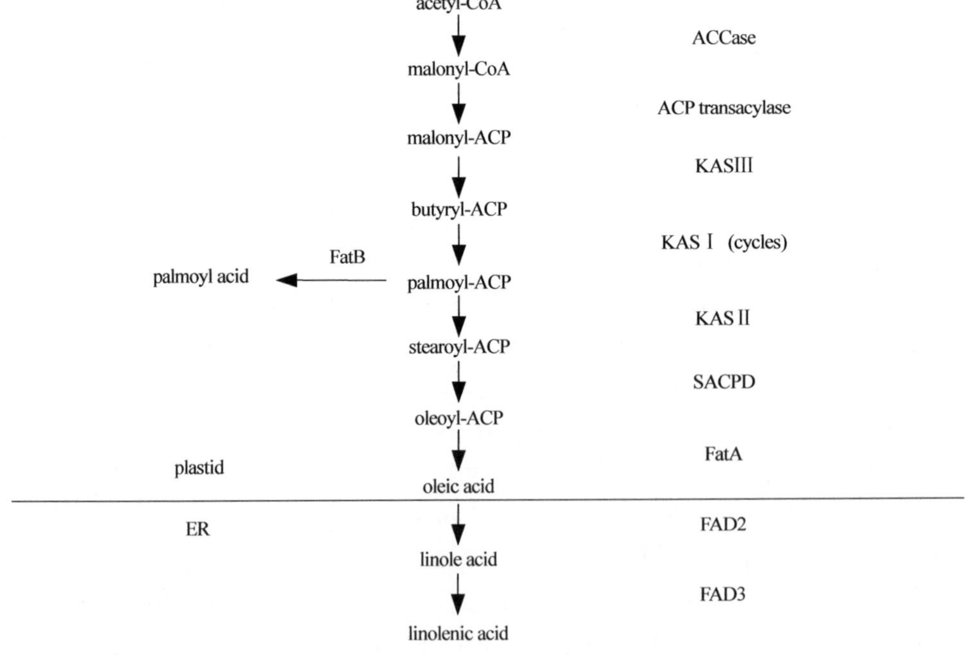

图 4-2-1 大豆种子质体中脂肪酸合成的代谢途径

大豆种子脂肪酸的合成途径，基本分成3个部分。首先，在乙酰辅酶A羧化酶的作用下，乙酰辅酶A转化成单酰辅酶A（Palmer et al.，2004；Bollini et al.，1983；Barton et al.，1982）。其次，脂肪酸合酶（fatty acid synthase complex，FAS）以丙二酸单酰辅酶A（malonyl CoA）为底物，每次循环增加2个碳进行连续的聚合反应，进而加长的酰基碳链又与酰基载体蛋白（acyl-carried proteins，ACP）结合，以保护其不受代谢途径中多种酶的侵蚀。最后，脂肪酸的合成可在酰基-ACP硫酯酶或酰基转移酶的作用下终止。酰基-ACP在酰基辅酶A合成酶acyl-CoA synthetase的作用下合成酰基-CoA，并从质体转运到内质网或胞质中。多不饱和脂肪酸的生物合成是饱和脂肪酸在脱氢酶的作用下形成的。例如，油酸在脂肪酸脱氢酶（FAD2）的催化下形成亚油酸，可以在脂肪酸脱氢酶（FAD3）催化下，形成α-亚麻酸（Buchanan et al.，2000；Chrispeels et al.，1982b）。

脂肪酸去饱和作用是植物防御反应中的一个重要组成部分。例如，真菌感染和肽激发子Pep25可诱导微粒体Δ12-脂肪酸去饱和酶和质体ω3-脂肪酸去饱和酶基因快速和短暂表达，催化α-亚麻酸形成（Katsube et al.，1998）。这些α-亚麻酸作为细胞信号分子茉莉酮酸的一个重要前体，引起茉莉酮酸累积（Palmer et al.，2004；Jung et al.，2000；Kinoshita et al.，1998；Knutzon et al.，1992；Ohlrogge et al.，1979）。又如超长链脂肪酸主要存在于某些种子油中或位于植物表面，是蜡、角质、木栓质的组成部分，并参与其他组分，如碳水化合物、乙醇、乙醛的合成（Primomo，2000）。植物体表面的蜡是植物防御体系的重要组成部分，在防止病原物侵染、草食性昆虫侵食及抵御环境胁迫（如干旱、紫外线破坏和霜冻）中发挥重要作用。

（三）脂肪酸合成关键酶基因功能分析

高等植物中饱和脂肪酸的合成在叶绿体基质中进行。近年来，对脂肪酸生物合成途径进行了大量研究，初步阐明了脂肪酸合成规律，并在此基础上从分子生物学水平对脂肪酸合成酶，尤其是其基因的表达模式进行了探索性的研究。如前所述，脂肪酸合成的前体为乙酰-CoA。它首先在乙酰-CoA羧化酶的作用下合成丙二酰-CoA。然后脂肪酸合成酶以丙二酰-CoA为底物进行连续的聚合反应，以每次循环增加两个碳的频率合成酰基碳链，进一步合成16～18碳的饱和脂肪酸。

乙酰辅酶A羧化酶是脂肪酸生物合成的关键酶之一，自然界中有两种存在形式，一种为多功能酶，另一种为多酶复合体。前者在一条多肽链中含有3个功能结构域，催化多个反应进行，被称为真核形式的ACCase；后者可解离成多个功能蛋白，如生物素羧化酶（biotin carboxylase，BC）、生物素羧基载体蛋白（biotin carboxyl carrier protein，BCCP）、羧基转移酶（carboxyl transferase，CT）及另一个功能未知的酶，被称为原核形式的ACCase。单子叶植物中的禾本科植物，如玉米、小麦和水稻叶绿体ACCase为真核形式，它们对除草剂非常敏感（Okuley et al.，1994）。植物中还发现另一个不位于叶片叶绿体、对除草剂不敏感、以真核形式存在的ACCase，其功能有待进一步研究（Oliver and Brian，2005）。除禾本科植物以外的单子叶植物ACCase的情况尚不清楚。

双子叶植物如豌豆、烟草等叶绿体ACCase为原核形式（Hofmann et al.，2002；Jung et al.，2000）。双子叶植物细胞质ACCase则可能是真核形式（Harada et al.，1989）。目前已从大豆、硅藻、拟南芥、苜蓿、小麦、玉米和油菜等多种生物中克隆了 ACCase 基因(Cardinal and Burton，2007；Byfield et al.，2006；Facciotti et al.，1999；Doyle et al.，1986；Derbyshire et al.，1976)。植物 ACCase 受光合脂酰-CoA 调节，光可能通过改变基质 pH、腺苷三磷酸(ATP)、腺苷二磷酸(ADP)和离子等参数来调节酶活，增加叶片脂类形成，从而影响脂肪酸合成(Bubeck et al.，1989；Chrispeels et al.，1982a)。因此，脂酰-CoA 对 ACCase 的抑制作用很可能是通过抑制基因表达来实现。

植物 FAS 为原核形式的多酶复合体(type II FAS)，由酰基载体蛋白、β-酮脂酰-ACP 合成酶、β-酮脂酰-ACP 还原酶、羟脂酰-ACP 脱水酶、烯脂酰-ACP 还原酶、脂酰-ACP 硫酯酶等部分构成。

植物体内存在多个 ACP 同工酶。大麦有 3 个，分别为 ACP-Ⅰ、ACP-Ⅱ和 ACP-Ⅲ，由 *Ad1*、*Ad2* 和 *Ad3* 基因编码。*Ad3* 为组成型表达，*Ad1* 在叶片中特异表达，*Ad2* 编码的 ACP-Ⅱ位于质体(Buchanan et al.，2000)。拟南芥也至少有 3 个 ACP，除编码 ACP-Ⅰ和 ACP-Ⅱ的基因外，人们还克隆出 1 个与牛心肌线粒体 ACP 高度同源的 ACP(Bilyeu et al.，2003；Brim et al.，1979)。菠菜 ACP-Ⅰ和 ACP-Ⅱ的编码基因已克隆，多肽的三维结构也已详细研究(Stojšin et al.，1998；Utsumi et al.，1997)。此外还有研究表明，植物 ACP 受光调节，在种子发育时表达(Wilcox et al.，1994；Utsumi，1992)。

目前，共发现 3 种酮脂酰-ACP 合成酶(ketoacyl-ACP synthase，KAS)，分别为 KASⅠ、KASⅡ和 KASⅢ。KASⅠ对硫乳霉素不太敏感，对浅蓝菌素敏感，催化 4～14 碳脂酰-ACP 的缩合；KASⅡ对浅蓝菌素不太敏感，对硫乳霉素敏感，催化 14 碳和 16 碳脂酰-ACP 的缩合，决定 16 碳脂肪酸与 18 碳脂肪酸的比率；KASⅢ对硫乳霉索敏感，对浅蓝菌素不敏感，催化丙二酰-ACP 与乙酰-ACP 的缩合和(或)随后的 1 或 2 轮循环。缩合反应起始的底物乙酰-ACP 的合成可由单独的乙酰-CoA：ACP 转酰基酶(ACAT)催化，也可由 KASⅢ催化另一个底物丙二酰-ACP，由丙二酰-CoA：ACP 转酰基酶(MCAT)催化产生。KASⅠ已从油菜种子和大麦中纯化，其编码基因也已从大麦中克隆(Wilcox et al.，1994)。KASⅡ已从油菜种子中纯化，一些 cDNA 也已克隆(Zernova et al.，2002；Thanh and Shibasaki，1976)。KASⅢ已从菠菜中纯化，编码基因也已从菠菜和红藻中克隆(Zhang et al.，2008；Jung et al.，1992)。在大豆中的 KASⅠ、KASⅡ和 KASⅢ3 个基因也已经被克隆。

此外，植物体内单独的 ACAT 已被发现，并且一些植物的 MCAT 也已纯化。将大肠杆菌 MCAT 的编码基因 *FabD* 转入烟草和油菜，发现该基因可在转基因植物中表达，但不引起脂类成分和含量改变，表明 MCAT 催化的反应不是植物脂肪酸合成的限速步骤(Bilyeu et al.，2003)。

植物酮脂酰-ACP 还原酶有 2 个等位形式，已从菠菜、鳄梨和油菜中纯化。其中从鳄梨、油菜中分离的还原酶是 NADPH 特异的酶，它的 N 端具有细胞色素 f 结构域，内部有 1 个类似 *Nod G* 基因的产物。其编码基因已从油菜、拟南芥中克隆，基因的 N 端编码区编码 1 个可将多肽定位于质体基质的转运肽。另一种等位形式有待进一步研究。

植物羟脂酰-ACP 脱水酶于 1982 年从菠菜中纯化，但未见进一步研究。植物烯脂酰-ACP 还原酶有 2 种等位形式，一种为 NADH 特异的烯脂酰-ACP 还原酶，已从油菜中纯化，具有 α-4 结构，每个亚基为 35kDa，编码基因也已克隆。另一种为 NADPH 特异的烯脂酰-ACP 还原酶。

脂酰-ACP 硫酯酶催化 FAS 循环的终止，已从多种植物中纯化，编码基因也已从大豆、红花、油菜和拟南芥等多种植物中克隆。脂酰-ACP 硫酯酶具有底物特异性，不同的脂酰-ACP 需要不同的酶，如从红花中克隆的硫酯酶对油酰-ACP 具有特异性，而拟南芥中克隆的硫酯酶对 14～18 碳饱和底物具特异性。

利用基因工程技术调控 ACCase 基因表达，已在生产聚-β-羟基丁酸(poly-β-hydroxybutyrate，PHB)的研究中得以应用。在一些微生物中作为碳源和能量贮存物质的 PHB 是一种羟基丁酸聚合物，可作为生产生物可降解塑料的原料。微生物中 PHB 主要由乙酰-CoA 在酮硫裂解酶、乙酰乙酰-CoA 还原酶和 PHB 合酶的催化下合成。将乙酰乙酰-CoA 还原酶和 PHB 合酶基因转入拟南芥和油菜，转基因植物的叶片中累积少量的 PHB。遗憾的是，多数转基因植物的生长严重受阻，这可能是与其他途径争夺乙酰-CoA 所致，因此，需要用种子特异启动子和定位于质体的导肽序列将 PHB 产物，定位于富含乙酰-CoA 的种子质体中。由于植物种子中三酰甘油酯的水平高，意味着内源乙酰-CoA 羧化酶有较高的活性，它可能争夺乙酰-CoA，进而抑制 PHB 的形成，因此，需要利用反义乙酰-CoA 羧化酶基因，来控制细胞内乙酰-CoA 羧化酶的活性。

植物体存在 2 种 ACCase，其中一种的分子质量为 220～240kDa，与动物和真菌的多功能酶类似，它们只是 ACCase 的微量形式，其活性占叶片总 ACCase 活性的 20%，且主要位于表皮组织。另外一种主要形式的 ACCase 位于质体，类似于原核生物的多酶复合体。因此，若要改变种子中 ACCase 活性，不仅要利用反义 DNA 调控真核形式的 ACCase 多功能酶，更重要的是调控原核形式的 ACCase 多酶复合体。

有些脂肪酸可作为重要的化工原料。通过基因工程技术生产某些特定脂肪酸，可为工业生产提供廉价原料。大多数植物合成的脂肪酸终产物为 16～18 碳酸，而有的植物却能在其种子中富集中链($C_{8:0}$～$C_{14:0}$)脂肪酸，如椰子和棕榈油中富含的月桂酸。据统计，每年都有几百万吨的该类脂肪酸，从这些植物中提取出来用于洗涤剂的加工生产。如能在一般的油料作物中生产大量的中链脂肪酸，其经济价值将十分巨大。因此，人们克隆了月桂树和椰子 $C_{12:0}$-ACP 硫酯酶基因，并将它们转入油菜，发现转基因油菜内可产生大量月桂酸。此外，将萼距花的两个硫酯酶基因(*ChFatB1* 和 *ChFatB2*)分别转入油菜，发现转 *ChFatB1* 基因的油菜内富集 16 碳酸，转 *ChFatB2* 基因的油菜内富集 $C_{8:0}$ 和 $C_{10:0}$ 脂肪酸。

植物体内饱和脂肪酸可在去饱和酶的作用下形成不饱和脂肪酸，包括棕榈油酸和油酸等单不饱和脂肪酸及亚油酸和亚麻酸等长链多聚不饱和脂肪酸。棕榈油酸和油酸分别由软脂酸和硬脂酸在 Δ9-脂肪酸去饱和酶的催化下，在碳链的第 9 位和第 10 位碳之间引入双键而形成。Δ9-脂肪酸去饱和酶是脱饱和途径的关键酶。单不饱和脂肪酸可进一步形成多聚不饱和脂肪酸，如油酸在 ω6-和 ω3-脂肪酸去饱和酶的催化下可分别形成亚油酸、α-亚麻酸和(或)γ-亚麻酸。多数高等植物只合成 α-亚麻酸，只有少数植物产生 γ-亚麻酸。虽然高等植物合成多种不饱和脂肪酸，但膜脂中大多数不饱和脂肪酸的双键位于十八碳脂酰链的 Δ9、Δ12 和 Δ15 位及对应的十六碳脂酰链的 Δ7、Δ10 和 Δ13 位。植物脂肪酸脱饱和作用在叶绿体或内质网上进行。

根据底物特异性，植物脂肪酸去饱和酶可分为脂酰-ACP 去饱和酶(acyl-ACP desaturase)和脂酰-脂去饱和酶(acyl-lipid desaturese)两类。脂酰-ACP 去饱和酶，存在于植物细胞质体的基质中，以脂酰-ACP 为底物，催化与 ACP 结合的饱和脂肪酸形成单不饱和脂肪酸。酰基-脂去饱和酶，存在于植物细胞的内质网和叶绿体膜上，以甘油酯中酯化的脂肪酸为底物进行去饱和反应。每个去饱和酶都在特定部位(Δ9、Δ12 和 Δ6)引入双键，一些脂酰-脂去饱和酶可识别特异的极性头基团和甘油主链的 sn-位置，而大多数的脂酰-脂去饱和酶，对极性头基团和 sn-位置是不敏感的。脂酰-ACP 去饱和酶、质体中的脂酰-脂去饱和酶由铁氧还蛋白提供电子，而细胞质脂酰-脂去饱和酶，以由细胞色素 b5 和 NADH：细胞色素 b5 氧化还原酶组成的系统为电子供体。

大多数脂酰-脂去饱和酶由 300～350 个氨基酸残基组成，是一个可跨膜 4 次的疏水蛋白，含 3 个位置保守的组氨酸簇并与 Fe^{3+}组成活性中心。Δ9-脂酰-脂去饱和酶基因已从玫瑰花瓣、拟南芥、红藻中分离出来。其中红藻 Δ9-脂酰-脂去饱和酶基因(*CmFAD9*)与动物和真菌的脂酰-CoA 去饱和酶有同源性。与其他植物 Δ9-脂酰-脂去饱和酶不同，*CmFAD9* 编码蛋白质的 C 端含有细胞色素 b5 结构域。它很可能在内质网而不在质体中起作用。Δ6-脂酰-脂去饱和酶基因已从琉璃苣、向日葵和藓类植物中克隆，推导的氨基酸序列的 N 端含细胞色素 b5 结构域。其中藓类植物 Δ6-脂肪酸去饱和酶的 N 端约 100 个氨基酸与已知序列没有同源性，接着有 1 个细胞色素 b5 结构域，C 端与其他脂酰-脂去饱和酶相似性很低。敲除基因组中的相应基因，细胞不能合成 γ-亚麻酸和花生四烯酸。这是首次报道敲除多细胞的植物基因，这一基因可在酵母中表达，产生 Δ6 位含双键的不饱和脂肪酸。

植物硬脂酰-ACP 去饱和酶位于叶绿体(或质体)基质，是水溶性酶，催化形成的油酸，运到类囊体或细胞质膜上，进一步以结合脂的形式去饱和。现已从包括大豆和鳄梨在内的多种植物中纯化。cDNA 也从蓖麻籽、黄瓜、红花、大豆、菠菜和翼叶山牵牛中克隆。翼叶山牵牛种子胚乳含 Δ6-脂酰-ACP 去饱和酶，其氨基酸序列与从菠菜、拟南芥和水稻中的 Δ9-脂酰-ACP 去饱和酶($C_{18:0}$)及芫荽的 Δ4-酰去饱和酶($C_{16:0}$)有同源性，意味着脂肪酸的第一个双键可能在 Δ4、Δ6 和 Δ9 位产生。每个脂酰-ACP 去饱和酶结合 2 个铁原子，它们和氧原子形成反应复合物，将 C—C 单键转化成 C═C 双键。

植物脂肪酸去饱和酶基因的表达受脱落酸(abscisic acid，ABA)等植物激素、温度、光照、盐浓度和伤害刺激等多种因子调节，表达具有组织特异性。例如，玉米的 2 个质体 ω3-脂肪酸去饱和酶基因(*ZmFAD7* 和 *ZmFAD8*)的表达受温度和盐浓度的调节；油菜硬脂酰-ACP 去饱和酶基因表达受 ABA 激活；拟南芥叶绿体 ω3-脂肪酸去饱和酶基因 *FAD7* 的表达受光和伤害刺激诱导；荷兰芹质体 ω3-脂肪酸去饱和酶基因则受真菌感染和肽激发子 Pep25 诱导。

不饱和脂肪酸在增加膜的流动性中发挥重要作用，通过改变脂肪酸去饱和酶的活性，调节膜脂的不饱和程度，可增加生物体抗盐和耐寒能力。例如，将蓝细菌 Δ9-去饱和酶基因在 CaMV35S 启动子的作用下转入烟草，利用豌豆 RuBisCO 小亚基信号肽将酶定位于质体，结果发现转基因烟草中，大多数膜脂饱和脂肪酸显著减少，耐低温能力明显增加。此外，随着人们对高品质植物油的迫切需求，利用基因工程手段，降低饱和脂肪酸含量的研究受到越来越多的关注。概括起来有 3 种方式：第一种方式是通过提高催化聚合反应的酶基因的表达水平，制约软脂酰硫酯酶的活性，从而提高硬脂酰-ACP 含量，如通过 β-酮脂酰-ACP 合酶基因（*KAS II*）在油菜种子中超量表达，来抑制软脂酸合成，降低软脂酸含量；第二种方式是通过竞争抑制的方法，降低饱和脂肪酸酰基硫酯酶的活性，即将另一种活性更强的酰基硫酯酶基因转化到植物中，以抑制软脂酰或硬脂酰硫酯酶活性，从而降低饱和脂肪酸含量；第三种方式则是通过提高去饱和酶基因的表达水平，促使饱和脂肪酸向不饱和脂肪酸的转变。例如，利用酵母和小鼠硬脂酰-CoA 去饱和酶基因转化烟草，转基因植物的饱和脂肪酸含量明显降低，不饱和脂肪酸含量则大大提高。在提高不饱和脂肪酸含量的同时，人们发现亚麻酸在贮存过程中极易氧化，严重影响油的品质，需要降低多聚不饱和脂肪酸的合成，提高单不饱和脂肪酸的含量。

用基因工程技术抑制油酸去饱和酶基因，现已培养出油酸含量高达 85%、多聚不饱和脂肪酸含量极低的大豆和油菜品种。另外，亚麻酸又是哺乳动物的必需脂肪酸及油漆、上光剂和包埋剂的重要原料，利用基因工程技术生产亚麻酸显得非常重要。目前，已有一些探索性研究工作，如人们已经克隆了多种植物的微粒体，ω3-脂肪酸脱氢酶基因 *FAD3* 或质体 ω3-脂肪酸脱氢酶基因 *FAD7*、*FAD8*，*FAD3* 是种子中 α-亚麻酸水平的主要贡献者。在未成熟种子中，*GmFAD3A* 和 *GmFAD3C* 的表达量分别是持家基因的 60%和 0.2%，*GmFAD3B* 未检测到表达。并且发现，*GmFAD3A* 定位于大豆基因组的 *fan* 座位上，此前曾有人发现 *fan* 座位发生失活突变的大豆种子中亚麻酸（ALA）含量仍维持在 2.5%～5.1%，说明 *GmFAD3A* 失活突变后，*GmFAD3C* 在表达量很低的情况下，仍能使种子维持较高的 α-亚麻酸水平，推测 *GmFAD3C* 编码的 ω3-FAD 具有较高的活性，然而该推测至今尚未得到实验验证。在水稻中转入烟草 *NtFAD3* 基因，在 CaMV35S 启动子的控制下表达，植株亚油酸含量减少，亚麻酸含量增加。在烟草中转入微粒体 ω3-脂肪酸去饱和酶基因，也可增加 α-亚麻酸的含量，其中根中增加 40%，叶片中增加 10%。这些研究为进一步调控不饱和脂肪酸合成奠定基础。

二、饱和脂肪酸

（一）棕榈酸

降低大豆的棕榈酸含量一直是大豆育种家的研究目标之一。目前已经发现 5 个影响棕榈酸含量的基因，其中 *fap1*、*fap3* 和 *fapx* 分布在各自独立的位点（Primomo et al.，2002；Primomo，2000；Kinoshita et al.，1998；Stojšin et al.，1998；Schnebly et al.，1994；Wilcox et al.，1994）。另外 2 个基因 *sop1* 和 fap_{nc} 独立于 *fap1* 位点，但是 *sop1* 与其他位点的关系还不清楚（Kinoshita et al.，1998；Wilcox et al.，1994）。分子数据显示，fap_{nc} 独立于 *fap3*，是在另一个遗传位点上（Cardinal and Burton，2007）。

大片段的 *fap* 基因可以降低大豆种子棕榈酸含量，但同时也易引起种子的油分和产量的降低。*fap1* 对于产量的影响虽然微小，但却达到了显著水平，其对硬脂酸含量的影响也很显著。

(二)硬脂酸

提高油脂中硬脂酸的含量有效可行的方法有 2 种：一种是硬脂酰-ACP 的硫酯酶(FatA)的异源表达(Facciotti et al.，1999；Hawkins and Kridl，1998)。硬脂酸的含量可以通过 *Fas* 基因座的突变进行改良。另一种是突变或者下调表达 Δ9-硬脂酸-ACP 去饱和酶(SAD)(Zhang et al.，2008；Liu et al.，2002；Pantalone et al.，2002；Rahman et al.，1995；Knutzon et al.，1992；Bubeck et al.，1989)。*SAD* 基因目前已发现的有三类，分别是 *SAD-A*、*SAD-B* 和 *SAD-C*。*SAD-A* 和 *SAD-B* 是持续性表达基因，而 *SAD-C* 在种子中具有高表达的特性(段小瑜等，2007)。

三、单不饱和脂肪酸

油酸在大豆种子发育过程中，会转化成亚麻酸。这一过程是由 Δ12-脂肪酸去饱和酶一步催化，而编码这个酶的基因就是 *FAD2*(Hofmann et al.，2002)。在大豆中，目前发现 3 个 *FAD2* 基因，分别是 *FAD2-1A*、*FAD2-1B* 和 *FAD2-2*。*FAD2-1A* 和 *FAD2-1B* 在胚发育初期表达，而 *FAD2-2* 是持续性表达。*FAD2-1* 基因是通过编码 ω6-脱氢酶影响油酸的含量。

如前所述，在种子发育过程中，乙酰辅酶 A 在质体中经乙酰辅酶 A 羧化酶(ACCase)催化形成丙二酸单酰辅酶 A，这是脂肪酸合成中的第一个关键步骤，并且可能是调节整个过程的一个调控位点。然后脂肪酸合酶(FAS)以丙二酸单酰辅酶 A 为底物进行连续的聚合反应，以每次循环增加 2 个碳的频率合成酰基碳链，而不断增长的酰基碳链又在酰基载体蛋白(acyl-carried proteins，ACP)或酰基转移酶(acyltransferase)的作用下终止。终止聚合后不同长度的酰基-ACP，在酰基辅酶 A 合成酶的作用下合成酰基辅酶 A，并从质体转运到内质网或胞质中。最后利用贮存在胞质中的乙酰辅酶 A，在内质网上通过 3 种不同的酰基转移酶，分别在甘油上附连脂肪酸以合成三酰甘油酯，多数不饱和脂肪酸的合成是在饱和脂肪酸合成途径上的扩展。油酸($C_{18:1}$)在 Δ12-脂肪酸脱氢酶的催化下形成亚油酸($C_{18:2}$)，也可以在 Δ15-脂肪酸脱氢酶催化下形成 α-亚麻酸($C_{18:3}$)(Schlueter et al.，2007；Thanh and Shibasaki，1978)。

四、多不饱和脂肪酸

(一)亚油酸

由于亚油酸是由油酸去饱和后形成，因此亚油酸含量的多少取决于油酸的含量和 Δ12-去饱和酶的活性。编码亚油酸合成途径的基因大小在 KEGG 官方网站上的大小一般为 1.5～2.0kb。由于目前所公布基因的序列信息都是基于原核生物中的合成途径，在植物研究，尤其是大豆研究方面，在基因同源克隆和功能验证时要考虑到植物本身的遗传背景。

乙酰辅酶A羧化酶(ACCase)基因广泛存在于生物界，制约脂肪酸合成的第一阶段的速度。乙酰辅酶A羧化酶是以生物素为辅基、以$HCO3^-$为羧基供体的羧化酶，当生物体内含有Mg^{2+}时，则可以依赖于ATP的乙酰辅酶A，催化形成丙二酸单酰辅酶A。ACCase催化的这步反应在脂肪酸合成途径中是第一个不可逆的限速反应，它调控脂肪酸合成过程的一个位点(Hofmann et al.，2000；Chrispeels，1991；Thanh and Shibasaki，1978)。ACCase在结构上有3个功能域，分别为生物素羧化酶(biotin carboxylase，BC)、羧基转移酶(carboxyl transferase，CT)和生物素羧基载体蛋白(biotin carboxyl carrier protein，BCCP)，其中羧基转移酶根据其组分不同又分为α-羧基转移酶(α-CTase/ACCase-A)和β-羧基转移酶(β-CTase/ACCase-A)。只有当这3种不同的亚基聚合形成寡聚酶后，ACCase才能够具有生物活性。

脂肪酸脱氢酶(FAD2)，它是一种微粒体ω6-脱氢酶，它的作用是在油酸($C_{18:1}$)的ω6位置，引入一个双键从而形成亚油酸，是决定亚油酸含量的关键酶(Okuley et al.，1994)。如果生物技术手段降低FAD2活性，培育出油酸含量高、多不饱和脂肪酸含量下降的大豆品种是完全可能的，这样不仅可以提高食用油的保质期，还能够获得有橄榄油许多优良特性的高品质油脂，对植物油的商业化制造来说非常重要(戴晓峰等，2007)。

(二)亚麻酸

在大豆中有3个*FAD3*基因已经被鉴定出来，分别是*GmFAD3A*、*GmFAD3B*和*GmFAD3C*。虽然这3个基因都影响亚麻酸的含量，但是*GmFAD3A*在胚发育过程中表达最强，因此，*GmFAD3A*被认为是决定种子中亚麻酸含量的决定因素(Bilyeu et al.，2003)。采用基因沉默方法将*GmFAD3*家族的这3个基因在种子中特异下调表达，可以获得极低亚麻酸含量的大豆表型(Flores et al.，2008)。

脂肪酸去饱和酶(fatty acid desaturase，FAD)是催化脂肪酸链特定位置形成双键和产生不饱和脂肪酸(PUFAs)的酶类，可以分为两大类，第一类是在引入第一个双键形成甘油酯之前时起作用，仅有$C_{18:0}$-ACP去饱和酶(stearoyl-ACP desaturase，SAD)这一种(Ohlrogge et al.，1979)。第二类是在对脂肪酸链进一步去饱和，即形成甘油酯之后起作用。包括FAD2、FAD3、FAD4、FAD5、FAD7和FAD8，根据作用底物不同，这6种酶又可划分为ω3(或12)-去饱和酶和ω6(或12)-去饱和酶2类，其中前者包括了FAD3、FAD7和FAD8，后者则包括了FAD2、FAD4和FAD5。在高等植物中，不饱和脂肪酸90%以上都是通过位于内质网上的$C_{18:1}$脱氢酶(即FAD2和FAD3)催化合成的(Ohlrogge and Browse，1995)。

第三节 碳水化合物性状生理学与分子生物学基础

有关多糖生理活性方面的报道较多，主要集中在抗肿瘤、降血糖、降血脂、增强免疫作用、抗氧化、抗病毒、抗菌作用、抗疲劳作用、作为金属离子的结合剂和阻吸剂、对神经细胞生存的影响、对血管平滑肌细胞增殖作用的影响等方面。从酸枣仁叶丁醇提取物中分离出 Christinin A，其皂苷糖体对患糖尿病鼠有显著降血清葡萄糖水平，降低肝磷酸化酶和葡萄糖-6-磷酸酯酶活性，显著提高血清丙酮水平及肝糖原量，增加葡萄糖的利用率，提高血清胰岛素及胰腺环腺苷酸(cyclic adenosine monophosphate，CAMP)水平。此外，从金耳菌(*Tremella aurantia*)的子实体中提取出 1 种水溶性酸性多糖(tremella acidic polysaccharide，TAP)，对正常小鼠和 2 种糖尿病模型的小鼠均有明显的降血糖作用。

一、低聚糖

低聚糖，也称寡糖(oligosaccharide)，是指其分子结构由 2～10 个单糖分子以糖苷键相连接而形成的糖类总称。相对分子质量为 300～2000，介于单糖(葡萄糖、果糖、半乳糖)和多糖(纤维、淀粉)之间，又有二糖、三糖、四糖之分。作为“特定保健用食品”的低聚糖是指具有特殊生物学功能，特别有益于胃肠健康的一类碳水化合物，故又称“功能性低聚糖”。

大豆低聚糖是大豆中所含可溶性碳水化合物的总称，它主要分布在大豆胚轴中，其主要成分为蔗糖(双糖)、棉子糖(三糖，也称蜜三糖)、水苏糖(四糖)、毛蕊花糖(verbascose)(五糖)等。其中，水苏糖和棉子糖属于贮藏性糖类，在未成熟豆中几乎没有，其含量随着大豆种子的逐渐成熟而递增。但当大豆发芽、发酵，或者大豆贮藏温度低于 15℃，相对湿度 60%以下时，水苏糖、棉子糖含量也会减少。成熟后的大豆约含有 10%低聚糖。

大豆低聚糖是一种低甜度、低热量的甜味剂，其甜度为蔗糖的 70%，其热量是 8.36kJ/kg，仅是蔗糖热量的 1/2，而且安全无毒，可代替部分蔗糖作为低热量甜味剂。其水分活性接近蔗糖，可用于清凉饮料和焙烤食品，也可用于降低水分活性、抑制微生物繁殖，还可达到保鲜、保湿的效果。大豆低聚糖糖浆外观为无色透明的液糖，黏度比麦芽糖低、比异构糖高。在酸性条件下加热处理时，比果糖、低聚糖和蔗糖稳定，一般加热至 140℃时才开始热析，可用于需要进行加热杀菌的酸性食品。

在大豆棉子糖突变体 LR33 中，肌醇含量的改变会影响到棉子糖的合成。但是在突变体中，其植酸的含量是正常的 2 倍，可溶性磷酸盐是正常的 35 倍。经 DNA 序列分析，发现突变体的肌醇磷酸盐合成酶基因在起始密码子下游 1188bp 的地方，有一个 G 突变成了 T，最终导致 396 的氨基酸由 K 变成了 L。肌醇磷酸盐合成酶基因 *Gm mI 1-PS-1* 是大豆中起主要作用的基因，其在大豆种子中的蛋白和基因表达量都要高于其他器官，而大豆中还有与其序列相似性很高的 *Gm mI 1-PS-2*，但这个同源序列在种子和其他器官中的表达量都较低。

棉子糖家族的寡糖(raffinose family oligosaccha-ride，RFO)的合成，涉及一系列的半乳糖基转移酶，其主要作用是将肌醇半乳糖苷上的半乳糖转移到蔗糖上。采用两个在 RFO 前体上有差别的低毛蕊花糖(SD1)和高毛蕊花糖(RRRbRb)，对棉子糖合成途径的相关酶进行研究，证明一个肌醇半乳糖苷依赖型的新酶依赖于高毛蕊花糖合成酶。同时，高毛蕊花糖的含量是由其最后一步生物合成步骤的上调或者下调来控制的。在花后 14 天，

SD1 中的肌醇半乳糖苷和 RFO 开始出现，棉子糖在 SD1 中时，花后 3 天开始出现，在 RRRbRb 中时，花后 5 天开始出现。在 SD1 的种子中，发现不到 14 天 RFO 生物合成途径的酶活接近于 0，而在 RRRbRb 中则要到 18 天。RNA 分析表明，*peaGS1* 基因在 SD1 中是花后第 14 天、而在 RRRbRb 中是在花后 18 天开始有其表征肌醇半乳糖苷合成酶活性的表达。而棉子糖合成酶、肌醇半乳糖苷合成酶、水苏糖合成酶、高毛蕊花糖合成酶这 4 种酶，在种子发育过程中的变化趋势比较相似，但是除了肌醇半乳糖苷合成酶以外，其他酶的基因还没有被发现。

二、膳食纤维

大豆膳食纤维主要是指那些不能为人体消化酶所消化的大分子糖类的总称。它主要包括纤维素、果胶质、木聚糖、甘露糖等。膳食纤维尽管不能为人体提供任何营养物质，但对人体具有重要的生理功能。膳食纤维具有明显的降低血浆胆固醇、调节胃肠功能及胰岛素水平等功能。

水稻种子发现的木聚糖酶合成相关基因为 *XAX1*，在大豆中还没发现与其功能相似的基因。其作用是使木聚糖更易于从细胞壁中提取出来。通过基因工程培育突变水稻，突变株敲掉了 *XAX1* 基因，发现不仅木聚糖更易于从水稻中提取，而且产生碳水化合物的糖化反应活性提高了 60%。糖化反应活性的提高是提高先进生物燃料生产效率的关键。木聚糖像纤维素一样，是植物细胞壁的主要组成部分，也是人类和动物营养的主要来源。尽管木聚糖非常重要，但是现在发现的可以合成木聚糖的酶却很少。研究人员为了找到草本植物中木聚糖合成基因，将研究重点集中在 GT61 糖基转移酶家族，过去研究人员曾通过生物信息学方法，在一些草类中筛选到 GT61 酶。水稻是草类研究的模式植物，研究人员在水稻突变体中插入了 14 个基因的片段，使 GT61 酶在水稻突变体中高效表达，因为突变导致了 *XAX1* 基因被敲除，所以突变株命名为 XAX1，*XAX1* 基因的作用是在木聚糖链上添加特定的木糖等，使得木聚糖和木质素之前的连接变得更为复杂，增加了木聚糖提取的难度。随后的分析表明，XAX1 突变株不能合成阿魏酸、香豆酸和芳香族化合物等结合在促进木聚糖和木质素结合的阿拉伯糖上的化合物。另外，突变体还会有矮化的症状，但研究人员称已经找到一种方法避免矮化。同时，在水稻中研究发现，表达外源木聚糖酶合成基因，可以增加水稻的木聚糖酶含量，这一结果也可以应用在今后大豆木聚糖酶的遗传改良中。

β-糖苷转移酶基因，可在细胞次生壁纤维生物合成时高水平表达，参与纤维素的合成。果胶质降解酶基因的保守结构域有钙调素结合结构域和酶活性位点，判断一个基因是否属于果胶质降解酶基因，主要看其是否含有这两个结构域。果胶质降解酶基因转基因植株与对照比较，转基因果实的细胞间隙更小，而细胞与细胞间接触面积更大，从而使其硬度增加。因此，果胶裂解酶基因被认为是通过分子水平来改良果实硬度、阻止果实软化的优秀候选基因。果胶质酶基因是在种子发育初期表达，随着种子的成熟表达量逐渐降低。

伸展蛋白核心氨基酸富含羟脯氨酸，非蛋白质部分糖基的组成主要是阿拉伯糖和半乳糖。伸展蛋白是一种典型的结构蛋白而不是酶蛋白，它在细胞壁中通过肽间交联，形成一个独立的网状系统与纤维素网系互为补充，形成致密的经纬网结构，起到控制纤维素微纤丝滑动、增加细胞壁的强度和刚性、控制细胞壁伸展、调节植物形态建成的作用。伸展蛋白在细胞壁中的纤维素微纤丝和基质多糖交叉处，以一种可逆(非水解)方式作用于微纤丝表面的基质聚合物，使多聚体网络间的非共价键(氢键)断裂，促使聚合物滑动，从而引起细胞壁的伸展。这种伸展行为在成熟植物果实或者种子中表现为细胞壁松弛，硬度下降。

研究发现甘露醇合成相关基因 *GME*(GDP-mannose epimerase)，它可以催化 GDP-甘露糖转化为左旋 GDP-半乳糖。其在单子叶植物和双子叶植物进化上相互独立。在大豆中该基因的功能研究还没有深入开展，但是在 Williams 82 背景的基因组中，该基因拥有 3 个相似性超过 80%、位于不同染色体上的序列。而剩余的相关序列共有 11 个，其相似度仅有 20%多。

三、水溶性多糖

大豆水溶性多糖(soluble soybean polysaccharide，SSPS)主要组成是阿拉伯半乳糖(arabino galactan)、阿拉伯聚糖(arabinan)、酸性聚糖(acidic poly saccharide)等聚糖类，多糖结构是以鼠李半乳糖醛和高聚半乳糖酸为主链，半乳糖和阿拉伯糖为侧链结合的近似球状体(范远景等，2007)。

β-半乳糖苷酶又称β-半乳糖苷半乳糖水解酶，它能催化β-半乳糖苷化合物中β-半乳糖苷键发生水解，还具有转半乳糖苷的作用；β-半乳糖苷能够降解细胞壁的果胶和半纤维素，参与种子的成熟。在植物中含有大量的β-半乳糖苷酶，它们在种子发育过程中起着重要作用。大多数植物中的β-半乳糖苷酶都以同工酶形式存在，编码该酶的基因为多基因家族。

大豆鼠李糖合成酶的活性已经被研究，但是，其编码序列还没有被克隆出来。在大豆品系 LR28 中，检测到了大豆鼓粒后期的鼠李糖活性，因为这个时期是鼠李糖和水苏糖的积累时期。目前在大豆基因组中有两条已知的序列被认为是大豆的鼠李糖合成酶基因，但是，没有相应的生化实验支持。据在豌豆中的鼠李糖合成酶的生化功能研究表明，其对底物果糖和肌醇半乳糖苷的特异性非常高。

第四节　配糖体性状生理学与分子生物学基础

配糖体泛指水解产物包含一个或多个糖的化合物。配糖体的组成并非都是由真正的糖类组成，也包括如葡萄糖醛或半乳糖醛酸等糖的衍生物。大豆配糖体主要指大豆异黄酮、大豆皂苷等化合物，对大豆配糖体的分子基础的研究是提高大豆异黄酮、大豆皂苷等活性物质含量的有效手段。

一、异黄酮

异黄酮(isoflavone)是一类具有 C-6/C-3/C-6 骨架的天然活性产物，它具有抗氧化和抗肿瘤活性，能预防心血管疾病和骨质疏松症(Li et al.，2010；Peterson et al.，2009)。在豆科植物中，异黄酮还与根的结瘤有关。由于异黄酮与β-雌二醇具有类似的结构，异黄酮还可以作为雌激素的受体，提高妇女体内雌激素活性，缓解妇女更年期综合征(Ward et al.，2010)。大豆异黄酮在种皮、子叶和胚轴中都有分布，其含量可达种子干重的 1%以上(De et al.，2005)。其中，胚轴中的含量最高，为子叶含量的 30～60 倍，占总含量的 30%～50%，叶片中也含有少量的异黄酮(Xu et al.，2004)。

目前，在大豆中已经发现了超过 12 个的异黄酮(苷)，主要可分为：染料木素(genistein)、黄豆苷元(daidzein)和黄豆黄素(glycitein)，以游离型葡萄糖苷型、乙酰基葡萄糖苷型、丙二酰基葡萄糖苷型等 4 种形式存在(张博坤等，2009；刘蓉蓉等，2007)。

(一)大豆异黄酮生物合成关键酶的生物学特征及功能

1. 查尔酮合酶

查尔酮合酶(chalcone synthase，CHS)为类黄酮合成途径中的第一个特异性酶，属于Ⅲ型聚酮合酶类，它不需要辅助因子。豆科植物中有 8 种查尔酮合酶，分别为 CHS1、CHS2、CHS3、CHS4、CHS5、CHS6、CHS7 和 CHS8(Verhoeyen et al.，2002)。在特定物种中，CHS 蛋白和一个依赖 NADPH 的还原酶协同作用，催化 1 分子 4-香豆酰-CoA 与 3 分子丙二酰-CoA 缩合形成柚皮素查尔酮或异甘草素，为异黄酮的生物合成提供上游底物(张党权等，2007)。X 射线衍射表明 CHS 是一个同源二聚体，每个亚基的分子质量为 42kDa(Kaneko et al.，2003)。不同植物间 CHS 蛋白质氨基酸同源性一般在 85%以上，具有高度的保守性，而这种一级结构的高度的保守性，也说明了不同植物的 CHS 蛋白质功能的高度一致性(Grotewold and Peterson，1994)。

大豆异黄酮的含量与 CHS 的表达有密切的关系(Lukaszewicz et al.，2004)。丁香假单胞菌(*Pseudomonas syringae*)感染大豆后，CHS1、CHS2、CHS3、CHS5、CHS6、CHS7 和 CHS8 的表达均增加，在大豆毛状根中下调 CHS6 的表达，显著降低了异黄酮合成能力(De et al.，2005；Shimada et al.，2003)。CHS 的表达具有组织特异性，大豆中 CHS 在所有组织都表达，但表达水平不一致(Mehdy and Lamb，1987)。

转录分析结果表明，CHS7 和 CHS8 主要在种皮中表达，子叶主要表达 CHS2，其含量是 CHS7 和 CHS8 的 4 倍，绿叶中主要表达 CHS1、CHS7，CHS8、CHS6 和 CHS4 在所有组织中均微量表达(Sparvoli et al.，1994)。CHS 基因的表达能被光照、生物钟、温度、BA 蛋白和 GA3 蛋白及 P 蛋白等所调控。CHS 在表达植物花色素的形成中也起着重要作用(Ralston et al.，2003；Jung et al.，2000)。金鱼草、大麦、番茄、豌豆、玉米等的 CHS 功能失效，会导致花色素苷的缺乏而产生白化花的表型。将反义 CHS 基因转到矮牵牛中，通过降低 CHS 基因的表达而抑制花色素的形成，产生不同寻常的花色素形成方式，包括花色素平均分布于花斑、环斑，使白色花斑随机分布在花瓣上。CHS 除了可控制花色素形成外，将其基因导入植物，还可提高植物的抗逆性。CHS 基因导入杨树后，可降低杨树对低温的敏感性。CHS 基因与黄酮醇合酶（flavonol synthase）基因共同转化至番茄后，发现它们可协同正调节番茄果肉组织中黄酮醇的合成，提高番茄的抗氧化水平（Dhaubhadel et al.，2005）。

2. 查尔酮异构酶

查尔酮异构酶（chalcone isomerase，CHI）以单体的形式普遍存在于大多数植物中，分子质量因植物组织而异，24～29kDa。CHI 催化柚皮素（naringenin）查尔酮和异甘草素分子自身环化，形成相应的 2S-黄烷醇。第一个被克隆的 CHI 来自法国蚕豆，随后在其他物种如葡萄、玉米和大豆中，相继发现了 CHI。不同植物 CHI 蛋白质的氨基酸序列同源性在 50%以上，存在明显差异，但这一差异集中在靠近 N 端与 C 端的部分氨基酸残基上，这说明在整个进化过程中，CHI 的进化是趋于保守的（Yu et al.，2000）。植物中存在两种类型的 CHI，即Ⅰ型和Ⅱ型。Ⅰ型 CHI 通常存在于非豆科植物中，其基因编码的酶蛋白只能将柚皮素查尔酮转化为柚皮素；豆科植物中既有Ⅰ型 CHI 也有Ⅱ型 CHI，Ⅱ型 CHI 除了具有Ⅰ型 CHI 的功能外，还能将异甘草素转化为甘草素，同一类型的 CHI 氨基酸序列具有高度的保守性（70%），不同类型 CHI 氨基酸序列只有 50%的同源性（Kim et al.，2007；Liu et al.，2002）。CHI 主要在叶片中表达，与花青素和黄酮的生物合成有关，Ⅱ型 CHI 与结瘤和异黄酮的生物合成相关。

CHI 具有一个奇怪的结构：三明治折叠，这种三维结构的特异性，可能与其催化活性的立体化学特异性有关，活性位点裂口的拓扑学效应限制了环化反应的立体特异性。CHI 基因序列家族及其蛋白质的这种三维折叠结构在植物中具有唯一性，已被建议作为植物特有的基因标记。CHI 酶蛋白的积累与消失，受光调控和紫外线辐射诱导，并与 CHS 的积累存在协同性，这种协同积累效应是 CHI 和 CHS 基因 mRNA 协同表达的结果。CHI 基因的表达会直接影响花色素和黄酮类代谢产物的含量。

3. 异黄酮合酶

异黄酮合酶（isoflavone synthase，IFS）是将苯丙烷代谢途径引入到异黄酮代谢支路的关键酶，催化底物柚皮素和甘草素的一个芳香基从 C-2 迁移到 C-3，该反应依赖于 NADPH 和 O_2 的参与，IFS 属于 P450 家族，在 NCBI 上的 IFS 基因序列共有 110 条，主要来自于大豆（*Glycine max*）、豌豆（*Pisumsativum*）、野葛（*Puerarialobata*）、蒺藜苜蓿（*Medicago truncatula*）、红三叶草（*Trifolium pratense*）、野大豆（*Glycine soja*）、豇豆（*Vigna unguiculata*）、绿豆（*Vignaradiata*）和白羽扇豆（*Lupinus albus*）9 种植物。IFS 基因在植物中有 1 个或 2 个拷贝。大豆中包含两种 IFS，即 IFS1 和 IFS2，它们高度同源，在核酸水平的同源性为 92.5%，在氨基酸水平的同源性为 96.7%。IFS1 主要在根和种皮中表达，IFS2 主要在胚芽和豆荚中表达，IFS1 和 IFS2 基因均含一个内含子，分别是 218bp 和 135bp，位于编码区的同一位置。IFS1 和 IFS2 对柚皮素转化为染料木素的催化效率均小于 50%，均低于对甘草黄素转化为黄豆苷元的催化效率。值得注意的是，以前一直认为只存在于豆科植物的 IFS，现在在一些非豆科植物，如甜菜中也被发现。

(二)大豆异黄酮生物合成关键酶基因的功能

1. *ifs* 基因的功能

由于异黄酮对于人体具有十分重要的保健作用，而它在自然界中的来源却十分有限。因此，当首次从大豆中分离得到异黄酮合酶的基因 *ifs* 后，其功能研究就立即被启动(Birt et al.，2001)。野生型拟南芥缺乏合成异黄酮的代谢途径，但引入 CaMV35S 启动子驱动的大豆 *ifs* 基因后，在 12 个转基因拟南芥株系中，有 5 株检测到 genistein 合成，产量约为 2ng/mg 植物鲜重。这一开创性的工作显示外源表达的豆科植物 IFS，能够利用非豆科植物宿主中的 naringenin 作为底物合成异黄酮，为以基因工程手段向非豆科植物中引入异黄酮代谢途径的可行性，提供了第一个实验支持。

然而，转基因拟南芥中 genistein 的含量比大豆种子中低 2～3 个数量级(Akashi et al.，1999)。异黄酮合成的前体 naringenin 也是花青素合成的一个前体，由于花瓣中合成花青素的代谢途径处于活跃状态，这一途径同时可以向 IFS 提供较多的底物 naringenin，而叶片中合成花青素的代谢途径处于未被激活的状态，即使同样表达 IFS，但由于受到底物量的限制，产生的 genistein 的量明显低于花瓣(Arjmandi et al.，1996)。据 Alekel 等(2000)研究认为，外源 IFS 是否能够发挥作用，在很大程度上取决于合成 naringenin 的代谢途径是否处于活跃状态，即是否存在足够 IFS 利用的底物。这一结论无疑对后来异黄酮代谢工程实验设计具有重要的指导作用。

大豆 *ifs* 基因转入拟南芥 tt3/tt6 突变体，该突变体中黄烷酮 3-羟化酶(flavanone3-hydroxylase，F3H)和另一个黄酮醇/花青素合成途径的酶——二氢黄酮醇还原酶(dehydro-flavonolreductase，DFR)的表达受到抑制。结果发现，转基因突变体中 genistein 产量高达 31～169nmol/g 鲜重，是转基因野生型拟南芥的 10～50 倍。这可能是在 tt3/tt6 突变体中，由于 F3H 和 DFR 这两个关键酶缺乏，使得底物 naringenin 进入花青素代谢的支路被严重抑制，从而增加了可被 IFS 利用的底物的量，因此 genistein 的产量也显著增加(Borevitz et al.，2000)。这从另一个方面证明了决定 IFS 作用效果的一个关键因素，很可能与底物存在与否及含量的多少有关。那么与 IFS 共享底物的 F3H 等酶的竞争作用，很可能就是影响外源 IFS 表达的重要因素之一(Bovy et al.，2002)。

2. *f3h* 基因的功能

Branca 和 Lorenzetti(2005)通过共抑制降低大豆内源 *f3h* 基因表达，并没有观察到 genistein 含量的提高。但是，当把这个 *f3h* 基因与调控花青素代谢途径的转录因子 CRC 的基因一同转入大豆时，的确观察到 genistein 含量比只表达 CRC 的大豆有明显升高。通过反义抑制 *f3h* 表达的确能够提高转大豆 *ifs* 基因的烟草花瓣中 genistein 的合成量，但作用效果只比对照有 5～10 倍的提高，并没有在拟南芥 tt3/tt6 突变体中观察到的那么突出。推测造成这一现象的原因，可能是抑制基因表达不如基因突变那样彻底；更有可能的是，F3H 和 IFS 之间对底物的竞争作用，在不同物种中不尽相同。因此，在不同改造对象中抑制 F3H 之后对提高异黄酮产量产生的效果也会有区别（陈宣钦等，2012）。

大豆异黄酮含量受多基因控制，累加效应不显著，因此使用传统方法提高大豆异黄酮含量难度较大，国内最近育成的品种异黄酮含量在 0.4%左右，国外主要采用基因工程的策略，来提高异黄酮的含量。大豆异黄酮是由类苯基丙醇通路的分支合成，目前的研究表明，过量表达 *PAL*、*C4H*、*4CL*、*CHS* 和 *CHI* 等基因，并不能显著增加异黄酮含量。科研工作者利用微阵列（microarray）技术分析发现，*CHS8* 基因是激活整个类苯基丙醇通路的关键基因，因而也是异黄酮累积的关键基因；过量表达 *CHS8* 基因，异黄酮支路代谢水平因主通路被激活而略有提高，异黄酮含量随之略有增加，但增幅不显著。易金鑫等（2011）利用微阵列技术，研究发现大豆的 *IFS2* 和 *CHS* 基因可以共同调节大豆种子中异黄酮的含量。上述研究暗示了在主通路以外，异黄酮支路中可能还存在关键基因，在两者共同作用下，可能显著提高异黄酮含量。

二、皂苷

大豆皂苷（soyasaponin）是从豆科植物大豆及其秸秆等组织中提取出来的一种生物活性物质。它属三萜类齐墩果酸型皂苷，是由一系列物质组成的一类混合物。据国内外的研究证明，大豆皂苷具有抗脂质氧化、抗自由基、增强免疫调节、抗肿瘤和抗病毒等多种生理功能。目前，已经在食品、药品、化妆品上有了初步的应用。

（一）大豆皂苷成分及结构

皂苷是由皂苷元（sapogenins）和糖、糖醛酸或其他有机酸组成。皂苷结构复杂，极性大，存在同一植物中的皂苷大多结构接近。组成皂苷的糖常见的有葡萄糖、半乳糖、鼠李糖、阿拉伯糖、木糖及其他戊糖类。根据其化学结构可分为三萜皂苷和甾体皂苷两大类。三萜又可分为四环三萜和五环三萜，而以五环三萜最为常见。甾体皂苷的皂苷元由 27 个碳原子组成，其基本骨架为螺旋甾烷（spirostane）及其异构体异螺旋甾烷（isospirostane），在植物中发现的甾体皂苷元有近百种。皂苷元与不同的糖结合，及其结合部位的不同构成了多种皂苷。日本的 Kitagawa 等和 Kudou 等分别详细地研究了大豆中的皂苷类物质，并对分离到的大豆皂苷进行命名。Kitagawa 等确认大豆中存在以大豆皂苷元 B（soyasapogenol B）为配基的大豆皂苷Ⅰ、Ⅱ、Ⅲ、Ⅳ和Ⅴ型 5 种，以及以大豆皂苷元 A 为配基的大豆皂苷 A1、A2、A3、A4、A5 及 A6 等 6 种。如果操作条件温和，还可分离到 C-22 端糖链全乙酰化的 A 系列大豆皂苷，Kudou 等把此类成分命名为 Aa~Ah。在发现 DDMP 大豆皂苷之前，以大豆皂苷元 B 为配基的 B 系列大豆皂苷分别命名为 Ba、Bb、Bb′、Bc 及 Bc′，而以大豆皂苷元 E 为配基的 E 系列命为 Bd 和 Be。

（二）大豆皂苷性质

大豆皂苷具有皂苷类的一般性质，纯的大豆皂苷是一种白色粉末，具有苦及辛辣味，其粉末对人体各部位的黏膜均有刺激性。大豆皂苷可溶于水，易溶于热水、含水稀醇、热甲醇和热乙醇，难溶于乙醚、苯等极性小的有机溶剂，其在含水烯醇和戊醇中溶解度较好。大豆皂苷熔点很高，常在熔融前就分解，因此无明显熔点。大豆皂苷属于酸性皂苷，其水溶液加入硫酸铵、乙酸铅或其他中性盐类即生成沉淀，利用这一性质可以进行大豆皂苷的提取和分离。

(三)大豆种子皂苷的分布及其含量影响因素

Shimoyomada 研究指出，大豆皂苷在大豆中的分布主要集中于胚轴，是子叶中皂苷含量的 8～15 倍。Shiraiwa 等对数百个大豆品种的分析表明，大豆胚轴中皂苷含量为 0.62%～6.12%，均远远高于子叶中的皂苷含量，而大豆种皮中几乎不含皂苷成分。Tanlyama 等对来自美国、中国和日本北海道等的 18 个大豆品种的分析结果指出，在大豆胚轴中，A 族皂苷含量只有 0.07%～0.09%，B 族皂苷含量为 0.14%～0.18%。大豆中皂苷的含量并不是稳定不变的，在大豆种子萌发及发育过程中，其皂苷含量和皂苷成分也发生变化。大豆开花后，胚轴中皂苷含量增加较快，达到最高值后，在开花 50 天左右，其含量又随种子的发育呈下降趋势，至种子成熟时其含量才保持稳定。子叶中含大豆皂苷Ⅱ，而胚轴中没有此组分。子叶中皂苷含量虽比胚轴中低得多，但其变化趋势与胚轴中相似。

大豆中皂苷含量主要受环境、遗传等因素影响。日本的 Shiraiwa 比较了日本、加拿大、美国及中国的大豆，发现中国大豆中的皂苷含量最高可达 0.3%。此后 Tsukamoto 等研究了不同品种大豆的胚轴中皂苷的含量，指出遗传因素对 A 系列大豆皂苷含量的影响要大于环境因素。同时分析了大豆种子中 A 系列皂苷，它主要分布于大豆种子的胚轴中，其组成及其含量会随品种及环境变化而异，并指出大豆皂苷 Aa 型约占 A 系列总含量的 16.6%，而大豆皂苷 Ab 型约为 76.1%。由于 A 系列大豆皂苷是造成大豆不良风味(drymouthfeel，DMF)的主要成分，根据食品加工的质量要求，A 系列大豆皂苷含量越少越好。据日本文献报道，通过遗传育种可选育出不含 A 系列大豆皂苷的大豆品种。

(本章由辛大伟完成)

参 考 文 献

陈宣钦, 张乐, 徐慧妮, 等. 2012. 大豆异黄酮生物合成关键酶及其代谢工程研究进展. 中国生物工程杂志, 32(7): 133～138

戴晓峰, 肖玲, 武玉花, 等. 2007. 植物脂肪酸去饱和酶及其编码基因研究进展. 植物学通报, 24(1): 105～113

段小瑜, 马兵钢, 牛建新. 2007. 大豆异黄酮合酶基因的克隆及序列分析. 生物技术, 17(2): 3～6

范远景, 张倩, 朱昺. 2007. 豆渣中水溶性大豆多糖提取及组分鉴定. 食品科学, 28(09): 295～298

刘蓉蓉, 胡鸾雷, 林忠平, 等. 2007. 合成大豆异黄酮的植物基因工程研究进展. 农业生物工程, 15(5): 888～895

米东, 逯慧, 严琛, 等. 2009. 大豆 11S 球蛋白基因 *Gy1* 启动子克隆及序列分析. 上海师范大学学报, 38(04): 414～417

王丽侠, 郭顺堂, 付翠真, 等. 2004. 大豆种子贮藏蛋白 11S 与 7S 组份的研究. 中国粮油学报, 19(4): 53～57

易金鑫, 徐照龙, 王峻峰, 等. 2011. *GmCHS8* 和 *GmIFS2* 基因共同决定大豆中异黄酮的积累. 作物学报, 37(4): 571～578

张博坤, 王文广, 殷广明, 等. 2009. 大豆异黄酮提取新工艺的研究. 大豆科技, 4: 61～64

张党权, 谭晓风, 王晓红. 2007. 查尔酮合酶与查尔酮异构酶基因特征及转基因应用. 中南林业科技大学学报, 27: 87～91

Akashi T, Aoki T, Ayabe S. 1999. Cloning and functional expression of a cytochrome P450 cDNA encoding 2-hydroxyisoflavanone synthase involved in biosynthesis of the isoflavonoid skeleton in licorice. Plant Physiol., 121: 821～828

Alekel D L, Germain A S, Peterson C T, et al. 2000. Isoflavone-rich soy protein isolate attenuates bone loss in the lumbar spine of perimenopausal women. American J. of Clinical Nutr., 72: 844～852

Arjmandi B H, Alekel L, Hollis B W, et al. 1996. Dietary soybean protein prevents bone loss in an ovariectomized rat model of osteoporosis. Journal of Nutr., 126(1): 161～167

Barton K A, Thompson J F, Madison J T, et al. 1982. The biosynthesis and processing of high molecular weight precursors of soybean glycinin subunits. J. Biol. Chem., 257: 6089～6095

Bilyeu K D, Palavalli L, Sleper D A, et al. 2003. Three microsomal omega-3 fatty-acid desaturase genes contribute to soybean linolenic acid levels. Crop Sci., 43: 1833～1838

Birt D F, Hendrich S, Wang W. 2001. Dietary agents in cancer prevention: flavonoids and isoflavonoids. Pharmacology and Ther., 90: 157～177

Bollini R, Vitale A, Chrispeels M J. 1983. In vivo and in vitro processing of seed reserve protein in the endoplasmic reticulum: evidence for two glycosylation steps. J. Cell Biol., 96: 998～1007

Borevitz J O, Xia Y, Blount J, et al. 2000. Activation tagging identifies a conserved MYB regulator of phenylpropanoid biosynthesis. Plant C., 12: 2383～2394

Bovy A, Vos R, Kemper M, et al. 2002. High-flavonol tomatoes resulting from the heterologous expression of the maize transcription factor genes LC and C1. Plant C., 14: 2509～2526

Branca F, Lorenzetti S. 2005. Health effects of phytoestrogens. Forum of Nutri., 57: 100～111

Brim C A, Burton J W. 1979. Recurrent selection in soybeans. Ⅱ. Selection for increased percent protein in seeds. Crop Sci., 19: 494～498

Bubeck D M, Fehr W R, Hammond E G. 1989. Inheritance of palmitic and stearic acid mutants of soybean. Crop Sci., 29: 652～656

Buchanan B B, Gruissem W, Jones R L. 2000. Biochemistry & Molecular Biology of Plants. Rockville, Maryland: American Society of Plant Physiologists: 456～525

Byfield G E, Xue H, Upchurch R G. 2006. Two genes from soybean encoding soluble Δ9 stearoyl-ACP desaturases. Crop Sci., 46: 840～846

Cardinal A J, Burton J W. 2007. Correlations between palmitate content and agronomic traits in soybean populations segregating for the *fap1*, *fapnc*, and *fan* alleles. Crop Sci., 47: 1804～1812

Chrispeels M J, Higgins T J V, Craig S, et al. 1982a. Role of the endoplasmic reticulum in the synthesis of reserve proteins and the kinetics of their transport to protein bodies in developing pea cotyledons. J. Cell Biol., 93: 5～14

Chrispeels M J, Higgins T J V, Spencer D. 1982b. Assembly of storage protein oligomers in the endoplasmic reticulum and processing of the polypeptides in the protein bodies of developing pea cotyledons. J. Cell Biol., 93: 306～313

Chrispeels M J. 1991. Sorting of proteins in the secretory system. Annu. Rev. Plant Physiol. Plant Mol. Biol., 42: 21～53

Cianzio S R. 2007. Soybean breeding achievements and challenges//Manjit S K, Priyadarshan P M. Breeding Major Food Staples. 1st ed. Houston: Blackwell publishing Ltd: IA.

De R E, Aardenburg L, Van D J, et al. 2005. Changed isoflavone levels in red clover (*Trifolium pratense*

L.) leaves with disturbed root nodulation in response to waterlogging. J. Chem. Ecol., 31: 1285～1298

Derbyshire E, Wright D J, Boulter D. 1976. Legumin and vicilin, storage proteins of legume seeds. Phytochemistry, 15: 3～24

Dhaubhadel S, McGarvey B D, Williams R, et al. 2005. Isoflavonoid biosynthesis and accumulation in developing soybean seeds. Plant Physiol., 137: 1375～1388

Doyle J J, Schuler M A, Godette W D, et al. 1986. The glycosylated seed storage proteins of Glycine max and Phaseolus vulgaris. J. Biol. Chem., 261: 9228～9238

Facciotti M T, Bertain P B, Yuan L. 1999. Improved stearate phenotype in transgenic canola expressing a modified acyl-acyl carrier protein thioesterase. Nat. Biotechnol., 17: 593～597

Flores T, Karpova O, Su X, et al. 2008. Silencing of the *GmFAD3* gene by siRNA leads to low a-linolenic acids（18 : 3）of fad3-mutant phenotype in soybean *Glycine max*（Merr.）. Transgenic Res., 17: 839～850

Grotewold E, Peterson T. 1994. Isolation and characterization of a maize gene encoding chalcone flavonone isomerase. Mol. Gen. Genet., 242: 1～8

Harada J J, Barker S J, Goldberg R B. 1989. Soybean β-conglycinin gene are clustered in several DNA regions and regulated by transcriptional and post transcriptional processes. The Plant Cell, 1: 415～425

Hawkins D J, Kridl J C. 1998. Characterization of acyl-ACP thioesterases of mangosteen（*Garcinia mangostana*）seed and high levels of stearate production in transgenic canola. Plant J., 13: 743～752

Hofmann N E, Arelli P R, Matthews B F, et al. 2002. Molecular beacons to select for scn resistance at *rhg1* and *rhg4*. Biennial Conference on Molecular and Cellular Biology of the Soybean, 211: 45～56

Inaba Y, Brotherton J E, Ulanov A, et al. 2007. Expression of a feedback insensitive anthranilate synthase gene from tobacco increases free tryptophan in soybean plants. Plant Cell Rep., 26(10): 1763～1771

Ishimoto M, Rahman S M, Hanafy M S, et al. 2010. Evaluation of amino acid content and nutritional quality of transgenic soybean seeds with high-level tryptophan accumulation. Mol. Breed., 25(2): 313～326

Jez J M, Bowman M E, Dixon R A, et al. 2000. Structure and mechanism of the evolutionarily unique plant enzyme chalcone isomerase. Nat. Struct. Biol., 7: 786～791

Jung R, Scott M P, Oliveira L O, et al. 1992. A simple and efficient method for the oligodeoxyribonucleotide-directed mutagenesis of double-stranded plasmid DNA. Gene, 121: 17～24

Jung W, Yu O, Lau S C, et al. 2000. Identification and expression of isofiavone synthase, the key enzyme for biosynthesis of isoflavone in legumes. Nat. Biotechnol., 18: 208～212

Kaneko M, Itoh H, Inukai Y. 2003. Where do gibberellin biosynthesis and gibberellin signaling occur in rice plants. Plant J., 35: 104 ～115

Katsube T, Kang I J, Takenaka Y, et al. 1998. N-Glycosylation does not affect assembly and targeting of proglycinin in yeast. Biochim. Biophys. Acta., 1379: 107～117

Kim H B, Bae J H, Lim J D, et al. 2007. Expression of a functional type-Ⅰ chalcone isomerase gene is localized to the infected cells of root nodules of Elaeagnus umbellate. Mol. Cells., 23: 405～409

Kinoshita T, Rahman S M, Anai T, et al. 1998. Interlocus relationship between genes controlling palmitic acid contents in soybean mutants. Breed. Sci., 48: 377～381

Knutzon D S, Thompson G A, Radke S E, et al. 1992. Modification of Brassica seed oil by antisense expression of a stearoyl-acyl carrier protein desaturase gene. Proc. Natl. Acad. Sci. USA, 89: 2624～2628

Li S H, Liu X X, Bai Y Y, et al. 2010. Effect of oral isoflavone supplementation on vascular endothelial function in postmenopausal women: a meta analysis of randomized placebo-controlled trials. Am. J. Clin. Nutr., 91: 480～486

Liu C, Blount J W, Steele C L, et al. 2002. Bottlenecks for metabolic engineering of isoflavone glycoconjugates in Arabidopsis . PNAS, 99: 14578～14583

Lju C J, Blount J W, Stecle C L, et al. 2002. Bottlenecks for metabolic engineering of isoflavone glycoconjugates in Arobidopsis. Proc. Natl. Acad. Sci. USA, 99: 14578～14583

Liu J W, DeMichele S, Bergana M, et al. 2001. Characterization of oil exhibiting high γ-linolenic acid from a genetically transformed canola strain. J. Am. Oil Chem. Soc., 78: 489～493

Lukaszewicz M, Matysiak-Kata I, Skala J, et al. 2004. Antioxidant capacity manipulation in transgenic potato tuber by changes in phenolic compounds content. J. Agric. Food Chem., 52: 1526～1533

Mehdy M C, Lamb C J. 1987. Chalcone isomerase cDNA cloning and mRNA induction by fungal elicitor, wounding and infection. EMBO J., 6: 1527～1533

Nakamura S, Takahashi H, Kobayashi K, et al. 1993. Hyperglycosylation of hen egg white lysozyme in yeast. J. Biol. Chem., 268: 12706～12712

Ohlrogge J B, Browse J. 1995. Lipid biosynthesis. The Plant Cell, 7: 957～970

Ohlrogge J B, Kuhn D N, Stumpf P K. 1979. Subcellular localization of acyl carrier protein in leaf protoplasts of Spinacia oleracea. Proc. Natl. Acad. Sci. USA, 76(3): 1194～1198

Okuley J, Lightner J, Feldmann K, et al. 1994. Arabidopsis FAD2 gene encodes the enzyme that is essential for polyunsaturated lipid synthesis. The Plant Cell, 6(1): 147～158

Oliver Y, Brian M. 2005. Metabolic engineering of Isoflavone biosynthesis. Adv. Agron., 86: 147～190

Palmer R G, Pfeiffer T W, Buss G R, et al. 2004. Qualitative Genetics in Soybeans: Improvement, Production, and Uses. 3rd ed. Madison (WI): ASA, CSSA, and SSSA: 137～214

Pantalone V R, Wilson R F, Novitzky W P, et al. 2002. Genetic regulation of elevated stearic acid concentration in soybean oil. J. Am. Oil Chem. Soc., 79(6): 549～553

Peterson A, Schnell J D, Kubas K L, et al. 2009 Effects of soy isoflavone consumption on bone structure and milk mineral concentration in a rat model of lactation associated bone loss. Eur. J. Nutr., 48: 84～91

Primomo V. 2000. Inheritance and stability of palmitic acid alleles in soybeans (*Glycine max* L. Merr.). Guelph, Canada: Univ. of Guelph: Master's thesis.

Primomo V S, Falk D E, Ablett G R, et al. 2002. Inheritance and interaction of low palmitic and low linolenic soybean. Crop Sci., 42: 31～36

Rahman S M, Takagi Y, Miyamoto K, et al. 1995. High stearic acid soybean mutant induced by x-ray irradiation. Biosci. Biotechnol. Biochem., 59: 922～923

Ralston L, Subramanian S, Matsuno M, et al. 2003. Partial reconstruction of flavonoid and isoflavonoid biosynthesis in yeast using soybean type Ⅰ and type Ⅱ chalcone isomerases. Plant Mol. Biol., 53: 733～743

Sangeeta D, Mark G, Pat M, et al. 2007. Transcriptome analysis reveals a critical role of CHS7 and CHS8 genes for isoflavonoid synthesis in soybean seeds. Plant Physiol., 143: 326～338

Schlueter J A, Vasylenko-Sanders I F, Deshpande S, et al. 2007. The *FAD2* gene family of soybean: insight into the structural and functional divergence of a paleopolyploid genome. Crop Sci., 47(1): 14～26

Schnebly S R, Fehr W R, Welke G A, et al. 1994. Inheritance of reduced and elevated palmitate in mutant lines of soybean. Crop Sci., 34: 829～833

Sebastiani F J, Farrell L B, Schuler M A, et al. 1990. Complete sequence of cDNA of A subunit of soybean β-conglycinin. Plant Mol. Biol., 15: 197～201

Shewry P R. 1995. Plant storage proteins. Biol. Rev., 70: 375～426

Shimada N, Aoki T, Sato S, et al. 2003. A cluster of genes encodes the two types of chaleone isomerase involved in the biosynthesis of general falavonoids and legume-specific 5-deoxy (iso) flavonoids in

Lotus japonicas. Plant Physiol., 131: 941～951

Shirley B W, Hanley S, Goodman H M. 1992. Effects of ionizing radiation on a plant genome: analysis of two Arabidopsis transparent testa mutations. The Plant Cell, 4: 333～347

Sparvoli F, Martin C, Scienza A, et al. 1994. Cloning and molecular analysis of structural genes involved in flavonoid and stilbene biosynthesis in grape（*Vitis vinifera* L.）. Plant Mol. Biol., 24: 743～755

Stojšin D, Ablett G R, Luzzi B M, et al. 1998. Use of gene substitution values to quantify partial dominance in low palmitic acid soybean. Crop Sci., 38: 1437～1441

Thanh V H, Shibasaki K. 1976. Heterogeneity of beta-conglycinin. Biochim. Biophys. Acta., 439: 326～338

Thanh V H, Shibasaki K. 1978. M Cianzio ajor proteins of soybean seeds. Subunit structure of β-conglycinin. J. Agric. Food Chem., 26: 695～698

Utsumi S. 1992. Plant food protein engineering//Kinsella J E. Advances in Food and Nutrition Research. 36. San Diego, CA.: Academic Press: 89～208

Utsumi S, Matsumura Y, Mori T. 1997. Structure-function relationships of soy proteins//Damodaran S, Paraf A. Food Proteins and Their Applications. New York: Marcel Dekker: 257～291

Verhoeyen M E, Bovy A, Collins G, et al. 2002. Increasing antioxidant levels in tomatoes through modification of the flavonoid biosynthetic pathway. J. Exp. Bot., 53: 2099～2106

Ward H A, Kuhnle G G, Mulligan A A, et al. 2010. Breast, colorectal, and prostate cancer risk in the European Prospective Investigation into cancer and nutrition-norfolk in relation to phytoestregen intake derived from an improved database. Am. J. Clin. Nutr., 91: 440～448

Wehrmann V K, Fehr W R, Cianzio S R, et al. 1987. Transfer of high seed protein to high-yielding soybean cultivars. Crop Sci., 27: 927～931

Wilcox R F, Burton J W, Rebetzke G J, et al. 1994. Transgressive segregation for palmitic acid in seed oil of soybean. Crop Sci., 34: 1248～1250

Wright D J. 1988. The seed globulins//Hudson B J F. Developments in Food Protein-5. London: Elsevier: 81～158

Xu W H, Zhang W, Xiang Y B, et al. 2004. Soya food intake and risk of endometrial cancer among Chinese women in Shanghai: population based case-control study. B. M. J., 328: 1285～1289

Yu O, Jung W, Shi J, et al. 2000. Production of the isoflavones genestein and daidzein in non-legume dicot and monocot tissues. Plant Physiol., 2124: 781～793

Zernova O V, Ulanov A V, Lygin A V, et al. 2002. Genetic modification of soybean seed isoflavone content and composition. The 9th Biennial Conference of the Cellular and Molecular Biology of the Soybean（Urbana-Champaign IL College of Agricultural Science）

Zhang P, Burton J W, Upchurch R G, et al. 2008. Mutations in a Δ9-stearoyl-ACP-desaturase gene are associated with enhanced stearic acid levels in soybean seeds. Crop Sci., 48: 2305～2313

第五章　生态环境对大豆品质性状的影响

大豆品质育种的目的是培育优质、高产、抗逆性强、适应性广的品种。但是，品质是一种较为复杂的复合性状，且决定品质的主要因素受很多条件的影响，在产量和品质性状之间，以及各品质之间也存在着复杂的相关关系。尤其在产量和蛋白质含量之间、蛋白质含量和蛋白质中赖氨酸含量之间，以及在赖氨酸含量与其他品质性状之间，存在着不利的负相关关系。

第一节　大豆品质性状与主要农艺性状关系

一、大豆品质与生育期性状的关系

影响品质性状的农艺性状组合中，蛋白质和脂肪含量都与生育日数正相关，与株高负相关，其程度达到了显著或极显著水平；蛋白质含量与百粒重显著负相关，而脂肪含量与百粒重极显著正相关(刘萌娟等，2007)。结荚高度与籽粒可溶性糖含量呈负相关；茎粗、一次分枝数与籽粒淀粉含量呈负相关；荚长与籽粒淀粉含量呈正相关；粒长与籽粒异黄酮含量呈正相关；粒宽与籽粒淀粉含量、可溶性糖含量呈正相关。株高、一次分枝数均与单株鲜荚数呈负相关；荚长与单株鲜荚数、单株鲜荚重呈正相关；荚宽与单株鲜荚数也呈正相关(周以飞和周德银，2005)。

播期对大豆籽粒中脂肪和蛋白质影响显著，随播期的延迟，蛋白质含量变化曲线是升高—下降—升高，趋势明显，达到显著水平；脂肪含量随播期变化曲线是随播期的延迟，脂肪含量逐渐下降，呈极显著水平，从播期对大豆籽粒脂肪和蛋白质的影响曲线分析看出，脂肪含量与蛋白质含量呈负相关，二者密切相关(石绍河，2011)。同一大豆品种蛋白质含量受环境因素影响很大，因为地点和播期的不同，自变量差异也很大。鼓粒成熟期和花荚期较长的日照、较小的昼夜温差和较少的降水，以及分枝期较多的日照和幼苗期较大的温差，都会使夏大豆蛋白质含量上升(李卫东等，2004)。

不同花色、茸毛色、结荚习性、粒色、粒形的大豆品种资源，蛋白质和脂肪含量存在一定的差异。以不同粒色、粒形和结荚习性间的差异最为明显，无限结荚习性、籽粒为黑色肾形的大豆品种蛋白质和脂肪含量低，籽粒为双色肾形的大豆品种蛋白质含量也低。不同种皮色、脐色、结荚习性、叶形和花色品种间脂肪酸含量均存在显著差异。硬脂酸、油酸和亚麻酸含量，在不同荚色品种间差异显著。棕榈酸含量在不同茸毛色品种间差异显著。不同类型、性状品种间在不饱和脂肪酸含量上的显著差异，与不饱和脂肪酸间的相关性表现一致。亚油酸与亚麻酸呈正相关，不同类型、性状品种亚油酸和亚麻酸含量则均表现为半栽培类型＞栽培类型；地方品种＞育成品种；深色种皮＞浅色种皮；

扁椭圆粒＞圆粒；尖叶＞圆叶；紫花＞白花。亚油酸和亚麻酸均与油酸呈负相关，不同类型、性状品种油酸含量表现恰好相反。油酸含量高、亚麻酸含量低的品种类型有：栽培类型，育成品种，黄种皮，淡褐、褐或黑色脐，圆形粒，无限结荚习性，卵圆形叶，褐色荚，白花的品种材料。亚油酸含量高的品种类型有：半栽培类型，地方品种，黑或绿色种皮，黄脐，扁椭圆形粒，亚有限结荚习性，椭圆或披针形叶，紫花的品种材料（吕景良等，1990）。

另外，大豆品种种皮色、粒形、花色和茸毛色不同，其脂肪酸组成有明显差异（王颢，2007）。种皮色由深变浅，粒形由扁椭圆到圆的品种，其不饱和脂肪酸、亚油酸、亚麻酸含量由高变低，油酸含量由低变高。棕榈酸和硬脂酸含量的变化趋势为种皮色由深到浅，其含量由高变低，粒形由扁椭圆到圆，其含量由低变高。不同花色、茸毛色品种脂肪酸含量的分析结果表明：棕榈酸、亚油酸、亚麻酸的含量为白花品种＞紫花品种，硬脂酸、油酸的含量为紫花品种＞白花品种，棕榈酸、亚油酸含量为灰毛品种＞棕毛品种，油酸含量相反。

脂肪酸与其他一些农艺性状也表现出一定的相关性，籽粒大小与亚麻酸含量呈极显著负相关（$r=-0.8789^{**}$）（庄无忌等，1984）。生育期性状组合中，出苗至结荚天数与单株鲜荚数和籽粒可溶性糖含量呈正相关，而与单株鲜粒重和籽粒可溶性蛋白含量呈负相关；出苗至鼓粒天数与籽粒异黄酮含量呈负相关（周以飞和周德银，2005）。

二、大豆品质与产量及其构成因子的关系

蛋白质含量与产量呈负相关，但相关程度有很大的差异。张金巍等（2011）以综合性状优良的黄淮海区主栽大豆品种‘中黄 13’为轮回亲本，从大豆微核心种质中选择蛋白质含量显著低于或高于轮回亲本的品种作为供体亲本，分析表明，供体亲本与其杂交 2 代、回交 1 代和回交 2 代在蛋白质含量、脂肪含量、株高、单株荚数、百粒重等性状上呈显著或极显著相关。在杂交后代中，选育出产量和蛋白质含量都大于等于高含量亲本的品系是可能的。

单纯针对大豆品质与产量及其构成因子的关系研究报道较少，在环境因素调控下品质与产量均会发生变化，它们之间的关系随之发生变化。1984 年，徐豹对野生、半野生和栽培大豆的百粒重与几种脂肪酸含量的相关研究指出，百粒重与亚麻酸、亚油酸、棕榈酸分别呈显著负相关（$r=-0.7576^{**}$，$P<0.01$；$r=-0.3051^{**}$，$P<0.01$；$r=-0.3807^{***}$，$P<0.001$），与油酸呈显著正相关（$r=-0.7217^{***}$，$P<0.001$）（徐豹等，1984）。胡明祥等（1986）也得到了相似的结论，油酸与百粒重呈正相关（$r=0.2122^{**}$，$P<0.01$），亚油酸与百粒重呈负相关（$r=-0.1161$），亚麻酸与百粒重呈显著负相关（$r=-0.2785^{**}$，$P<0.01$）。而年海等（1996）研究表明，棕榈酸含量与百粒重呈极显著正相关，亚麻酸含量与百粒重基本上呈正相关。

大豆品质与产量受到生态环境、栽培方式、病虫害等因素的影响，前人对此进行大量研究。重迎茬对大豆籽粒商品品质的影响较大，主要是百粒重降低，病粒率与虫害率未见明显变化（刘忠堂和于龙生，2000）。重迎茬大豆产量明显减少，且短期重迎茬对大豆脂肪、蛋白质含量无明显影响，3 年以上的长期重迎茬脂肪含量降低、蛋白质含量增

加(何志鸿等，2003)。据张明才等(2004)研究，用生长调节剂 SHK6 处理，可增强植株抗倒伏能力，协调大豆产量构成因素关系，明显提高大豆产量，产量增幅可达到 29%～42%。同时，SHK6 处理可提高籽粒蛋白质含量，达 2.84%～10.28%，且能够改善氨基酸组分，提高必需氨基酸含量，增幅可达 4.15%～8.39%，氨基酸总量增幅可达 4.84%～6.65%。大豆病害也会影响其产量和品质，王光华等(2000)采用不同病级的病叶、荚、粒，研究了大豆灰斑病对大豆产量和品质的影响。大豆灰斑病可导致百粒重和产量降低，同时感病籽粒蛋白质相对含量随病级增加而上升，绝对含量则下降，脂肪的相对含量变化不大，绝对含量随病级增加而降低。

三、大豆品质性状之间的关系

大豆的品质性状之间存在着一定的相关性，本节主要介绍了大豆粗蛋白质与粗脂肪之间，贮藏蛋白中的 7S 和 11S 球蛋白亚基之间，脂肪酸组分之间的相互关系，及其影响其含量变化的环境因素，揭示其变化规律。

(一)粗蛋白质和粗脂肪的关系

前人的研究结果表明，粗蛋白质与粗脂肪存在着极显著负相关性，并且蛋白质含量、脂肪含量和蛋白质脂肪总量的分布存在一定的地区差异。张海军等(2011)分析东北地区大豆品种(系)脂肪含量和蛋白质含量，得出脂肪含量、蛋白质含量及蛋脂总量平均值在不同年份间大致接近，三者中蛋白质含量具有更丰富的遗传多样性。不同地区间脂肪含量的分布规律：黑龙江＞吉林＞其他地区。蛋白质含量：其他地区＞吉林＞黑龙江。蛋脂总量：其他地区＞吉林＞黑龙江。早熟品种有利于脂肪含量的积累，晚熟和中熟品种在蛋白质含量和蛋脂总量的积累上具有优势。蛋白质与脂肪含量呈极显著负相关，蛋脂总量与蛋白质含量呈极显著正相关且相关系数稳定在 0.97 以上，蛋脂总量与脂肪含量呈显著负相关，但晚熟品种没有达到显著水平。

闫春娟等(2011)测定辽宁省农科院种质资源圃的 45 份大豆种质资源的蛋白质及脂肪含量，得出大豆蛋白质含量与脂肪含量间存在极显著的负相关，相关系数为-0.675^{**}，蛋白质与脂肪含量的关系为：$y=-0.3461x+35.521$($39<x<48$)，$R^2=0.4551$。依据各品种蛋白质及脂肪百分含量，可把 45 个品种简单分为 3 类，一类属中间型，占总数的 82.22%；一类属高脂肪低蛋白质型，占总数的 8.89%；最后一类属高蛋白质低脂肪品种，占总数的 8.89%。

周顺启等(2006)以 3 个高油大豆品种(‘绥农 14’、‘红丰 9’、‘东农 47’)为实验材料，在 2003～2004 年，探讨了不同年份间高油大豆品种蛋白质和脂肪积累的变化规律。高油大豆品种在不同年份间，脂肪含量的相对排序保持不变。脂肪含量高的品种，蛋白质含量年份间变异较小；脂肪含量低的品种，则变异较大。高油大豆的蛋白质含量积累呈现出“高—低—高”趋势，并且种子成熟后的蛋白质含量要小于初期测量时的含量；高油大豆脂肪含量积累呈现“低—高—低”趋势，并且种子成熟后的脂肪含量要高于初期测量时的含量。

(二)7S 与 11S 球蛋白亚基之间关系

大豆种子贮藏蛋白 7S 和 11S 组分及其亚基含量、11S/7S 的值与大豆蛋白的营养价值和加工特性密切相关。获得具不同 7S 和 11S 组分及其亚基含量、不同 11S/7S 值的种质材料是对大豆蛋白的营养价值和功能特性进行遗传改良育种的重要材料基础。关于贮藏蛋白中的 7S 与 11S 球蛋白亚基的相对含量及相互关系，大部分学者认为 7S 和 11S 球蛋白含量在品种间和地点间差异显著或极显著，地点和品种间互作则不显著；11S 与 7S 球蛋白亚基相对含量呈显著或极显著负相关关系，不同大豆资源蛋白质亚基组成和相对含量存在显著差异(姜莹等，2010；刘香英等，2009；姜振峰等，2007，2003)。

刘香英等(2009)分析了黑龙江、吉林、辽宁和内蒙古 4 省(区)近 10 年来通过审定的 163 个大豆品种的 11S 和 7S 球蛋白亚基组成、相对百分含量和 11S/7S 值，并对其进行了省(区)间比较分析和相关性分析。结果表明：品种间大豆蛋白各亚基的相对含量存在较大差异；163 份供试材料的 7S、11S 球蛋白平均相对含量分别为 0.290 和 0.563，变幅分别为 0.184～0.362 和 0.479～0.715，11S/7S 值的变异幅度为 1.34～3.32，平均值为 1.97；东北大豆品种贮藏蛋白 7S 和 11S 组分及其亚基相对含量存在显著变异。姜莹等(2010)以国家大豆改良中心杭州分中心保存的 321 份浙江省大豆资源为研究材料，分析贮藏蛋白中 7S 和 11S 球蛋白及其亚基的相对含量(占总蛋白质比例)。浙江大豆资源 7S 球蛋白亚基相对含量变化范围为 0.152～0.371；11S 球蛋白亚基相对含量变化范围为 0.428～0.794；11S/7S 值为 1.269～4.008，平均值为 2.289，其中蛋白质含量高于 45.0%，11S/7S 值高于 3.5 的有 7 份种质。依据浙江大豆生态区域划分，浙北地区大豆贮藏蛋白 11S/7S 值平均值最高；浙南地区大豆 7S 球蛋白和 11S 球蛋白相对含量变异系数高于浙北和浙中地区。麻浩等(2006)对 706 份中国大豆种质资源 7S、11S 球蛋白组分及其亚基相对含量进行了研究。603 份地方品种中 7S、11S 球蛋白组分相对含量的平均值分别为 0.400 和 0.600，变异幅度分别为 0.206～0.567 和 0.434～0.794，11S/7S 值的平均值和变异幅度分别为 1.54，0.77～3.86；103 份新育成品种或主栽品种中 7S、11S 球蛋白组分相对含量的平均值分别为 0.382 和 0.618，变异幅度分别为 0.303～0.527 和 0.473～0.697；11S/7S 值的平均值和变异幅度分别为 1.65，0.90～2.30。通过上述地区间比较分析，南方地区大豆品种的 11S 球蛋白和 7S 球蛋白亚基相对百分含量和 11S/7S 值普遍比北方地区略高，并且主栽品种和新育成品种要高于地方品种，我国大豆种质资源中 7S、11S 球蛋白组分及其亚基相对含量具有丰富的遗传变异。

环境因素对大豆品种 7S 球蛋白和 11S 球蛋白各种亚基组成没有影响，对分子质量影响很小。施磷对大豆品种的 7S 球蛋白和 11S 球蛋白及亚基含量均有影响，适宜的施磷量有利于提高球蛋白和亚基的含量(蔡柏岩等，2008)。温度对大豆品种中的 7S 球蛋白和 11S 球蛋白含量有一定影响(单彩云等，2007)。

(三)脂肪酸组分之间的关系

中国和美国大豆品种所含脂肪酸种类均以亚油酸为主，我国 163 个大豆品种脂肪酸中亚油酸含量在 40%以上，最高可达 62%，甚至以上(胡明祥等，1986)。1965～1969

年，美国北方大豆种质保存中心分析 00-IV 熟期组 2325 份种质资源脂肪酸含量，其中，亚油酸含量 37.1%～59.6%，亚麻酸含量 5.06%～14.9%。而在日本、朝鲜的 172 个品种中，有部分品种以油酸为主，油酸最高含量可达 58%，亚油酸含量 23.4%～61.1%，且有较丰富的低亚麻酸品种，亚麻酸最低含量为 3.50%(高木胖等，1979)。

王晓燕等(2007)研究河北审定的 41 个大豆品种的脂肪酸含量,其中油酸的变异系数最大，为 31.2%，最小的是硬脂酸，变异系数为 4.64%，李文滨等(2008)对中国国内 100 个大豆品种(系)的脂肪酸组分进行了测定，不同大豆品种脂肪酸含量均有一定的差异，其中硬脂酸的变异系数最大，为 13.24%，亚油酸的变异系数最小，为 4.57%。多数学者研究表明，以亚油酸含量为主的中国大豆种质资源中的脂肪酸含量高低顺序为：亚油酸＞油酸＞棕榈酸＞亚麻酸＞硬脂酸。

大豆不饱和脂肪酸与饱和脂肪酸的相关性因品种、种植地点的不同而异，不同研究者得出的结论各不相同。不饱和脂肪酸之间的相关关系的研究结果基本上一致(吕景良，1990；韩锋等，1989；胡明祥，1986)，油酸分别与亚油酸和亚麻酸呈显著或高度显著负相关，而亚油酸与亚麻酸呈显著正相关。通过组分之间的相关性分析，油酸与亚油酸、亚麻酸和棕榈酸含量呈极显著负相关，棕榈酸与硬脂酸呈显著负相关关系(李文滨等，2008；陈霞，1996)。年海(1996)认为，亚麻酸、亚油酸及油酸之间的相关关系较稳定，在不同生态条件下表现一致。

关于脂肪含量与脂肪酸组分之间的关系，许多学者也进行广泛研究。硬脂酸和油酸与脂肪含量呈极显著正相关(吕景良等，1990；胡明祥，1986)，棕榈酸、亚油酸和亚麻酸与脂肪含量分别呈负相关(陈霞，1996；吕景良等，1990；徐豹等，1988)。李永忠(1987)研究认为，5 种脂肪酸对脂肪含量的相对重要性依次为油酸(0.8148)＞亚油酸(0.7987)＞亚麻酸(−0.3283)＞硬脂酸(0.3207)＞棕榈酸(0.1399)。而韩锋(1989)等用灰色关联分析研究了脂肪酸组分间的相关性，当以脂肪酸为参考序列时，棕榈酸、硬脂酸与脂肪酸的关联度最大，亚麻酸次之，亚油酸与油酸最小。这表明在影响脂肪酸含量的因素中，饱和脂肪酸占主导地位，其次是不饱和脂肪酸中的亚麻酸，油酸、亚油酸作用较小。

不同地区各脂肪酸含量和脂肪酸组分相关性存在品种间差异显著，并有较明显的地区性分布趋势。各脂肪酸含量在不同种皮色、脐色、结荚习性、叶形和花色品种间存在显著差异。吕景良等(1990)测定 2341 份我国东北地区大豆品种资源的脂肪酸组分含量，以亚油酸含量最高，45%～62%。利用气相色谱测定脂肪酸组分并分析相关性，其中软脂酸和油酸分布趋势是黑龙江＞吉林＞辽宁。硬脂酸和亚油酸表现为辽宁＞吉林＞黑龙江，而亚麻酸的趋势为吉林＞辽宁＞黑龙江。共筛选出亚油酸含量高于 57.62%的大豆品种 10 个，亚麻酸含量低于 6.62%的品种 10 个，油酸含量高于 29.43%的品种 20 个(苗兴芬等，2011)。甘肃大豆地方品种以亚油酸含量为主，尚未发现亚麻酸含量低于 6.5%以下、油酸含量高于 30%以上的品种，但亚油酸含量很高，平均达 55.8%，许多品种的亚油酸含量在 60%左右，高亚油酸种质资源丰富(王颢，2007)。黄淮海地区大豆脂肪酸中不饱和脂肪酸含量增加，但亚油酸、亚麻酸含量下降，通过相关性分析发现亚油酸、亚麻酸与粗脂肪之间呈极显著负相关关系(张礼凤等，2008)。我国大豆品种具有亚油酸含量高且变异幅度小，亚麻酸含量变异幅度较大的特点；5 种脂肪酸成分间，以及与蛋白质、脂肪间存在相关关系。其中，亚麻酸、亚油酸及油酸之间的相关关系，受环境影响较小。不饱和脂肪酸变异主要来自生态类型间的差异：油酸平均含量最高为南方春大豆，最低为长江流域春大豆；亚油酸平均含量最高为长江流域春大豆，最低为南方春大豆；亚麻酸平均含量最高为长江流域春大豆，最低为南方夏大豆；育成品种比地方品种变异幅度小。饱和脂肪酸的平均含量与品种来源和生态类型均无密切联系(宋晓昆等，2010)。

郑永战等(2008)对中国野生大豆与栽培大豆的脂肪酸性状进行了比较，栽培大豆脂肪、油酸平均含量显著高于野生种，亚麻酸平均含量显著低于野生种，亚油酸平均含量略低于野生种，饱和脂肪酸平均含量与野生种差异不大。这些结果表明，不同品种脂肪酸组分都存在不同程度的差异。野生大豆与栽培大豆的脂肪酸性状也有显著差异。

(本节由姜妍完成)

第二节　栽培条件对大豆品质的影响

大豆品质特性除了与品种类型、人工选择、生产措施有关外，与栽培地区的地理条件，如降雨量、光照、温度、地势等密切有关。大豆蛋白质、脂肪含量与生长地的气候条件，诸如地理经纬度、海拔高度、光照强度、水分、温度、肥料等密切相关。生育期间特别是生殖生长期的温度、光照、降水、肥料的供给等对大豆化学品质都会产生较大的影响。

一、水分对大豆品质的影响

在大豆各发育时期控制水分会直接影响其蛋白质和脂肪的含量，因此，适宜的水分供给是种子蛋白质、脂肪积累所必需的。大豆在开花、结荚及鼓粒期如遇干旱，蛋白质含量均呈上升趋势，脂肪含量及脂肪蛋白质总量则呈下降趋势(张敬荣等，1996)。大豆脂肪含量随灌水量的增加而增加，但不同灌水量对于蛋白质含量的影响较小(毛洪霞等，2007)。荚期的干旱可显著提高不饱和脂肪酸含量，降低饱和脂肪酸含量。而张丽华等(2011)、胡明祥等(1990)认为灌溉可使大豆蛋白质含量提高，脂肪含量降低，但差异不显著。刘伟等(2009)认为干旱会造成大豆的主要品质指标，如蛋白质和脂肪含量的下降。灌水对不同品质的大豆蛋白质和脂肪含量影响不同，灌水可提高高油大豆品种脂肪含量，降低蛋白质含量。相反，灌水可提高高蛋白质大豆品种蛋白质含量，降低脂肪含量。而对于影响大豆品质的时期以鼓粒期干旱最为显著，不同生育阶段的降水量对大豆主要品质指标的贡献率是鼓粒-成熟期最大，其次是开花-鼓粒期，出苗-分枝期贡献率最小(任红玉等，2008)。

张敬荣等(1996)就干旱胁迫对大豆脂肪酸组分的影响做了较为细致研究，认为开花期干旱，油酸含量略降，亚油酸含量略升，亚麻酸含量剧升，亚麻酸比率上升，达 0.1011。结荚期干旱，则可导致油酸含量上升，亚油酸含量下降，棕榈酸含量降低，三者变化均达到极显著水平，硬脂酸含量变化不显著，亚麻酸含量也下降，并且亚麻酸含量也只有在此阶段含量下降，降至 0.0904，不饱和脂肪酸比率由 6.8 上升到 7.38。鼓粒期干旱也易导致油酸含量上升，亚油酸含量下降，但升降变化均不显著。不饱和脂肪酸比率上升较大，达 7.26，亚麻酸比率上升也达 0.099。此结论与王金陵等(1994)报道结果相似，认为水分胁迫导致发育种子中亚麻酸含量降低，油酸含量增加。

结合大豆生育期每月降水量，陈庆山等(2011)研究了降水量对大豆籽粒脂肪含量的影响和不同品种类型脂肪含量与降水量的关系。除 8 月外，大豆品种脂肪含量与生育期各月降水量都达到 5%显著水平以上的负相关。通过逐步回归分析，大豆脂肪含量和大豆生育期间的各月降水量可用此方程表示 $y = 21.826 - 0.007x_{7\text{月}} + 0.008x_{6\text{月}}$，其中 $R^2 = 0.176$，从方程中可知，6 月和 7 月的降水对大豆脂肪含量起到了重要作用，大豆脂肪含量与降水量在较多的品种存在这种线性关系，并且达到显著水平。6 月的多雨和 7 月的少雨更有利于大豆油分的形成。此外，7 月降水量对高油大豆品种油分形成起关键作用，而 9 月降水量对高蛋白质和中间类型大豆品种油分形成更重要。

二、光照对大豆品质的影响

光对同化物的运输和分配具有决定性的作用。光富集和遮阴处理，可改变大豆光合产物在源库中的分配。生殖生长期进行光富集可增加蛋白质含量而降低脂肪含量。蛋白质积累受到源供应的影响，而更多的却是受到籽粒潜在库能力的调节，当源小库大时利于蛋白质积累，而当源大库小时利于脂肪的合成(王光华等，1999)。遮阴可降低籽粒蛋白质含量，而增加脂肪含量。

国内学者曾研究光照强度和光照长度对大豆品质的影响。光照强度对不同品质类型的大豆脂肪、蛋白质含量均有较大的影响。随着光照强度的降低，不同品质类型大豆蛋白质含量均呈上升趋势，而脂肪含量均下降，蛋白质、脂肪总含量上升。品种间对光照强度变化的敏感程度不同，高蛋白质品种对光照强度反应较迟钝，而高脂肪品种对光照强度较敏感(胡国华等，2004)。光照长度对大豆化学品质的影响中，长光照条件下会导致大豆蛋白质含量下降(韩天富等，1997)。

三、温度对大豆品质的影响

温度可直接或间接地影响植物生长、发育及最终产量。有研究发现成熟大豆籽粒中的蛋白质和脂肪含量受籽粒发育期生长温度的影响。在温度达 28℃时籽粒脂肪含量最高，当温度继续升高则脂肪含量下降。而蛋白质含量会在温度超过 28℃后随着温度的升高而增加(Piper and Boot，1999)。籽粒发育过程中，低温条件下，蛋白质和脂肪含量均随着其发育而增加，两者呈正相关；当温度从 16℃升高至 24℃时，成熟籽粒中脂肪和蛋白质含量均随温度升高而增加，两者呈正相关(周瑞莲等，2008；胡明祥等，1990)；当在高温(31℃)和中温(24℃)条件下，籽粒获得总干重的 60%之前，蛋白质和脂肪含量随发育而增加，在获得总干重的 60%之后，脂肪含量不再增加并略有下降，而蛋白质含量持续增加。当温度从 16℃升高到 31℃，成熟种子中的蛋白质含量呈上升趋势(Piper and Boot，1999)。因此，提高籽粒发育后期的温度，对提高种子蛋白质含量具有十分重要的意义。

温度对籽粒脂肪积累的影响，表现为高温可降低种子脂肪含量，温度从16℃上升到24℃，籽粒中脂肪含量增加，但是当温度升高到31℃时，脂肪含量不再增加，并略有下降(周瑞莲等，2008)。温度对脂肪积累模式的影响与其生长有关，由于低温降低了籽粒的生长速率从而降低脂肪的合成速率，使整个籽粒发育过程中脂肪含量均低于高温和中温条件。高温，特别是发育早期的高温能使籽粒短时间快速积累脂肪，但随着高温对后期生长的影响使脂肪积累受到了抑制(吴秀清等，1995)。但总体而言，温度对脂肪积累的影响不显著。

马淑英等(1999)研究平均最低气温与棕榈酸、油酸/亚油酸、饱和脂肪酸(棕榈酸+硬脂酸)含量呈极显著正相关，与亚油酸及不饱和脂肪酸(油酸+亚油酸+亚麻酸)含量呈极显著负相关。平均气温与亚油酸含量呈显著、极显著负相关关系，而与其他种脂肪酸无明显的显著相关关系。

(本节由姜妍完成)

第三节　土壤理化性质对大豆生理品质的影响

土壤是大豆生长发育的主要营养来源，土壤中各种养分的含量及比例都会对大豆的品质产生重要影响。土壤中的氮、磷、钾是作物生长的三大主要营养元素，作物的所有生理代谢反应，几乎都离不开这三大元素的参与。除此之外，土壤中还有一些微量元素也是大豆生长发育所必需的，这些微量元素对大豆的一些重要生理功能的发挥起到了重要作用。

一、土壤酸碱性对大豆生理品质的影响

大豆是深根系作物，并有根瘤菌与之共生，对土壤要求不很严格，凡是土层深厚，土质疏松，并含有大量有机质的土壤，都适合栽培大豆。土壤酸碱度(pH)与大豆生长发育也密切相关，最适合大豆生长和根瘤发育的土壤pH为6.5～7.0，当pH大于9.5小于3.9时，大豆的生长发育都将受到严重影响。酸性土壤往往缺钼，而钼是根瘤固氮过程中重要的元素，能够形成具有催化作用的钼铁蛋白，直接参与生物固氮过程。而碱性土壤则易缺铁、锰、锌、硼等。

土壤酸碱度对大豆品质的影响，主要是通过土壤环境的改变而发挥作用的。大豆在pH为6.6～7.8的土壤上都能正常生长。当土壤pH高于8.0时，大豆叶片的电导率会明显升高，导致质膜破坏，渗透压改变。除此以外，土壤pH较高时，会明显提升大豆叶片中可溶性糖含量，可溶性糖是细胞中溶解度较大的物质，是植物细胞中一种重要的渗透调节物质，在植物抵御逆境胁迫中起着重要作用。因此，在pH达到一定值后，叶片可溶性糖浓度明显升高，此时会使得细胞质浓度提高，细胞水势降低，植物吸水能力增强。因此，随土壤pH的升高，大豆的生长速率会呈下降趋势。植物在逆境胁迫下，不利条件会使细胞蛋白质的合成受到一定的抑制，此时植物为适应不利条件，会通过应激反应，激活合成新的蛋白质，进而使细胞内酶系统稳定表达。而糖类物质作为一种信号

分子，能够充当植物激素类物质，调控植物的生长、发育、成熟和衰老等许多生长发育过程(王京元等，2012)。

低土壤酸度，如土壤受到酸雨的影响，酸雨会抑制土壤微生物的呼吸作用，进而影响土壤中微生物种群数量、群落结构和生物活性，而且酸雨中的氢离子对土壤脲酶、转化酶、酸性磷酸酶活性具有抑制作用。但是，土壤对外源酸性物质的添加，则具有很强的缓冲能力。因此，低浓度的酸，短期内不会显著的影响农田土壤的呼吸作用，对大豆作物的生长也不会产生明显的影响(史艳姝等，2011)。酸性土壤中限制作物生长的主要因素是矿物质元素铝的毒害和磷、钙、镁的缺乏，铝的毒害往往与钙、镁的缺乏联系在一起；大豆根瘤的形成，对磷和钙的需求远高于植株地上部和根生长对磷和钙的需求。因此，在酸性土壤中，矿物质元素铝的毒害，以及磷、钙、镁的缺乏，会对大豆植株的生长产生较显著的影响(孟赐福等，1994)。

二、土壤氮、磷、钾元素对大豆生理品质的影响

(一)土壤氮元素对大豆生理品质的影响

氮素是大豆生理过程的重要参与者，对于大豆产量形成和蛋白质积累具有至关重要的作用。大豆氮素的主要来源主要有 3 方面：施肥、根瘤和地力。田中伸幸等(1984)通过两年的田间实验，分别测定了来自施肥的吸氮量、来自地力的氮素吸收量，以及来自根瘤的氮素量。实验结果表明，来自地力和根瘤固氮的氮素是大豆氮素的主要供给源。人工施肥是人为影响土壤含氮量最直接的方式，而施用氮肥的类型、数量、时期、方式等，都会影响到大豆籽粒的产量和品质。

管宇等(2009)通过设置不同的施肥量，分别分析高油大豆品种‘黑农 44’(蛋白质含量 36.06%，脂肪含量 23.01%)和高蛋白质大豆品种‘黑农 48’(蛋白质含量 44.71%，脂肪含量 19.05%)。分析施氮水平对这两个大豆植株茎、叶片、叶柄、籽粒的氮素含量，以及大豆籽粒蛋白质含量的影响。研究结果表明，两个品种蛋白质含量变化为 N_{50} 处理＞N_{100} 处理＞N_0 处理，方差分析结果显示两个品种的不同处理间籽粒蛋白质含量存在显著的差异(表 5-3-1)。在整个生育期内，各个施氮处理高蛋白质品种‘黑农 48’的蛋白质含量，始终高于高油品种‘黑农 44’，说明高蛋白质品种对氮素的需求量要大于高油品种对氮素的需求量，适量增施氮肥能够起到提高大豆籽粒产量和蛋白质含量的作用。

表 5-3-1 大豆籽粒蛋白质方差分析

品种	处理	蛋白质含量/%	显著水平	
			5%	1%
‘黑农 44’	N_0	34.56	b	B
	N_{50}	36.44	a	AB
	N_{100}	35.63	ab	AB
‘黑农 48’	N_0	45.19	b	A
	N_{50}	46.19	ab	A
	N_{100}	45.69	ab	A

资料来源：管宇等，2009

王树起等(2009)采用框栽方法比较研究了不同供氮方式对大豆生长及结瘤固氮所产生的影响。实验结果表明，在大豆生长不同时期，供氮方式对大豆生长的影响是不同的。在苗期，非持续供氮对大豆生长具有较大的促进作用，在花期以后，持续供氮对大豆生长具有促进作用。大豆的根瘤数量则表现为非持续供氮＞持续供氮＞无氮，这一结果表明持续施用氮肥会抑制大豆根瘤的形成，使固氮酶活性显著降低，而非持续供氮对大豆根瘤固氮的抑制作用要小于前者。因此，持续施用氮肥会使大豆的固氮效率降低，影响大豆的品质。

谷秋荣等(2010)在大田条件下，比较研究了不同类型的氮肥，对‘豫豆 29’根瘤生长及大豆产量和品质的影响。其中，氮肥处理设不施氮肥、施酰胺态氮肥、施铵态氮肥、施铵态氮和酰胺态氮 1 : 1，共计 4 个处理。结果表明，施用铵态氮与其他处理相比对大豆根瘤的数量、体积有较好的促进作用，同时该处理大豆籽粒的水溶性蛋白含量、粗蛋白质含量及氮溶解指数，均好于其他处理，且与不施氮处理相比差异显著。

王浩等(2012)通过田间小区实验，考查在高氮素($73.8kgN/hm^2$)和低氮素($32.4kgN/hm^2$)两个氮素水平下接种大豆根瘤菌对大豆植株地上部生物量积累，以及籽粒产量及产量构成情况的影响。实验结果表明，高氮素水平下接种大豆根瘤菌能够显著增加大豆植株地上部生物量及大豆产量，与其他处理相比产量增加在 8.4%以上，而在低氮素水平下接种根瘤菌其增产效果不显著。在不接种根瘤菌的处理中，高氮素水平的产量要低于低氮素水平产量。该结果表明，在大豆生产中接种根瘤菌是一项增产增收的有效措施。

陈磊等(2010)通过蛭石盆栽实验，研究了不同形态氮肥配比对菜用大豆生长及籽粒中矿物质养分含量的影响。实验结果表明，较高比例的硝态氮和铵态氮处理，能显著降低大豆植株茎、叶、根系和荚果干鲜质量等指标。营养液中用较高比例的铵态氮(75%)处理，会使籽粒中总 N、P 等元素的含量增加显著，K、Ca、Mg 等矿质元素的含量表现为显著减少，而当硝铵比为 75 : 25 和 50 : 50 时，菜用大豆籽粒中 K、Ca、Mg 等矿质元素的含量均维持在较高水平。因此，高铵态氮含量会抑制菜用大豆籽粒对矿物质养料的吸收。

宋英博(2010)考查了不同施氮水平对大豆‘合交 98-1667’叶片氮素、籽粒蛋白质及脂肪含量的影响。实验设 4 个施氮水平：N_0($0kg/hm^2$)、N_1($45kg/hm^2$)、N_2($90kg/hm^2$)、N_3($120kg/hm^2$)。结果表明，N_2 处理中大豆叶片氮素和籽粒蛋白质含量最高，其次是 N_1 处理，N_0 和 N_3 处理中大豆叶片氮素含量和籽粒蛋白质含量的差异不显著，说明不施氮和高施氮量都会抑制大豆氮素和蛋白质的积累。但是，施氮量对大豆脂肪含量的影响不显著。

(二)土壤中磷元素对大豆生理品质的影响

磷是植物生长必需的三大重要营养元素之一。磷在植物体内以多种方式参与各种生物化学过程。首先，磷是氨基转移酶和硝酸还原酶的组成成分，同时又是呼吸作用中多种酶的组成成分，而呼吸作用所形成的多种有机酸(如丙酮酸、α-酮戊二酸、延胡索酸和草酰乙酸)可作为氨的受体而生成氨基酸。此外，在合成蛋白质的过程中，ATP 又是能量的供应者，说明磷对促进植物的生长发育和新陈代谢发挥着十分重要的作用(丁玉川等，2005)。

大豆缺磷往往表现为叶色变深，呈浓绿或墨绿色。叶形小，尖而狭窄，且向上直立。植株瘦小，生长缓慢。开花后叶片呈棕色斑点，严重时茎变红色，大豆缺磷将直接影响到大豆的外观和内在品质。

我国大部分耕地土壤磷元素缺乏，土壤中的磷一般不能满足作物生长发育的需要，必须通过施磷肥来补充。但是，磷肥容易被土壤固定，并在土壤中累积，其主要原因是磷肥中的磷酸根离子与土壤中的钙、镁等阳离子结合形成难溶性磷酸盐。因此，长期大量施用磷肥会导致土壤中缓效磷的富集，造成土壤板结。此外，由于磷肥在土壤中移动性小，肥效转化慢，如果施用方式方法不得当，作物将难以及时吸收利用。目前我国的磷肥利用率仅为10%～25%。因此，提高大豆植株的磷素吸收利用率，建立合理有效的磷肥施用技术体系，选育耐低磷、磷高效大豆品种，以及通过施用具有溶解土壤中难溶性无机磷、有机磷的微生物肥料等技术手段是改善大豆磷素营养的重要途径。

关于磷素对大豆品质的影响研究近年来比较多见。蔡柏岩等(2007)研究了施磷水平对不同基因型大豆籽粒可溶性蛋白含量的影响。实验选取了高蛋白质，高油和中间型三个大豆品种，分别为高蛋白质品种‘东农42’(蛋白质含量平均46.04%，脂肪含量平均19.33%)、高油品种‘东农46’(脂肪含量平均23.32%，蛋白质含量平均37.17%)和中间型品种‘合丰25’(蛋白质含量平均40.07%，脂肪含量平均19.26%)。设置了P1(施P_2O_5量为0g/kg)，P2(施P_2O_5量为0.033g/kg)，P3(施P_2O_5量为0.067g/kg)，P4(施P_2O_5量为0.100g/kg)。实验结果表明：3种基因型大豆子粒中可溶性蛋白含量受施磷量影响较大，高蛋白质品种和中间型品种籽粒蛋白质含量以P3处理最高，高油品种以P2处理最高。高蛋白质品种获得高蛋白质含量需磷量大于高油品种，不施P或高P处理都不利于提高籽粒蛋白质的含量。因此，适宜的施磷量能促进氮素的吸收，有利于蛋白质的合成。在实际生产中，应针对不同大豆品种的需磷特点，以及氮、磷、钾的最佳比例，合理施用磷肥，从而达到提高大豆蛋白质含量，改善大豆品质的作用。

蔡柏岩等(2008)还对不同磷素水平下(同上述)，3种基因型(同上述)大豆7S球蛋白和11S球蛋白亚基组成及含量进行比较研究。实验采用盆栽，土壤理化指标如下：有机质25.57g/kg，全氮1.73g/kg、全磷5.6g/kg、全钾23.2g/kg、碱解氮140.1mg/kg、速效磷13.44mg/kg、速效钾201mg/kg，pH6.9。

实验结果表明(表5-3-2)磷肥对大豆7S球蛋白和11S球蛋白各亚基分子质量影响很小，各种亚基分子质量在品种间差异不显著。

表5-3-2　磷素水平对不同基因型大豆各亚基分子量的影响

品种	处理	亚基/kDa					
		α′	α	γ	β	酸性	碱性
‘东农42’	P1	80	68	62.2	49.2	41～30	24～14.4
	P2	81	69	62.2	49.2	41～30	24～14.4
	P3	81	70	62.2	49.2	41～30	24～14.4
	P4	81	68	63.2	50.2	41～31	24～14.4

续表

品种	处理	亚基/kDa					
		α′	α	γ	β	酸性	碱性
‘合丰 25’	P1	79	67.2	60.2	49.2	41～31	25～14.4
	P2	80	66.2	61.2	51.2	41～31	24～15.4
	P3	80	67	61.2	52.2	42～31	25～13.4
	P4	79	68	62.2	49.2	40～29	23～12.4
‘东农 46’	P1	80	66	62.2	50.2	41～31	24～14.4
	P2	80	67	61.2	48.2	41～30	24～14.4
	P3	79	66.2	60.2	48.2	40～30	24～14.4
	P4	80	67	61.2	49.2	41～31	24～14.4
平均分子质量		80.00	67.46	61.62	49.62	40.92～30.42	24.08～14.23

资料来源：蔡柏岩等，2008

对 3 种基因型大豆球蛋白亚基相对含量进行分析比较，结果见表 5-3-3。

表 5-3-3　磷素水平对不同基因型大豆籽粒球蛋白亚基组分相对含量的影响

亚基	球蛋白亚基组分相对含量											
	‘东农 42’				‘合丰 25’				‘东农 46’			
	P1	P2	P3	P4	P1	P2	P3	P4	P1	P2	P3	P4
α′	2.59	2.66	3.15	2.95	1.69	2.37	2.78	2.11	1.12	2.97	2.25	2.13
α	1.97	3.36	3.99	3.50	1.61	3.20	3.70	2.73	1.57	2.82	2.44	2.00
γ	1.47	2.51	2.62	2.35	1.16	2.38	2.55	1.86	0.90	1.77	1.71	1.59
β	2.63	3.88	4.49	4.10	1.86	3.71	4.67	4.57	1.51	4.45	2.50	2.43
7S	8.66	12.41	14.25	12.90	6.32	11.66	13.70	11.27	5.10	12.01	8.90	8.15
酸性	10.83	16.21	18.06	15.01	7.94	13.61	15.47	11.12	6.22	12.30	11.07	8.32
碱性	8.96	13.37	15.30	14.05	8.37	13.37	15.00	10.68	5.85	11.04	9.33	7.33
11S	19.80	29.58	33.36	29.06	16.31	26.98	30.47	21.80	12.07	23.34	20.40	15.65
球蛋白总量	28.64	41.99	47.61	41.96	22.63	38.64	44.17	33.07	17.17	35.35	29.30	23.80

资料来源：蔡柏岩等，2008

表 5-3-3 资料表明，对于品种‘东农 42’和‘合丰 25’的 α′、α、γ、β、酸性、碱性 6 种亚基，均以 P3 处理的相对含量最高，7S、11S 球蛋白亚基和球蛋白总量也是以 P3 处理含量最高。说明 P3 处理最有利于高蛋白质品种和中间型品种球蛋白亚基总量的积累。而对于高油品种‘东农 46’以上各亚基均以 P2 处理的相对含量最高。从以上 3 个品种的 7S 球蛋白和 11S 球蛋白亚基及球蛋白含量看，磷肥的施用应针对品种特性进行，适宜的磷肥施用量有利于其含量的提高。另外，在该表中同一处理的 6 种亚基(α′、α、γ、β、酸性、碱性)含量都是‘东农 42’最高，其次为‘合丰 25’，‘东农 46’含量最低。该结果表明，高蛋白质品种氮代谢能力强，其合成球蛋白的能力也强，高油品种氮代谢能力较弱，导致了球蛋白的含量较低。

张勇等(2011)还研究了磷素对不同大豆品种膳食纤维含量的影响。实验选用的 3 个大豆品种分别为‘黑农 48’(高蛋白质品种)、‘黑农 37’(中间型品种)和‘黑农 44’(高油品种)。采用盆栽，在每千克土壤施纯氮和氧化钾各 0.033g 基础上，设 P1、P2、P3、

P4 共 4 个磷水平(即每千克土壤分别施纯五氧化二磷 0、0.033g、0.067g、0.100g)。采用酶-重量法测定了不同大豆品种总膳食纤维的含量。实验结果说明，施磷对不同大豆品种总膳食纤维含量会产生一定影响，适宜的施磷量有利于提高大豆总膳食纤维的含量。

接伟光等(2011)研究了磷素对上述不同大豆品种籽粒维生素 E 含量的影响。实验结果表明，不同大豆品种维生素 E 含量，在品种间和施磷处理间存在差异，适宜的施磷量有助于大豆籽粒中维生素 E 含量的提高。

(三)土壤中钾元素对大豆生理品质的影响

钾是作物必需的大量营养元素之一，大豆是需钾较多的喜钾作物。施用钾肥对提高作物产量和改良品质均有明显的作用。以往的研究表明，钾肥能够促进大豆对水分吸收利用。此外，钾肥还能够促进大豆对氮肥和磷肥的吸收以及在植株体内的累积，并能够提高大豆的抗逆性。大豆植株的正常生长发育，依赖于氮、磷、钾元素的平衡吸收和利用，土壤中钾元素缺乏，易导致氮肥有效利用率下降。

由于钾离子能较多地累积在细胞之中，导致细胞的渗透压增加，使水分从低浓度的土壤溶液，向高浓度的根细胞中移动，从而有利于大豆根系吸水。钾元素还能增强细胞膜的持水能力，使细胞膜保持稳定的通透性。而渗透势和通透性的增强，将有利于细胞从外界吸收水分。同时钾离子能够调节气孔的开放，当钾元素充足时，可以减少水分的蒸腾，从而使植株能更有效的利用水分。钾元素能增强厚角组织，当钾元素充足时，植物细胞壁增厚、茎秆坚韧、抗寄生菌穿透的机械阻力增加，同时作物体内的低分子化合物减少，病原菌缺少食物来源，因此钾肥在增强作物病害抗性方面的作用，直接或间接提高了大豆的内外在品质。

钾元素在改善大豆品质方面的作用，还体现在钾肥通过促进光合产物的运输，从而提高了大豆光合效率，提高大豆基本营养物质(如蛋白质和碳水化合物)的合成，来改善大豆品质。关于钾肥对大豆蛋白质和脂肪含量的影响方面，有学者认为钾肥能够提高大豆蛋白质含量，降低脂肪含量(张学斌等，2002)。但也有学者认为钾肥具有提高大豆脂肪含量，降低蛋白质含量的趋势(李春杰等，2005)。

三、土壤中硫元素及微量元素对大豆品质的影响

(一)土壤中硫元素对大豆品质的影响

硫元素在植物体内，主要是以甲硫氨酸(又名蛋氨酸)、半胱氨酸和胱氨酸等 3 种含硫氨基酸的形式存在。它是植物第四大必须营养元素，硫元素在植物生命活动过程中，不但参与光合作用、呼吸作用、氮素和碳水化合物的代谢过程，同时还对植物的生长调节、解毒、防卫和抗逆等过程发挥一定的作用。在光合作用中，硫元素主要参与了叶绿素的合成，还与豆科植物的根瘤菌及自生固氮菌的固氮作用密切相关。此外，植物体内一些重要酶的合成与活化都离不开硫元素的参与。尽管植物对于硫元素的需求量不如氮、磷、钾元素多，但是硫元素对植物的生长与发育同样具有至关重要的作用。

目前，我国土壤也面临着不同程度的缺硫问题，文献表明，年均气温越高或降雨量越大的地区，土壤越容易发生缺硫现象。在我国的南方热带和亚热带地区，有相当面积的作物及生态环境缺硫，并且土壤缺硫地区和面积还有进一步扩大的趋势。大豆是需硫较多的作物，土壤中硫元素的含量必然会对大豆的品质产生一定的影响。孙羽等(2004)研究了土壤中不同硫元素处理对大豆氮元素含量及品质的影响。实验选用的大豆品种为‘东农 42’，采用土壤盆栽实验，设置了 S_0(不施任何硫肥)，S_1(施硫 0.27g 硫粉/盆)，S_2(施硫 0.54g 硫粉/盆)，S_3(施硫 0.80g 硫粉/盆)，S_4(施硫 1.06g 硫粉/盆)处理，此外每盆施氮肥(尿素)1.8g，施磷钾复合肥(KH_2PO_4)1.8g，氮、磷和钾肥在播种时一次性施入。不同时期采样，测定植株的叶绿素含量、籽粒全氮含量、植株全氮和脂肪含量。

研究结果表明，在大豆开花后 50 天，施硫能使大豆叶绿素含量明显提高，植株生长旺盛，叶绿素含量达到巅峰，促进大豆后期干物质的积累，而不施硫大豆会因叶绿素含量急剧下降，出现早衰，进而影响大豆的产量和品质。

大豆籽粒氮元素含量的多少，能够在一定程度上反映出蛋白质含量的高低。对不同硫肥处理的大豆籽粒含氮量进行测定，实验结果表明，大豆籽粒氮元素含量在开花后 65 天表现出快速增长的趋势，施硫处理在不同鼓粒时期表现不同，在开花后第 55 天和第 75 天，施硫处理总体上可增加籽粒全氮含量，但在开花后第 65 天和第 80 天，大豆籽粒氮素百分含量均比对照低，其机制还有待进一步研究。

不同施硫处理大豆籽粒蛋白质和脂肪含量的影响，如表 5-3-4 所示，不同处理的大豆蛋白质和脂肪含量存在较大差异，S_1 处理大豆蛋白质含量最多，S_3 处理的大豆蛋白质含量最低，从 S_0～S_4 蛋白质含量呈先增后减趋势，而脂肪含量呈先减后增趋势，S_4 水平最高，S_1 水平最低。实验结果与蛋白质和脂肪含量呈负相关规律相一致。与对照相比，施硫各处理中蛋白质与脂肪总含量大体上呈递减趋势，其中 S_3 处理最低，减幅最大。因此，在实际生产中，适当施硫可以提高大豆蛋白质和脂肪含量，但过量使用则会降低蛋白质含量，蛋白质和脂肪总量也会降低。

表 5-3-4　不同施硫处理大豆籽粒蛋白质和脂肪含量　(单位：%)

处理	蛋白质含量	脂肪含量	蛋白质+脂肪
S_0	47.48	17.27	64.75
S_1	47.93	16.64	64.57
S_2	47.06	17.55	64.61
S_3	44.97	18.80	63.77
S_4	45.06	19.13	64.19

资料来源：孙羽等，2004

李子靖等(2012)研究了硫元素对不同基因型大豆球蛋白组成及含量的影响，实验选取黑龙江种植面积较大并且具有代表性的 3 个大豆品种‘黑农 48’(高蛋白质品种)，‘黑农 37’(中间型品种)，‘黑农 44’(高油品种)，设计 4 个施硫水平，探讨其对大豆 7S 球蛋白和 11S 球蛋白亚基组成及含量的影响。结果表明，7S 球蛋白和 11S 球蛋白各亚基分子质量受硫肥施用量等因素影响很小，分子质量在品种间差异不显著。

不同硫水平对不同基因型大豆球蛋白亚基的百分含量影响效果如表 5-3-5 所示。各品种在不同施硫水平下的表现为：‘黑农 48’的 α′-、α-、γ-、β-亚基在 S_2 水平下含量最高，酸性亚基和碱性亚基以 S_3 处理含量最高；‘黑农 37’与‘黑农 48’表现出相同的规律；‘黑农 44’α′-、α-、γ-、β-亚基表现为 S_3 水平含量最高，酸性亚基和碱性亚基以 S_2 处理含量最高。因此，适宜的硫元素有利于大豆植株体内蛋白质的代谢和形成，在实际生产中适量增施硫肥，有利于提高大豆球蛋白含量。对数据进行方差分析，得出‘黑农 48’S_2 处理 7S 球蛋白含量最高，‘黑农 48’S_3 处理 11S 球蛋白亚基含量最高，而‘黑农 44’S_1 处理 7S 球蛋白含量最低，‘黑农 44’S_4 处理 11S 球蛋白含量最低。

表 5-3-5　3 个大豆品种球蛋白亚基占总球蛋白含量　（单位：%）

亚基	‘黑农 48’				‘黑农 37’				‘黑农 44’			
	S_1	S_2	S_3	S_4	S_1	S_2	S_3	S_4	S_1	S_2	S_3	S_4
α′	5.29	6.84	5.68	6.19	5.02	6.27	5.59	6.01	4.25	5.21	5.42	4.71
α	6.63	8.83	6.79	6.46	6.47	6.85	6.71	6.08	5.32	5.72	6.46	5.58
γ	4.27	5.20	4.95	3.70	2.79	4.45	3.88	3.60	1.68	2.94	3.78	3.52
β	4.79	5.88	5.30	5.28	3.80	5.41	5.29	5.24	3.27	4.05	5.18	4.60
7S	20.98	26.75	22.72	21.63	18.08	22.98	21.47	20.93	14.52	17.92	20.84	18.41
酸性	33.94	40.40	44.94	42.68	31.18	34.04	35.97	30.44	30.83	32.82	27.18	25.49
碱性	27.02	33.20	34.90	27.32	26.10	31.11	32.12	26.46	25.73	30.28	27.96	22.58
11S	60.96	73.60	79.84	70.00	57.28	65.15	68.09	56.90	56.56	36.10	55.14	48.07

资料来源：李子靖等，2012

迟玉宏(2011)以‘北豆 5 号’(高油型)，‘黑农 35’(高蛋白质型)，‘垦鉴豆 4 号’(中间型)3 个大豆品种为研究对象，通过小区实验和土壤盆栽实验相结合，研究硫元素与大豆蛋白质、脂肪含量的关系。研究表明，‘垦鉴豆 4 号’蛋白质和脂肪总量以 S_{90} 处理最高，S_{30} 处理和 S_{60} 处理低于 S_0 处理，施硫处理间没有表现出明显的作用规律；‘北豆 5 号’蛋白质和脂肪总量表现为施硫处理高于未施硫处理，且随施硫量的增加而增加，S_{90} 处理最高，为 63.88%。‘黑农 35’蛋白质和脂肪总量表现为施硫处理低于未施硫处理，S_{60} 处理最低，施硫处理没有表现出明显的规律性。

上述结果表明：硫水平对不同基因型大豆球蛋白亚基的百分含量具有一定影响，适宜的施硫量，有助于提高大豆球蛋白的含量，但硫肥的施用量并非越多越好，对于高蛋白质大豆品种适当施硫可以提高蛋白质含量，施硫量超过一定水平则脂肪含量会降低；对于高油大豆品种适量施用硫肥，不但有利于提高脂肪含量，还可以提高蛋白质含量；对丰产大豆品种施硫可以提高蛋白质含量，但脂肪含量也会相应降低。因此，施用硫肥要和其他元素(如氮、磷、钾)相互配合达到最佳比例，才能促进大豆生长和籽粒品质提高。

(二)土壤中微量元素对大豆品质的影响

微量元素在大豆生长发育过程中具有不可替代的重要作用，对大豆生长具有重要作用的微量元素主要有钼、硼、锌等。虽然在大豆整个生育期对它们的需要量不多，但是如果微量元素摄入不足，将会严重影响大豆的生长及品质。

刘鹏和杨玉爱(2003)以‘浙春3号’、‘浙春2号’和‘3811’3个大豆品种为材料，设置了低硼-低钼、单施硼、单施钼及硼钼同施4个处理，研究硼、钼元素对大豆品质的影响。实验结果表明，施硼或施钼处理都能提高大豆籽粒中蛋白质的含量，籽粒中总氨基酸及必需氨基酸含量都较对照明显增加，除脯氨酸外各氨基酸组分都有所增加，氮、磷、钾含量较对照有所增加。但对籽粒中镁元素含量影响不大，施硼或施钼处理能够降低大豆籽粒中钙和脂肪的含量。硼钼同施的作用效果要比单施更为明显。在对大豆品质的影响方面，硼和钼存在一定差异，并且3个大豆品种对硼、钼的反应也各有差异。

杜欣谊等(2008)通过土壤盆栽实验，对‘东农42’(高蛋白质型)，‘东农46’(高油型)和秣食豆(半野生型)3个大豆品种进行硼肥和钼肥的肥料实验。试验结果与刘鹏和杨玉爱(2003)的研究结论基本一致，适量施用硼和钼均可提高3个大豆品种籽粒的蛋白质含量。该实验发现单施钼对于大豆籽粒蛋白质含量的提高，较单施硼效果更好，钼、硼适量同施具有互促作用。施硼和施钼处理降低了两个栽培品种(‘东农42’、‘东农46’)籽粒中脂肪含量，施硼比施钼处理对大豆籽粒脂肪含量降低得更多。但是，施硼、钼处理的大豆籽粒蛋白质和脂肪总含量高于对照，硼、钼同时处理含量最高。这一结果反映出大豆籽粒蛋白质和脂肪含量之间存在负效应，同时也说明硼、钼元素能够提高大豆的品质。实验还发现，施硼、钼处理提高了秣食豆(半野生型)籽粒中脂肪的含量，施钼处理好于施硼处理。但是，同营养条件相比，大豆的遗传品质仍然具有稳定性，不同大豆品种间蛋白质及脂肪含量的差异要大于不同营养水平之间的差异。

另据王艳等(1997)在研究微量元素对大豆品质的影响时发现，微量元素锌和锰对大豆蛋白质的含量影响也较大，锌锰互作对大豆蛋白质含量的提高达到显著水平，锌锰配施在提高大豆蛋白质含量的同时，籽粒脂肪含量有下降趋势。但是，由于锌锰配施大豆单位面积产量提高显著，因此也可以提高单位面积脂肪积累量。

四、土壤中重金属元素对大豆品质的影响

(一)土壤中硒元素对大豆品质的影响

硒是一种动物必需的痕量重金属元素。我国土壤缺硒面积约占国土总面积的70%，严重制约着中国食物的硒营养状况(陈铭和刘更另，1996)。从农产品中吸收硒元素是改善硒元素营养的重要途径，然而硒元素的吸收和利用，还取决于硒元素在植物和动物体内的有效形式，即硒的生物可利用性。大豆籽粒中硒的生物有效性较高，且硒主要富集在蛋白质中，大豆分离蛋白中硒的生物有效性为86%～96%，因而大豆可以作为一种良好的植物性硒源。

张艳玲等(2003)研究了叶面喷施硒肥，对低硒土壤中大豆不同蛋白质组成及其硒分布的影响。供试土壤采自江苏省如皋市的高砂土，该土壤为长江淤积土，土壤耕作层(0～20cm)全硒含量0.110mg/kg，水溶性硒0.005mg/kg。大豆品种为‘通矮405’。化学硒肥为分析纯Na_2SeO_3，生物硒肥为分析纯Na_2SeO_3加入氨基酸、腐殖酸基质发酵而成，

两种肥料硒含量均为 180mg/hm^2(实际施硒量为 200g/hm^2)。

实验结果表明，叶面喷施相同硒剂量的化学硒肥和生物硒肥，均可显著提高低硒土壤中大豆籽粒含硒量，使其达到 11～12mg/kg。但是，对大豆产量没有显著影响。同时，大豆对两种不同硒源的生物利用效率相近。叶面喷施 Na_2SeO_3 和生物硒肥使籽粒总水溶性蛋白含量由对照的 34.55%提高到 38.07%～39.26%，差异达极显著水平($P<0.01$)。施用硒肥后固体残渣含量下降，施用化学硒肥时降低 1%左右，施用有机硒肥降低 4%以上。硒肥处理对籽粒的粗脂肪和液体残余物含量没有影响。这说明施用硒肥可使大豆水溶性蛋白含量增加，固体残渣量减少，因而叶面喷施硒肥，可使大豆营养成分得到改善。

从表 5-3-6 的结果可以看出，喷施硒肥后大豆籽粒 3 种可溶性蛋白中，11S 球蛋白和乳清蛋白含量没有显著变化，但是，7S 蛋白含量显著增加。也有研究表明，不同品种或基因型大豆根系对土壤中不同价态硒的吸收利用能力、大豆籽粒中不同蛋白质组成及其对硒的亲和力不同，都能够影响大豆籽粒中硒的水平。

表 5-3-6 不同硒肥处理下大豆各组分硒含量及其占籽粒硒总量的百分比 (单位：%)

处理	11S 球蛋白	7S 球蛋白	乳清蛋白	固体残渣
对照(CK)	0.09±0.00^B	0.07±0.01^B	0.10±0.02^B	0.09±0.01^B
	(28.9±1.8^a)	(14.5±1.30^b)	(4.79±0.88^a)	(28.4±1.81^a)
化学硒肥	19.6±0.8^A	19.2±2.63^A	19.3±5.23^A	8.73±0.71^A
	(29.8±3.6^a)	(26.2±7.33^a)	(5.78±2.07^a)	(27.1±2.00^a)
生物硒肥	19.1±2.9^A	17.4±3.13^A	18.5±4.48^A	9.63±1.28^A
	(33.6±4.4^a)	(24.8±4.23^a)	(5.43±1.54^a)	(23.7±3.74^a)

资料来源：张艳玲等，2003

注：括号内数字为各组分的硒含量占籽粒总硒的百分比

陈金等(2005)采用盆栽试验，研究不同土壤硒水平下两种春大豆品种籽粒硒含量及其形态的差异。供试大豆品种为‘江蔬白鸟王’(简称‘江蔬白’)和‘宁蔬 60’毛豆(简称‘宁蔬 60’)。两品种种子硒含量分别为 52μg/kg 和 15μg/kg。

实验结果表明，在低硒土壤条件下，高硒的大豆品种的硒吸收效率提高了 100%，而在高硒土壤中仅提高了 50%。高硒土壤条件下，低硒品种与高硒品种籽粒中硒的含量差异不大。在土壤硒不足的情况下，低硒品种籽粒中硒的积累强度明显较弱。此外，在不同土壤硒水平下，两品种的茎、叶、荚的相对分配比例也无明显变化，而根、籽粒中硒分配变化则十分显著。在硒供应充分时，容易向地上部迁移和向籽粒富集，而在硒供应不足的条件下，低硒品种中硒向生殖器官的转移和积累被抑制。

表 5-3-7 为成熟时籽粒蛋白质及荚、籽粒中无机硒和有机硒的分析结果。表明籽粒硒含量在不同土壤硒水平下有显著差异，但蛋白质含量并不随土壤硒水平的变化而变化，即硒水平的高低并不影响蛋白质总量，这与外源硒对大豆蛋白质含量无显著影响的研究结果一致。

表 5-3-7　成熟时籽粒中蛋白质含量及荚、籽粒中无机与有机硒的百分比

土壤	品种	籽粒蛋白质含量/(g/kg)	无机硒/%		有机硒/%	
			荚	籽粒	荚	籽粒
高硒土壤	‘江蔬白’	39.20±1.56	16.58±3.12	4.88±0.47	83.42±3.12	95.12±0.47
	‘宁蔬 60’	35.89±1.29	21.68±1.91	4.17±0.90	78.32±1.91	95.83±0.90
低硒土壤	‘江蔬白’	40.34±2.10	80.74±9.42	26.85±10.68	19.50±9.42	73.04±10.68
	‘宁蔬 60’	43.13±2.20	90.47±7.26	69.50±9.38	9.53±7.26	30.50±9.38

资料来源：陈金等，2005

在高硒土壤中，两个品种大豆的荚、籽粒中有机硒含量均占绝对优势。而在低硒土壤中两品种大豆荚中无机硒占优势。在低硒条件下，硒吸收能力强的品种‘江蔬白’籽粒中有机硒占 70%以上，而在硒吸收能力低的品种‘宁蔬 60’中只有 30%左右，两者的豆荚中有机硒所占比例都在 20%以下。这种差异意味着土壤硒的供应水平，影响了大豆体内硒的转运与生物合成，进而影响所吸收的硒向有机态或蛋白质硒的转化。说明外源富硒条件下获得的硒，可能有更高的生物活性，这对于富硒大豆的生产和加工是十分有利的。

(二)土壤中镉元素对大豆品质的影响

镉是土壤中毒性最大的重金属污染元素之一，在土壤中即使是极低浓度的镉元素，也会对植物产生毒害性。植物的根系通常对镉元素具有较高的吸收能力，并且镉元素能够在植物体内蓄积，生物有效性高，通过食物链最终将危害人类的健康。

植物对镉的吸收受到土壤中镉元素的含量、土壤 pH 等环境因素的影响。在极低镉元素污染的土壤条件下，植物对镉的吸收与土壤中镉含量呈线性关系(Wagner，1993)。张磊等(2007)通过研究根际效应下镉在土壤中的吸附与解吸作用得出，土壤 pH 是影响镉向植物转移的主要因素。在酸性环境下，镉的迁移速率加快，毒性增强，在碱性土壤中，镉活性较低，不易迁移。因此，pH 升高对镉的生物活性具有一定的钝化作用。在实际生产中，可以通过石灰调节土壤 pH 来抑制重金属镉的吸收。

大豆是一种容易吸收镉的作物。王志坤等(2006a，2006b)通过对不同大豆品种的耐镉实验研究表明，大豆‘8157’子粒中，镉的富集含量可以高达 0.987mg/kg，远远高于食品中镉的限量卫生标准，不能食用。国外的研究也表明，与谷类相比大豆对镉的富集系数更大(Wolnik et al.，1983)。

梁烜赫等(2012)对镉污染土壤进行盆栽实验，通过设定不同 pH，研究其对大豆生长发育及产量品质的影响。供试土壤采自沈阳市于洪区镉污染区，镉含量是 1.32mg/kg，属中度污染等级。供试大豆品种为‘绥农 14’。实验结果表明，随着土壤酸度和碱度的增强，大豆的株高和干重均有降低的趋势。中度镉污染条件下大豆生长适宜的 pH 为 7.18～7.96。

大豆产量与 pH 之间表现为显著的指数关系，当 pH 为 7.54 时产量达到最大值，pH 超过 7.96 时，产量又出现明显的下降趋势。即随着 pH 的升高，产量表现出了先增后减的趋势。因此，在镉污染的土壤上，通过调节土壤的 pH，适当改变土壤的酸碱度，可以达到增加产量的目的。通过对大豆不同器官中镉含量进行测定发现，大豆不同器官吸收镉含量的趋势相同，都是根＞叶＞茎＞籽粒，而且，随着 pH 的升高，镉在各器官中的累积量逐渐降低。在 8 个处理中，只有 pH 在 7.54～8.93 的 4 个处理的镉含量＜0.2mg/kg，且 pH＞7.96 时籽粒中的镉含量明显降低（＜0.1mg/kg），其余各处理籽粒中的镉含量，均超过了国家相关标准中镉的含量限制。因此，适当偏碱性的土壤条件，能够抑制大豆对镉的吸收，促进作物生长发育。当土壤 pH 在 7.54～8.41 时，能够抑制大豆对重金属镉的吸收，且大豆不会表现出明显的减产。崔悦宏等（2007）研究也表明，随着土壤中石灰（$CaCO_3$）的增加，土壤中可交换态镉的含量会显著降低，而镉的碳酸盐结合态、铁锰氧化物结合态和有机结合态均增加。

（本节由王浩完成）

第四节　土壤微生态环境对大豆品质的影响

土壤中的微生物数量庞大，种类繁多，它们对土壤结构的形成及土壤中营养物质的代谢都发挥了重要而不可替代的作用。在土壤中所蕴含的微生物构成了土壤的微生态环境系统，这些土壤微生物中，有相当一部分对作物生长具有有益的促进作用。但是也有一小部分是土传病害的元凶，深入了解和正确评价这些土壤微生物的功能，对于改善和提高大豆品质具有重要的意义。

一、根瘤共生固氮作用对大豆品质的影响

（一）共生固氮体系的建立

根瘤菌在土壤中自然存在，大多数情况下在土壤中过着营腐生生活。如图 5-4-1 所示，在豆科植物根圈，根瘤菌会受到豆科植物根系分泌物如类黄酮、简单糖类、氨基酸、芬酸等化合物的诱导，产生强烈的趋化反应，从而在豆科植物的根表面，形成一个生物膜并诱发根毛卷曲，卷曲的根毛将根瘤菌包裹在里面，并形成侵染线，根瘤菌通过侵染线最终侵入大豆根的内皮层细胞，并通过不断繁殖、发育、膨大成为类菌体。与此同时，根部的内皮层细胞在植物激素如植物生长素、细胞分裂素、赤霉素、芸薹素类固醇等的作用下，逐渐分化成为分生组织，分生组织持续生长，在根表面形成突起的根瘤原基，并最终形成具有共生固氮能力的根瘤。根瘤将类菌体紧密包裹在其中与外界隔绝，根瘤中的豆血红蛋白对氧分子有很强的亲和力和解离力，能够以还原状态截留外来的氧，并以部分氧化状态为类菌体持续提供低浓度氧，从而使根瘤内形成一个低氧气分压的微环境，类菌体的固氮酶在低氧气分压下，将空气中的氮气转化为植物可以吸收利用的铵态氮，供植物生长发育所需。

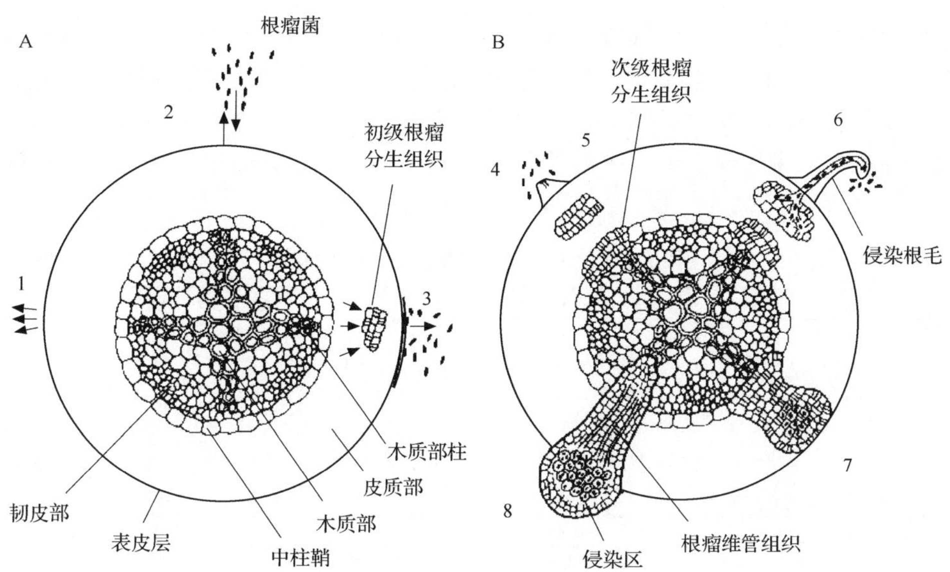

图 5-4-1　大豆根瘤菌形成过程(Lincoln and Eduardo，2010)

A.根瘤形成的起始阶段：1 根释放化学物质；2 化学物质吸引根瘤菌附着并刺激根部使其产生细胞分裂素；3 根内皮层细胞分裂形成初级根瘤分生组织。B.根瘤菌侵染和根瘤形成阶段：4 细菌附着在根毛上；5 在近木质部柱的中柱鞘细胞受刺激后分裂；6 侵染线形成并向内不断延伸形成次级根瘤分生组织；7 侵染线不断延伸使得初级根瘤分生组织和次级根瘤分生组织融合形成一个肿物；8 根瘤变长并不断分化，包括形成能够连接到根中柱的维管，根瘤菌最终释放到根瘤中间的细胞中

(二)共生固氮作用对大豆生长发育的影响

大豆出苗后 3～4 周，当根瘤中出现豆血红蛋白之后，即开始固氮。国外的研究资料表明，根瘤固氮率随着大豆植株的生长发育而发生变化(Hardy，1968)。在开花前，大豆根瘤正处于自身发育阶段，生物固氮量的 30%～50%保留在了根瘤内；在大豆开花至结荚阶段，根瘤固氮量呈直线上升，所固定的氮 80%～90%输送给了植物供生长发育所需，这一阶段所固定的氮量占生物固氮总量的 80%以上；大豆鼓粒至结荚后，固氮量减少，并从营养器官向繁殖器官转移。总体呈现低—高—低的变化趋势。

Weber(1966)用结瘤和不结瘤基因型大豆地上部干物质中所含氮量的差异，推算出共生固氮量(84kg/hm^2)约占总氮量的 40%。山东农业科学院 1981 年对大豆根瘤的固氮量进行了测定，结果表明，大豆的固氮量为 75～135kg/hm^2。

(三)共生固氮作用对大豆品质的影响

胡斌等(1994)比较研究了 3 对共生固氮体系大豆种子的氨基酸组成成分。这 3 对共生固氮体系中‘丰收 12†’与‘丰收 12’在田间实验中均结瘤，前者接种大豆根瘤菌，后者不接种；‘Scnod$^+$’和‘Scnod$^-$’在实验中均接种根瘤菌，前者接种根瘤菌后结瘤，后者不结瘤；‘D18’是由‘铁丰 18’诱变得到的高光合、高固氮共生固氮体系的大豆新品系，在实验中‘D18’和‘铁丰 18’均接种根瘤菌且均结瘤。

如表 5-4-1 所示，‘丰收 12†’与‘丰收 12’的氨基酸组成差异不大，但是产量增加，说明对于有结瘤能力的大豆品种，接种根瘤菌能够使大豆增产，且大豆氨基酸组成不受影响。'D18' 与 '铁丰 18' 的氨基酸组成也差异不大，但是产量增加，说明高光合、高固氮共生固氮体系的大豆新品系 'D18' 产量增加的同时，大豆籽粒的氨基酸组成没有发生明显变化。'$Scnod^+$' 与 '$Scnod^-$' 相比氨基酸含量明显增加，且产量也增加了 7.7 倍(数据未列出)，说明建立专一高效的共生固氮体系不仅能够增加大豆产量，而且对于提高大豆的氨基酸含量，改善大豆品质也具有重要作用。

表 5-4-1　大豆种子氨基酸组分分析结果　(单位：mg/g)

	Asx*	Thr	Ser	Glx*	Gly	Ala	Cys	Val	Met	Ile
'丰收 12†'	20.69	6.05	8.80	34.99	7.26	6.12	2.62	9.12	2.31	9.42
'丰收 12'	20.92	6.38	9.40	34.56	7.11	6.32	2.62	8.78	2.31	9.09
'$Scnod^+$'	16.69	6.25	8.72	33.78	6.90	12.86	3.11	9.06	2.33	9.53
'$Scnod^-$'	13.39	5.14	6.78	19.59	5.44	5.19	2.42	6.31	2.35	6.81
'D18'	19.31	5.64	8.02	32.45	6.97	6.45	—	9.48	2.83	9.02
'铁丰 18'	18.53	5.96	8.61	31.59	6.58	5.71	2.75	8.35	2.64	8.90

	Leu	Tyr	Phe	Lys	His	Arg	Pro	∑	D**/%
'丰收 12†'	12.51	5.14	9.18	10.57	3.52	9.43	3.70	161.43	0.192
'丰收 12'	12.45	5.28	8.86	10.74	3.61	9.66	3.65	161.74	
'$Scnod^+$'	12.64	5.20	8.98	10.39	3.43	6.67	3.70	163.24	37.67
'$Scnod^-$'	8.80	3.58	5.78	9.51	3.01	4.67	2.25	111.02	
'D18'	11.96	4.61	8.95	9.71	3.46	10.08	3.24	151.88	1.72
'铁丰 18'	11.89	4.71	8.57	9.75	3.20	7.93	3.59	149.29	

资料来源：胡斌等，1994

*Asx = Asn + Asp，Glx = Gln + Glu

$$**D=\frac{(\chi_1-\chi_2)}{0.5(\chi_1+\chi_2)}\times 100\%$$

周相娟等(2007)研究了接根瘤菌和遮光对大豆固氮和光合作用的影响(表 5-4-2)。结果表明，正常光照条件下，接根瘤菌能明显提高叶片的叶绿素含量，与不接菌对照比接菌大豆的叶绿素 a、叶绿素 b 和叶绿素总量分别显著增加了 143.3%，367.5%和 188.2%。其原因可能是由于接根瘤菌后，共生固氮作用能够为叶片中光合色素的合成提供充足的氮素。但是，在遮光条件下这种优越性就不明显了，推测可能是由于大豆的固氮作用受到不良影响，根瘤菌发挥不出其优越性，无法提供足够的氮元素用于叶绿素的合成。因此，在实际生产中要发挥根瘤菌的正面效应，需要协调多种生态因子的影响，对于促进大豆生长和改善大豆品质具有重要意义。

表 5-4-2　遮光和接根瘤菌对大豆叶片色素含量的影响

	正常光		遮光	
	未接菌	接根瘤菌	未接菌	接根瘤菌
叶绿素 a/(μg/g FW)	592.7±32.2[c]	1441.8±59.8[b]	1547.9±19.2[ab]	1614.1±42.1[a]
叶绿素 b/(μg/g FW)	148.5±7.5[c]	694.2±44.8[a]	435.8±18.5[b]	413.3±8.4[b]
叶绿素总量/(μg/g FW)	741.2±39.7[b]	2135.9±104.6[a]	1983.7±1.8[a]	2027.4±33.8[a]
叶绿素 a/b/(μg/g FW)	3.99±0.04[a]	2.08±0.05[b]	3.57±0.20[a]	3.91±0.18[a]
类胡萝卜素/(μg/g FW)	168.6±23.3[b]	103.3±22.4[b]	418.2±20.5[a]	446.1±16.4[a]

资料来源：周相娟等，2007

二、微生态制剂对大豆品质的影响

微生态制剂是指包含微生物活菌的制剂，根据应用范围不同，分为医用微生态制剂，兽用微生态制剂和农用微生态制剂。通过向人体、动物体和植物体添加人工筛选到的有益微生物，来调节生物体微生物的菌群平衡，从而相应达到保健、增产和改良品质等作用。微生态制剂具有无不良反应、无残留污染、不产生抗药性等优点，因此，近年来受到世界各国的广泛关注。

植物微生态制剂主要以植物微生态学作为理论指导的。“植物微生态学”的概念是由我国科学家陈延熙教授在1986年首次提出的，该理论指出“任何植物个体都是其组织细胞与其体内微生物组成的复合体(蔡元呈，2002)。通过科学实践，遵循自然规律，按照‘顺之于自然，取之于自然，回归于自然’的原则，进行微生态调控，是实现农业可持续发展的重要途径之一”。

目前植物微生态制剂的菌种来源，主要是植物内生细菌和植物根际促生细菌这两类。“植物内生细菌”的概念是由Kloepper在1992年首次提出的，内生细菌由于长期生活在植物体内的特殊环境中，并与宿主协同进化(Kloepper and Beauchamp，1992)。因此，一方面，能够为宿主植物的生长提供能量和营养，另一方面，通过自身代谢产物和信号转导作用，对植物体的生长发育产生影响。内生细菌在植物体内通常以聚集体的形式存在，包括聚集团(aggregate)、微菌落(microcolonie)、共质体(symplasmata)、生物薄膜(bio-film)等类型，这种群体行为往往具有促生和生防的生物学作用(胡萌，2008)。内生细菌促进植物生长的机制主要包括：内生细菌可以通过生物固氮或产生植物激素直接促进植物生长，或者是通过诱导宿主植物产生植物激素、改善植物对矿物质的利用率、改变宿主植物对霜冻等有害环境条件及对有害病原生物的敏感性等，间接促进植物生长(Adhikari et al.，2001)。内生细菌的生物防治作用主要是通过产生抗菌物质，与病原菌进行生态位和营养物质的竞争，以及能够诱导植物产生系统抗性等方式来实现的。

植物根际促生细菌(plant growth-promoting rhizobacteria，PGPR)是指自由生活在土壤或附生于植物根际的一类可促进植物生长、防治病害、增加作物产量和品质的有益细菌。这类细菌一般具有固氮、溶磷、解钾、产生植物激素和分泌抗生素等能力，或至少具有其中之一的能力。植物根际促生细菌能够改善植物对土壤中矿物质营养元素的吸收利用，并可产生对植物生长有用的代谢产物。此外有些根际促生细菌，还对植物根际的有害微生物具有生防拮抗作用。因此，这类细菌对于改善植物根际的微生态环境，提高植物抗病性、抗逆性，增加作物产量、改善作物品质具有重要意义。已有文献报道，植物根际促生菌能够提高种子的发芽率，促进根的生长，增加叶面积、叶绿素含量、镁含量、氮含量及蛋白质含量，提高作物的耐寒性、地上和地下部干物重及产量、延缓叶片衰老，以及增强病虫害的抗性等(刘淑琮等，2009；Lucy et al.，2004)。

岳寿松等(1998)在大豆花荚期，应用由日本学者研制成的由光合细菌、乳酸菌、放线菌等有益微生物组成的新型微生态制剂EM，研究其对大豆产量和品质的影响。采用田间小区实验，大豆品种为‘辽豆10号’，花荚期连续喷洒两次浓度分别为1000倍稀释和500

倍稀释的 EM 制剂，以喷洒清水作为对照处理。通过活体法测定叶片硝酸还原酶(NR)活性。结果表明，喷洒 EM 显著提高了大豆叶片硝酸还原酶活性，而硝酸还原酶活性与大豆籽粒品质密切相关。因此，喷洒 EM 制剂对于提高大豆的品质具有积极作用。随后又对大豆籽粒的产量和品质进行了分析，实验结果表明(表 5-4-3)，喷施 EM 制剂大豆的产量和品质都有明显的提高，其中喷施 1000 倍 EM 稀释液，大豆产量与对照相比增加达显著水平，不同稀释倍数的 EM 制剂，都能够提高大豆籽粒蛋白质和脂肪含量，这一结论与以往研究报道一致。分析其原因，主要在于微生态制剂能够提高功能叶片的光合物质生产能力。此外，微生态制剂还能够提高叶片的氮元素代谢能力，是提高大豆产量和品质的重要因素。

表 5-4-3 不同大豆处理籽粒产量和品质的测定结果

处理	产量/(kg/hm^2)	籽粒蛋白质含量/%	籽粒脂肪含量/%
喷清水(CK)	3398.7	35.8	19.9
500 倍 EM 稀释液	3552.5	37.7	21.2
1000 倍 EM 稀释液	3885.7*	37.8	21.4

资料来源：岳寿松等，1998

* 表示 0.05 水平显著

由于植物微生态制剂具有高效多功能性，能够促进植物生长发育，提高农作物的抗逆性，增加作物产量，改善作物品质等优点，加之植物微生态制剂对农作物具有高度的亲和性和生态条件的广适性，以及具有安全、可靠、环保等众多优势，使得植物微生态制剂成为了当代可持续农业、有机农业、生态农业发展的新肥源和新药源，是生产无公害食品、绿色有机食品的重要的制剂。植物微生态制剂，必将在改善我国农业生态系统，减少化肥农药施用量，保持植物微生态系统的生物多样性，以及实现农业可持续发展的过程中发挥重要的作用。

三、病虫害对大豆生长及品质的影响

大豆属于易感病作物，能够引起大豆病害的病原微生物包括病毒、线虫、真菌和细菌。目前我国已报道的病害有 49 种以上，其中病毒病害 12 种以上，真菌病害 30 种以上，线虫病害 4 种以上，细菌病害 3 种以上。已报道的虫害分属 6 个目、43 个科共计 225 种，其中鳞翅目 13 个科 69 种，鞘翅目 10 个科 58 种，半翅目 6 个科 48 种，直翅目 4 个科 23 种，双翅目 2 个科 9 种，同翅目 8 个科 16 种，另有 2 种蜘蛛虫害，其种类多为广食性害虫(王连铮和郭庆元，2007)。

在大豆生长的各时期均可发生病虫害，我国目前病虫害综合产量损失占总产的 5%～7%，严重影响了大豆的产量及品质。其中对大豆品质影响较大的病毒病害有大豆花叶病毒，该病毒能减少大豆种子蛋白质、油分、脂肪酸、微量元素的含量及游离氨基酸等的组成，根瘤数量显著减少，固氮能力下降，并可使感病植株种子斑驳率增高，商品价值降低。

引起大豆品质下降的真菌病害有大豆锈病，灰斑病，霜霉病和紫斑病。其中锈病能够降低大豆种子的蛋白和脂肪含量，导致品质下降；灰斑病也可使大豆含油量降低 0.48～6.7%，平均降低 2.9%，蛋白质含量平均降低 1.2%，发芽率明显下降，品质变劣；霜霉病也能使大豆含油量及出油率明显降低；紫斑病感病品种的种子紫斑率在 15%～20%，病种出芽率下降 10.5%～52.5%，严重影响大豆的外在品质，但是种皮病斑在加热过程中可消失，不影响大豆加工。

影响大豆品质的虫害主要有大豆食心虫和豆荚螟，其中大豆食心虫是我国北方大豆主要害虫，一般年份虫食率在 10%～20%，重害年份 30%～40%，个别年份超过 50%以上。被害籽粒不完整或破瓣，造成减产及降低商品品质；豆荚螟是我国南方大豆主要蛀荚害虫，南方各省一般虫荚率为 10%～20%，轻者 5%左右，蛀食豆粒破碎，幼小豆粒可吃净，明显影响大豆产量及商品价值。

李海燕等(2005)研究了大豆灰斑病对大豆品质及产量的影响，实验以大豆品种‘黑农 26’为研究对象，在室内采用人工接种与施药控制病情发展相结合的方法，对不同感病程度的病叶和籽粒全氮含量、氨基酸、蛋白质及脂肪的变化，进行了测定和分析，比较不同病粒率等级对大豆产量和品质的影响。实验结果表明，当叶片病情指数为 1 级(整个叶片病斑数为 0.26 个/cm^2)时，叶片全氮含量仅比对照健叶减少 2.29%，当病情为 5 级(整个叶片病斑数为 5.67 个/cm^2)时，叶片全氮含量比健叶减少 20.25%。病粒氨基酸各组分测定结果如表 5-4-4 所示，受灰斑病的危害，大豆籽粒中 17 种氨基酸的含量都明显减少，下降幅度最大的是甲硫氨酸、组氨酸、丝氨酸、精氨酸、胱氨酸和苏氨酸，各氨基酸的含量与无病叶相比，分别减少了 38.31%、37.89%、34.02%、33.83%、31.58%和 30.32%，随着病情的加重，17 种氨基酸的含量也随之降低。病粒氨基酸总量也与病情呈正相关，病情 3～5 级含量降低显著，5 级病情氨基酸总量比无病粒氨基酸总量降低 25.21%。

表 5-4-4　灰斑病粒 17 种氨基酸含量变化　（单位：%）

项目	病级						5 级降低百分比
	0	1	2	3	4	5	
天冬氨酸	7.82	7.39	6.65	6.57	6.45	6.45	17.52
苏氨酸	1.55	1.55	1.56	1.59	1.43	1.08	30.32
丝氨酸	2.41	2.13	2.11	1.98	1.97	1.59	34.02
谷氨酸	15.70	15.70	15.50	15.10	13.10	12.00	23.57
甘氨酸	2.40	2.40	2.40	2.40	2.40	2.18	9.17
丙氨酸	2.90	2.40	2.34	2.62	2.41	2.28	21.38
胱氨酸	0.19	0.15	0.15	0.15	0.13	0.13	31.58
缬氨酸	5.21	4.95	4.80	4.61	4.27	4.09	21.50
甲硫氨酸	0.71	0.71	0.71	0.56	0.48	0.44	38.31
异亮氨酸	3.65	3.63	3.16	2.76	2.77	2.50	31.51
亮氨酸	6.52	6.05	6.03	6.00	5.79	5.22	19.94
酪氨酸	2.02	2.00	1.49	1.37	1.53	1.43	29.21
苯丙氨酸	4.08	4.00	3.80	3.35	3.35	3.03	25.74
赖氨酸	6.64	6.44	5.66	5.33	5.30	4.56	31.33
组氨酸	2.27	2.05	1.96	1.83	1.66	1.41	37.89
精氨酸	5.38	5.35	4.64	4.64	4.07	3.56	33.83
脯氨酸	2.78	2.77	2.38	2.95	2.03	2.03	26.98

资料来源：李海燕等，2005

灰斑病粒的蛋白质含量和脂肪含量见表 5-4-5。实验结果表明，灰斑病粒的蛋白质与脂肪含量也随病情加重而减少，5 级病情的病粒蛋白质和脂肪含量，分别比无病粒下降 20.08%和 24.38%。大豆灰斑病会明显降低大豆中氨基酸及蛋白质与脂肪含量，导致大豆营养物质大量损耗，食用性变劣，商品性更差，严重影响大豆品质。

表 5-4-5 灰斑病粒氨基酸、蛋白质与脂肪含量变化

项目	病级										
	0	1		2		3		4		5	
	含量/(g/100 粒)	含量/(g/100 粒)	降低/%	含量/(g/100 粒)	降低/%	含量/(g/100 粒)	降低/%	含量/(g/100 粒)	降低/%	含量/(g/100 粒)	降低/%
氨基酸总量	7.27	7.25	0.28	7.03	3.03	6.55	9.66	5.92	18.14	5.42	25.21
蛋白质	7.62	7.55	0.41	7.40	2.89	7.11	8.78	6.57	13.78	6.09	20.08
脂肪	4.06	4.02	0.98	3.98	1.47	3.85	5.17	3.41	16.00	3.07	24.38

资料来源：李海燕等，2005

（本节由王浩完成）

第五节 贮藏条件对大豆品质的影响

大豆富含蛋白质和脂肪，在入仓之后的贮藏过程中会因吸湿生霉、浸油赤变、发芽力丧失等不良现象的出现，导致大豆的品质下降。因此，大豆与禾谷类粮食作物相比，贮藏稳定性较差，对贮藏条件的要求也更加苛刻，除了保证不出现发热、生霉等隐患外，还要求不浸油、不酸败、不变质，只有这样才能更好地维护大豆的食用和商用价值。

一、贮藏外部环境条件对大豆品质的影响

(一)通气条件对大豆品质的影响

呼吸作用是一切生命体维持生命活动的一种生理表现，作为一种生命体，大豆种子即使处于休眠状态，仍然存在新陈代谢及呼吸作用。因此，大豆在贮藏过程中，种子自身的呼吸作用要消耗一定的有机物质，呼吸作用越强，消耗的有机物质越多，大豆品质的下降就越发明显。

在贮藏过程中，大豆种子的呼吸作用分为有氧呼吸和无氧呼吸两种类型。有氧呼吸是指大豆吸收环境中的游离氧，通过酶的催化作用与其本身的基质进行氧化还原反应，最终生成 H_2O 和 CO_2，并释放大量的热量。无氧呼吸是指无氧或缺氧情况下，大豆种子靠基质分子内部的氧化还原反应进行的呼吸作用，在无氧呼吸中基质不能够被完全氧化，会有乙醇产生(刘春双，2009)。

通气性良好的贮藏条件下的大豆以有氧呼吸为主，而长期密闭贮藏的大豆则以无氧呼吸为主。呼吸作用产生的 CO_2 不断积累，会使得大豆的无氧呼吸作用增强，而无氧呼吸产生的乙醇等代谢产物，会减弱大豆正常的新陈代谢功能，最终影响大豆的品质。另

外，呼吸作用所产生的热量和水分会促进呼吸作用的加强，从而导致大豆霉变。因此，将大豆种子的呼吸作用控制在极微弱的范围内，既能够维持其基本的生命机能，又能够使其消耗降到最低，是保证大豆品质的重要环节。

(二)温度、湿度条件对大豆品质的影响

1. 温度条件对大豆品质的影响

贮藏温度对大豆品质的影响较大，大豆不耐高温，当贮藏温度过高会引起大豆的主要成分如蛋白质和脂肪的变性、分解，致使大豆外观和内在品质下降，发芽率降低甚至丧失。人们通过实践发现，水分为 13%的大豆如果在 7、8 月高温入仓，当豆堆温度达到 25℃以后就会发生浸油和赤变现象(路茜玉，1999)。

大豆的浸油和赤变现象，主要由于大豆中的脂肪导热性不良，热容量大，加之豆粒间的孔隙度小，当贮藏过程中出现高温并且很难快速降温时，豆堆内聚积的热量会促使脂肪氧化分解，从而破坏脂肪与蛋白质乳化共存的状态，即出现“浸油”现象，俗称“走油”。随着脂肪中色素的逐渐沉积，会导致子叶变红，即发生“赤变”。

因此，贮藏温度对大豆品质变化影响较大。有数据证明：含水量为 12.5%的大豆，如果在 20℃以下可以贮藏 2 年以上，大豆的品质不会出现显著变化；而贮藏温度在 20～25℃时，可贮藏 18 个月左右；当贮藏温度达到 25～30℃时，仅可贮藏 8～10 个月；当贮藏温度高于 30℃以上时，大豆极容易出现浸油、赤变现象，甚至还会有助于霉菌的生长，导致大豆霉变腐烂(王佳和邵立红，2004)。因此，低温贮藏是保证大豆品质的重要条件。

2. 湿度条件对大豆品质的影响

由于大豆蛋白中所含的肽键、氨基等极性集团具有很强的亲水性，加之大豆种皮薄，通透性好，又具有能够吸收水分的特殊构造——珠孔，使得大豆与其他禾谷类作物相比更容易吸收空气中的水蒸气。因此，当大豆长期贮藏在空气湿度较高的环境中，会导致大豆含水量快速升高，体积甚至可膨胀 2～3 倍，呼吸作用也随之增强，豆堆的温度也会随之升高，最终会导致贮藏大豆的生霉与劣变(路茜玉，1999)。

(三)杂质及微生物对大豆品质的影响

1. 杂质对大豆品质的影响

大豆在收获后若清选等工作不彻底，常会混有秸秆、穗梗、草籽、虫尸、虫卵及砂石等杂质，它们在入仓过程中会自动分级，其中细碎杂质往往会汇集在大豆堆体的中心区域，由于这些杂质的大部分生理活性较强，多带有杂菌，极易吸湿和腐烂，如果堆体通气性不好，则往往会成为潜在的高温湿热区，为害虫和微生物的繁殖提供有利条件(姬广栋和姬长举，2000)。

2. 微生物对大豆品质的影响

微生物作用也是影响大豆贮藏过程中，品质发生变化的重要外在因素。大豆在贮藏

过程中极易受环境中霉菌的影响而发生霉变。霉菌在生长过程中所分泌的酶类会将大豆中的脂肪、蛋白质、糖类分解为脂肪酸、氨基酸、葡萄糖等小分子物质，从而导致大豆品质的下降。已有研究结果表明，大豆水分在 10.5%以下时，任何温度都不会引起大豆霉变，而当水分达到 12.5%时，贮藏温度则必须控制在 20℃以下，才能避免大豆发生霉变(曹毅和崔国华，2005)。

二、贮藏内部因素对大豆品质的影响

(一)贮藏种子成熟度对大豆品质的影响

由于大豆在收获之后，还要经历生理成熟和工艺成熟的后熟期，在这个后熟的生理代谢过程中，酶的活性很强，且会释放出大量水分，此期如果不能及时将产生的水分散发掉，将会在豆堆中的某个部位积聚，造成豆堆局部的“出汗”现象。随着呼吸作用的进行，还会释放大量的热量，使豆堆局部温度升高，导致各部分温度不均一的“乱温”现象。这种现象严重时会导致大豆发热和霉烂，对大豆安全贮藏极为不利(姬广栋和姬长举，2000)。

(二)贮藏种子含水量对大豆品质的影响

蛋白质和脂肪是大豆的主要营养成分，其中蛋白质属于亲水性物质，脂肪属于疏水性物质，因此，大豆种子中的水分主要集中在大豆蛋白质的亲水胶体部分。例如，当实际测量种子含水量为 13%的大豆，若其含油量为 20%，那么其非脂肪部分的含水量应该是 13%除以 80%，即在 16%以上。因此，大豆的安全水分也应该以非脂肪的亲水胶体部分含水量作为计算基础，如果以 15%作为基准水分，那么大豆中安全水分的理论值，应该是大豆中非脂肪成分的百分比乘以 15%，即大豆安全含水量(临界水分)=大豆中非脂肪部分百分比乘以 15%。因此，大豆属于水分活性高，安全水分标准低的作物品种(路茜玉，1999)。

据实验，当大豆水分在 10%～12.5%时，可以安全贮藏 1～3 年；水分在 13%～14%时可以安全贮藏 6～9 个月；水分在 14%～15%时仅能安全贮藏半年左右。否则，水分过高的大豆经过贮藏期后，其发芽率要低于低水分大豆，可见水分对于大豆贮藏期的品质有重要的影响(王佳和邵立红，2004)。

三、大豆贮藏新方法

传统大豆贮藏方法主要是通过对温度、湿度、杂质及微生物的有效控制，使各项指标均处于安全范围内，从而达到大豆安全贮藏的理想水平。

近年来发展起来的气调贮藏已成为国内外应用较多的绿色储粮新技术。它利用生物降氧、机械降氧或脱氧剂脱氧等手段，改变粮堆中的氧气、氮气或二氧化碳的浓度配比，从而导致害虫死亡，抑制霉菌繁殖，并降低粮食的呼吸作用，实现粮食保质、安全贮藏的目的。

金文等(2010)以常规贮藏大豆做对照，比较研究了充氮气调贮藏对大豆发芽率，脂肪酸值，粗脂肪、粗蛋白质、大豆水溶性蛋白、氮可溶性指数等品质性状的影响。实验结果表明，当贮藏温度升至35℃时，对照组大豆的发芽率降至0，而充氮气调组大豆发芽率为48.7%；气调组20℃、25℃大豆脂肪酸值在贮藏180天时分别为9.9mg/100g和12.8mg/100g；另外，随着贮藏时间的延长及温度的升高，大豆水溶性蛋白和氮可溶性指数迅速下降，而充氮气调组与对照组相比变化较慢。

以上结果表明，充氮气调能够使大豆品质劣变速率明显减缓，与传统贮藏方法相比对保持大豆的品质具有明显的优越性，能够对大豆发芽率降低、水溶性蛋白和氮可溶性指数的降低起到延缓作用，对大豆脂肪酸值的升高具有明显的抑制作用。

（本节由王浩完成）

参考文献

蔡柏岩，葛菁萍，祖伟．2007．不同磷肥水平对大豆磷营养状况和产量品质性状的影响．植物营养与肥料学报，13(3)：404～410

蔡柏岩，葛菁萍，祖伟．2008．磷素对不同大豆品种7S和11S球蛋白亚基组成及含量的影响．中国农业科学，41(11)：3872～3877

蔡元呈．2002．植物微生态学与植物微生态制剂的应用．中国生态农业学报，10(2)：106～108

曹毅，崔国华．2005．大豆安全储藏技术综述．粮食储藏，34(3)：17～23

陈金，潘根兴，王雅玲．2005．土壤硒水平对两种春大豆硒吸收与转化的影响．中国农业科学，38(2)：428～432

陈磊，朱月林，杨立飞，等．2010．氮素形态配比对菜用大豆生长及籽粒膨大中矿质营养含量的影响．西北农业学报，19(10)：189～193

陈铭，刘更．1996．高等植物的硒营养及在食物链中的作用(一)．土壤通报，27(2)：88～89

陈庆山，裴宇峰，蒋洪蔚，等．2011．大豆生育期降水量与脂肪含量的相关分析．东北农业大学学报，42(7)：15～19

陈霞．1996．黑龙江省主栽大豆品种脂肪、脂肪酸组份的测定及其相关性的分析．大豆科学，(1)：91～95

迟玉宏．2011．硫素与大豆蛋白质脂肪关系的研究．农业科技通讯，2：69～70

崔悦宏，依艳丽，张大庚，等．2007．水分和碳酸钙对土壤Cd形态的影响．安徽农业科学，35(9)：2674～2676

丁玉川，陈明昌，程滨，等．2005．不同大豆品种磷吸收利用特性比较研究．西北植物学报，25(9)：1791～1797

杜欣谊，王春宏，姜佰文，等．2008．硼、钼对不同基因型大豆产量和品质的影响．东北农业大学学报，39(8)：6～9

谷秋荣，郭鹏旭，薛晓娅，等．2010．不同氮肥类型对大豆根瘤生长特性及籽粒产量和品质的影响．中国农学通报，26(14)：226～228

管宇，刘丽君，董守坤，等．2009．施氮对大豆植株氮素和蛋白质含量的影响．东北农业大学学报，40(7)：1～4

韩锋，顾和平，凌以禄，等．1989．大豆种子脂肪酸组分间相关及聚类分析．作物研究，3(3)：29～32

韩天富，王金陵，杨庆凯，等．1997．开花后光照长度对大豆化学品质的影响．中国农业科学，30(2)：47～53

何志鸿，刘忠堂，许艳丽，等．2003．大豆重迎茬减产的原因及农艺对策研究 Ⅰ．重迎茬对大豆产量与

品质的影响. 黑龙江农业科学, 3: 1～4
胡斌, 王书锦, 张剑秋. 1994. 共生固氮体系大豆种子氨基酸组分分析. 徐州师范学院学报, 12(1): 51～52
胡国华, 宁海龙, 王寒冬, 等. 2004. 光照强度对大豆产量及品质的影响Ⅰ. 全生育期光照强度变化对大豆脂肪和蛋白质含量的影响. 中国油料作物学报, 26(2): 86～88
胡萌. 2008. 植物内生细菌研究进展. 山东农业大学学报(自然科学版), 39(1): 148～151
胡明祥. 1986. 我国大豆品种脂肪酸组成的分析研究. 吉林农业科学, 1: 12～17
胡明祥, 于德洋, 孟祥勋, 等. 1990. 不同生态区域环境对中国大豆品质的影响. 大豆科学, 1: 39～49
姬广栋, 姬长举. 2000. 大豆种子的储藏. 黑河科技, 2: 40
姜莹, 吴娴静, 董德坤, 等. 2010. 浙江省大豆种质资源蛋白亚基构成分析. 浙江农业学报, 22(4): 403～407
姜振峰, 赫卫, 汪洋, 等. 2007. 大豆种子 7S、11S 球蛋白及 7S 球蛋白亚基的研究. 中国油料作物学报, 29(2): 32～35
姜振峰, 杨庆凯, 陈庆山. 2003. 东北地区 5 个大豆品种球蛋白含量的分析及利用. 大豆科学, 22(2): 115～119
接伟光, 张勇, 蔡柏岩, 等. 2011. 磷素对不同大豆品种籽粒维生素 E 含量的影响. 安徽农业科学, 39(36): 22237～22239
金文, 肖建文, 张来林, 等. 2010. 充氮气调对大豆品质的影响研究. 河南工业大学学报, 31(1): 71～73, 79
李春杰, 王建国, 许艳丽, 等. 2005. 钾对大豆产量及品质的影响. 农业系统科学与综合研究, 21(2): 154～160
李海燕, 刘惕若, 甄鸿杰. 2005. 灰斑病所致大豆品质与产量损失的研究. 中国油料作物学报, 27(3): 66～69
李卫东, 卢为国, 梁慧珍, 等. 2004. 大豆蛋白质含量与生态因子关系的研究. 作物学报, 30(3): 1065～1068
李文滨, 郑宇宏, 韩英鹏. 2008. 大豆种质资源脂肪酸组分含量及品质性状的相关性分析. 大豆科学, 27(5): 740～745
李永忠. 1987. 大豆脂肪酸及其组成成分的相关和通径分析. 大豆科学, 6(3): 203～208
李子靖, 蔡柏岩, 接伟光. 2012. 硫素对不同基因型大豆球蛋白组成及含量的影响. 中国农学通报, 中国农学通报, 28(6): 53～57
梁烜赫, 王洪君, 曹铁华, 等. 2012. 镉污染条件下不同 pH 处理对大豆生长发育及产品质量的影响. 吉林农业大学学报, 34(4): 363～367
刘春双. 2009. 大豆在储藏期间的品质变化. 中国油脂, 34(12): 65～67
刘萌娟, 翟亚萍, 李鸣雷. 2007. 陕西省大豆品种资源蛋白质和脂肪含量研究. 大豆科学, 26(4): 533～537
刘鹏, 杨玉爱. 2003. 钼、硼对大豆品质的影响. 中国农业科学, 36(2): 184～189
刘淑琮, 冯炘, 于洁. 2009. 植物根际促生菌的研究进展及其环境作用. 湖北农业科学, 48(11): 2882～2887
刘伟, 许彦君, 李春杰, 等. 2009. 灌水对大豆产量及化学品质的影响. 大豆科技, 3: 31～35
刘香英, 康立宁, 田志刚, 等. 2009. 东北大豆品种贮藏蛋白 7S 和 11S 组分及其亚基相对含量分析. 大豆科学, 28(6): 985～989
刘忠堂, 于龙生. 2000. 重迎茬对大豆产量与品质影响的研究. 大豆科学, 19(3): 229～237
路茜玉. 1999. 粮油储藏学. 北京: 中国财政经济出版社: 235
吕景良, 邵荣春, 吴百灵, 等. 1990. 东北地区大豆品种资源脂肪酸组成的分析研究. 作物学报, 4: 349～356
麻浩, 王显生, 刘春, 等. 2006. 706 份中国大豆种质贮藏蛋白 7S 和 11S 组分及其亚基相对含量的研究.

大豆科学, 25(1): 11～17
马淑英, 梁歧, 宋慧, 等. 1999. 超早熟大豆脂肪酸的形成及其与气象因素的相关分析. 中国农业科学, 32(增刊): 69～76
毛洪霞, 张富仓, 何林望. 2007. 不同灌水量对滴灌大豆产量及品质的影响. 新疆农垦科技, 6: 35～36
孟赐福, 傅庆林, 水建国, 等. 1994. 土壤酸度对大豆、油菜生长和产量的影响. 中国农业科学, 27(3): 63～70
苗兴芬, 徐文平, 李灿东, 等. 2011. 东北地区大豆品种脂肪酸组成与含量分析. 大豆科学, 30(3): 529～531
年海, 王金陵, 杨庆凯, 等. 1996. 大豆脂肪酸与主要农艺和品质性状的相关分析. 大豆科学, 15(3): 213～221
任红玉, 付薇, 崔振才, 等. 2008. 大豆品质与水分动态变化的关系. 东北农业大学学报, 39(1): 1～5
单彩云, 刘春燕, 姜振峰, 等. 2007. 温度对黑龙江大豆主栽品种球蛋白的影响. 湖南农业大学学报, 33: 115～119
石绍河. 2011. 不同播期对大豆品质影响的研究. 农业科技通讯, 5: 64～66
史艳姝, 陈书涛, 胡正华, 等. 2011. 模拟酸雨对冬小麦-大豆轮作农田土壤呼吸、硝化和反硝化作用的影响. 农业环境科学学报, 30(12): 2503～2510
宋晓昆, 张颖君, 闫龙, 等. 2010. 大豆脂肪酸组份相关、变异特点分析. 华北农学报(增刊), 25: 68～73
宋英博. 2010. 不同施氮量对大豆蛋白质和脂肪含量的影响. 黑龙江农业科学, 7: 52～53
孙羽, 刘丽君, 祖伟, 等. 2004. 硫素营养对大豆氮素积累及品质的影响. 东北农业大学学报, 35(4): 389～394
王光华, 刘晓冰, 杨恕平, 等. 1999. 生殖生长期库源改变对大豆籽粒产量和品质的影响. 大豆科学, 16(3): 236～241
王光华, 刘晓冰, 杨恕平. 2000. 大豆灰斑病对大豆产量与品质的影响. 农业生态研究, 8(4): 27～30
王浩, 刘伟, 姜妍, 等. 2012. 不同氮素水平下接种根瘤菌对大豆生长的影响. 大豆科技, 1: 14～17
王颢. 2007. 甘肃省大豆种质资源脂肪酸组成及评价. 甘肃科技, 23(7): 211～212
王佳, 邵立红. 2004. 大豆的储藏应用技术. 大豆通报, 5: 21～22
王金陵, 许忠仁, 杨庆凯. 1994. 东北大豆种质资源拓宽与改良. 哈尔滨: 黑龙江科学技术出版社
王京元, 阎俊崎, 陈霞, 等. 2012. 土壤 pH 值对盆栽大豆幼苗的影响. 江西农业学报, 24(2): 96～97
王连铮, 郭庆元. 2007. 现代中国大豆. 北京: 金盾出版社: 703～728
王树起, 韩晓增, 乔云发, 等. 2009. 不同供 N 方式对大豆生长和结瘤固氮的影响. 大豆科学, 28(5): 859～862
王晓燕, 张彩英, 贾晓艳. 2007. 河北省大豆品种脂肪酸组成与含量分析. 河北农业大学学报, 2: 15～18
王艳, 孙杰, 吴俊兰. 1997. 锌、锰、钼微量元素营养对大豆产量品质的影响. 山西农业大学学报, 17(2): 116～119
王志坤, 廖柏寒, 黄运湘, 等. 2006a. 镉处理对大豆生物量及镉分布状况的影响. 湖南农业大学学报(自然科学版), 32(6): 658 ～661
王志坤, 廖柏寒, 黄运湘, 等. 2006b. 镉胁迫对大豆幼苗生长影响及不同品种耐镉差异性研究. 农业环境科学学报, 25(5): 1143～1147
吴秀清, 葛家麒, 王宏燕, 等. 1995. 黑土地区钾肥对大豆产量效应的研究. 东北农业大学学报, 26(1): 1～6
徐豹, 路琴华, 胡传璞, 等. 1984. 野生大豆脂肪酸组成的初步研究(简报). 吉林农业科学, 2: 92
徐豹, 庄炳昌, 路琴华, 等. 1988. 中国大豆主要生产品种蛋白质、脂肪及其组份的相关分析. 大豆科学, 7(3): 175～184

闫春娟, 王文斌, 董钻, 等. 2011. 大豆种质资源蛋白质及脂肪含量的聚类及相关性分析. 大豆科技, 1: 11～16

岳寿松, 任大明, 刘江, 等. 1998. 喷洒有效微生物群对大豆产量和品质的影响. 辽宁农业科学, 3: 12～13

张海军, 王英, 张艳, 等. 2011. 东北地区大豆种质资源脂肪和蛋白质含量分析. 大豆科学, 30(2): 215～223

张金巍, 韩粉霞, 孙君明, 等. 2011. 大豆蛋白质含量的遗传变异及其与主要农艺性状的相关性分析. 植物遗传资源学报, 12(4): 501～506

张敬荣, 高继国, 李辰仁, 等. 1996. 开花至鼓粒期干旱对大豆籽粒化学品质的影响. 大豆科学, 15(1): 84～90

张磊, 宋凤斌, 崔良, 等. 2007. 根际效应下镉在土壤中的吸附与解吸. 农业环境科学学报, 26(4): 1427～1431

张礼凤, 李伟, 王建成, 等. 2008. 黄淮海地区大豆品种脂肪酸组成成分及其变化规律. 大豆科学, 27(5): 755～759

张丽华, 谭国波, 赵洪祥, 等. 2011. 灌溉方式对大豆产量及品质的影响. 大豆科学, 30(5): 801～805

张明才, 何钟佩, 田晓莉, 等. 2004. 新型植物生长调节剂SHK-6对大豆产量与蛋白品质的化学调控. 中国农业大学学报, 9(1): 26～30

张学斌, 孙克刚, 汪立刚, 等. 2002. 河南省夏大豆施用钾肥的效果研究. 土壤肥料, 1: 23～25

张艳玲, 潘根兴, 胡秋辉, 等. 2003. 叶面喷施硒肥对低硒土壤中大豆不同蛋白组成及其硒分布的影响. 南京农业大学学报, 26(1): 37～40

张勇, 接伟光, 蔡柏岩. 2011. 磷素对不同大豆品种膳食纤维含量的影响. 中国农学通报, 27(14): 60～63

郑永战, 盖钧镒, 赵团结, 等. 2008. 中国大豆栽培和野生资源脂肪性状的变异特点研究. 中国农业科学, 41(5): 1283～1290

周瑞莲, 王仲礼, 侯月利, 等. 2008. 温度对大豆种子发育过程中蛋白质、脂肪和淀粉积累过程的影响. 生态学报, 28(10): 4635～4644

周顺启, 张代军, 栾怀海, 等. 2006. 高油大豆品种蛋白质和脂肪积累规律初探. 中国油料作物学报, 28(2): 214～216

周相娟, 梁宇, 沈世华, 等. 2007. 接种根瘤菌和遮光对大豆固氮和光合作用的影响. 中国农业科学, 40(3): 478～484

周以飞, 周德银. 2005. 春播菜用大豆生育期、农艺性状与品质性状的典范相关分析. 福建农林大学学报(自然科学版), 34(1): 11～17

庄无忌, 韩华琼, 谢发明, 等. 1984. 栽培、野生、半野生大豆脂肪酸组成的初步分析研究. 大豆科学, 3(3): 223～230

高木胖, 松尾巧, 池田邦寛. 1979. 日本産、朝鮮産ダイズ品種の脂肪酸組成の品種間差異および遺伝力について. 佐大農彙, 47: 53～64

田中伸幸, 藤井弘志, 吉田昭, 等. 1984. 大豆吸收氮素来源的试算. 中国油料作物学报, 3: 93

Adhikari T B, Joseph C M, Yang G, et al. 2001. Evaluation of bacteria isolated from rice for plant growth promotion and biological control of seedling disease of rice. Can. J. Microbiol., 47(10): 916～924

Hardy R. 1968. Progress in Phytochemistry. London: Wiley: 407～489

Kloepper J W, Beauchamp C J. 1992. A review of issues related to measuring colonization of plant roots by bacteria. Can. J. Microbiol., 38: 1219～1232

Lincoln T, Eduardo Z. 2010. Plant physiology, development of a root nodule. http://5e.plantphys.net/image.php? id=162 [2012-12-7]

Lucy M, Reed E, Glick B R. 2004. Applications of free living plant growth-promoting rhizobacteria. Antonie van Leeuwenhoek, 86(1): 1～25

Piper E L, Boote K J. 1999. Temperature and cultivar effects on soybean seed oil and protein concentrations. J.

Am. Oil. Chem. Soc., 76: 233～241

Wagner G J. 1993. Accumulation of cadmium in crop plants and its consequences to human health. Adv. Agron., 51: 173～212

Weber C R. 1966. Nodulating and non-nodulating soybean isolines: Ⅱ response to applied nitrogen and modified soil conditions. Agron. J., 58: 46～49

Wolnik K A, Fricke F L, Capar S G, et al. 1983. Elements in major raw agricultural crops in the United States. 1. Cadmium and lead in lettuce, peanuts, potatoes, soybean, sweet corn, and wheat. J. Agric. Food Chem., 31(6): 1240～1244

第六章　大豆种子成分含量检测分析

大豆含有约 40%的蛋白质和 20%的脂质，是重要的食用蛋白质和植物油来源。近年来，随着居民生活水平的提高，大豆种子中含有的对人体具有保健作用的异黄酮、皂苷、维生素 E 等众多功能性营养成分，备受关注。因此，有关提高大豆种子有益性状成分含量的大豆品质改良育种，成为大豆育种家研究的热点。那么，解决杂交后代，特别是分离世代，如 F_2 单粒种子诸成分的含量检测技术，就成为大豆品质改良育种目标后代选择的关键。目前，由于缺乏单粒种微量检测技术，有关大豆杂种后代种子成分的检测筛选，无法在早期世代筛选到目标个体，多在高世代采用需样量大(样品采集量≥100mg)的食品级检测方法进行检测，极大地增加了杂交后代筛选的工作量。因此，大豆品质性状微量检测技术的开发与改进，不但有利于在早期世代目标性状的发掘，而且有利于诸品质性状 MAS 分子标记的开发，对降低含目标性状杂交后代筛选的工作量，加快育种进程具有重要的推进作用。

本章在系统介绍前人关于大豆性状主要检测方法基础上，主要针对大豆品质性状微量检测技术进行原理的介绍及方法整理，希望为大豆品质改良遗传育种提供技术支持。

第一节　蛋白质含量检测分析

大豆蛋白质是一种优质植物蛋白质，约占种子干重的 40%。其氨基酸组成与牛奶蛋白质相近，除甲硫氨酸略低外，其余必需氨基酸含量均较高，而且比例适合人体吸收，是植物性的完全蛋白质；在营养价值上，可与动物蛋白质等同，在基因结构上也与人体的氨基酸最为接近。因此，大豆蛋白质是最具营养的植物蛋白质，提高大豆蛋白质总量和含硫氨基酸含量等方面的遗传改良研究，已成为常规育种及分子育种等的研究热点。尤其在分子标记辅助选择育种方面，对大豆蛋白质含量的微量检测技术显得尤为重要。本节对大豆粗蛋白质及氨基酸含量的测定方法进行了总结性概述，以期能够为大豆遗传育种研究工作提供借鉴。

一、粗蛋白质

植物体内的可溶性蛋白参与各种代谢途径，并且其中部分蛋白质具有催化酶功能。因此，对其含量测定成为反映植物体内代谢的重要指标。表示酶活力大小及酶制剂纯度，通常利用比活力(specific activity)的大小，来比较酶制剂中单位质量蛋白质的催化能力，进而分析酶的功能。

(一) Bradford 法

Bradford 法是利用染料考马斯亮蓝 G-250 与蛋白质结合规律对蛋白质进行测定的方

法。考马斯亮蓝 G-250 在游离态下呈红色，如果与蛋白质的疏水区结合变为青色，游离态考马斯亮蓝 G-250 的最大光吸收在 465nm，结合态考马斯亮蓝 G-250 在 595nm 处具有最大光吸收值。在一定蛋白质浓度范围内，一般为 0～100μg/ml，蛋白质-染料结合物在 595nm 波长下的光吸收与蛋白质含量成正比。因此，能够对蛋白质进行定量测定。蛋白质与考马斯亮蓝 G-250 结合反应十分迅速，一般在 2min 内达到平衡，其结合物在室温下 1h 内保持稳定。染料与蛋白质结合反应也非常灵敏，可测微克级蛋白质含量。所以，Bradford 法是一种理想的蛋白质微量定量法。

（二）紫外线吸收测定法

蛋白质分子一般含有酪氨酸和色氨酸，它们残基的苯环上带有共轭双键，因此，蛋白质溶液在 280nm 波长处有最大吸收峰。在一定浓度范围内（0.1～1.0mg/ml），蛋白质溶液的紫外线吸收值（A280）与蛋白的含量呈正比关系，可用该法对蛋白质进行定量测定。利用紫外线（UV）吸收法测定蛋白质含量具有迅速简便，无损样品，低浓度盐类不干扰测定等优点。因此，在柱层析分离实验中蛋白质洗脱时多采用此法检测。缺点：一是如果标准蛋白质中，酪氨酸和色氨酸含量与待测样品中的含量差异较大，实验结果会有一定的误差。二是如果样品中核酸等吸收紫外线的物质含量较高，结果也会有较大误差，而且不同的蛋白质和核酸的紫外线吸收是不同的，即使经过校正，测定结果也存在一定的误差。但是，由于可进行样品无损伤测定，因此可作为蛋白质初步定量的依据。三是由于各种蛋白质含有不同量的酪氨酸和苯丙氨酸，显色的深浅往往随不同的蛋白质而变化。因而紫外线吸收测定法通常只适用于测定蛋白质的相对浓度。

（三）双缩脲法

双缩脲反应是指蛋白质在碱性溶液中与硫酸铜作用形成蓝紫色络合物的呈色反应（图 6-1-1）。由于它在 540nm 波长处有最大吸收，可用于蛋白质的定性和定量检测。具有两个或两个以上肽键的化合物，一般皆有双缩脲反应。在碱性溶液中双缩脲与铜离子结合形成复杂的紫红色复合物（图 6-1-2）。而蛋白质及多肽的肽键与双缩脲的结构类似，也能与 Cu^{2+}形成紫红色络合物，其颜色深浅与蛋白质浓度成正比，而与蛋白质的分子质量及氨基酸的组成无关，该法测定蛋白质的浓度范围为 1～10mg/ml。双缩脲法（Biuret 法）常用于蛋白质的快速测定。

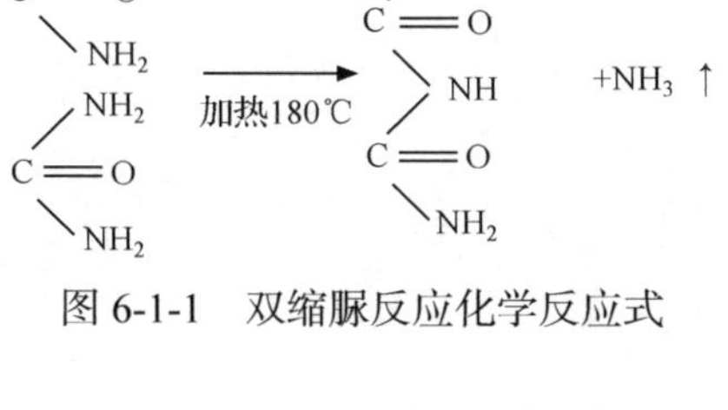

$$2\ H_2N{-}C(=O){-}NH_2 \xrightarrow{\text{加热180℃}} H_2N{-}C(=O){-}NH{-}C(=O){-}NH_2 + NH_3\uparrow$$

图 6-1-1 双缩脲反应化学反应式

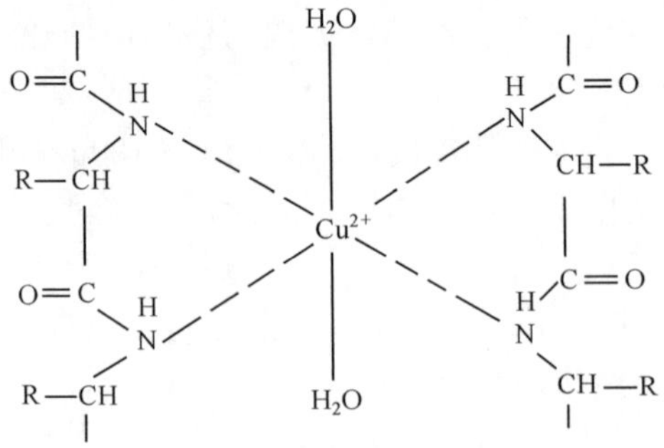

$$
\begin{array}{c}
\text{(铜双缩脲复合物结构式：}Cu^{2+}\text{ 与四个肽键 N 配位，上下各配位一个 }H_2O\text{)}
\end{array}
$$

图 6-1-2　紫红色铜双缩脲复合物分子结构

(四) 福林酚法

福林酚法(Folin-酚试剂法)在生物化学领域得到广泛的应用，最早是由 Lowry 确定的测定蛋白质浓度的基本方法。福林酚法的显色原理与双缩脲法相同，只是在反应过程中为增加其显色量加入了第二种试剂，即 Folin-酚试剂，从而提高了检测蛋白质的灵敏度。Folin-酚试剂由甲试剂和乙试剂组成。甲试剂包括碳酸钠，氢氧化钠，硫酸铜及酒石酸钾钠。在碱性条件下，蛋白质中的肽键与酒石酸钾钠铜盐溶液发生反应，生成紫红色络合物。乙试剂包括磷钼酸和磷钨酸、硫酸、溴等。在碱性条件下，乙试剂容易被蛋白质中含有的酪氨酸上的酚基还原，该反应呈现蓝色，色泽深浅与蛋白质含量成正比。本法可测定蛋白质含量范围是 25～250μg 的蛋白质。福林酚法还适用于测定酪氨酸和色氨酸的含量。这个方法的优点是与双缩脲法相比灵敏度更高，缺点是费时较长，要严格控制操作时间，标准曲线也不是严格的直线形式，且专一性较差，干扰物质较多。凡干扰双缩脲反应的基团，如—CO—NH_2，—CH_2—NH_2，—CS—NH_2 及 Tris 缓冲液、蔗糖、硫酸铵、巯基化合物均可干扰 Folin-酚反应，而且对后者的影响还要大得多。此外，酚类、柠檬酸对此反应也有干扰作用。

(五) 微量凯氏定氮法

蛋白质是生物体中的主要含氮物质，是由氨基酸以肽键(酰胺键)相结合形成的结构复杂的高分子化合物。在生物化学研究中，生物材料的含氮量测定有重要意义，如蛋白质的含氮量约为 16%，测出含氮量则可换算出蛋白质含量。生物体总氮量的测定，一般采用精确度较高的微量凯氏定氮法进行测定。

微量凯氏定氮法测定蛋白质步骤，分为样品消化、蒸馏和吸收、滴定 3 个反应过程。首先，在催化剂作用下，用浓硫酸消煮测试样品以破坏有机物，使其中的蛋白质氮及其他有机氮转化为氨态氮，然后与硫酸结合生成硫酸铵；加入强碱，蒸馏后使氨逸出，氨气被硼酸吸收后再用酸滴定，从而测出含氮量，最后将结果乘以换算系数，就可以计算出粗蛋白质含量。凯氏定氮法由于具有测定准确度高，可测定各种不同形态样品等突出优点，被公认为是测定食品、饲料、种子、生物制品、药品中蛋白质含量的标准分析方法。本法适用于 0.2～2.0mg 的含氮量测定。具体测定步骤如下。

1. 样品消化

将待测样品与浓硫酸共热消煮，使有机态氮全部转化为无机态氮——硫酸铵。一般为了加快反应，可添加硫酸铜和硫酸钾的混合物；硫酸铜为催化剂，硫酸钾可提高硫酸沸点。该反应一般需要 30～60min，时间长短和样品的性质有关。

2. 加碱蒸馏和吸收

硫酸铵与 NaOH（浓）发生反应后生成 $NH_3 \cdot H_2O$，经过加热生成 NH_3，通过蒸馏将 NH_3 导入过量酸中进行中和反应，然后生成 NH_4Cl 而被吸收。

3. 滴定

用过量的标准 HCl 吸收 NH_3，剩余的酸可用标准 NaOH 滴定，由所用 HCl 物质的量减去滴定耗去的 NaOH 物质的量，即为被吸收的 NH_3 物质的量。此法为回滴法，采用甲基红为指示剂。滴定反应的方程式为 $HCl+NaOH=NaCl+H_2O$。

（六）荧光光度法

荧光光度法用于蛋白质定量测定，是近年逐渐兴起的新方法，利用反应物的荧光强度随蛋白质浓度的增加而增加的现象，进行蛋白质含量测定。它具有工作曲线的线性范围窄，检出限高等特点。常用于荧光光度法的试剂有吖啶橙、茜红素 S、曙红 Y、灿烂甲酚蓝等。

（七）近红外光谱法

近红外光谱法简称 NIRS，波长范围为 780～2526nm，是利用有机质在近红外光谱区的振动吸收快速测定样品中多种化学成分含量的一项新技术。近红外光谱属于分子振动光谱的倍频和主频吸收光谱，是由分子振动的非谐振性使分子振动从基态向高能级跃迁时产生的，具有较强的穿透能力。近红外光照射时，频率相同的光线和基团将发生共振现象，光的能量通过分子偶极矩的变化传递给分子；而近红外光的频率和样品的振动频率不相同，该频率的红外光就不会被吸收。因此，选用连续改变频率的近红外光照射某样品时，由于试样对不同频率近红外光的选择性吸收，通过试样后的近红外光在某些波长范围内会变弱，透射出来的红外光就携带有机物组分和结构的信息。通过检测器分析透射或反射光线的光密度，就可以确定该组分的含量。近红外光主要是对含氢基团 X—H（X=C、N、O）振动的倍频和合频吸收，其中包含了大多数类型有机化合物的组成和分子结构的信息。由于不同的有机物含有不同的基团，不同的基团有不同的能级，不同的基团和同一基团在不同物理化学环境中，对近红外光的吸收波长都有明显差别，且吸收系数小，发热少。因此，近红外光谱可作为获取基团信息的一种有效载体。

近红外光谱法的光谱信息丰富，适合多组分测定，并具有样品前处理简单、操作快速简便、对检验人员无伤害等优点，已广泛应用于石油、食品、粮油、饲料、环保等行业。但在大豆的蛋白质和脂肪含量的检测中应用较少。朱文静等（2007）采用滤光片型近红外光谱分析仪，对来自全国各地的 38 个完整颗粒大豆样品的蛋白质含量进行快速测定，得出较满意的预测结果，为 NIRS 在大豆品质分析中的应用提供了依据。他们利用 4 个建模样品集，采用偏最小二乘法建立了 3 个近红外光大豆粗蛋白质、粗脂肪籽粒检测模型和 1 个粉末检测模型。通过重新采集 8 个不同蛋白质和脂肪含量的大豆样品检测分析，并送检权威检测部门进行化学分析比较，分析近红外光谱法检测的可靠性。通过稳定性、一致性等分析表明，合适的建模样品集是正确建模的前提，在所建 3 个籽粒模型中，以含 415 个大豆材料的样品集所建模型(M_6)可靠性最好。分析结果还表明：近红外光谱法检测结果与化学分析结果一致，在需要保存籽粒完好的大豆杂交分离世代或大量样品检测时，用近红外光谱法检测代替化学分析是可行的。

(八)检测方法实例

1. Bradford 法

根据杨正坤等(2012)检测方法，流程如下。

(1)蛋白质标准溶液的配制

准确称取牛血清白蛋白 100.0mg，用去离子水定容至 100ml，即为 1mg/ml 蛋白质标准液，4℃保存待用。

(2)考马斯亮蓝 G-250 溶液的制备

称取考马斯亮蓝 G-250 100.0mg 于研钵中，取体积分数为 95%的乙醇(下同)50ml，从中取约 10ml 加入研钵，将考马斯亮蓝 G-250 研成粉末并溶解；轻轻将上层液体转入 500ml 烧杯中，再取 10ml 乙醇溶液于研钵中研磨，同法收集，重复洗涤 3 次。最后用 20ml 乙醇溶液分次洗涤研钵，合并液体于烧杯中。取体积分数为 85%浓磷酸 100ml 分次加入烧杯，再转入 1000ml 容量瓶，定容，抽滤，得考马斯亮蓝 G-250 溶液。

(3)标准曲线的绘制

分别吸取 0.1ml、0.2ml、0.4ml、0.8ml 标准蛋白质溶液于 10ml 试管中，各管补加 0.15mol/L NaCl 溶液至 1ml，各取 0.1ml 于新试管中，并加入 5ml 考马斯亮蓝 G-250 溶液，摇匀，放置 2min，于 595nm 处测定其吸光度。

(4)样品中蛋白质含量的测定

取样品溶液 0.1ml，按上述方法测定其吸光度，再根据标准曲线方程计算出样品的蛋白质含量。

2. 双缩脲法

根据张立娟等(2008)检测方法，流程如下。

(1)双缩脲试剂的配制

称 0.375g 硫酸铜($CuSO_4·5H_2O$)和 1.5g 酒石酸钾钠($KNaC_4H_4O_6·4H_2O$)，用 125ml 蒸馏水溶解，边搅拌边加入 75ml 10% NaOH，用蒸馏水稀释至 250ml，储存于塑料瓶中(或内壁涂有石蜡的瓶中)，即可长期保存。若储存瓶中有黑色沉淀出现，则需重新配置。

(2)标准曲线的绘制

取试管，分别加入 0.0、0.2ml、0.4ml、0.6ml、0.8ml、1.0ml 浓度为 10mg/ml 的大豆分离蛋白样品溶液(相当于含 0、2mg、4mg、6mg、8mg、10mg 蛋白质)，0.75ml、0.88ml、1.0ml 浓度为 16mg/ml 样品蛋白质溶液(相当于含 12mg、14mg、16mg 蛋白质)，用蒸馏水补足到 1ml，然后加入 4ml 双缩脲试剂。用漩涡混合器充分摇匀后，在室温(20～25℃)

下放置 30min，于 540nm 处进行比色测定。用未加蛋白质溶液的第一支试管作为空白对照液。取三组测定的平均值，以蛋白质的质量数(mg)为横坐标，吸光度为纵坐标，绘制标准曲线，求回归方程。

(3)结果计算

$$蛋白质百分含量(\%)=\frac{标准曲线查得的质量数(mg)}{称样量(mg)\times(1-水分\%)}\times100\%$$

3. 微量凯氏定氮法(通用方法步骤)

(1)样品的处理

取适量经研磨的试样样品放入恒重的称量瓶中，置于 105℃的烘箱中干燥 4h，用坩埚钳将称量瓶取出放入干燥器内，待降至室温后称重，随后继续干燥样品，每干燥 1h，称重一次，至恒重即可。

(2)消化

取 5 支消化管按顺序编号，在 1、2、3 号管中各加入精确称取的干燥样品(注意：加样品时应直接送入管底，避免沾到管口和管颈上)，加催化剂 0.5g，混合消化液 3ml，在 4、5 号管中各加相同量的催化剂和混合消化液(若样品是液体时，还要加与样品等体积的蒸馏水)作为对照，用以测定试剂中可能含有的微量含氮物质。摇匀后，将 5 支消化管放在通风橱内的消煮炉上消化。先用小火加热煮沸，不久看到消化管内物质变黑，并产生大量泡沫，此时要特别注意，不能让黑色物质上升到消化管的颈部，否则将严重影响样品测定结果。当混合物停止冒泡，蒸汽与二氧化碳也均匀地放出时，适当加强火力。在消化时，应是全部样品都浸泡在消化液中，如在瓶颈上发现有黑色颗粒，应小心地将消化管倾斜振摇，用消化液将它冲洗下来。通常消化需要 1～3h。待消化液变成褐色后，为了加速消化完成，可将消化管取出，稍冷，加 30%过氧化氢溶液 1～2 滴于管底消化液中，再继续加热 0.5h。消化完毕，取出消化管冷却至室温。

(3)蒸馏

1)仪器的洗涤。蒸馏仪器必须先进行一般洗涤，再进行水蒸气洗涤。上述处理的目的是洗去冷凝管中可能残留的氨。如果仪器正在使用，加样前使蒸汽通过 1～2min 即可；如果仪器长时间未用，必须用水蒸气洗涤到吸收蒸汽的硼酸-指示剂混合液中的指示剂颜色合格为止。洗涤方法如下：

取 2 或 3 个 100ml 锥形瓶，加入 10ml 2%的硼酸和 2 滴混合指示剂，用表面皿覆盖备用。先将蒸汽发生器中的 2/3 体积被硫酸酸化过的蒸馏水煮沸，样品杯中也加入 2/3 体积蒸馏水进行水封。关闭夹子使蒸汽通过反应室中的插管进入反应室，再由冷凝管下端逸出。凝结后的水汽导入下水道中。用蒸汽洗涤 5min 后，将盛有硼酸-指示剂的锥形瓶倾斜放在冷凝管下口，冷凝管下口应完全浸泡于液体内，观察 1～2min 锥形瓶中的溶液是否变色，若不变色，则证明蒸馏器内部已洗涤干净。下移锥形瓶，使硼酸液面离开冷凝管口约 1cm，继续通蒸汽 1min。最后用蒸馏水冲洗冷凝管外口，排废开始。用右手轻提样品杯中棒状玻塞，使水流入反应室的同时，立即用左手关闭夹子，盖好玻塞。由于反应室外层中蒸汽冷缩、压力降低，反应室内废液通过反应室中插管自动抽到反应室外壳中，再在样品杯中加入 2/3 体积蒸馏水，如此反复三次即可排尽废液及洗涤液。打开夹子将反应室外壳中积存的废液排出，关闭夹子再使蒸汽通过全套蒸馏仪 1～3min，方可进行下一次蒸馏。

2）样品及空白的蒸馏。取 5 个 100ml 锥形瓶，分别加入 2% 硼酸 10ml，混合指示剂 2 滴，溶液呈紫红色，用表面皿覆盖备用。

将消化管中的消化液全部转移至样品杯中，用约 2ml 蒸馏水冲洗消化管，重复 3 次，把洗涤液都倒入样品杯中，打开样品杯的棒状玻塞，将样品放入反应室，用少量蒸馏水冲洗样品杯后，也使之流入反应室，盖上玻塞，并在样品杯中加约 2/3 体积的蒸馏水进行水封。而后将装有硼酸-指示剂的锥形瓶放在冷凝管口下方，打开存放碱液杯下端的夹子，放 10ml 40%氢氧化钠溶液于反应室后，立即上提锥形瓶，使冷凝管下口浸没在锥形瓶的液面下。反应液沸腾后，锥形瓶中的硼酸-指示剂混合液由紫红色变为绿色，自变色时开始计时，蒸馏 3min。移动锥形瓶，使硼酸液面离开约 1cm，并用少量蒸馏水冲洗冷凝管下口外面，继续蒸馏 1min，用少量蒸馏水冲洗冷凝管下端尖嘴，将锥形瓶取出，用表面皿覆盖以待滴定。排液和洗涤等操作与前面相同。排废洗涤后，可进行下一个样品的蒸馏(每一个样品要同时做 3 份，以求得准确结果)。待样品和空白消化液蒸馏完毕后，同时进行滴定。

3）滴定。全部蒸馏完毕后，用 0.001mol/L 标准盐酸溶液滴定各锥形瓶中收集的氨量，直至硼酸-指示剂混合液由绿色变回紫红色，即为滴定终点，记录所耗 HCl 溶液量。

(4) 计算

$$\text{样品的总氮含量}(\%)=(A-B)\times 0.001\times 14.008\times 100/1000\times C$$

若测定的样品含氮部分只是蛋白质(如血清)，则：

$$\text{样品中的蛋白质含量}(\%)=(A-B)\times 0.001\times 14\times 6.25\times 100/1000\times C$$

式中，A——滴定样品用去的 HCl 体积(ml)；
B——滴定空白用去的 HCl 体积(ml)；
C——称量样品的量(g)；
0.001——HCl 的物质的量浓度(mol/L)；
14.008——每摩尔氮原子质量(g/mol)；
14——氮原子量；
6.25——系数(1ml 0.001mol/L 盐酸相当于 0.014mg 氮)。

若样品中除蛋白质外，还有其他含氮物质，则样品蛋白质含量的测定要复杂一些。首先，需向样品中加入三氯乙酸，使其最终浓度为 5%，然后测定未加入三氯乙酸的样品，及加入三氯乙酸后样品的上清液中的含氮量，得出非蛋白质氮含量，从而计算出蛋白质氮含量，再进一步折算出蛋白质含量。

$$\text{蛋白质氮}=\text{总氮}-\text{非蛋白质氮}$$
$$\text{粗蛋白质含量}(\%)=\text{蛋白氮}\times 6.25$$

4. 紫外分光光度法（通用方法步骤）

（1）曲线的绘制

准确称取样品 2.00g，置于 50ml 烧杯中，加入 0.1mol/L 柠檬酸溶液 30ml，不断搅拌 10min，使其充分溶解，用 4 层纱布过滤于玻璃离心管中，以 3000～5000r/min 的速度离心 5～10min，去除上清液。分别吸取 0.5ml、1.0ml、1.5ml、2.0ml、2.5ml、3.0ml 于 10ml 容量瓶中，各加入 8mol/L 脲的氢氧化钠溶液，定容至标线，充分振摇 2min，若浑浊，再次离心直至透明为止。将透明液置于比色皿中，于紫外分光光度计 280nm 波长处，以 8mol/L 脲的氢氧化钠溶液作参比液，测定各溶液的吸光度 A。

以预先用微量凯氏定氮法测得的样品中蛋白质的含量为横坐标，上述吸光度 A 为纵坐标，绘制标准曲线。

（2）样品的测定

准确称取试样 1.00g，按“（1）曲线的绘制”中所述的处理方法，吸取的每毫升样品溶液中含有 3～8mg 的蛋白质。按标准曲线绘制的操作条件测定其吸光度。从标准曲线中查出蛋白质的含量。

（3）结果计算

$$\text{蛋白质含量(mg/100g)} = \frac{C \times 100}{m}$$

式中，C——由标准曲线上查得的蛋白质含量（mg）；

m——测定样品溶液所相当于样品的质量（g）。

（4）说明及注意事项

温度对蛋白质水解有影响，操作温度应控制在 20～30℃。

5. 染料结合法

（1）样品处理

用组织研磨器粉碎样品，然后准确称取一定量（蛋白质含量在 370～430mg），作标样用时称取 4 份（2 份用微量凯氏定氮法测定、2 份用染料结合法测定），如样品含有脂肪，用乙醚脱脂后继续实验。

（2）染料结合

将脱脂后的试样全部放入组织研磨器中，然后准确加入吸光度为 0.320 的染料溶液 200ml，缓慢搅拌 4min。

（3）过滤离心

将已结合后的样品溶液用铺有玻璃棉的布氏漏斗自然过滤，静置 20min，取上清液 4ml，用水定容至 100ml，摇匀，取出部分溶液在 2 000r/min 条件下离心 5min。

（4）比色

用 1cm 比色皿装满离心后的上清液于 615nm 波长处测定吸光度，参比液为蒸馏水。

（5）标准曲线的绘制

用凯氏定氮法测出上述两份平行样品的总氮量，进而计算出用于染料结合法测定的每份平行样的蛋白质含量，以比色测定得到的吸光度（实质是由沉淀反应后剩余的染料所产生的吸光度）为纵坐标（注意数值最好按从上到下吸光度增大的顺序标出），以相对蛋白质含量为横坐标绘图，即得标准曲线。

该标准曲线供分析同类样品蛋白质含量使用。

（6）测样

完全按照上述（1）～（5）步骤进行，根据测出的吸光度在标准曲线上查得蛋白质含量即可。

（7）说明及注意事项

1）取样要均匀。

2）绘制完整的标准曲线可供同类样品长期使用，而不需要每次测样时都做标准曲线。

3）在样品溶解性能不好时，也可用此法测定。

4）本法具有较高的经验性，因此操作步骤必须标准化。

5）本法所用染料还包括橙黄和溴酚蓝等。

6. 水杨酸比色法（通用方法步骤）

（1）试剂配制

1）氮标准溶液。称取经 110℃干燥 2h 的硫酸铵 0.4719g，置于小烧杯中，用水溶解后移入 100ml 容量瓶中，并定容至标线，摇匀。此溶液相当于 1.0mg/ml 氮标准溶液，使用时配制成相当于 2.50μg/ml 含氮量的标准溶液。

2）空白酸溶液。称取 0.50g 蔗糖，加入 15ml 浓硫酸及 5g 催化剂（其中含硫酸铜 1 份和无水硫酸钠 9 份，二者研细混匀备用），与样品一样处理消化后移入 250ml 容量瓶中，加水至标线。临用前吸取此液 10ml，加水至 100ml，摇匀作为工作液。

3）磷酸盐缓冲溶液。称取 7.1g 磷酸氢二钠、38g 磷酸三钠和 20g 酒石酸钾钠，加入 400ml 水溶解后过滤，另称取 35g 氢氧化钠溶于 100ml 水中，冷至室温，缓慢地边搅拌边加入磷酸盐溶液中，用水稀释至 1000ml 备用。

4）水杨酸钠溶液。称取 25g 水杨酸钠和 0.15g 亚硝基铁氰化钠溶于 200ml 水中，过滤，用水稀释至 500ml。

5）次氯酸钠溶液。吸取试剂安替福民溶液 4ml，用水稀释至 1000ml，摇匀备用。

（2）操作步骤

1）标准曲线的绘制。准确吸取每毫升相当于氮含量 2.5μg 的标准溶液 0.0、1.0ml、2.0ml、3.0ml、4.0ml、5.0ml，分别置于 25ml 比色管中，分别加入 2ml 空白酸工作液、5ml 磷酸盐缓冲溶液，并分别加水至 15ml，再加入 5ml 水杨酸钠溶液，移入 37℃的恒温水浴中加热 15min 后，逐瓶加入 2.5ml 次氯酸钠溶液，摇匀后再在 37℃恒温水浴中加热 15min，取出加水至标线，在分光光度计上，于 660nm 波长处进行比色测定，测得各标准液的吸光度后绘制标准曲线。

2）样品处理。准确称取 0.20g 样品，置于凯氏定氮瓶中，加入 15ml 浓硫酸、0.5g 硫酸铜及 4.5g 无水硫酸钠，置电炉上小火加热至沸腾后，加大火力进行消化。待瓶内溶液澄清呈暗绿色时，不断地摇动瓶子，使瓶壁黏附的残渣溶下消化。待溶液完全澄清后取出冷却，加水移至 250ml 容量瓶中用水稀释至标线。

3) 样品测定。准确吸取上述消化好的样液 10ml 于 100ml 容量瓶中，并用水稀释至标线。准确吸取 2ml 于 25ml 容量瓶中(或比色管中)，加入 5ml 磷酸盐缓冲溶液。以下操作手续按标准曲线绘制的步骤进行，并以试剂空白为参比液测定样液的吸光度，从标准曲线上查出其含氮量。

(3) 结果计算

$$(\%)=\frac{cK}{m\times1000\times1000}\times100$$

$$\text{蛋白质含量}(\%)=\text{总氮量}(\%)\times F$$

式中，c——从标准曲线上查得的样液的含氮量(μg)；

K——样品溶液的稀释倍数；

m——样品的质量(g)；

F——蛋白质系数，6.25。

(4) 说明

样品消化完全应当天进行测定，结果重现性好；温度对显色影响较大，因此应严格控制反应温度。

二、氨基酸

(一) 茚三酮显色法

1. 原理

茚三酮溶液与氨基酸共热生成氨，氨与茚三酮和还原性茚三酮反应，生成紫色化合物。该化合物颜色的深浅与氨基酸的含量成正比，氨基酸在 570nm 处有最大吸收峰，从而确定氨基酸的含量。现在利用此方法进行氨基酸测定，均使用全自动氨基酸分析仪。测定原理是利用样品各种氨基酸组分的结构、酸碱性、极性及分子大小不同，在阳离子交换柱上将它们分离，采用不同 pH 离子浓度的缓冲液，将各氨基酸组分依次洗脱下来，再逐个与另一流路的茚酮试剂混合，然后共同流至螺旋反应管中，于一定温度下(通常为 115～120℃)进行显色反应，在有最大吸收波长的 570nm 处，形成蓝紫色产物，其中的羟脯氨酸与茚三酮反应，在最大吸收波长 440nm 处生成黄色产物。这些有色产物对 570nm、440nm 光的吸收强度，与洗脱出来的各氨基酸的浓度(或含量)之间的关系符合比耳定律，可与标准氨基酸比较作定性和定量测定。

2. 样品处理

如果测定样品中各种游离氨基酸含量时，可在脱脂后直接上柱分析。

如果测定蛋白质的氨基酸组成时，样品必须经酸水解，使蛋白质完全变成氨基酸后才能上柱分析。

3. 样品分析

经过处理后的样品上柱分析。上柱的样品量根据所用自动分析仪的灵敏度来确定。一般为每种氨基酸 0.1μmol 左右(水解样品干重为 0.3mg 左右)。测定必须在 pH 5～5.5、100℃下进行，反应进行时间为 10～15min，生成的紫色物质在 570nm 波长下进行比色测定。而生成的黄色化合物在 440nm 波长下进行比色测定。做一个氨基酸全分析一般只需 1h 左右，同时可将几十个样品一起装入仪器，自动按序分析，最后自动计算给出精确的数据。仪器精确度在±(1%～3%)。如图 6-1-3 所示，为多种氨基酸标准溶液的测定率(各 2nmol/10ml)。

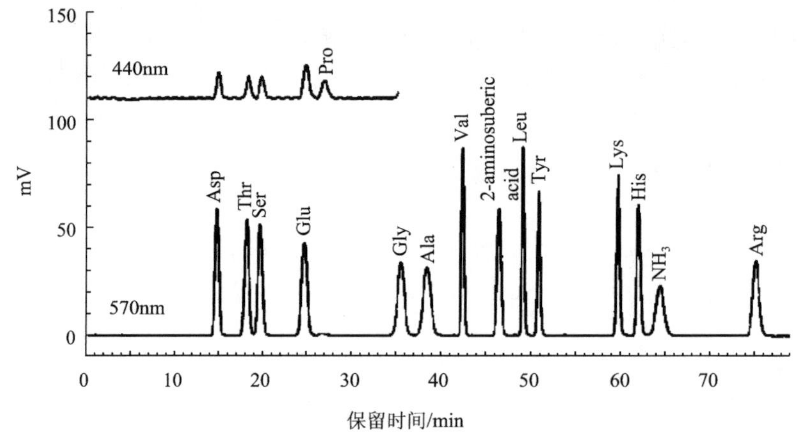

图 6-1-3　氨基酸自动分析仪分离图谱(李楠等，2012)

[14 种氨基酸标准溶液的测定率(各 2nmol/10ml)]

Asp. 天冬氨酸；Thr. 苏氨酸；Ser. 丝氨酸；Glu. 谷氨酸；Gly. 甘氨酸；Ala. 丙氨酸；Val. 缬氨酸；2-aminosuberic acid. 2-氨基辛二酸；Leu. 亮氨酸；Tyr. 络氨酸；Lys. 赖氨酸；His. 组氨酸；NH_3. 氨；Arg. 精氨酸

4. 结果计算

带有数据处理机的仪器，各种氨基酸的定量结果能自动打印出来。否则，可用尺子测量峰高或用峰高乘以半峰宽确定峰面积，进而计算出氨基酸的精确含量。另外，根据峰出现的时间可以确定氨基酸的种类。

5. 注意事项

1) 显色反应用的茚三酮试剂，随着时间推移发色率会降低，因此在较长时间测样过程中，应随时采用已知浓度的氨基酸标准溶液上柱测定，以检验其变化情况。

2) 近年出现的采用逆相色谱原理制造的氨基酸分析仪，可使蛋白质水解出的 17 种氨基酸在 12min 内完成分离，且具有灵敏度高(最小检出量可达 1pmol)、重现性好，及一机多用等优点。

(二)甲醛法测定氨基酸含量

1. 溶液配制

酚酞指示剂：含 0.5%酚酞的 50%乙醇溶液。

中性甲醛溶液：在 50ml 36%～37%分析纯甲醛溶液中，加入 1ml 0.1%酚酞乙醇水溶液。

标准甘氨酸溶液(0.1mol/L)：准确称取 750mg 甘氨酸，溶解后定容至 100ml，用氢氧化钠溶液滴定到微红(酚酞指示剂)，储于密封的玻璃瓶中。此试剂在临用前配制。如已放置一段时间，则使用前需重新中和。

2. 操作方法

取 3 个按顺序编号的 25ml 锥形瓶。向 1 号、2 号瓶内各加入 5ml 水和 2ml 0.1mol/L 的标准甘氨酸溶液混匀。向 3 号瓶内加 7ml 水。然后向 3 个瓶中各加 5 滴酚酞指示剂，混匀后再各加 2ml 甲醛溶液，然后混匀，分别用 0.1mol/L 标准氢氧化钠溶液滴定至溶液显微红色。

以上实验重复 2 次，记录每次每瓶消耗标准氢氧化钠溶液的毫升数。取平均值，计算甘氨酸氨基氮的回收率。

$$甘氨酸氨基氮回收率=实际测得量/理论加入量\times100\%$$

上式中实际测得量为滴定 1 号和 2 号瓶耗用的标准氢氧化钠溶液体积(ml)的平均值，与 3 号瓶耗用的标准氢氧化钠溶液的体积(ml)之差，乘以标准氢氧化钠的物质的量浓度，再乘以 14.008；2ml 乘以标准甘氨酸的物质的量浓度再乘以 14.008，即为理论加入量的值(mg)。

取未知浓度的甘氨酸溶液 2ml，依上述方法进行测定，平行做几份，取平均值。计算每毫升甘氨酸溶液中含有氨基氮的量(mg)。

$$氨基氮(mg/ml)=(V_{未}-V_{对})\times M_{氢氧化钠}\times14.008/2$$

式中，$V_{未}$——滴定待测液耗用标准氢氧化钠溶液的平均值；

$V_{对}$——滴定对照液(3 号瓶)耗用标准氢氧化钠溶液的平均值。

(三)氨基酸自动分析仪测定游离氨基酸

根据王丽等(2008)检测方法，流程如下。

1. 溶液配制

内标溶液配制：准确称取适量戊氨酸和肌氨酸，用 0.1mol/L HCl 配制成浓度为 50mmol/L 的内标储存液，用前稀释。

氨基酸混合标准液的配制：准确称取适量色氨酸，用 0.1mol/L HCl 配制成浓度为 18mmol/L 的储存液，用前稀释。将浓度为 1mmol/L 的 17 种氨基酸混合标准液稀释至不同浓度，再与适当浓度的内标溶液和色氨酸溶液按一定比例混合，配制成浓度分别为 4.5μmol/L、45μmol/L、225μmol/L、450μmol/L 和 900μmol/L 的 22 种氨基酸(戊氨酸和肌氨酸的浓度均为 250μmol/L)混合标准溶液。

提取液配制：准确称取适量戊氨酸和肌氨酸，用 5%的三氯乙酸配制成浓度为 2500μmol/L 的溶液，用前稀释为浓度为 250μmol/L 的提取液。

2. 实验流程

(1)色谱条件

色谱柱：Agilent Zorbax Elipse AAA，75mm×4.6mm，3.5μm。流动相 A：40mmol/L $NaH_2PO_4 \cdot H_2O$，pH 7.8(称取 $NaH_2PO_4 \cdot H_2O$ 5.52g，溶于 1000ml 水中，用 10mol/L NaOH 调 pH 至 7.8)。流动相 B：乙腈/甲醇/水=45/45/10(*V*/*V*/*V*)。流速：2ml/min。洗脱梯度：0.0～1.0min(B：0)，1.0～9.8 min(B：0～7%)，9.8～10.0min(B：57%～100%)，10.0～12.0min(B：100%)，12.0～12.5min(B：100%～0)，12.5～14.0min(B：0)。柱温：40℃。FLD 检测波长：0.0～8.5min(激发波长 340nm，发射波长 450nm)，8.5～14.0min(激发波长 266nm，发射波长 305nm)。自动衍生程序：吸取硼酸缓冲液 2.5μl，样品测定液 0.5μl，充分混合：吸取 OPA 0.5μl，充分混合，反应 0.5min：吸取 FMOC 0.5μl，充分混合，反应 0.5min：吸取水 32μl，充分混合：进样 18μl。

(2)游离氨基酸的提取

准确称取粉碎后(60 目)大豆样品 50mg，置于 1.5ml 离心管中，加入 1ml 提取液，于快速混匀器上均质 5min，室温下静置 15min。将离心管放入离心机内，14 000r/min 离心 15min。取上清液 100μl 于 HPLC 样品瓶中，上机测定。

第二节　脂质及其组分含量检测分析

大豆脂质含量约为种子干重的 20%，大豆油含有丰富的油酸、亚油酸、卵磷脂等对人体健康有益的成分，具有较高的营养价值。提高大豆脂质及脂肪酸中油酸等的含量是大豆遗传育种研究的目标之一。特别在大豆脂质及脂肪酸含量的分子标记的开发方面，大豆种子脂质及油酸等的含量的检测技术的确立是必要的。本节总结了国内外有关大豆种子脂质及脂肪酸含量的检测方法，力求为大豆脂质及其重要组分的分子标记的开发提供便利。

一、粗脂质

(一)近红外光谱法

1. 原理

生物样品中的 NH、CH、OH、CO 等化学键的泛频振动或转动，对近红外光的吸收是蛋白质和脂肪含量测定的主要基础。大豆蛋白质和脂肪含量的测定，可以通过粉碎后样品在不连续的非相邻波长或连续波长区域的近红外定标读数进行测定。本测定方法是依据一些适宜的标准方法(蛋白质测定依据 GB/T 5511，脂肪测定依据 GB/T 5512，水分测定依据 GB/T 5497）通过校正获得。

2. 仪器设备及方法流程

检测应用按照 GB/T 24895—2010（粮油检验近红外分析定标模型验证和网络管理与维护通用规则）的规定验证合格的仪器，或具同等性能的近红外分析仪。进行样品粉碎时应配备 1～2mm 孔径的筛网，或依据近红外分析仪操作说明书的要求，配置相应的粉碎设备。粉碎后的样品应具有均匀的粒度，定标、校验和使用时应采用同样的制备过程。

（二）核磁共振法

贮存于植物种子细胞质中的脂肪，一般以油体或者油滴方式存在。主要成分是三酰基甘油，由碳、氧和氢组成。当样品被放置到磁场中后，核磁共振分析仪检测样品中的原子核信号，在特定磁场和无线电频率条件下，具有特定原子特征的原子能够被检测到。在油料作物种子中，氢被作为脂肪含量的定量指标。因为在低灵敏度条件下，以碳和氧原子作为油分定量指标是不可行的。油料作物的脂肪含量低灵敏度检测标准见表 6-2-1。

表 6-2-1　油料作物的脂肪含量低灵敏度检测标准

样品	测定项目和方法	使用仪器
油料作物种子	含油率；ISO 5511:1992	连续波核磁共振波谱仪（CW-NMR）
油料作物种子	含油率；AOCS 推荐，Practice Ak 3-94：1999，2000	连续波核磁共振波谱仪（CW-NMR）
油料作物种子	含油率和水分；ISO 10565	脉冲核磁共振仪（Pulsed-NMR）
油料作物种子	含油率和水分；AOCS 推荐，Practice Ak4-95	脉冲核磁共振仪（Pulsed-NMR）
油料作物种子	含油率；USDA GIPSA 检验标准，No.FGIS00-101	脉冲核磁共振仪（Pulsed-NMR）
油料作物种子剩余物	含油率和水分；ISO 10632	脉冲核磁共振仪（Pulsed-NMR）
油料作物种子剩余物	含油率和水分；AOCS，Ak5-01	脉冲核磁共振仪（Pulsed-NMR）

资料来源：Krygsman et al., 2004

（三）具体方法举例

1. 索氏提取法测定油分（通用方法步骤）

（1）仪器

索氏提取器，内装变色硅胶的干燥器（直径 15～18cm），不锈钢镊子（长 20cm），培养皿，分析天平（感量 0.001g），称量瓶，恒温水浴，烘箱，样品筛（60 目）。

（2）试剂

无水乙醚或低沸点石油醚

（3）操作步骤

1）切片。将滤纸切成 8cm×8cm，叠成一边不封口的纸包，用硬铅笔编写顺序号，按顺序排列在培养皿中。将盛有滤纸包的培养皿移入（105±2）℃烘箱中干燥 2h，取出放入干燥器中，冷却至室温。按顺序将各滤纸包放入同一称量瓶中称重(记作 *a*)，称量时室内相对湿度必须低于 70%。

2)包装和干燥。在上述已称重的滤纸包中，装入 3g 左右研细的样品，封好包口，放入(105±2)℃的烘箱中干燥 3h，移至干燥器中冷却至室温。按顺序号依次放入称量瓶中称重(记作 *b*)。

3)抽提。将装有样品的滤纸包用长镊子放入抽提筒中，注入一次虹吸量的 1.67 倍的无水乙醚，使样品包完全浸没在乙醚中。连接好抽提器各部分，接通冷凝水水流，在恒温水浴中进行抽提，调节水温为 70～80℃，使冷凝下滴的乙醚成连珠状(每分钟 120～150 滴，或回流每小时 7 次以上)，抽提至抽提筒内的乙醚用滤纸点滴检查无油迹为止(需 6～12h)。抽提完毕后，用长镊子取出滤纸包，在通风处使乙醚挥发(抽提室温以 12～25℃为宜)。提取瓶中的乙醚另行回收。

4)称重。待乙醚挥发之后，将滤纸包置于(105±2)℃烘箱中干燥 2h，放入干燥器冷却至恒重为止(记作 *c*)。

5)结果与计算。

$$粗脂肪含量(\%)=(b-c)/(b-a)\times 100\%$$

式中，*a*——称量瓶加滤纸包重(g)；

b——称量瓶加滤纸包和烘干样重(g)；

c——称量瓶加滤纸包和抽提后烘干残渣重(g)。

(4)注意事项

1)脱水处理。测定用样品、提取器、抽提用有机溶剂都需要进行脱水处理，理由如下：第一，抽提体系中有水，会使样品中的水溶性物质溶出，导致测定结果偏高；第二，抽提体系中有水，则抽提溶剂易被水饱和(尤其是乙醚，可饱和约 2%的水)，从而影响抽提效率；第三，样品中有水，抽提溶剂不易渗入细胞组织内部，结果不易将脂肪抽提干净。

2)试样粗细度要适宜。试样粉末过粗，脂肪不易抽提干净；试样粉末过细，则有可能透过滤纸孔隙随回流溶剂流失，影响测定结果。

3)样品预处理。索氏提取法测定油分最大的不足是耗时过长，如能先将样品预处理，即先回流 1～2 次，然后浸泡在溶剂中过夜，次日再继续抽提，则可明显缩短抽提时间。

4)乙醚的安全使用。抽提室内严禁有明火存在或用明火加热。乙醚中不得含有过氧化物，保持抽提室内良好通风，以防燃爆。乙醚中过氧化物的检查方法：取适量乙醚，加入碘化钾溶液，用力摇动，放置 1min，若出现黄色则表明存在过氧化物，应进行处理后方可使用。处理的方法：将乙醚放入分液漏斗，先以 1/5 乙醚量的稀 KOH 溶液洗涤 2～3 次，以除去乙醇；然后用盐酸酸化，加入 1/5 乙醚量的 $FeSO_4$ 或 Na_2SO_3 溶液，振摇，静置，分层后弃去下层水溶液，以除去过氧化物；最后用水洗至中性，用无水 $CaCl_2$ 或无水 Na_2SO_4 脱水，并重新蒸馏。

二、脂肪酸

大豆油脂的主要成分是脂肪酸和甘油，其中脂肪酸占油脂总量的90%以上。大豆油脂的特性与其所含不饱和脂肪酸的组成与配比密切相关。大豆油脂中富含油酸($C_{18:1}$)、亚油酸($C_{18:2}$)和亚麻酸($C_{18:3}$)等不饱和脂肪酸，其中亚油酸和亚麻酸是哺乳动物自身不能合成而必须从体外摄取的，它们对维持细胞膜的稳定性和调节细胞膜适应性具有极其重要的生物学意义。大豆脂肪酸含量多采用色谱分析法测定(苗兴芬等，2010；张颖君等，2008)，但不同研究者所采用的进样样品前处理方法和酯化试剂也不同，如孙君明等(2008)利用傅里叶近红外反射光谱法也能快速测定大豆脂肪酸含量。

1. 气相色谱(gas chromatography，GC)法——脂肪酸快速检测方法Ⅰ

根据苗兴芬等(2010)检测方法，流程如下。

(1)仪器和试剂

Agilent公司的6890气相色谱仪。实验分析用标准品：软脂酸(＞99%)、硬脂酸(＞99%)、油酸、亚油酸、亚麻酸(＞99.3%，美国Sigma公司)。正己烷(＞97%，AR)甲醇(＞99.7%，GR)。

(2)甲酯化试剂制备

取分析纯氢氧化钾2.244g放入带磨口的棕色试剂瓶中，取100ml甲醇沿玻璃棒注入试剂瓶中，用玻璃棒搅拌3min，在室温下反应2h后待用。如暂不使用，应立即放于4℃冰箱中低温保存，宜3天内用完。

(3)样品处理

称取330mg已粉碎的大豆样品于1.5ml的离心管中，加入1ml正己烷，充分振摇0.5min，室温放置5h，然后将上清液移入另一只1.5ml离心管中，往上清离心管加入已配好的0.5ml甲酯化试剂，振荡2min，在室温下进行甲酯化反应1h，离心机6000r/min离心5min，然后取适量上清液进行GC分析。

(4)GC分析条件

色谱柱条件为HP519091J413(30m×320m×0.25m)；进样量1000ml，分流进样方式，分流比50∶1；进样口温度，220℃；载气，Ne，45ml/min；氢气，40ml/min；空气450ml/min。程序升温，150℃下保持1min，然后以20℃/min的速率升至200℃，保持3min，再以10℃/min的速率升至250℃，保持2min。检测器，氢火焰离子检测器(FID)，检测器温度恒温275℃。

2. 气相色谱法——脂肪酸快速检测方法Ⅱ

根据张颖君等(2008)检测方法，流程如下。

(1)试剂

苯、石油醚(30～60℃)、无水乙醚等为国产分析纯试剂，三氟化硼甲醇为Riede-l deHaen产品，脂肪酸甲酯标准品购自Sigma公司。

(2)仪器与分析条件

Agilent 6890N 型气相色谱仪；FID 检测器；FFAP 弹性石英毛细管柱(50m，0.2mm 0.33μm)；恒压模式；载气，高纯 N_2，流速 1ml/min，H_2 流速 35ml/min；空气流速 350ml/min；进样量 2000ml，分流比为 10∶1；进样口温度 250℃；检测器温度 250℃；程序升温 180℃，3min；升至 225℃，保持 25min。

(3)样品前处理

用尖嘴钳夹住大豆种子，用干净刀片沿平行种脐方向，切下子叶的一部分(图 6-2-1)，切下部分用尖嘴钳夹碎，放入 1.5ml 离心管中，用玻璃研磨棒研成粉末，供分析用，其余部分视分析结果决定是否继代繁殖。一般从单粒种子上切下 20～40mg，侧切后的种粒成苗率可达 90%，甚至以上。

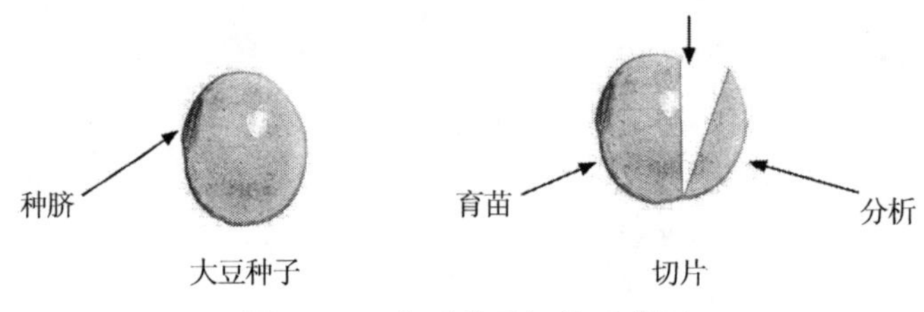

图 6-2-1　大豆种子切片示意图

(4)脂肪提取及甲酯化

向 40mg 研磨好的豆粉中加入脂肪提取液(苯∶石油醚=1∶1)1ml，振荡后离心取上清，加入 0.5mol/L 甲醇钠 1.5ml 进行甲酯化，加入饱和 NaCl 溶液 2ml，静置分层，吸取 2μl 上清液进行 GC 分析。

第三节　碳水化合物含量检测分析

大豆种子碳水化合物含量约为种子干重的 25%，它主要由单糖、寡糖和多糖构成，是大豆种子三大组成成分之一。它能够为植物代谢提供能量，也能够为蛋白质、核酸、脂质的合成提供碳骨架，也可以执行细胞间识别和生物分子间的识别(细胞膜表面糖蛋白的寡糖链参与细胞间的识别)等重要的生理生化功能。大豆碳水化合物因此成为大豆营养保健功能研究的热点。但是，有关大豆碳水化合物含量检测技术等方面的研究，却鲜有报道。本节仅在大豆单糖、多糖含量检测等方面做了简要的综述。

一、单糖

(一)还原糖含量测定

还原糖是指含自由醛基或酮基的单糖(如葡萄糖)和某些具有还原性的双糖(如麦芽糖)。还原糖在碱性条件下，可变成非常活泼的烯二醇。遇氧化剂时，具有还原能力，烯二醇本身则被氧化成糖酸及其他产物。例如，黄色的 3,5-二硝基水杨酸(DNS)试剂与还原糖在碱性条件下共热后，自身被还原为棕红色的 3-氨基-5-硝基水杨酸(图 6-3-1)。在一定范围内，反应液里棕红色的深浅与还原糖的含量成正比，在波长为 540nm 处测定溶液的吸光度，查对标准曲线并计算，便可求得样品中还原糖的含量。

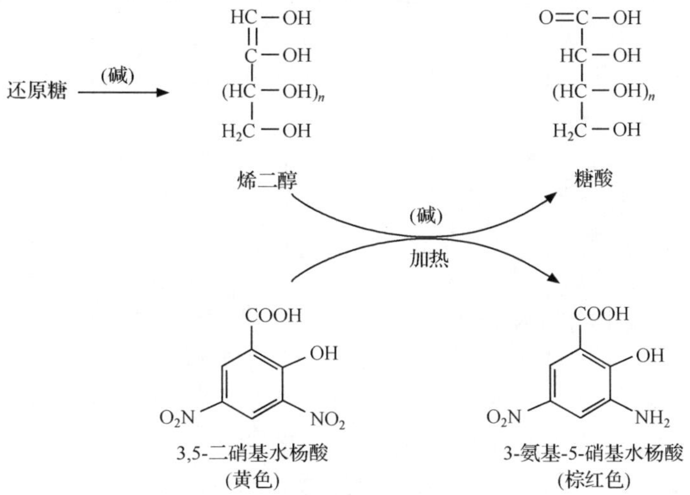

还原糖 (碱) → 烯二醇 (HC—OH, C—OH, $(HC—OH)_n$, H_2C—OH)

糖酸 (O=C—OH, HC—OH, $(HC—OH)_n$, H_2C—OH)

(碱) 加热

3,5-二硝基水杨酸 (黄色) (COOH, OH, O_2N, NO_2)

3-氨基-5-硝基水杨酸 (棕红色) (COOH, OH, O_2N, NH_2)

图 6-3-1 DNS 试剂与还原糖反应流程

(二)苯酚法测定可溶性糖

植物体内的可溶性糖是指能溶于水及乙醇的单糖和寡聚糖。苯酚法测定可溶性糖的原理：糖在浓硫酸作用下，脱水生成糠醛或羟甲基糠醛，它能与苯酚缩合成一种橙红色化合物，在 10～100mg 内其颜色深浅与糖的含量成正比，且在 485nm 波长下有最大吸收峰，因此含其量可用比色法，在 485nm 波长下测定。苯酚法可用于甲基化的糖、戊糖和多聚糖的测定，方法简单，费用较低，灵敏度高，实验时基本不受蛋白质存在的影响，并且产生的颜色可稳定 2.5h 以上。

二、多糖

多糖含量的测定可分为两类：一类是利用高效液相色谱法和酶法直接测定多糖本身；另一类是采用苯酚-硫酸法、蒽酮-硫酸法等，利用组成多糖的单糖缩合反应而间接测定。直接测定法需要多糖的纯品和特定的酶，间接测定的方法干扰较大，现有的比色重现性差，受影响因素较多。但由于目前国内的实验条件有限，多糖的含量测定仍然主要采用后者，其原理为：多糖在浓硫酸水合产生的高温下迅速水解，产生单糖，单糖在强酸条件下与苯酚反应生成橙色衍生物。在波长 490nm 左右处和一定浓度范围内，该衍生物的吸收值与单糖浓度呈线性关系，从而可用比色法测定其含量，所用的单糖对照品应尽量采用与其多糖组成一致或为含量较高的单糖，这样测得的值较准确。这种方法所测定的是总糖含量而不是总多糖的含量。测定样品中的总多糖，首先应测定样品中游离的单糖含量，然后将总糖的含量减去游离单糖的含量。另外还可以采用 3,5-二硝基水杨酸比色法(DNS 法)，它在碱性条件下显色，能较准确测定还原糖与总糖的含量从而求出多糖的含量，还可消除还原性杂质的干扰。

对于非还原性的双糖(如蔗糖)及还原性很小的多糖(如淀粉)，应先用酸水解法将它们彻底水解成单糖。再借助测定还原糖的方法，推算出总糖的含量。由于多糖水解时，在每个单糖残基上加了 1 分子水，因而在计算时，须扣除加入的水量，当样品里多糖含量远大于单糖含量时，则比色测定所得总糖含量应乘以折算系数(0.9)，即得比较接近实际的样品中总糖含量。

在大豆淀粉含量测定方面，Jeong 等(2010)提出了一种基于热钝感的 α-淀粉酶和二硝基水杨酸试剂的高通量准确测定大豆种子中淀粉含量的方法，该方法和测定淀粉的标准方法——葡萄糖氧化酶法(GOD)具有很高的线性关系。具体流程如下：称取 50mg 豆粉到 2.0ml 离心管中，然后加入 1.5ml 80%乙醇，然后用 38kHz 超声波超声 10min，使糖溶解。然后在 4℃下，13 000r/min 离心 10min，去除上清液，室温下干燥。然后加 1.0ml 超纯水和 50μl 2mol/L 的乙酸钠溶液(pH 5.0)，再添加 50μl 的 10 倍热钝感淀粉酶，利用振荡器混匀，然后在 80℃水浴 30min。然后在 4℃条件下，13 000r/min 离心 10min，取 200μl 上清液，加入相同体积的 DNS 试剂，沸水浴 5min，用超纯水定容终体积至 5ml。利用紫外分光光度计在 535nm 波长下测定吸光度，利用已知含量的淀粉做标准曲线，根据回归方程，最终计算出淀粉含量。

三、游离多糖

根据袁凤杰等的研究方法，每个样品取 150mg 大豆粉至 2ml 离心管中，加入 1.5ml 去离子水，200r/min 振荡 2～3h，14 000r/min 离心 10min，取上清液 800μl 转入新的 2ml 离心管，加入 0.7ml 乙腈，充分混匀，室温放置 30min，14 000r/min 离心 10min，取 500μl 上清液，用 0.2μm 的滤膜过滤至新的 1.5ml 离心管，取 24μl 滤液至 1.5ml 高效液相色谱 HPLC 加样瓶，加入 576μl 去离子水，在 HPLC 上进行糖分分析。HPLC 检测器为示差检测器，C18 分离柱，流动相为乙腈∶水=7∶3，流速 1ml/min，柱温 40℃。糖标准样品包括：葡萄糖、蔗糖、棉籽糖和水苏糖(袁凤杰等，2011)。

第四节 配糖体含量检测分析

配糖体(glycoside)泛指水解产物包含一个或多个糖的化合物，又称糖苷或苷质，它是糖通过它的还原性基团同某些有机化合物缩合的产物。大豆种子成分中的配糖体主要包括异黄酮和皂苷两类。

一、异黄酮

大豆异黄酮是一种从大豆种子中分离提取的活性成分，具有异黄酮类化合物典型结构，包括 3 种游离型异黄酮苷元和 9 种结合型大豆异黄酮。具有防治乳腺癌、结肠癌和皮肤癌等功效；同时，还可防治骨质疏松症、妇女更年期综合征，提高机体免疫能力，抗氧化，抗溶血，抗菌消炎，降低心血管疾病和冠心病发生。

大豆异黄酮在大豆种子中含量为 0.1%～0.5%，其分布因种子部位不同而异，主要分布于种子子叶和胚轴，而种皮异黄酮含量极少。子叶含 0.1%～0.3%的大豆异黄酮，但绝对含量却占 80%～90%；胚轴所含异黄酮种类较多，浓度较高，含 10%～20%，由于其本身相对密度较小，绝对含量不高。精确检测大豆异黄酮含量对异黄酮研究和应用显得尤为重要。

根据大豆异黄酮特定的分子结构，利用其特征显色和荧光反应，可对大豆异黄酮进行定性定量检测。利用紫外线吸收特征，可采用紫外分光光度法(UV)、三波长法等进行大豆异黄酮定量检测。利用色谱原理检测大豆异黄酮方法为：高效液相色谱法(HPLC)、高效液相色谱-质谱法(HPLC-MS)、气相色谱法(GC)、气相色谱-质谱法(GC-MS)、毛细管电泳法(CE)、四标样快速测定法、薄层扫描色谱法(TLCS)、双向纸层析色谱法等。此外，医学上的荧光免疫法，即分辨荧光免疫分析法(TR-FIA)和酶联免疫吸附法(ELISA)等，也是检测大豆异黄酮重要方法。至今我国尚未制定统一标准规范 ISO 检测方法，现在大豆异黄酮测定多采用 HPLC 法或 GC-MS 法等，另外，CE 法将逐渐替代 HPLC 法，广泛应用于大豆异黄酮主要组分(大豆苷元和染料木素等)的测定。张海军等(2011)在总结国内外近 20 年有关大豆异黄酮检测方法研究基础上，对大豆异黄酮含量测定方法进行了系统的分析和总结。根据检测大豆异黄酮原理不同，归纳为三大类进行阐释，并对各种检测大豆异黄酮方法进行了系统比较分析。

(一)基于紫外吸收特性的检测方法

1. 紫外分光光度法

大豆异黄酮结构中羟基和芳香环形成共轭体系，具有较强紫外光吸收特性，大豆异黄酮各组分最大吸收波长相差不大，峰数目较少。例如，染料木素在紫外区有很强吸收带，最大吸收波长为 260nm；大豆苷元最大吸收波长为 256nm，在 310nm 处有一个很小肩峰，这使紫外吸收作为评价指标成为可能。王哲等(2005)用紫外分光光度法测定大豆异黄酮含量，以大豆苷元作标准品绘制标准曲线，建立回归方程，相关系数 R^2=0.9941，方法回收率 100.4%，变异系数 0.25%，证明此法可靠性好、回收率高、重现性高。

2. 三波长法

三波长法于 1980 年一经提出，便很快在岛津 UV-250 分光光度计上被采用，形成一种新方法。该法原理为：根据大豆异黄酮在 240nm、260nm、280nm 3 个波长处吸光度，分别计算 ΔA，计算方法为 $\Delta A=A_{260}-(A_{240}+A_{280})/2$。根据三角形相似原理推得 ΔA 与待测物浓度成正比，进而求得待测物浓度。鞠兴学等(2001)采用三波长紫外分光光度法测定大豆异黄酮含量，有效消除了随浓度不同发生本底漂移、油脂等干扰物质、及吸收峰不对称给定量分析造成不良影响。此法简便、灵敏，最低检出浓度为 1μg/ml，加样回收率＞99%；证明该法具有良好准确性和精密度，适于大批量样品测定和产品生产质量控制及监测。

（二）基于色谱原理的检测方法

1. 高效液相色谱法

高效液相色谱法是在经典色谱法基础上，于 20 世纪 60 年代后期引用气相色谱理论所建立检测方法，可广泛应用于大豆异黄酮检测。在技术上，色谱柱是以特殊方法用小粒径且均匀填料填充而成，小颗粒具有高柱效，从而使柱效大大高于经典液相色谱（每米塔板数可达几万或几十万），但会对仪器产生高阻力，为此，流动相改为高压输送（最高输送压力可达 4.9×10^7Pa）；同时，柱后联有高灵敏度检测器，可对流出物进行连续检测。与 HPLC 配备的检测大豆异黄酮仪器主要是紫外分光光度仪和质谱分析仪。

杨洁等（2007）建立高效液相色谱法用来测定保健食品中大豆异黄酮含量。运用二极管阵列检测器（PDA）建立 4 种大豆异黄酮组分（染料木素、大豆苷元、黄豆黄素和黄豆苷）光谱库，采用 PDA 检测，C18 逆相柱，以甲醇∶水∶乙酸（HAC）=55∶45∶1（*V*/*V*/*V*）为流动相，测定 4 种大豆异黄酮组分响应值之比。该法变异系数小于 5%，回收率为 92.5%～99.3%，检测速度快，精密度及准确度在允许范围内，可作为测定保健食品中大豆异黄酮方法。

超声波辅助提取（UAE）可提高有机化合物的提取有效率，徐颖（2006）采用高效液相色谱法，结合具有提取时间短和工艺简化等优点的超声波辅助提取法测定异黄酮含量。吴周和等（2006）建立逆相高效液相色谱法测定豆制品中大豆苷元和染料木素方法，采用 Hypersil BDS C18（250mm×4.6mm ID，5μm）色谱柱，以甲醇、0.5%乙酸水溶液为流动相，流速为 1ml/min，柱温为 35℃，检测波长为 260nm；样品制备经真空干燥、正己烷脱脂、80%甲醇加热提取、离心、过滤等过程，大豆苷元和染料木素加样回收率分别为 99.1%和 98.8%，相对标准偏差（RSD）分别为 1.3%和 0.5%。

2. 高效液相色谱-质谱法

高效液相色谱-质谱法是 HPLC 与 MS 相结合的一种检测方法，一般一级 MS 是对从 HPLC 中出来的所有物质进行质谱分析，也就是包括 HPLC 谱图中所有峰；二级 MS 是将通过一级 MS 得到的带电离子进一步击碎，这样可得到更多分子结构信息，可对物质进行进一步结构定性。该法检测大豆异黄酮最大优点是能迅速、准确确定液相色谱图中各色谱峰归属，还可解决因标样缺乏而造成定性分析困难的问题。

3. 气相色谱法

气相色谱法是一种物理分离方法，利用被测物质各组分在不同两相间分配系数（溶解度）微小差异，当两相做相对运动时，这些物质在两相间进行反复多次分配，使原有微小性质差异产生很大效果，从而使不同组分得以分离。孙艳梅等（2006）采用气相色谱法，选取 ATSE-30 毛细管柱，在柱温为恒温 260℃时，测黄豆苷元保留时间为 21min，确定出黄豆苷元标准工作曲线方程为 Y=71 519X−85 913，相关系数 R^2=0.9937。精密度研究发现，连续进样 6 次，标准方差（*SD*）小于 7%。

4. 毛细管电泳法

毛细管电泳法是以弹性石英毛细管为分离通道，以高压直流电场为驱动力，依据样品中各组分之间淌度和分配行为上的差异，而实现分离的电泳分离分析方法。该法作为HPLC替代方法，已用于多种化合物测定，逐渐成为测定植物雌激素（尤其是大豆苷元和染料木素）常规方法之一，该法也是分离检测大豆异黄酮最为先进的一种方法。Vänttinen和Moravcova等（1999）采用毛细管电泳法对处理过的大豆粉和豆腐中大豆黄素等异黄酮成分进行测定。Mcleod和Sheperd（2000）采用毛细管电泳法对食物中大豆黄素和金雀异黄素的电离常数进行测定，系统采用石英玻璃毛细管柱，单波长紫外检测器，检测波长为210nm，两样品测定间用1mol/L NaOH洗脱5min，去离子水洗脱3min，测试用电解质洗脱5min。

5. 薄层扫描色谱法

薄层扫描是薄层色谱定量测定方法，可检测大豆异黄酮单体组分，它利用各组分对同一吸附剂吸附能力不同，使移动相（溶剂）在流过固定相（吸附剂）过程中，连续产生吸附、解吸附、再吸附、再解吸附，从而达到各组分互相分离目的。此法可对大豆异黄酮单体成分进行检测，但其薄层显色剂用量很难准确控制。赵世萍和章育中（1985）报道葛根中异黄酮成分含量薄层光密度测定法，用甲苯-甲醇-10%甲酸（7∶3∶0.02）和乙酸乙酯-甲醇-50%甲酸（8∶2∶0.2）为展开剂，在硅胶G薄层上分离大豆苷元、大豆苷、葛根素和大豆苷元-4′,7′-二葡萄糖甙，并用CS-910双波长薄层扫描仪进行定量测定，变异系数为1.5%～1.6%。

6. 四标样快速测定法

四标样快速测定法需要4个不同标准品，并分别制作标准曲线，然后根据$G=(C_{ge}+C_{de}+C_g+C_d)\times 10/W$计算，其中$G$为样品中大豆异黄酮百分含量，$W$为样品称样量（mg），$C_{ge}$、$C_{de}$、$C_g$、$C_d$分别为样品中染料木素、大豆苷元、染料木苷、黄豆黄苷4种组分出峰面积折算为标准品毫克量。该法可准确定性、定量检测大豆异黄酮粗提物纯度，且样品处理简单、操作容易，特别适于生产中物料快速检测，以便及时控制生产工艺参数。何继春和卫巍（2001）利用高效液相色谱仪测定异黄酮含量时，采用C18逆相柱（4.6mm×250mm，5μm），Waters515泵，Waters2487双波长检测器在流动相为甲醇∶水=95∶5（V∶V），流速1ml/min，柱温35℃，检测波长260nm，进样量10μl条件下，检测灵敏度可达0.02AUFS（AUFS为满刻度吸光度单位）。

7. 双向纸层析色谱法

该法以纸为载体，可对ISO进行定性测定。固定相一般为纸纤维上吸附水分，流动相为不与水相溶的有机溶剂；也可使纸吸留其他物质作为固定相，如缓冲液、甲酰胺等。将试样点在纸条一端，然后在密闭槽中用适宜溶剂进行展开，当组分移动一定距离后，各组分移动距离不同，最后形成互相分离的斑点。在没有高效液相色谱仪条件下，双向纸层析色谱法也是一种较为理想的定性分析方法，该法能很好了解异黄酮提取工艺中每一个流程中异黄酮变化。彭义交和刘宗林(2004)采用双向纸层析色谱法对大豆粕甲醇提取液中大豆异黄酮组分进行分析，并对吸收峰面积在 1%以上组分进行液相色谱-质谱分析，其苷元与纸层析色谱结果基本吻合。

(三)基于医学免疫的检测方法

1. 时间分辨荧光免疫分析法

时间分辨荧光免疫分析法是用三价稀土离子及其螯合剂作为示踪物(代替荧光物质、同位素或酶)，标记蛋白质、多肽、激素、抗体、核酸探针或生物活性细胞，待反应体系(如抗原抗体免疫反应等)发生后，用时间分辨荧光仪测定最后产物中荧光强度，据此判断反应体系中被测物质浓度。该法主要用于医学上检测生物体血液和尿液中大豆异黄酮，但该法具有抗体不易制备缺点。Uehara 等(2000)通过时间分辨荧光免疫分析法对人尿样中植物雌激素(包括黄豆苷和染料木苷)进行快速分析。

2. 酶联免疫吸附法

酶联免疫吸附法(ELISA)是一种经典免疫测定方法，主要是基于抗原或抗体能吸附在固相载体表面并保持其免疫活性，抗原或抗体与酶形成酶结合物，仍保持其免疫活性和酶催化活性的基本原理。其主要实验步骤可概括为包被、洗涤、与特异性抗体反应、与酶抗抗体反应、显色和测定，根据颜色反应深浅进行定性或定量分析。Creeke 等(1998)采用 ELISA 法对人血浆中大豆黄素和其代谢物雌马酚(Equol)进行测定，其中大豆黄素和 Equol 分析缓冲液检测限分别为 21pg/孔、70pg/孔。

大豆异黄酮作为一种具有特殊生理功能的天然活性物质，近年来其独特功效和利用潜力获得消费者极大关注，开发利用大豆异黄酮作为保健食品或美容用品基料和添加剂前景广阔。高效检测方法是大豆异黄酮研发基础，目前应用的检测方法具有不同特点及使用范围，研究者可根据不同检测需要加以选择。寻求一种简便、高效、快速、成本低廉检测大豆异黄酮方法仍是科研人员今后继续研发方向。

二、皂苷

皂苷又名皂苷或皂素，是广泛存在于植物和海洋动物体内的固醇类或三萜类化合物的低聚配糖体总称，因其水溶液能像肥皂一样形成持久泡沫而得名。大豆皂苷是一种常见的皂苷，它主要存在于豆科植物中。大豆皂苷是五环三萜类齐墩果烷型皂苷中的一类。它由非极性的三萜苷元和低聚糖链两部分组成，紫外线吸收很弱，无专一性显色剂，直接测定的难度很大，采用特征显色剂进行比色检测时，杂质的影响难以避免。

目前以不同的测定方法得到的总皂苷的含量相差很大，其中部分原因是多次分离操作和非特异性显色方法造成的。由于每种皂苷中皂苷元与糖连接的位置、方式，以及连接的糖链的种类数量各不相同，糖链在检测过程中有可能部分或全部水解，从而对测定结果造成影响。对大豆皂苷的研究开发迫切需要建立一个快速简便，相对准确的定量方法。大豆皂苷有多种，但各类大豆皂苷苷元结构相似，均属齐墩果烷型，因此将皂苷水解成皂苷元会利于比色法的测定。师文添等(2009)利用液相色谱-质谱技术对大豆胚芽中的皂苷含量进行测定，取得了理想的结果，但是费用较高。闫子鹏和薛锦峰(2005)利用紫外分光光度计对大豆皂苷的水解物皂苷元进行了分析测定，简化了大豆皂苷测定方法。测定大豆皂苷含量，兼顾准确性和费用的较好方法是高效液相色谱法。全吉淑等(2007)利用高效液相色谱法测定大豆胚轴中各类皂苷的含量，建立了大豆皂苷的高效液相色谱-差示折光(HPLC- dRI)检测方法。具体方法如下。

色谱条件为：ODS-AM-303 色谱柱(YMC，4.6mm×250mm，5μm)，柱温 40℃，含 0.1%三氟乙酸的乙腈-水(40：60)为流动相，流速 1ml/min。A1、A2、Ba、Bb、Bd、Be、αg 和 βg 分别为 1.39～6.96μg、1.67～8.34μg、2.24～11.2μg、2.35～11.8μg、1.58～7.92μg、2.01～10.1μg、1.38～6.88μg 和 1.62～8.12μg 时线性关系良好，平均回收率分别为 91.3%、92.6%、92.5%、93.8%、94.1%、95.8%、93.4%和 94.2%，*RSD* 为 4.63%、3.48%、3.22%、3.18%、4.01%、3.53%、4.07%和 4.28%。该方法准确度高，重现性好，适用于大豆皂苷样品中各类皂苷的测定。

第五节 维生素及其他成分含量检测分析

大豆种子除含有蛋白质、脂质及碳水化合物等大量成分外，还含有种类丰富的维生素 E、矿物质等微量成分。这些微量物质对人体抗自由基氧化、预防动脉硬化及心脑血管疾病等方面都起到重要作用。因此，提高大豆维生素 E、叶黄素等的含量，已成为提高大豆附加值的重要育种目标。有关微量物质含量的检测，是微量物质分子标记开发的基础。本节作者希望通过对国内外大豆种子微量物质检测方法的介绍，能够为大豆种子微量物质的标记开发等提供支持。

一、维生素 E

维生素 E，学名生育酚，除具有重要的生理功能以外，也是迄今为止发现的唯一无毒的脂溶性天然抗氧化剂，它由 α-、β-、γ-、δ-生育酚和三烯生育酚等 8 种异构体构成，都是色满(3,4,-二氢-2H-1-苯并吡喃)的衍生物，不溶于水，溶于各种有机溶剂。

维生素 E 结构复杂，异构体种类多，分析测定困难。目前，分析方法主要有：铈量法、分光光度法、荧光法、脉冲电极法、示波极谱法、示波滴定法、近红外光谱法、高效液相色谱法、气相色谱法、双波电压法、视差扫描电量法。这些方法各有优缺点，灵敏度、准确度及适用范围也不尽相同。樊明涛等(2002)对测定维生素 E 的方法进行了综述。

(一)分光光度法

维生素 E 结构中含有游离的酚羟基，可被强氧化剂氧化生成醌，这是分光光度法分析的基础。常用的氧化剂有 $FeCl_3$、Ce(SO4)$_2$、HNO_3 等。金黄色的酚羟基被 HNO_3 或 Ce^{4+}氧化变为鲜红色的反应可定量进行，直接用于滴定分析维生素 E，加入二苯胺作指示剂，用 Ce^{4+}标准溶液滴定呈现淡蓝色即为终点，按计量关系即可求出试样中游离维生素 E 的量，但试剂空白影响较大，必须进行校正。溶液中的 Fe^{3+}可定量地氧化维生素 E，其还原产物 Fe^{2+}可定量地同 α-、α′-联吡啶形成配位化合物，用分光光度法可间接测定维生素 E 的含量。崔云龙按此法，以 1,10-二氮杂菲作显色剂，测定血清样品中的维生素 E，取得了较好的结果。但上述两种方法皆受样品中还原剂如维生素 C 的干扰。Adenity 用 3-吡啶 5,6-双(4-苯磺酸)-1,2,3-三嗪(Ferrozine)试剂代替邻二氮菲(Phen)作显色剂，测定的灵敏度更高，重现性也好，562nm 处［Fe_2+(Ferrozine)$_3$］$^{4-}$的摩尔吸光系数 ε_{562} 为 2.8×10^4 L/(mol • cm)，而 Phen 法的 ε_{510} 为 1.12×10^4 L/(mol • cm)。

维生素 E 被氧化的产物，也可以同有机试剂作用形成摩尔吸光系数较高的化合物，用此可定量地测定维生素 E 含量。Sastry 等将维生素 E 溶于乙醇，并在 CH_3OH-H_2SO_4 液中回流 2h 后，游离维生素 E 用 CCl_4 萃取，加 HNO_3 氧化生成生育醌后，再加入 4-氨基-N，N-二甲基苯胺的 CCl_4 溶液，生成的绿色化合物最大吸收波长为 620nm，在此波长处可用分光光度法测定维生素 E 的含量。有色氧化剂本身的摩尔吸收系数较高，可利用它氧化维生素 E 后，其吸光度的减少来测定维生素 E 的含量。Szymaza 用乙酸乙酯提取血清中的维生素 E，加入二苯基苦基酰肼(DPPH)氧化维生素 E，在 522nm 处测定 DPPH 溶液吸光度的降低值 ΔA，结果表明 ΔA 和维生素 E 的量呈线性关系，测定结果令人满意。另外，还可利用生成深色络合物，用分光光度法间接分析维生素 E，可以提高测定的灵敏度。基于此，Sastry 的分析取得了良好的结果，试样经过皂化后加入过量的 N-溴丁二酰亚胺，用来氧化维生素 E，再加入一种过渡金属离子及对氨基苯磺酰胺，显色完成后，在 520nm 处测定溶液的吸光度。在 11.0～95.0μg/ml 浓度范围内符合比尔定律。

(二)荧光法

维生素 E 同系物具有相同的共轭双键体系，它们的激发光谱和发射光谱彼此很相似，仅相差 12nm，这就是荧光法测定总维生素 E 的原理。荧光法测定维生素 E 比较烦琐，一般要经过提取、皂化、纯化等前处理，且要根据不同的样品进行不同的前处理。夏贤明和饶泽清(1986)用此法测定了各种食品试样中的维生素 E，结果表明，当维生素 E 含量小于 100 μg/ml 时，其荧光强度和浓度间有线性关系，并可用定点比较法直接计算样品中维生素 E 的含量。陈家华和严洛美(1986)的实验表明，荧光法测定维生素 E，前处理过程对分析结果影响很大，多因素正交实验分析结果表明，前处理中的皂化提纯是影响维生素 E 含量测定的最关键的步骤，同时，实验得出测定食品中维生素 E 的最佳皂化、萃取条件。影响皂化的主要因素是 NaOH 的用量，其次是皂化时间。样品中维生素 E 常和其他维生素共存，用荧光法也可实现不分离即可测定混合物中的维生素 E 含量。阚健全(1993，1990)分别在 EX340nm、Em480nm 和 EX295nm、Em340nm 处同时测定了试样中的维生素 A 和 E，结果维生素 E 的回收率为 90.7%～95.9%，他又利用改进的荧光法快速测定食品中的维生素 E，其回收率可高达 99.2%。

(三)高效液相色谱法

高效液相色谱法是目前使用最普遍的测定维生素 E 的方法，应用范围很广，灵敏度也高，大多采用逆相色谱柱进行分析，其具有色谱柱稳定、保留时间短、重现性好及易于平衡的优点，但是逆相色谱多以水和甲醇作为流动相，这易造成脂溶性大分子化合物在柱内的沉淀，要经常清洗色谱柱，也可能使色谱峰性不理想。正相高效液相色谱法具有快速和易于分离化合物的特点，但它的重现性和平衡性不及逆相色谱法。Shin 和 Godber（1993）用改良的正相高效液相法分离和测定维生素 E 的异构体，获得了满意的结果。他们以异辛烷、乙酸乙酯、乙酸和 2.2-二甲基丙烷（体积比 98.5∶0.9∶0.85∶0.1）的混合物为流动相，可以获得非常好的结果，8 种异构体得到完全分离，并在 30min 内全部出峰，色谱峰没有拖尾现象。8 种异构体的出峰顺序：α-生育酚、α-生育三烯酚、β-生育酚、γ-生育酚、β-生育三烯酚、γ-生育三烯酚、δ-生育酚和 δ-生育三烯酚。流动相中乙酸的存在能够减少异构体的保留时间并提高柱的稳定性，而微量 2.2-二甲基丙烷能够与水反应生成丙酮和甲醇，对柱起到保护作用，大大减少柱再生的次数。维生素 E 的 HPLC 分析系统复杂，不同的固定相、流动相和检测器获得的结果有所差异。

（四）双波电压法

维生素 E 是自然界存在的电化学性质活泼的有机化合物之一，它分子上的酚羟基可以在碳和铂金电极上被不可逆地氧化，然后可测其氧化还原电势。利用维生素 E 的这一电化学特性，可以测定生物材料中维生素 E 的含量，具有比 HPLC 更快速的特点。

Clough（1992）利用该方法，在固定玻璃碳电极上对维生素 E 进行氧化，然后测其电流。因为氧化产物产生的电流大小直接与维生素 E 的浓度成正比，利用公式 $C_u=(i_1VC_s)/[i_2V_s+(i_2-i_1)V_u]$ 即可计算维生素 E 的浓度，式中 C_u 为样品中维生素 E 的浓度，C_s 为标准溶液中维生素 E 的浓度，i_1 和 i_2 分别是样品及添加定量维生素 E 标准样品的氧化物峰电流，V 是维生素 E 标准溶液的体积，V_s 是添加标准溶液的体积，V_u 为样品液的体积。该方法虽然快速，但灵敏度稍低，当要检测的样品维生素 E 含量小于 20mg/L 或需要检测 β-维生素 E 时，仍以 HPLC 方法为宜。

（五）示波极谱法

刘猛等（1999）用单扫描示波极谱法测定了维生素 E 的含量，结果令人满意。以 $Ce(SO_4)_2$ 为氧化剂，首先将维生素 E 氧化为其醌式化合物，然后在电极上进行阴极还原。在 $NH_3 \cdot H_2O$-乙醇底液中，该醌式化合物于−0.29V 处有一个敏锐的还原峰，峰电流大小与维生素 E 浓度在 1.2×10^{-5}～4.5×10^{-1} mol/L 范围内呈现良好的线性关系。在所选定的条件下，4.5 倍的苯酚、3 倍的对苯二酚等共存时不会干扰维生素 E 的测定，将该法用于样品中维生素 E 的测定，可以获得满意的结果。但该法所测结果为总维生素 E 含量，不能将各种单体分开，因此它并不能真正衡量维生素 E 的生理活性。

（六）气相色谱法

邵晓芬和张韵慧（1994）利用硅烷化试剂（双-三甲基硅烷基三氟乙酰胺与三甲基氯硅烷按 99∶1 混合配制）在 50℃条件下处理样品 5～10min，以毛细管色谱柱分析维生素 E，色谱条件为：SE-54 毛细管色谱柱 30m×0.25mm，液膜 0.25μm，程序升温，起始温度 150℃，以 10℃/min 升温至 300℃，维持 15min，检测器温度 340℃，分流进样，分流比 1∶100，载气 N_2，1.2ml/min，40min 即可完成分析。利用该法可以很好地将 G、B、Y、S 共 4

种维生素 E 分开，回收率可以达到 96.7%，*RSD*(*n*=5) 仅为 1.1%，但利用填充色谱柱效果较差，不能很好地将β-和γ-维生素 E 分开。

维生素 E 测定方法的研究进展迅速，目前的分析方法已多达十几种，各方法均有其自身的灵敏度、检测极限等优缺点。但同一样品采用不同的方法得到的分析结果不尽相同，使得不同分析方法获得结果的可比性较差，给使用者带来一定的困难。到目前为止，也没有比较各方法优缺点、准确度、灵敏度的文献发表，各个使用者强调自己所用方法的优越性，实不尽然。今后的研究方向是：第一，比较现存分析方法的灵敏度、精密度、准确度和检测极限等，提高这些测定方法所得结果的可比性，从而找出最合适的测定方法，同时探究各方法存在的问题，并加以改进；第二，研究如何简化烦琐的样品前处理过程，以缩短分析时间；第三，研究在混合物中不经过分离、直接测定各种维生素 E 的方法，及进一步提高混合物中各构型维生素 E 测定的灵敏度和重现性，只有这样，才能真正衡量样品中维生素 E 的含量和生理活性。

导数光谱法可以提高测定的选择性，实现不分离同时测定多组分的目的，这是导数光谱法的优越之处。目前应用导数光谱法测定混合物中维生素 E 的报道已经较多，具体有一阶导数光谱法、二阶导数光谱法和三阶导数光谱法。

(七) 维生素 E 含量测定实例

根据李桂华等(2006)的检测方法，测定流程如下。

1. 仪器装置

高效液相色谱仪、荧光检测器、微孔滤膜过滤器(13mm，孔径 0.45μm)。

2. 色谱分析条件

色谱柱：硅胶柱 4.6×250mm，粒度 5μm。荧光检测器：激发波长 298nm，发射波长 325nm。流动相为正己烷和异丙醚(90∶10，*V*∶*V*)，流速 1.5ml/min。柱温 40℃，进样量 5μl，扫描时间 20min。

3. 分析方法

(1) 样品的前处理

磨碎的大豆试样粉按索氏提取法(GB/T14488. 1-93)提取出油样，精确称取 0.500g 左右(精确到 0.001)的油样于 5ml 的干洁容量瓶中，用流动相正己烷∶异丙醚(90∶10，*V*∶*V*)溶解，准确稀释到 5ml，配制成溶液，摇匀后通过 0.45μm 滤膜，滤液转入 HPLC 专用小瓶中，在设定的色谱分析条件下进行测定。

(2) 维生素 E 的定性方法

以 α-生育酚、γ-生育酚、δ-生育酚标样的保留时间作为定性依据。各所测油中与标准样品保留时间一致的色谱峰，被认为是 α-生育酚、γ-生育酚、δ-生育酚。β-生育酚根据文献报道的保留时间判定。

(3) 维生素 E 的定量方法

采用外标法对各种生育酚进行定量。大豆油试样中各种生育酚含量由峰面积在标准曲线上查到其含量，或用回归方程求出其含量。

(4)标准曲线的绘制

准确量取一定重量的α-生育酚、γ-生育酚、δ-生育酚标样，分别用流动相正己烷：异丙醚(90：10，*V*：*V*)溶解，稀释至一定体积，再分别移取此溶液 0.5ml、1.0ml、1.5ml、2.0ml 于 4 只 10ml 的容量瓶中稀释定容，通过 0.45μm 滤膜过滤，在选定的色谱条件下分别进样，以浓度和峰面积作图，得到 3 个组分的标准曲线和回归方程，最终计算得到各组分含量。

二、矿物质元素

(一)磷元素含量测定

大豆籽粒中含有丰富的矿物质元素，其含量一般在 45～68g/kg，主要为钾、钠、钙、镁、磷、硫、氯和铁等，其中以磷的含量为最高。磷是动植物生长发育必需的营养元素之一，在作物种子中磷主要以植酸磷的形式存在，占总磷的 65%～80%。其余部分为无机磷和细胞磷，包括磷脂、ATP 等。由于人和单胃动物体内缺乏植酸酶，因此，种子中的植酸磷不能被利用。这一方面造成磷元素在动物营养中的缺乏，必须依靠添加无机磷或植酸酶来满足动物对磷的需求，从而增加了饲喂成本，另一方面不被消化吸收利用的植酸磷排入环境中，造成水体环境的富营养化。植酸还降低大豆种子中铁、锌、钙等微量元素和蛋白质的生物有效性。

标准磷的制备和工作曲线的绘制按 GB/T 6437—2002 进行。总磷测定，样品的消化采用硫酸和过氧化氢进行湿法消化，按照 Raboy 和 Dickinson(1984)的方法进行。无机磷采用 Wilcox 等(2000)所用的无机磷测定方法，略作改动。肌醇磷酸磷，样品前处理按 Raboy 和 Dickinson(1984)的方法进行。植酸磷可根据张嘉捷和朱岩(2005)的方法测定。

(二)硒元素含量测定

在我国，环境低硒是引起多种流行病如大骨节病、克山病、动物白肌病的因素之一。实践证明，缺硒地区人群适当补硒可取得良好的医疗效果。膳食中硒的形态不同将导致人和动物体硒的摄入、分布和转化的差异。一般认为，植物性产品中硒的生物利用率大于无机硒盐，不同富硒农产品的生物利用率也存在差异。大豆硒含量相对较高，且硒主要富集在蛋白质中，大豆分离蛋白中硒的生物有效性为 86%～96%，因而可以作为一种良好的植物性硒源。张艳玲等(2003)对大豆籽粒中硒含量进行了分析。流程如下。

样品处理。收获后的大豆籽粒经去离子水反复冲洗，60℃烘干，粉碎，过 80 目筛备用。

结合态硒的提取方法。用索氏提取法去除脂肪。具体步骤为：脱脂豆粉以 1：10 的样液比，用缓冲液(含 20mmol/L Tris，0.1% β-巯基乙醇，1mmol/L $NaNO_3$，pH 8.5)提取，离心所得上清液为总水溶性蛋白溶液；调节上清液 pH 至 6.5，离心沉淀得到 11S 球蛋白；余下的上清液再调节 pH 至 4.5，离心沉淀得到 7S 球蛋白；余下的上清液加$(NH_4)_2SO_4$至 45%饱和度，离心沉淀得到乳清蛋白。将以上得到的各组分，在真空冷冻干燥机上连续干燥 48h，称重，密封，供测定硒含量。由脱脂豆粉减各部分之和得到固体残余物量。

石油醚脱掉的脂肪和固体残余物中含硒量由差减法得到。

硒的分析测定。称取干燥的样品 0.2～1.5g，用硝酸和高氯酸（体积比为 4 : 1）砂浴消化，待测液中的硒用原子荧光光谱仪测定。以国家标准物质 GBW07603（GSV-2）为标样，测定回收率为 99%～109%。

（三）铁、锌、铜、铬和镍元素测定

大豆及豆制品营养丰富，富含蛋白质、脂肪、维生素和微量元素。其中锌、铁、铜、铬和镍是人体必需的微量元素。锌参与多种酶的合成，缺锌引起食欲减退、生长迟缓、痴呆、皮炎、免疫功能低下。铜参与造血过程及铁的代谢，诱导合成金属硫蛋白，具有解毒功能，并且是构成超氧化物歧化酶的必需成分。铁构成过氧化氢酶，过氧化物酶等清除人体内过多的自由基，铁缺乏影响血红蛋白的合成，导致贫血。三价铬参与代谢，是维持人体正常的葡萄糖耐量、生长及寿命不可缺少的元素。任健敏等（2006）利用火焰分光光度计方法对上述元素进行了测定。主要流程为：称取 0.5g 试样于瓷坩埚中，在电炉上低温碳化至无烟，移入马弗炉中 550℃灰化完全。取出，待稍冷后滴加 HNO_3 2ml，置于电炉上微沸熔解，移入 50ml 容量瓶中加水定容、摇匀，同时制作空白。

（四）磷含量测定实例

1. 籽粒无机磷含量的测定

按单粒称重，敲碎，置于 96 孔深孔板，按样本质量每毫克加入 10μl 的提取液（12.5% TCA+25mmol/L $MgCl_2$），4℃条件下过夜提取。次日，取 10μl 浸提液于 96 孔 V 型酶标板中，加入 90μl 蒸馏水和 100μl 显色剂[1 体积 3mol/L 浓硫酸，1 体积 2.5%（*m*/*V*）的钼酸铵，1 体积 10%（*m*/*V*）的抗坏血酸和 2 体积的蒸馏水]，室温下静置 1h 后，进行比色测定。同时，酶标板上设置 5 个用磷酸氢二钾配制的标准磷溶液，容积均为 200μl，含磷量分别为（Ⅰ）0.0μg、（Ⅱ）0.15μg、（Ⅲ）0.46μg、（Ⅳ）0.93μg 和（Ⅴ）1.39μg，显色后分别呈黄色、浅黄、浅蓝、蓝和深蓝色。以上处理、稀释后，最后在 V 型板中每个样本的无机磷相当于 1mg 种子所含无机磷（袁凤杰等，2005；Chen et al., 1956）。

2. 磷含量定量分析

参考袁凤杰等（2005）的检测方法，流程如下。

（1）样品前处理与标准磷制备

称取 100g 成熟种子，去杂选净，置于真空干燥箱中，60℃真空干燥 72h，旋风粉碎机粉碎，过 60 目网筛；置于干燥器中，低温干燥保存。

磷标准液的制备。将磷酸二氢钾在 105℃干燥 1h，在干燥器中冷却后称取 0.2195g 溶解于水，定量转入 1000ml 容量瓶中，加硝酸 3ml，用水稀释至刻度，摇匀，即为 50μg/ml 的磷标准液。

工作曲线的绘制。准确移取磷标准液 0.0、1.0ml、2.0ml、4.0ml、8.0ml、16.0ml 于

50ml 容量瓶中，各加 10ml 钒钼酸铵显色剂，用水稀释至刻度，摇匀，常温下放置 10min 以上，以 0.0ml 溶液为参比，用 1cm 比色皿，在 400nm 波长下，用分光光度计测各溶液的吸光度，以磷含量为横坐标，吸光度为纵坐标，绘制工作曲线(GB/T 6437—2002)。

(2) 总磷样品的消化

采用硫酸和过氧化氢进行湿法消化(Raboy and Dickinson，1984)。

试样的测定。准确移取试样分解液适量于 50ml 容量瓶中，加入钒钼酸铵显色剂 10ml，用水稀释到刻度，摇匀，常温下放置 10min 以上，用 1cm 比色皿在 400nm 波长下，测定试样分解液的吸光度，在工作曲线上查得试样分解液的磷含量(GB/T 6437—2002)。

(3) 无机磷测定

取制备的大豆样品 1g，加入 20ml 提取液(12.5%TCA+25mmol/L $MgCl_2$)，4℃震荡过夜，10 000r/min，4℃离心 15min，取适量的上清液，用比色方法测定磷的含量(GB/T 6437—2002，Wilcox et al., 2000)。

三、其他成分

(一) 豆腥味

脂肪氧化酶是一种含非血红素铁的蛋白质，专一催化具有顺-1，4-戊二烯结构的多元不饱和脂肪酸加氧反应，生成具有共轭双键的脂肪酸氢过氧化物，再经裂解酶分解生成短碳链的醇、酮和醛类等挥发性物质，这些挥发性物质导致大豆及其制品产生豆腥味，这其中最主要的腥味物质就是己醛和己醇。对豆腥味物质的测定研究较少，下面介绍一下麻浩等(2001)对豆腥味进行分析时采用的方法。

豆粉和豆浆的制备。豆粉是将各供试大豆材料的籽粒粉碎，过 80 目筛后制成。每个样称 50g，提取气味前每个样加入 400ml 的去离子水。豆浆是通过将各供试材料的籽粒(每个样 50g)加入 400ml 去离子水浸泡过夜(大约 12h)，然后磨浆所得。每个样重复 2 次，提取气味前每个样加入 2ml 癸酸乙酯(0.05mg/ml)作内标。

气味的提取。采用蒸馏提取法(SDE 法)，用乙醚作提取剂，提取时间 40min。提取完毕后，乙醚提取液立即用 Na_2SO_4 脱水 24h，然后通过蒸馏和用 N_2 气吹浓缩至 1ml 左右。

气味成分的气相色谱和气-质联机分析：气相色谱仪为岛津 GC-9A，气相色谱分析条件为：WCOT 柱子为 OV-101 柱，50m×0.25mm(内径)；载气为 N_2 气，进气压力为 2.5kg/cm^2；灶温升温控制为 50℃开始，停 1min，然后按 5℃/min 升温，直至 190℃，停 30min；进样口和检测器的温度为 200℃。峰面积百分率用岛津 C-R3A 积分仪计算。气-质联机的气相色谱分析条件与气相色谱的条件一致。

(二) 叶黄素

叶黄素又名植物黄体素，是一种性能优异的强抗氧化剂。在 1831 年首次从胡萝卜根中提取到，随后从秋天的黄叶、海藻和蛋黄中也相继提取了叶黄素，它是玉米、菠菜、甘蓝、金盏花、万寿菊等植物色素的主要组分。由于它对人类健康起着积极保健作用，近年来，它已成为一种国际市场上备受关注的新型保健食品添加剂，1g叶黄素的价格与1g黄金相当。因此，人们常把它称为“植物黄金”。

在大豆籽粒中叶黄素含量为0.12～3.5mg/100g DW，虽然不及花卉中的含量高(0.10～8.0mg/100g DW)，但大豆作为最广泛的食用油和植物蛋白的原料，提高其叶黄素含量无疑对增加其附加值，提高人类健康水平起着积极的作用。大豆又是重要的饲料工业原料，在现代养禽业中，饲料公司为了迎合市场的需要，往往在饲料中添加超常量的合成商品着色剂，不仅使成本大大增加，且对人类健康不利。因此，生物来源的含叶黄素和玉米黄素的材料，就成为天然饲料着色剂的主要来源。

叶黄素的主要检测方法有：紫外-可见分光光度法、色谱法、质谱法和核磁共振法等。滕卫丽等(2012)对其测定方法进行了综述。

紫外-可见分光光度法具有灵敏度高、操作简便和仪器价格低廉等优点。由于叶黄素分子结构中具有共轭双键体系，使其在可见光区表现出强吸收带。叶黄素溶液的吸光度与浓度成正比，即服从Beer-Lambert定律，能够实现精确的定量分析。

色谱法又称层析法，可以对叶黄素进行定量分析，也能够为判定样品中叶黄素结构提供可靠的信息。包括：①高效液相色谱法(HPLC)，具有分离效果好、选择性强、检测灵敏度高和分离速度快，可以实现对待测物中叶黄素的定性、定量分析等优点。Wang等(2007)和王绍东等(2010)建立了一次取样、同步提取，利用HPLC两步分析法，可同时快速准确测定大豆维生素E、叶黄素、β-胡萝卜素等脂溶性成分含量及异黄酮含量的方法，实现了对单粒杂交后代种子的一次痕量取样即可准确、快速、简便测定其含量的目的。②薄层色谱又称薄层层析，兼备了柱色谱和纸色谱的优点，能快速分离和定性分析少量物质。分析含有叶黄素的复杂样品时，可采取TLC薄层色谱法对样品进行定性检测。若将TLC薄层色谱与HPLC结合起来，能够得到较好的分离结果。③超临界色谱法(SFC)，具有分析速度快、效能高、操作温度低、选择性强、灵敏度高和经济环保等优点，虽然尚属尝试阶段，但对于分析像叶黄素这样具有复杂几何异构体的类胡萝卜素结构方面，发展前景广阔。其他方法还有质谱法(MS)和核磁共振法(NMR)。质谱法在测定叶黄素分子结构时具有灵敏度高、分析速度快及可确定分子质量和分子式等优点，以电子轰击离子化电离源(EI)、化学电离源(CI)、快原子轰击电离源(FAB)等的液-质联用方法已被广泛地应用。核磁共振图谱直观性强，可直接反映出分子的骨架，但仪器比较昂贵，普及性差，常与高效液相、质谱等方法联合，可应用于叶黄素几何异构的鉴定。

(三)维生素C

1. 原理

维生素C具有化学还原性。2,6-二氯酚靛酚钠盐水溶液呈蓝色，在酸性环境中为玫瑰色，当其被还原时，则脱色。根据其各自性质，利用2,6-二氯酚靛酚在酸性环境中滴定有维生素C的样品溶液。开始时，样品液中的维生素C立即将滴入的2,6-二氯酚靛酚还原脱色，当样品液中维生素全部被氧化时，再滴入2,6-二氯酚靛酚就不再被还原脱色而呈玫瑰色。因此当样品液用2,6-二氯酚靛酚标准液滴定时，溶液出现浅玫瑰色时，表明样品液中的维生素C全部被氧化，达到滴定终点。此时，记录滴定所消耗的2,6-二氯酚靛酚标准量，按下述方法测定样品中还原型维生素 C 的含量。

2. 溶液配制

2,6-二氯酚靛酚溶液：称取 210mg 碳酸氢钠，260mg 2,6-二氯酚靛酚溶于 250ml 蒸馏水中，稀释至 1000ml。过滤，装入棕色瓶内，置于冰箱中保存，不得超过 3 天。使用前用新配制的标准抗坏血酸溶液标定。取 5ml 标准抗坏血酸标准液及 5ml 草酸溶液（1%）于 50ml 的锥形瓶中，用配制好的 2,6-二氯酚靛酚溶液于微量滴定管中滴定至粉红色出现，并保持 15s 不褪色，即滴定终点，此时所用染料的体积相当于 0.1mg 抗坏血酸，由此可求出每毫升 2,6-二氯酚靛酚溶液相当于抗坏血酸的毫克数。

标准抗坏血酸溶液：准确称取纯抗坏血酸结晶 50mg，溶于偏磷酸-乙酸溶液定容至 250ml，装入棕色瓶中，4℃低温冷藏。

偏磷酸-乙酸酸溶液：称取偏磷酸 15g，溶于 40ml 冰醋酸和 450ml 蒸馏水所配的混合液中，过滤，4℃低温冷藏，保存期不宜超过 10 天。

3. 操作方法

（1）制备含维生素 C 的样品提取液

称取 30g 豆芽置于研钵中研磨，放置片刻（约 10min），用 2 层纱布过滤，将滤液（如混浊可离心）滤入 50ml 容量瓶中。反复抽提 2 或 3 次，将滤液并入同一容量瓶中。最后，用酸化的蒸馏水（每 10ml 蒸馏水加 10%盐酸 1 滴）定容，混匀备用。

（2）维生素 C 含量的测定

量取样品提取液 10ml 于锥形瓶中。用微量滴定管，以 2,6-二氯酚靛酚溶液滴定样品提取液，呈微弱的玫瑰色，持续 5 秒钟不褪为终点，记录所用 2,6-二氯酚靛酚的毫升数。整个滴定过程不宜超过 2min。另取 10ml 用 10%盐酸酸化的蒸馏水做空白对照滴定。样品提取液和空白各做 3 份。

4. 计算结果

$$维生素\ C\ 含量(mg/100g)=[(V_A-V_B)\times S]/W\times 100\%$$

式中，V_A——滴定样品提取液所用的 2,6-二氯酚靛酚的平均毫升数；

V_B——滴定空白对照所用的 2,6-二氯酚靛酚的平均毫升数；

S——1ml 2,6-二氯酚靛酚溶液相当于维生素 C 的毫克数；

W——10ml 样品提取液中含样品的克数。

（本章由姜振峰完成）

参 考 文 献

陈家华，严洛美. 1986. 荧光法测定食品中的维生素 E: 多因素正交试验的尝试. 食品科学, 7: 43～45

樊明涛，吴守一，马海乐. 2002. 维生素 E 测定方法的研究进展. 江苏大学学报（自然科学版），23（1）：54～57, 74

何继春，卫巍. 2001. 大豆异黄酮检测及四标样快速测定法研究. 粮食与油脂, 7: 46～47

鞠兴学, 袁建, 汪海峰. 2001. 三波长紫外分光光度法测定大豆异黄酮含量的研究. 食品科学, 22(5): 46～48
阚健全. 1990. 荧光法同时测定食品中的维生素 E 和维生素 A. 营养学报, 10: 46～49
阚健全. 1993. 荧光法快速测定食品中的维生素 E. 分析测试学报, 3: 51～54
李桂华, 代红丽, 王学东, 等. 2006. 高压液相色谱法测定我国与美国大豆中维生素 E 含量. 河南工业大学学报(自然科学版), 27(2): 1～4
刘猛, 屈建莹, 刘快之, 等. 1999. 维生素 E 的单扫描示波极谱法测定. 河南大学学报, 29(1): 39～42
麻浩, 官春云, 何小玲, 等. 2001. 大豆种子脂肪氧化酶缺失基因控制豆腥味效果的研究. 中国农业科学, 34(4): 367～372
苗兴芬, 朱命喜, 徐文平, 等. 2010. 大豆脂肪酸组分的快速气相色谱分析. 大豆科学, 29(2): 358～360
彭义交, 刘宗林. 2004. 大豆异黄酮双向纸层析分析方法的研究. 食品科学, 25(4): 141～144
全吉淑, 尹学哲, 工藤重光. 2007. 高效液相色谱法测定大豆胚轴中各类皂苷的含量. 食品科技, 4: 172～174
任健敏, 彭珊珊, 张霖霖, 等. 2006. 火焰原子吸收法测定大豆和豆制品中铁、锌、铜、铬和镍. 光谱实验室, 23(2): 314～315
邵晓芬, 张韵慧. 1994. 脱臭馏出物中游离生育酚的气相色谱分析. 分析试验室, 13(5): 57, 61～62
师文添, 于学雷, 袁建等. 2009. 苷元比色法测定大豆总皂苷. 食品科学, 30(2): 211～214
孙君明, 韩粉霞, 闫淑荣, 等. 2008. 傅里叶近红外反射光谱法快速测定大豆脂肪酸含量. 光谱学与光谱分析, 28(6): 1290～1295
孙艳梅, 张永忠, 王伊强, 等. 2006. β-葡萄糖苷酶水解大豆异黄酮糖苷的研究. 中国粮油学报, 2006, 21(2): 86～89
滕卫丽, 韩英鹏, 赵桂云, 等. 2012. 大豆叶黄素的研究进展. 作物杂志, 1: 9～12
王丽, 宋志峰, 纪锋, 等. 2008. 高效液相色谱法测定大豆中游离氨基酸含量. 中国粮油学报, 3(1): 180～184
王绍东, 冯晓, 王晓云, 等. 2010. 植物营养成分含量的快速提取检测法. 中国, 201010191832.8.2010. 10.20
王哲, 白志明, 田娟娟, 等. 2005. 紫外分光光度法测定大豆异黄酮含量. 中国油脂, 30(1): 52～53
吴周和, 周丽明, 张勇, 等. 2006. 反相高效液相色谱法测定大豆异黄酮甙元的含量. 分析科学学报, 22(3): 303～305
夏贤明, 饶泽清. 1986. 荧光法测定维生素 E 的研究. 中国酿造, 6: 37～39
徐颖. 2006. 高效液相色谱法检测大豆异黄酮含量. 油脂开发, 6(14): 33～35
闫子鹏, 薛锦峰. 2005. 紫外分光光度计测定大豆中的总皂苷的方法. 大豆通报, 2: 28～29
杨洁, 蒙缔亚, 李露. 2007. 高效液相色谱法测定保健食品中大豆异黄酮含量. 分析测试技术与仪器, 13(2): 130～135
杨正坤, 王秀丽, 龙施华, 等. 2012. 考马斯亮蓝染色法测定大豆茎叶中蛋白质含量. 湖北农业科学, 51(20): 4610～4612
袁凤杰, 董德坤, 李百权, 等. 2011. 大豆突变体 Gm-lpa-TW-1 中低植酸性状与种子发芽率和糖份含量的相关性分析. 核农学报, 25(5): 879～885
袁凤杰, 任学良, 刘庆龙, 等. 2005. 大豆籽粒高无机磷突变体的选育和特性研究. 中国农业科学, 38(11): 2355～2359
张海军, 王英, 王庆钰. 2011. 大豆异黄酮检测方法研究概述. 粮食与油脂, 3: 39～42
张嘉捷, 朱岩. 2005. 柱后衍生离子色谱法分析米粉中植酸. 浙江大学学报(理学版), 32(2): 201～203
张立娟, 姜瞻梅, 姚雪琳, 等. 2008. 双缩脲法检测大豆分离蛋白中蛋白质的研究. 食品工业科技, 29(7): 241～242

张艳玲, 潘根兴, 胡秋辉, 等. 2003. 叶面喷施硒肥对低硒土壤中大豆不同蛋白组成及其硒分布的影响. 南京农业大学学报, 26(1): 37～40

张颖君, 高慧敏, 蒋春志, 等. 2008. 大豆种子脂肪酸含量的快速测定. 大豆科学, 27(5): 859～862

赵世萍, 章育中. 1985. 葛根中异黄酮含量的薄层光密度法测定明. 药学学报, 20(3): 203～208

朱文静, 陈斌, 邹贤勇. 2007. 基于滤光片型 NIR 光谱仪快速测定完整大豆蛋白含量的研究. 现代仪器, 6: 44～46, 61

Chen P S, Toribara T Y, Warner H. 1956. Microdeterminations of phosphorous. J. Anal. Chem., 28: 1756～1758

Clough A E. 1992. The determination of tocopherols in vegetable oils by square-wave voltammetry, JAOCS, 69(5): 456～460

Creeke P I, Wilkinson A P, Lee H A. 1998. Development of elisas for the measurement of the dietary phytoestrogen daidzein and equol in human plasma. Food Agric. Immunol., 10(4): 325～337

GB/T 6437—2002, 饲料中总磷的测定——分光光度法

ISO 10565(1999) Oilseeds—Simultaneous Determination of Oil and Moisture Contents—Method Using Pulsed Nuclear Magnetic Resonance Spectrometery, International Organization for Standardization, Geneva. Switzerland

ISO 10632(2000) Oilseed Residues—Simultaneous Determination of Oil and Moisture Contents—Method Using Pulsed Nuclear Magnetic Resonance Spectroscopy, International Organization for Standardization, Geneva, Switzerland

ISO 5511(1992) Oilseeds—Determination of Oil Content—Method Using Continuous-Wave Low-Resolution Nuclear Magnetic Resonance Spectrometry(Rapid Method), International Organization for Standardization, Geneva

Jeong W H, Harada K, Yamada T, et al. 2010. Establishment of new method for analysis of starch contents and varietal differences in soybean seeds. Breed. Sci., 60: 160～163

Krygsman P H, Barrett A E, Burk W, et al. 2004. Simple methods for measuring total oil content by benchtop NMR//Luthria L L. Oil Extraction and Analysis. Champaign: AOCS Press: 152～165

Mcleod G S, Sheperd M J. 2000. Determination of the ionization constants of isoflavones by capillary electrophoresis. Phytochem. Anal., 11(5): 322～326

Raboy V, Dickinson D B. 1984. Variation in seed total phosphorus, phytic acid, zinc, calcium, magnesium and protein among lines of *Glycine max* and *G. soja*. Crop Sci., 24(3): 431～434

Shin T S, Godber J S. 1993. Improved high-performance liquid chromatography of vitamin E vitamers on normal-phase columns. JAOCS. 70(12) 1289～1291

Uehara M, Lapcík O, Hampl R, et al. 2000. Rapid analysis of phytoestrogens in human urine by time-resolved fluoroimmunoassay. J. Steroid. Biochem. Mol. Biol, 72(5): 273～282

Vänttinen K, Moravcova J. 1999. Phytoestrogen in soy foods: determination of daidzein and genistein by capillary electrophrcsisl. Czech J. Food. Sci., l7(2): 61～67

Wang S D, Kanamaru K, Li W B, et al. 2007. Simultaneous accumulation of high contents of α-tocophenol and lutein is possible in seeds of soybean(*Glycine max* (L.) Merr.). Breed. Sci., 57: 297～304

Wilcox J R, Premachandra G S, Young K A, et al. 2000. Isolation of high seed inorganic P, low-phytate soybean mutants. Crop Sci., 40: 1601～1605

第七章　大豆品质性状的遗传、QTL定位与基因克隆

大豆是世界上重要的粮油兼用作物，因其含有蛋白质、脂肪、皂苷及异黄酮等对人体健康有益的各种功能性成分，被人们誉为“21世纪的健康食品”（丁小林，2004）。因此，如何提高其有益成分含量、缩短育种进程、最大限度地增加其附加值，已成为大豆品质改良育种研究领域的热点之一。但是，由于上述品质性状多为数量性状遗传，若应用传统育种手段进行改良，存在育种效率低、育种周期长等弊端。采用分子标记对复杂的数量性状位点(quantitative trait loci，QTL)进行定位，则可以在不同遗传背景、不同环境条件下检测和定位出有用的QTL，可极大地提高育种效率，缩短育种进程。

第一节　DNA分子标记技术概述

遗传变异是生物进化的基础，它决定着生物的存在和发展，是人类一直要揭开其奥妙并进行能动性改造的领域之一。根据生物遗传信息传递的中心法则，生物在各种性状上的差异，主要是由遗传物质DNA序列差异造成的，而遗传标记正是表现变异性、遵循简单方式的性状或物质，是任何遗传分析不可或缺的工具。DNA分子标记是DNA水平上遗传变异的直接反映，通过辨别生物个体之间DNA序列差异，并以此作为标记的DNA分子标记技术是目前最为理想的性状标记手段，即理想的遗传标记应具有多态性高、稳定遗传、遗传行为简单、能检测到整个基因组、不受内外环境影响、操作经济简单等基本特征。DNA分子标记技术的出现，使基因标记定位成为可能，并得到迅速发展。近年来，随着DNA分子标记技术的日渐成熟，分子标记在大豆蛋白质及其组分，脂质及脂肪酸构成，皂苷及异黄酮等重要品质性状QTL或基因定位上得到了广泛的应用，为基因的克隆及功能分析奠定了坚实基础。因此，本章在介绍“大豆品质性状的遗传及QTL定位与基因克隆”之前，将简要地总结介绍几种常用的分子标记技术。根据标记检测的原理不同，分子标记技术将主要分为以下几种。

一、基于RFLP的分子标记技术

(一)RFLP分子标记技术

1974年Grodzicker等在鉴定温度敏感表型的腺病毒DNA突变体时，利用限制性内切核酸酶酶解后得到的DNA片段的差异，首创了DNA分子标记——限制性片段长度多态性(restriction fragment length polymorphism，RFLP)标记，并于20世纪80年代中期得以发展。RFLP标记技术是发展最早的以分析限制性片段长度多态性为基础的分子标记技术(Bostein et al., 1980)。其技术原理是检测DNA在限制性内切核酸酶酶切后形成的特

定 DNA 片段的大小。因此，凡是可以引起酶切位点变异的突变，如点突变和一段 DNA 的重组等均可导致 RFLP 的产生。

此技术及其从中衍生出来的一些变型均包括以下基本步骤：DNA 的提取，用限制性内切核酸酶酶切 DNA，用凝胶电泳分离 DNA 片段，把 DNA 片段转移到滤膜上，通过 Southern 杂交利用放射性标记的探针显示特定的 DNA 片段，分析结果。RFLP 分析中所使用的探针通常是随机克隆的与被检测物具有一定同源性的单拷贝或低拷贝基因组片段或 cDNA 片段。其中 cDNA 探针保守性较强，许多同科物种 cDNA 探针都可以作为通用探针。

RFLP 标记广泛存在于生物体内，不受组织、环境和发育阶段的影响；RFLP 标记的等位基因是共显性的，不受杂交的影响，可区分纯合基因与杂合基因；可产生的标记数目很多，可覆盖整个基因组。但是 RFLP 标记技术需要酶切，对 DNA 质量要求高；由于编码基因具有相当高的保守性，RFLP 的多态性程度偏低；分子杂交时会用到放射性同位素，对人体和环境都有害；探针的制备、保存和发放也很不方便。此外，分析程序复杂、技术难度大、费时、成本高在很大程度上限制了 RFLP 技术的应用(姚红伟等，2010)。

(二)RAPD 分子标记技术

随机扩增多态性 DNA(random amplified polymorphic DNA，RAPD)标记技术，是 Williams 和 Welsh 于 1990 年同时发展起来的以聚合酶链反应(polymerase chain reaction，PCR)为基础的检测基因组 DNA 多态性的遗传标记技术。

该技术利用随机引物(一般 8～10 个碱基)非定点地扩增 DNA 片段，对于任一特定的 RAPD 引物，它同基因组 DNA 有特定的结合位点。如果这些结合位点在基因组某些区域内的分布符合 PCR 扩增的条件，就可扩增出片段。因此，如果基因组在这些 DNA 区域内发生片段插入、缺失或碱基突变，就可能导致 DNA 这些特定位点分布发生相应的变化，而使 PCR 产物增加、缺少或发生分子质量的改变。

因此，通过对 PCR 产物的检测，即可测出基因组在这些区域的多态性，然后用凝胶电泳分离扩增片段，分析基因组 DNA 的多态性。其优点在于不需 DNA 探针，设计引物也不需要知道序列信息；用一个引物就可扩增出许多片段。

RAPD 标记技术操作简单、成本较低且引物的设计是随机的。因此，可在不知道特异性位点序列信息的情况下，对各种生物进行多态性分析，检测区域几乎覆盖整个基因组。但是，RAPD 标记一般属显性遗传，对扩增产物的记录只能记为“有或无”，意味着此法无法准确鉴别和区分杂合子和纯合子；RAPD 技术在分析中存在的重复性不高的弊端，这是因为随着 PCR 反应条件的变化，会引起一些扩增产物的改变；存在共迁移问题，在不同个体中出现相同分子质量的条带后，并不能保证这些个体拥有同一条(同源)片段(白生文和范慧玲，2008)。

(三)SRAP 分子标记技术

相关序列扩增多态性(sequence related amplified polymorphism，SRAP)分子标记技术

是由美国加州大学蔬菜系的 Li 与 Quiros 博士，于 2001 年在芸薹属作物开发出来的(刘丽娟等，2009)。该标记系统利用一个 17bp 的正向引物和 18bp 的反向引物对生物全基因组进行扩增，对于不同的材料，因其基因组的不同，通过 SRAP 技术扩增出的谱带也会有所不同，通过分析不同材料的 SRAP 扩增图谱，便可观察分析材料间的遗传差异。

SRAP 标记分析的核心是引物设计，17bp 的正向引物包含 14bp 的核心序列和 3′端的 3 个可选择性碱基，其中 14bp 的核心序列又由 5′端的 10 个碱基的填充序列及紧接着的 CCGG 组成。由于生物体的基因组中 CCGG 常多见于外显子区间，因此该 17bp 的正向引物序列可以对外显子区域进行扩增。18bp 的反向引物包括 15bp 的核心序列和 3′端的 3 个可选择性碱基，其中 15bp 的核心序列又由 5′端的 11 个碱基的填充序列和紧接着的 AATT 组成。而内含子和启动子等非编码区往往富含 AATT 序列，该段 18bp 的反向引物对内含子区域、启动子区域等非编码区进行扩增。基因组不同的生物个体其内含子、启动子与外显子的间隔长度不同，因而扩增出的 DNA 指纹图谱也就产生了多态性(任羽等，2004)。

SRAP 标记由于正反引物匹配完全不同的 DNA 区域，充分利用了编码区和非编码区的差异，可以在基因组的多个区域实现扩增，并且具有良好的全基因组覆盖度；SRAP 另一个非常明显的特点是操作简单、费用低，它使用了 17～18bp 的引物及变化的退火温度，保证了扩增结果的稳定性，其通过改变 3′端 3 个可变性选择碱基可得到更多的扩增产物，同时由于正反引物的自由组合而用少量的引物可进行多种组合配置，大大减少了合成引物的费用，而且也大大提高了引物的使用效率；另外，SRAP 不需要复杂的酶切、连接、扩增、杂交等操作，具有和 RAPD 同样的操作简便性，但显示出比 RAPD 更好的多态性和更好的稳定性。因此，多数 SRAP 标记在基因组中分布是均匀的，SRAP 分析已成功地应用于作物遗传多样性分析、遗传图的构建、重要性状的标记，以及相关基因的克隆等方面。

(四)TRAP 分子标记技术

靶位区域扩增多态性(target region amplified polymorphism，TRAP)标记技术，也是一种新型的基于 PCR 的标记，由美国农业部北方作物科学实验室 Hu 与 Vick 于 2003 年提出。

TRAP 技术是从 SRAP 技术改进而来的。SRAP 使用两个任意引物，而 TRAP 是使用长度为 16～20bp 的固定引物(fixed primer)与任意引物(arbitrary primer)，固定引物以公用数据库中的靶表达序列标签(EST)序列设计而来；任意引物与 SRAP 所用的一样，为一段以富含 AT 或 GC 碱基的序列为核心，可与内含子区或外显子区配对的随机序列。固定引物的设计步骤为：从 EST 数据库中鉴别出所需序列，再采用有关引物设计软件(如 DNAMan)设计核苷酸序列合理长度(18nt)与最大和最小 T_m 值(55℃、50℃)，最后选定最合适的引物，而任意引物设计完全与 SRAP 技术相同。TRAP-PCR 反应条件与 SRAP-PCR 完全一致，每次 TRAP-PCR 反应在 6.5%聚丙烯酰胺测序凝胶上可产生 50～900bp 的片段 30～50 个。

TRAP 技术与 SRAP、RAPD 和 AFLP 等标记技术一样无需任何序列信息，操作简单。

首先，引物的设计易于操作，固定引物的设计依据已有的 EST 数据库，采用引物设计软件可自动完成；随机引物只需考虑具有富含 GC 或 AT 的核心区，其余均为随机序列，因此，它具有 RAPD 技术一样的操作简单、易于建立的特点。其次，重复性好，TRAP 技术使用了比 RAPD 更长的引物，从理论上讲它应该具有较好的重复性。再次，效率高，经在多种作物上实验，TRAP 标记技术在大多数情况下，可在一个 PCR 反应中扩增出多达 50 个以上的可统计片段，片段大小为 50～900bp，产生出与 AFLP 技术相媲美的图谱。

二、基于 STS 的分子标记技术

特定序列位点(sequence-tagged site，STS)特定序列位点是对由其特定引物序列所界定的一类标记的统称。利用特异 PCR 技术的最大优点是它产生的信息非常可靠，而不像 RAPD、AFLP 和利用随机探针产生的 RFLP 那样存在某种模糊性(如难以鉴别片段的来源)。这类分子标记主要包括以下几种。

(一)SSR 分子标记技术

简单重复序列(simple sequence repeat，SSR)，又称微卫星序列(microsatellite)。它由 Moore 等于 1991 年创立，是当今流行的分子标记技术之一。SSR 标记主要是以 1～4 个核苷酸为基本单位的串联重复序列，其长度大多在 100～200bp。尽管 SSR 分布于基因组的不同位置，但其两端多是保守的单拷贝序列，因此可以根据两端的序列，设计一对特异引物，通过 PCR 技术将其扩增出来，利用电泳分析技术获得其长度多态性。SSR 标记引物根据与微卫星重复序列两翼的特定短序列设计，用来扩增重复序列本身。由于重复的长度变化极大，因此，它是检测多态性的一种有效方法。

SSR 标记数量丰富，广泛分布于整个基因组；一般检测到的是一个单一的多等位基因位点；共显性遗传，可鉴别杂合子和纯合子；得到的结果重复性高。为了提高分辨力，通常使用聚丙烯酰胺凝胶电泳技术，来检测出单拷贝差异。为了节省时间，在同一个反应试管中，可以把 PCR 反应与不同的 SSR 引物结合起来(称为复合 PCR)实施。但是，使用 SSR 技术的前提是需要知道重复序列两翼的 DNA 序列的信息，这一方面可以在其他种的 DNA 数据库中查询，否则就必须先建立含有微卫星的基因组文库，再从中筛选可用的克隆进行测序，然后设计合适的引物。

(二)AMO 分子标记技术

加锚微卫星寡核苷酸(anchored microsatellite oligonucleotide，AMO)分子标记技术，是 Zietkiewicz 等(1994)对 SSR 技术进行了改良，用加锚微卫星寡核苷酸作引物，对基因组节段而不是重复序列本身进行扩增。在 SSR 的 5′端或 3′端加上 2～4 个随机选择的核苷酸，这可引起特定位点退火，这样就能导致位于反向排列的间隔不太大的重复序列间的基因组节段进行 PCR 扩增。这类标记又被称为 ISSR(inter-simple sequence repeat)、ASSR(anchored simple sequence repeats)标记。

AMO 标记技术操作简单、快速、高效，不需要烦琐地构建基因文库、杂交和同位素显示的步骤；遗传多态性高，可同时提供多位点信息和揭示不同微卫星座位个体间变异的信息；采用的引物较长(17～24bp)，退火温度较高。因此引物具有更高的专一性，降低了条带的干扰，随之提高实验结果的可重复性；AMO 标记为显性标记，符合孟德尔遗传规律；AMO 标记技术结合了 RAPD 和 SSR 的优点，耗资少，模板 DNA 用量少。

(三) SCAR 分子标记技术

特定序列扩增区域(sequence-characterized amplified region，SCAR)分子标记，即特征序列扩增区域分子标记，是由随机扩增多态性 DNA(RAPD)、简单重复序列(ISSR)、扩增片段长度多态性(AFLP)、相关序列扩增多态性(SRAP)等标记转化而来的一种分子标记。

SCAR 标记基本步骤是：先作 RAPD 分析，然后把目标 RAPD 片段(如与某目的基因连锁的 RAPD 片段)进行克隆和测序，根据原 RAPD 片段两端的序列设计特定引物(一般比 RAPD 引物长，通常 24 个碱基)，再进行 PCR 特异扩增，这样就可把与原 RAPD 片段相对应的单一位点鉴定出来。

SCAR 与 RAPD 及其他利用随机引物的方法相比较，由于它所使用的引物长，有更高的可重复性和稳定性，模板 DNA 的差异直接表现为扩增片段的有无，而且标记是共显性遗传的。因此，在基因定位和作图中的应用效果更好。

(四) CAPS 分子标记技术

酶切扩增多态性序列(cleaved amplified polymorphic sequence，CAPS)标记是酶切扩增多态性序列标记技术，又称为 RFLP-PCR，主要是对 PCR 扩增的 DNA 片段进行限制性酶切分析。它是根据 EST 或已发表的基因序列等设计特异引物，将特异 PCR 与限制性酶切相结合而检测多态性的一种技术(赵雪等，2007)

CAPS 标记的基本原理是利用已知位点的 DNA 序列资源，设计出一套特异性的 PCR 引物(19～27bp)，然后用这些引物扩增该位点上的某一 DNA 片段，接着用专一性的限制性内切核酸酶切割所得扩增产物，凝胶电泳分离酶切片段并进行 RFLP 分析。

CAPS 标记的引物与限制性内切核酸酶组合非常多，增加了揭示多态性的机会，而且操作简便，可用琼脂糖电泳分析；在真核生物中，CAPS 标记呈共显性，即可区分纯合基因型和杂合基因型；所需 DNA 的量很少，且对 DNA 的浓度要求不严格；使用的引物较长，扩增的结果比较稳定且避免了 RFLP 分析中膜转印这一步骤，又能保持 RFLP 分析的精确度；操作简便、快捷、自动化程度高。虽然 CAPS 标记有诸多优点，但由于它必须使用限制性内切核酸酶，筛选合适的酶组合工作量大，而且，已发现的突变酶切位点较少，限制了它的大规模开发应用。

(五) CDDP 分子标记技术

保守 DNA 衍生多态性(conserved DNA-derived polymorphism，CDDP)标记，是 Collard 和 Mackill(2009)于 2009 年开发出的基于 DNA 保守序列的新型分子标记方法。在过去的 20 年中，植物基因组学和功能基因组学得到迅速发展，重要基因或基因家族被大量克隆鉴定，其功能得到验证，这些基因或基因家族中的保守氨基酸序列是典型的保守结构功能域，起着重要的作用。其对应的 DNA 保守序列在不同物种间也是相当保守的。

CDDP 分子标记技术具有的特点和优势有：与 RAPD、ISSR 等传统随机或匿名性分子标记技术一样，CDDP 也是一种基于单引物扩增反应的分子标记方法，扩增产物在琼脂糖凝胶上分离，操作简单。但它是一种目标分子标记技术，能有效产生与目标性状连锁的功能性分子标记，在遗传多样性分析和分子标记辅助育种中有重要的应用价值；引物长度为 15～19bp，长度较 RAPD 更长，GC 含量更高，稳定性和重复性更好；与 AFLP 标记技术不同，无需对 DNA 模板进行酶切、连接、预扩增和选择性扩增，直接对基因组 DNA 进行 PCR 扩增，操作简单、可靠；与 SRAP 和 TRAP 标记技术相比，无需使用复性变温法进行 PCR，常规标准三步(变性、退火和延伸)法进行 PCR，使用的退火温度都是 50℃，产物不需要用聚丙烯酰胺凝胶来分离；引物设计相对简单，标记开发费用少；为那些没有基因组全序列的植物提供了一种可供选择的分子标记方法。

(六)PAAP 分子标记技术

启动子锚定扩增多态性(promoter anchored amplified polymorphism，PAAP)标记技术，是 2009 年由 Pang 等(2009)最早开发的分子标记技术。该技术是一种专门将调控元件启动子区域考虑在内开发出来的分子标记技术。它可以在全基因组范围内产生来自启动子序列的分子标记，鉴定和定位启动子区域，但并不需要特异启动子序列，只需要根据普遍存在的启动子保守核心序列来设计简并引物，与 RAPD 标记的随机引物配对，不同的引物组合达到全基因组覆盖。

PAAP 分子标记技术的特点和优势：与 RAPD、ISSR 等传统随机或匿名性分子标记技术相比，PAAP 是一种目标分子标记技术，两种类型引物的结合可以产生由启动子附近序列变异引起的分子标记，所得分子标记主要来自启动子序列变异，可能与目标性状连锁，因此，PAAP 标记技术能够把 DNA 序列突变和 QTL 间有效地联系起来；同 RAPD 一样，使用了短的引物长度，重复性较差，但通过聚丙烯酰胺凝胶来分离扩增产物，重复性和条带统计准确性得以提高；PAAP 标记技术较之传统 AFLP 标记技术，步骤少，易于掌握；PAAP 标记技术与 SRAP 和 TRAP 标记技术相比，PCR 只需要变性、退火、延伸常规标准过程，退火温度统一为 40℃；引物设计相对简单，标记开发费用少，启动子序列研究得较多，启动子中的保守序列也研究得较清楚，只要将根据启动子核心保守序列设计的引物和 RAPD 引物结合起来就可以使用了，且可以在不同植物间通用。

三、基于 AFLP 的分子标记技术

扩增片段长度多态性(amplified fragment length polymorphism，AFLP)标记，是 1992 年荷兰科学家 Zabeau 和 Vos 在 RFLP 和 PCR 有机结合的基础上发展起来的一种标记技术。

其基本步骤是：把 DNA 进行限制性内切核酸酶酶切，然后选择特定的片段进行 PCR 扩增，在所有的限制性片段两端加上带有特定序列的“接头”，用于与接头互补，而且 3′端有几个随机选择的核苷酸的引物，进行特异 PCR 扩增，只有那些与 3′端严格配对的片段才能得到扩增，再在有高分辨力的 PAGE 凝胶上分开这些扩增产物，用放射性法、荧

光法或银染色法均可检测。

AFLP 需要的 DNA 量很少，它是一种基于 PCR 技术的分子标记，对于模板量的要求很低。多态性高，AFLP 可以通过不同的限制性内切核酸酶和引物的选择性碱基的种类与数目来控制条带的多少和大小，被认为是分子标记技术中多态性最高的技术之一。重复性好，结果较为可靠，AFLP 所使用的引物是有选择性碱基的，对扩增产物是有限制的，它不像 RAPD 等技术是随机扩增的，因此，它的重复性会相对较高。引物是通用的，对于研究比较薄弱的物种是一个很好的选择。

但是 AFLP 标记对 DNA 模板质量要求高，AFLP 标记要进行酶切、连接和 2 次 PCR 扩增，因此它对 DNA 纯度的要求很高。如果 DNA 质量不好，就会影响这几个实验步骤的完成，导致最后的电泳条带过少而且不清晰。AFLP 作为最有效的分子标记技术，虽然具有快速、可靠、稳定的特点，但其本身也存在某些局限性：酶切时对 DNA 的纯度要求严格；若酶切时间太短，则酶切反应不完全；若时间太长，则导致酶活力下降、酶切片段的碱基互补配对再次连在一起；技术操作要求相对较高。

但是，由于该技术综合了 RFLP 和 RAPD 的优点，因此，它在分子生物学和遗传育种基础理论研究和实际运用中得到广泛应用。

四、基于 SNP 的分子标记技术

单核苷酸多态性(single nucleotide polymorphism，SNP)标记技术，于 1994 年被首次提出，是指基因组核苷酸序列中由于单个核苷酸水平上的变异引起的基因序列多态性。

SNP 是由单碱基的转换、颠换及单碱基的插入和缺失等现象引起的，主要由单个同类碱基间的转换(胞嘧啶和胸腺嘧啶间的置换或腺嘌呤与鸟嘌呤间的置换)和嘌呤与嘧啶间的颠换所引起。大约 2/3 的 SNP 标记是由单个同类碱基的转换引起的。随后，Lander 提出 SNP 能作为新一代分子标记。SNP 广泛分布在生物基因组的非编码区上，数目多且稳定性较高。根据其在基因组分布的位置，SNP 可分为 3 类：基因编码区 SNP(cSNP)、基因周边 SNP(pSNP)和基因间 SNP(iSNP)。近年来，SNP 标记已广泛应用于农作物遗传学研究领域(李兆波等，2010)

SNP 的主要特点：二态性，理论上，在一个二倍体生物群体中，SNP 标记可能是由 2 个、3 个或 4 个等位基因构成，但实际上后两者非常少见，几乎可以忽略，即 SNP 标记一般只有两种碱基组成。等位基因性，借助于此特点在任何种群中其等位基因频率都可估计出来。高密度性，SNP 标记广泛分布于动植物基因组中，且数量巨大，在大豆基因组中，SNP 标记的平均密度约为每 272bp 1 个 SNP。此外，在基因组的非编码区上，SNP 标记出现的频率更高，SNP 标记可以在任何一个目的基因的内部或附近找到。高代表性，某些基因内部的 SNP 标记，可能直接影响蛋白质表达水平或结构。高遗传稳定性，SNP 标记的突变率低且能够在生物体基因组中稳定遗传，其遗传的稳定性高于 SSR 标记。

SNP 标记技术与 DNA 微阵列和芯片技术的结合，使 SNP 标记技术成为继 RFLP 和 SSR 标记之后，最有前途的第三代分子标记，并在遗传图构建、种质资源的 DNA 指纹分析和生物多样性检测、连锁不平衡的关联分析等农作物育种领域发挥重要的作用。

第二节　蛋白质性状的遗传、QTL定位及基因克隆

应用分子标记技术可以检测到控制复杂目标性状遗传变异的QTL，有利于在育种过程中对目标性状QTL进行精确的定位及选择，极大地方便了与目标性状紧密连锁的染色体区域的识别，因此，分子标记为大豆高蛋白质育种等提供了一种可能的选择方法。同时，随着大豆基因组数据的公开发表，结合生物信息学手段进行全基因组蛋白质基因挖掘的条件已经具备，并且已经取得了一定的成果。

一、蛋白质

(一)大豆粗蛋白的遗传

为了提高大豆蛋白质含量育种的效率，深入研究其性状的遗传规律是必要的。孟祥勋等人(2001)以朱军和Weir提出的二倍体种子性状广义遗传模型及其分析方法，对种子蛋白质含量的各种遗传效应进行了分析。他们采用种子性状广义遗传模型对5个亲本10个杂交组合的3个世代(亲本、F_1、F_2)的种子蛋白质含量的遗传效应分析，结果表明：大豆种子蛋白质含量的遗传，除受种子加性和显性作用直接控制外，还有来自母体植株的加性和显性作用，这些效应均达到极显著水平。其中种子直接加性效应方差最大，占总遗传效应方差的81.4%；其次是种子直接显性效应，占8.9%；两者加性效应合计达90%。母体植株的加性效应方差和显性效应也是显著的，但相对比例较小。这些结果表明，蛋白质含量的遗传控制主要是加性效应，其中种子本身的直接效应更为重要。

刘丽君(2007)研究表明，大豆的蛋白质性状是由多基因控制的数量性状，在这样一个多基因体系中，每个基因对目标性状只表现微效作用，没有明显的显隐性关系，而且表现型受环境条件影响较大，加性效应明显，F_2明显分离。Weber(1950)认为有3个基因控制蛋白质遗传。关于蛋白质含量的遗传模型，不同的研究结果有所不同，刘顺湖等(2009)以‘科丰1号’×‘南农1138-2’衍生的重组自交系群体(RIKY)和(‘Essex’×‘兴县灰布支’)×‘兴县灰布支’回交自交衍生群体(BIEX)为材料进行研究，认为大豆蛋白质含量遗传符合1对主基因+多基因遗传模型，主基因和多基因遗传率分别为31.3%～40.9%和37.2%～53.7%；姜振峰(2010)通过对‘Charleston’和‘东农594’及其147个$F_{2:12}$～$F_{2:14}$代重组自交系的3年3点实验研究认为，大豆蛋白质含量遗传主要为2对主基因+多基因遗传模型。但也有多基因遗传模型，并且存在基因间加性效应和上位性效应报道。s

(二)大豆粗蛋白质的QTL定位

1. 大豆粗蛋白质传统QTL定位

近20年来，国内外很多学者基于不同的群体对控制大豆蛋白质含量的QTL进行了定位，共定位了144个蛋白质含量相关的QTL(表7-2-1)，这些QTL定位的群体主要集中于F_2，

RIL 重组自交系及 BC_n 近等基因系，定位方法主要是依赖于区间作图(interval mapping，IM)，复合区间作图(composite interval mapping，CIM)，多重区间作图(multiple interval mapping，MIM)和方差分析(ANOVA)等分析方法。

表 7-2-1　蛋白质含量 QTL 定位信息

QTL 数目	母本	父本	群体大小/株	分析方法	群体类型	参考文献
4	‘合丰 25’	‘新民 6 号’	122	CIM	RIL	吕祝章等，2010
3	‘合丰 25’	‘新民 6 号’	122	CIM	RIL	吕祝章，2006
3	‘齐黄 26’	‘滑皮豆’	170	CIM	F_2	林延慧等，2012
6	‘晋豆 23 号’	‘灰布支’	474	CIM	RIL	梁慧珍等，2009
11	‘科丰 1 号’	‘南农 1138-2’	201	CIM	RIL	刘顺湖等，2009
10	‘Charleston’	‘东农 594’	154	CIM	RIL	单大鹏等，2009
5	‘Charleston’	‘东农 594’	154	CIM	RIL	陈庆山等，2007
2	‘Charleston’	‘东农 594’	154	CIM	RIL	张忠臣等，2004
3	‘郑 92116’	‘商 951099’	105	IM	$F_{2:3}$	关荣霞，2004
4	‘晋豆 23’	‘灰布支黑豆’	474	CIM	RIL	梁昭全，2005
1	‘绥农 14’	‘绥农 20’	94	CIM	F_2	朱晓丽，2006
2	‘皖 82-178’	‘通山薄皮黄豆甲’	133	CIM	RIL	李群，2004
3	‘科丰 1 号’	‘南农 1138-2’	201	CIM	RIL	王永军，2001
3	‘科丰 1 号’	‘南农 1138-2’	201	IM	RIL	吴晓雷，2000
1	‘A3733’	‘PI437088A’	76	ANOVA	RIL	Chung et al., 2003
1	‘A81-356022’	‘PI468916’	98	IM	BC_3F_4	Sebolt et al., 2000
1	‘Parker’	‘PI468916’	100	IM	BC_3F_4	Sebolt et al., 2000
1	‘M82-806’	‘HHP’	71	ANOVA	$F_{2:5}$	Brummer et al., 1997
1	‘M84-49’	‘Sturdy’	92	ANOVA	$F_{2:5}$	Brummer et al., 1997
2	‘McCall’	‘PI445.815’	92	ANOVA	$F_{2:5}$	Brummer et al., 1997
2	‘A87-29601’	‘CX1039-99’	100	ANOVA	$F_{2:5}$	Brummer et al., 1997
3	‘C1763’	‘CXl159-49’	89	ANOVA	$F_{2:5}$	Brummer et al., 1997
2	‘C1763’	‘CX1039-99’	83	ANOVA	$F_{2:5}$	Brummer et al., 1997
1	‘LN83-2356’	‘PI360.843’	69	ANOVA	$F_{2:5}$	Brummer et al., 1997
2	‘Archer’	‘Minsoy’	233	IM	RIL	Orf et al., 1999
1	‘Archer’	‘Noir1’	240	IM	RIL	Orf et al., 1999
2	‘Minsoy’	‘Noir1’	240	IM	RIL	Orf et al., 1999
10	‘BSR101’	‘LG82-8379’	167	ANOVA	RIL	Kabelka, 2004
6	‘PI97100’	‘Coker237’	111	ANOVA	F_2	Lee et al., 1996
13	‘Young’	‘PI416937’	120	ANOVA	F_4	Lee et al., 1996
6	‘Essex’	‘Williams’	131	CIM	RIL	Hyten et al., 2004
2	‘Essex’	‘Peking’	200	ANOVA	$F_{2:3}$	Qiu et al., 1999
4	‘Ma.Belle’	‘Proto’	82	ANOVA	F_2	Csanádi et al., 2001
6	‘Misuzudaizu’	‘MoshidouGong503’	未知	ANOVA，IM	RIL	Tajuddin et al., 2003
1	‘N87-984-16’	‘TN93-99’	101	ANOVA	RIL	Panthee et al., 2005
5	‘Minsoy’	‘Noir1’	236	ANOVA	RIL	Specht et al., 2001
3	‘Minsoy’	‘Noir1’	284	ANOVA	RIL	Mansur et al., 1996
8	‘A81-356022’	‘PI468916’	60	ANOVA	$F_{2:3}$	Diers and Shoemaker, 1992

2. 大豆蛋白质含量 QTL 的元分析

(1) 元分析的导入

目前，虽然 QTL 定位已将育种研究从常规手段转移到分子手段，但定位结果还很难直接应用于含目标性状的杂交后代筛选。主要原因在于：①多采用初级群体进行 QTL 分析，定位精确度有限；②没有高密度的遗传连锁图，很难找到与蛋白质含量相关 QTL 紧密连锁的分子标记。③由于不同实验所得到的 QTL 位置差异很大，通常有很大的误差。按照 Center 和 Kruglyak(1995)推导，LOD 值至少要达到 2.5 才可以应用于 QTL 定位，而现在定位的 QTL 中有些没有达到要求。根据 Darvasi 等的研究：QTL 的置信区间大小与群体大小和 QTL 效应成正比(Darvasi and Soller，1997；Darvasi et al., 1993)。

但是，增大作图群体的规模会增加更多的人力、物力，且前人的研究结果也不能得到更好的应用。因此，我们期待一种可以整合已有研究结果的方法，元分析(meta-analysis，Meta 分析)作为对某一研究领域内的同类研究进行定量综合的一种实用方法，有效地解决了上述难题。

Meta 分析最早由心理学家 Glass(1976)提出，起初仅被应用于医学、社会学和行为科学的研究。近年来才被应用于遗传学研究，Meta 分析在定性分析的基础上引入了定量分析方法，能够在定量层面上综合各项独立研究的成果，从而形成一个综合结论。现在，越来越多的研究者已经开始从传统的文字综述方法，转向使用 Meta 分析这种对研究进行定量综合的方法。其优点在于：

1) Meta 分析可以对某一研究领域内的同类研究进行定量的综合，这是 Meta 分析最明显的优势，而以往的综合分析(包括最优秀的研究者所做的最好的研究综述)则主要是一些定性的描述，这种定性描述使我们在对研究进行总结时，难免会遗漏掉许多有价值的信息和资料。

2) Meta 分析摆脱了过分强调单一研究结果的趋向，以往人们过于热衷单一研究的结果，他们认为只有当 $P \leqslant 0.05$ 时，这个研究才是“好的”、“有价值的”。而 Meta 分析的方法则指出，其实任何一个研究的影响都不应仅仅从 P 水平的基础上来评估，而应该更多的依赖其自身的效应度。

3) Meta 分析降低了人们对某一统计显著性水平的绝对依赖，以往包括现在我们仍在采用的依据某一显著性水平来接受或拒绝零假设的方法是存在问题的，因为有关显著性 P 的统计概率密度函数是连续函数，对于拒绝零假设，两次 P 值为 0.06 的结果要比一次为 0.05 的结果更为有力，而 10 个为 0.10 的 P 值也比 5 个为 0.05 的 P 值更有说服力，从这点意义上来说，依据效应度来进行判断的 Meta 分析更为科学。

Meta 分析过程中最重要的是判定研究结果，即对研究结果进行统计显著性水平检验和效果量的测定，它可以对不同研究数据进行统计分析，在整合 QTL 的基础上，建立相应的数学模型，以优化大量的 QTL，缩小置信区间，提高 QTL 定位的准确度和有效性，这是解决 QTL 定位的最佳方法，同时运用 Meta 分析的方法成功地找到更为准确的“真实”QTL(Goffinet and Gerber，2000)。利用比较基因组学分析不同物种控制同一性状的 QTL 定位结果，或同一物种不同图谱间的对应关系，为 QTL 的克隆提供指导。目前，元分析的方法在玉米、大豆、小麦及水稻等作物的 QTL 整合中都得到了应用(Courtois et al., 2009；Häberle et al., 2009；Guo et al., 2006；Chardon et al., 2004)。

(2) 大豆蛋白质含量 QTL 信息的收集、整理

从现有文献中下载和收集大豆蛋白质含量 QTL 信息，包括 QTL 名称、所在连锁群

位置、临近标记、作图群体等。在特定环境下，利用特定群体对目标性状进行 QTL 分析视为一次实验(取多实验数据平均值所做的 QTL 分析也视作一次实验)。位置(最大可能的位置及其置信区间)和贡献率(解释表型变异的比例)是衡量 QTL 的 2 个重要参数。如果 QTL 的置信区间未知，可以根据 Darvasi 等(1997)的公式推断其 95%置信区间：

$$C.I.=530/(N\times R^2) \tag{7-2-1}$$

$$C.I.=163/(N\times R^2) \tag{7-2-2}$$

其中 $C.I.$指 QTL 的置信区间(confidence interval)，N 代表作图群体的大小，R^2 代表该 QTL 的遗传贡献率。以上公式(7-2-1)适用于回交和 F_2 群体，公式(7-2-2)适用于重组自交系群体。

(3) 大豆蛋白质含量 QTL 信息的处理

根据收集到的 QTL 原始定位信息，将 QTL 定位的原始图谱和目标图谱进行公共图谱 Soymap2(Song et al., 2004)比对。如果 QTL 任一末端标记为原始图谱和目标图谱中的共有标记，直接记下末端标记在目标图谱中的对应坐标(与左侧标记和右侧标记相对应的坐标分别称为左坐标和右坐标)，不考虑 QTL 在原始图谱中的坐标；如果 QTL 末端标记为非共有标记，则记下 QTL 在原始图谱中坐标最临近的共有标记在目标图谱上的坐标(称为目标坐标)，如果某个 QTL 的任一位置标记不能映射，则去掉该 QTL。如果某一 QTL 两端标记在原始图谱与 Soymap2 参考图谱中有颠倒现象，在不影响 QTL 位置的前提下，调换标记在原始图谱中的位置，否则舍弃该 QTL。

(4) 大豆蛋白质含量 QTL 的映射

利用齐序函数(homothetic function)计算共有标记间距，将原始 QTL 的最大可能性位置及置信区间的两端标记，按比例标注到参考图谱上称为映射(projection)。齐序函数是指齐次函数的单调递增转换函数，计算方法参阅 Chardon 等(2004)的研究方法。利用软件 BioMercator2.1 软件的映射功能，将其他作图群体的蛋白质含量 QTL 映射到参考图谱上。首先，将各个原始图谱与公共图谱上相关标记载入 BioMercator2.1 软件，构建图谱库；再将每个 QTL 按 BioMercator2.1 软件要求的 Mapname(图谱名称)、QTLname(QTL 名称)、Chromosome(QTL 所在连锁群)、Trait(性状)、LOD score(LOD 值)、R^2(遗传贡献率)、SIM(是否为单因素分析)、Position(QTL 的位置)、From(QTL 置信区间一侧的位置)和 To(QTL 置信区间另一侧的位置)载入到每个原始图谱中，用 tools-Maps-projection 功能将每个原始图谱中的 QTL 映射到 Soymap2 上。其中有部分 QTL 为单标记连锁的，没有相应的置信区间，则按照 Darvasi 等(1997)所提出的公式，计算其 95%置信区间，并直接在公共图谱中标出相应的位置。

在映射后的图谱中，很多 QTL 都成簇分布。根据该软件分析的原理，本书中的 QTL 簇即为原始 QTL 的置信区间相互覆盖一半以上，或者一个 QTL 的置信区间完全包含另一个 QTL。对各 QTL 簇进行 Meta 分析，可进一步缩减置信区间，提高 QTL 精确度。采用 Meta 分析方法估算“通用 QTL”存在的位置和置信区间，优化大豆蛋白质含量 QTL。

Meta 分析基本过程为：由 N 个独立存在的与一个性状相关且位于同一连锁群、同一位点附近的 QTL，计算出一个“通用 QTL”。这个 QTL 会给出 5 个模型，由最小 AIC(akaike information criterion)值给出最优 QTL 模型，即“通用 QTL”。每一个模型都是按照最大似然函数比，通过高斯定理给出在连锁群上最大可能排列的位置，推导公式参考 Goffinet 和 Gerber(2000)。在模型中，“通用 QTL”的位置，取决于每个 QTL 在连锁群上分布的平均值，其方差由下列公式计算：

$$\mathrm{var}(\mathrm{QTL})=1/\sum(1/\sigma_i^2)$$

σi^2 为连锁群上每一个 QTL 位置方差，“通用 QTL”95%的置信区间由 var(QTL)计算：

$$C.I.=3.92\times\mathrm{var}(\mathrm{QTL})^{1/2}$$

AIC 值取决于每个模型的模拟过程。当 AIC 值较小，QTL 模型比较接近“通用 QTL”。得到的“通用 QTL”为不同遗传背景下多个独立实验所得结果的“总结”，并用平均遗传贡献率，即得到该“通用 QTL”所用的原始 QTL 的遗传贡献率的均值来评价“通用 QTL”的遗传贡献率。

(5) 大豆蛋白质含量 QTL 一致性图谱的建立

从 Soybase 网站和已经发表的 24 篇文献搜集了近 20 年来的 QTL 定位信息，共计获得 120 个 QTL，其中 113 个已定位的蛋白质含量 QTL 映射到参考图谱上，构建了大豆蛋白质含量 QTL 一致性图谱(图 7-2-1)，映射后的 QTL 覆盖了整个基因组，而且可以看到有很多 QTL 密集区域。由于有些定位的 QTL 区间与公共图谱无公共标记，无法映射，可将这部分 QTL 舍去。

(6) 大豆蛋白质含量 QTL 的 Meta 分析

利用 BioMercator2.1 软件中 tools-Meta-analysis 对各个连锁群的 QTL 密集区进行分析。由于分析模型不同，以每次 Meta 分析中 AIC 值最小，确定 1 个“通用 QTL”。经过分析，得到 23 个蛋白质含量的“通用 QTL”及其区间标记，“真实”QTL(MQTL)的 95%置信区间大小为 1.52～14.31cM，原始 QTL 数目为 2～11，平均遗传贡献率(mean R^2)为 1.5%～20.8%(表 7-2-2)。

表 7-2-2　蛋白质含量 QTL Meta 分析结果

连锁群	AIC	位置/cM	置信区间/cM	图距/cM	原始 QTL 数目	平均遗传贡献率/%	左侧标记	坐标	右侧标记	坐标
A1	15.64	93.16	88.83 ~ 97.49	8.66	4	9.40	Satt174	88.58	Sat_271	97.76
A2	39.23	147.79	142.48 ~ 153.09	10.61	2	3.10	T036_1	141.08	Satt228	154.11
B1	16.19	32.56	29.33 ~ 35.79	6.46	3	7.00	A109_1	29.17	Satt251	36.48
B2	7.98	31.16	25.86 ~ 36.46	10.60	2	14.50	Sat_342	20.31	A343_1	37.99
B2	7.98	49.65	44.35 ~ 54.95	10.60	2	6.80	B142_1	43.59	Satt168	55.20
B2	7.98	72.46	71.70 ~ 73.22	1.52	4	3.50	Satt272	71.68	DOP_F04	73.54
C1	73.46	15.69	10.39 ~ 20.99	10.60	2	9.40	SOYGPATR	10.34	A463_1	21.04
C1	73.46	63.08	57.78 ~ 68.38	10.60	2	13.70	V38a	54.19	A519_3	69.30
C1	73.46	93.85	88.55 ~ 99.15	10.60	2	11.00	Sat_207	87.31	Bng044_2	107.61
C1	73.46	123.76	119.43 ~ 128.09	8.66	3	13.20	Bng012_1	108.08	Satt164	132.46
C2	29.4	119.19	115.55 ~ 122.82	7.27	3	15.40	Satt708	115.49	A538_1	123.37
E	54.51	26.90	23.55 ~ 30.25	6.70	5	7.40	OP_M12b	22.84	B174_1	30.88
E	54.51	45.21	43.88 ~ 45.98	2.10	3	12.00	Satt268	44.27	R028_2	46.10

续表

连锁群	AIC	位置/cM	置信区间/cM	图距/cM	原始 QTL 数目	平均遗传贡献率/%	左侧标记	坐标	右侧标记	坐标
E	18.24	61.40	56.08 ~ 66.72	10.64	3	5.40	A226H_2	54.85	Satt553	67.92
G	43.52	67.62	62.31 ~ 72.92	10.61	2	13.80	Satt199	62.16	Sat_143	73.42
G	43.52	93.60	88.30 ~ 98.91	10.61	2	10.20	AF162283	87.94	L154_1	99.33
H	26.99	87.97	81.09 ~ 93.70	12.61	3	9.20	Satt302	81.04	A810_1	97.53
I	77.57	35.78	33.31 ~ 36.97	3.66	11	20.80	A144_1	32.42	Satt239	36.935
M	42.72	37.89	34.27 ~ 41.50	7.23	5	12.38	Satt567	33.47	DOP_H14	41.84
N	18.33	32.38	27.07 ~ 37.68	10.61	2	9.50	Satt631	26.14	Satt584	37.98
N	9.78	79.50	74.50 ~ 84.50	10.00	3	11.00	BLT015_1	74.49	Satt234	84.60
N	9.78	98.03	94.02 ~ 102.06	8.04	2	1.50	Sat_306	93.11	Satt022	102.06
O	14.12	72.10	64.95 ~ 79.26	14.31	2	7.50	Sat_282	63.81	Satt477	82.09

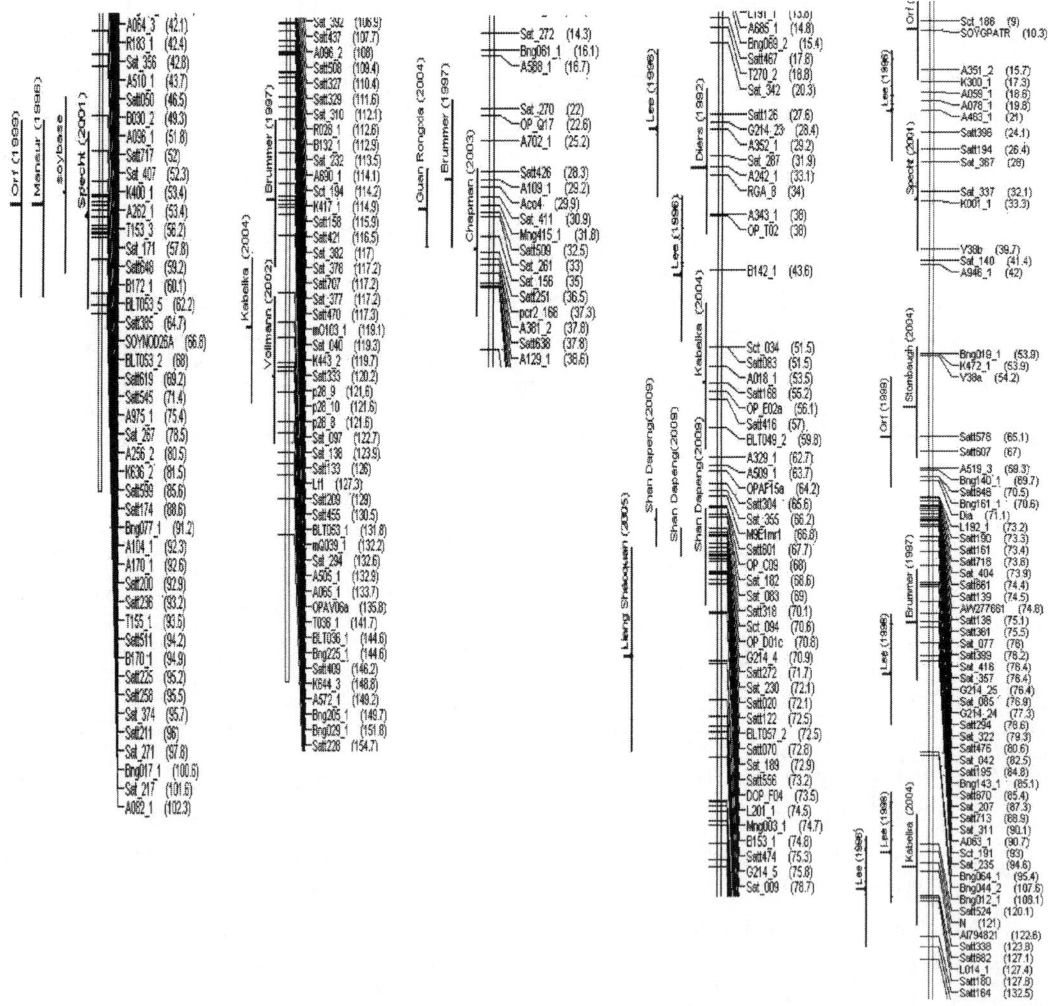

图 7-2-1 大豆蛋白质含量 QTL 一致性图谱(齐照明，2010)

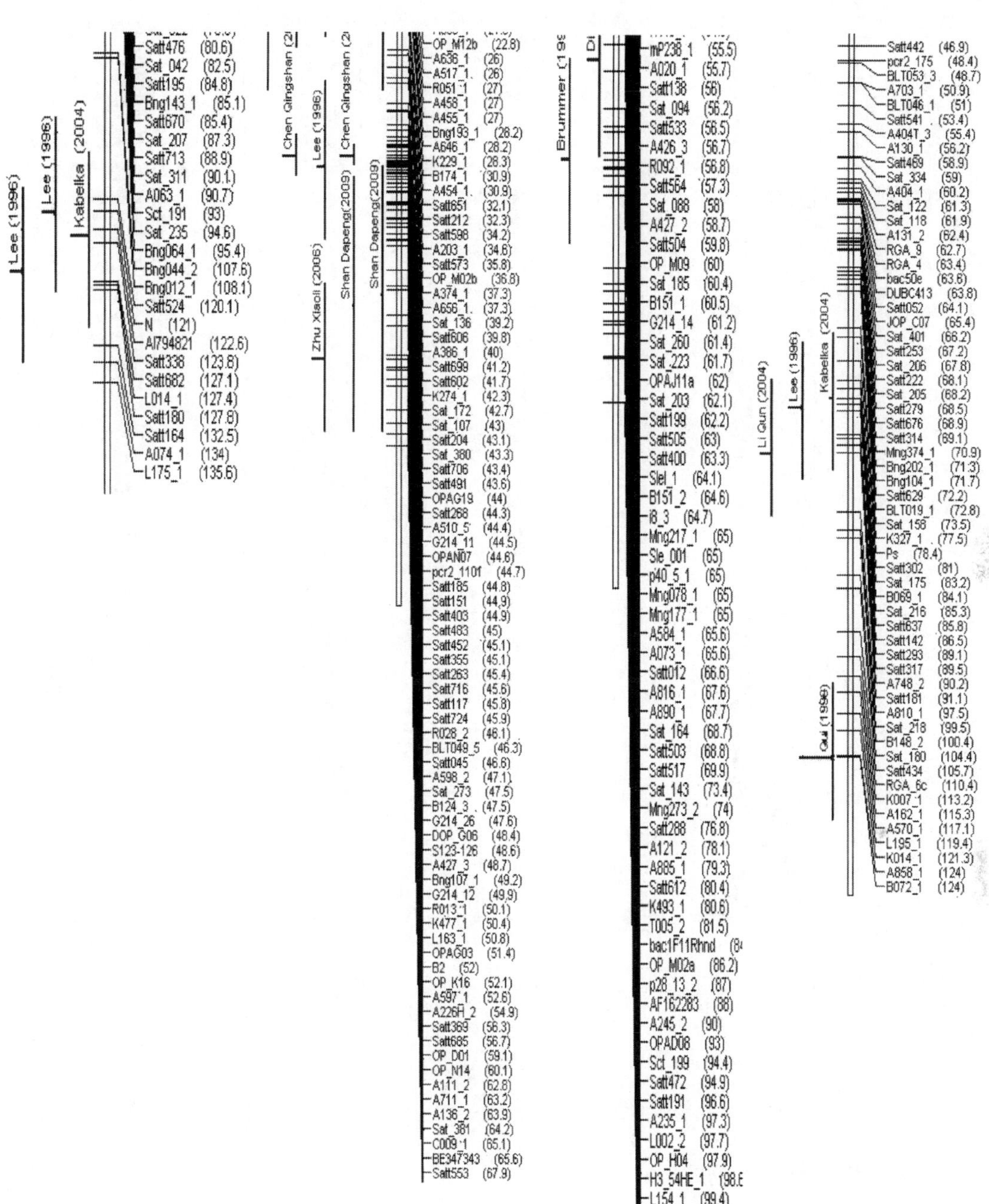

图 7-2-1　（续）

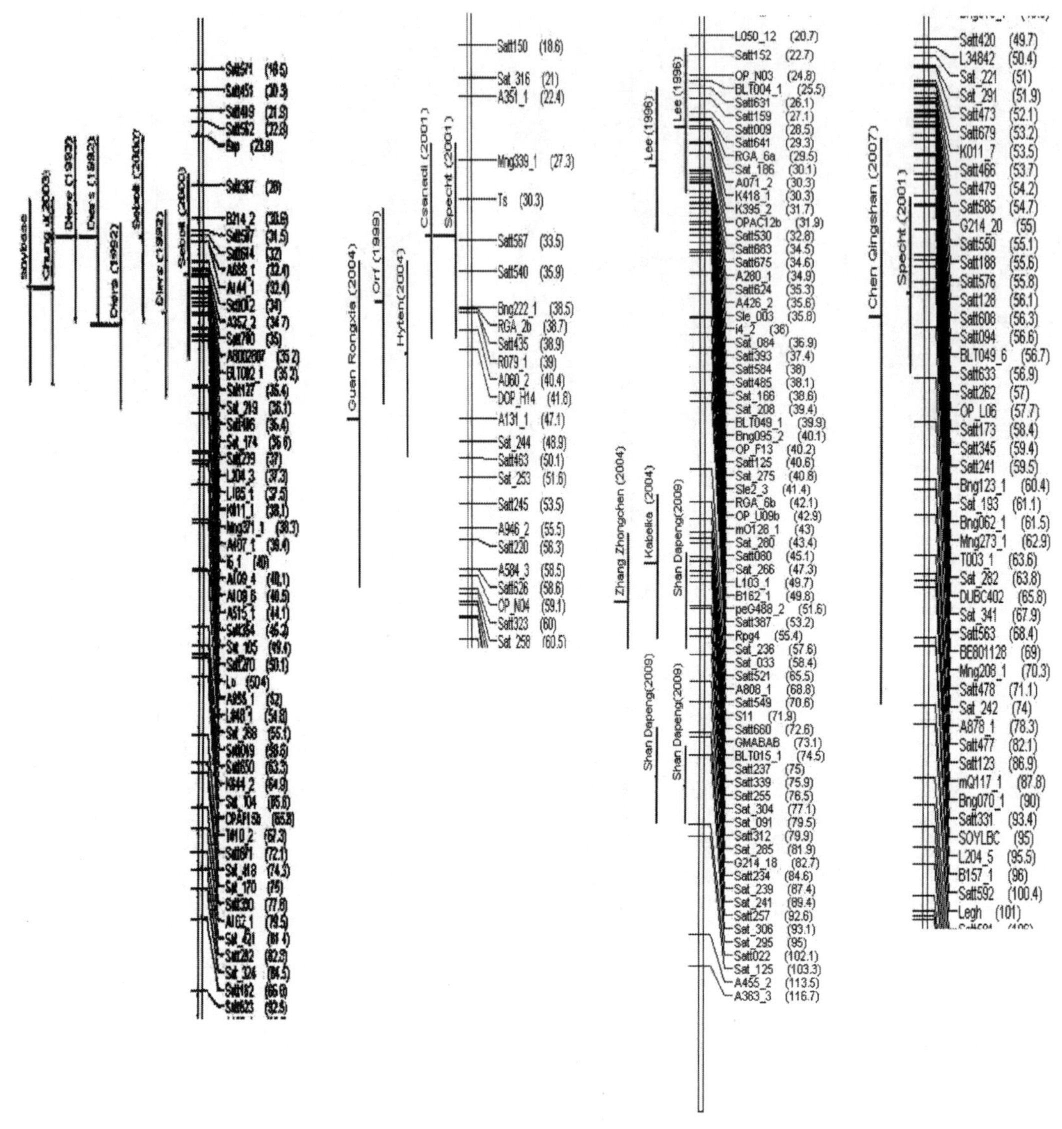

图 7-2-1　(续)

(三) 大豆粗蛋白质的基因克隆

1. 基因组数据获得及处理

在网站 http://www.phytozome.net/soybean 下载大豆基因组数据。在网站http://www.perl.org 下载 perl 软件的安装程序，并将其安装到计算机上。

在网站 http://genes.mit.edu/GENSCAN.html 下载本地化的 GenScan 数据包，然后按照步骤安装到电脑上。

使用的命令为：genscan parfname seqfname[-v][-cds][-subopt][-ps psfname]。

其中，parfname 为参数文件的路径(所选择的参考物种)；seqfname 为序列文件的路径(fasta 格式)；-v 为详细输出结果；-cds 为输出编码氨基酸的 cDNA 序列；-subopt 为输出外显子；-ps 为输出图形注释；psfname 为输出文件的名称。

在网站http://www.geneontology.org/GO.annotation.interproscan.shtml下载InterProScan的安装程序，并将其安装到电脑上。

使用的命令为：iprscan -cli -i test.seq -iprlookup -goterms

其中，-cli 为指定使用命令行形式；-i 为确定输入文件；-iprlookup 为使用内部安装的预测工具；-goterms 为进行 GO 注释。

2. “通用 QTL”区间内 SSR 标记的物理定位

根据“通用 QTL”区间内 SSR 标记的名称，在大豆基因组浏览网站http://soybase.org/gbrowse/cgi-bin/gbrowse/gmax1.01/上查询各个标记对应在基因组上的位置(Grant et al., 2010)。

(1)“通用 QTL”区间基因组序列

根据“通用 QTL”区间内 SSR 标记在基因组上的位置情况，在下载的大豆基因组数据库中截取相应的序列。由于遗传图和物理图间的位置不是一一对应，如果某一“通用 QTL”的 SSR 标记与基因组锚定的位置有颠倒的，则选取包含该“通用 QTL”区间所有 SSR 标记的序列区段。

(2)“通用 QTL”区间基因预测

将“通用 QTL”区间内 SSR 标记在基因组上的序列导入本地的 GenScan 软件，预测“通用 QTL”区间的基因，并通过文本输出。

(3)“通用 QTL”区间基因注释

由于预测的结果可能含有大量的假基因，需要通过高匹配度和严格的筛选过程，因此选用国际上认可的注释工具 InterProScan 软件，将 GenScan 软件预测的基因，导入本地的 InterProScan 软件，滤除假基因并将注释的信息以文本输出，整理数据，将与蛋白质含量和脂质含量相关的注释提出并分类整理。

(4)蛋白质含量“通用 QTL”区间内 SSR 标记的物理定位

在大豆基因组浏览网站http://soybase.org/gbrowse/cgi-bin/gbrowse/gmax1.01/上(Grant et al., 2010)，根据蛋白质含量“通用 QTL”区间内 SSR 标记的名称查询各个标记对应在基因组上的位置(表 7-2-3)。

表 7-2-3 蛋白质含量“通用 QTL”区间内 SSR 标记的物理定位

SSR 标记	定位的 Gm	起始	终止	SSR 标记	定位的 Gm	起始	终止
Satt174	Gm05(A1)	41397942	41398100	Satt211	Gm05(A1)	39925654	39925769
Satt200	Gm05(A1)	40716777	40717018	Sat_374	Gm05(A1)	39901145	39901446
Satt511	Gm05(A1)	40500870	40501124	Satt251	Gm11(B1)	6896474	6896685
Satt236	Gm05(A1)	40500902	40501128	Sat_156	Gm11(B1)	—	—
Satt258	Gm05(A1)	—	—	Satt509	Gm11(B1)	6206850	6207084
Satt225	Gm05(A1)	40076371	40076475	Sat_411	Gm11(B1)	5852578	5852864

续表

SSR 标记	定位的 Gm	起始	终止	SSR 标记	定位的 Gm	起始	终止
Sat_261	Gm11(B1)	5835643	5835906	Satt716	Gm15(E)	31548978	31549246
Satt426	Gm11(B1)	5672861	5673060	Satt117	Gm15(E)	39633861	39634003
Sct_034	Gm14(B2)	7817967	7818106	Satt724	Gm15(E)	42408765	42409045
Satt083	Gm14(B2)	—	—	Satt369	Gm15(E)	48217721	48217967
Satt168	Gm14(B2)	8210443	8210668	Sat_381	Gm15(E)	50282157	50282368
Satt122	Gm14(B2)	34445176	34445301	Sat_376	Gm15(E)	50222947	50223240
Sat_189	Gm14(B2)	33180317	33180429	Satt012	Gm18(G)	—	—
Satt578	Gm04(C1)	7819345	7819499	Sat_164	Gm18(G)	53656368	53656562
Satt607	Gm04(C1)	8093596	8093820	Satt503	Gm18(G)	53955436	53955691
Satt713	Gm04(C1)	42980558	42980811	Satt517	Gm18(G)	53769431	53769694
Sat_311	Gm04(C1)	43039578	43039818	Sat_143	Gm18(G)	54786857	54787032
Satt524	Gm04(C1)	47090240	47090406	Sat_117	Gm18(G)	—	—
Satt338	Gm04(C1)	46964810	46965057	Sct_187	Gm18(G)	60463046	60463189
Satt682	Gm04(C1)	47335764	47336070	Sat_372	Gm18(G)	61095349	61095649
Satt180	Gm04(C1)	—	—	Sat_064	Gm18(G)	60612530	60612672
Satt164	Gm04(C1)	47677011	47677241	Satt302	Gm12(H)	35107930	35108183
Satt708	Gm06(C2)	39771989	39772231	Sat_175	Gm12(H)	36600568	36600854
Sat_238	Gm06(C2)	43228956	43229248	Sat_216	Gm12(H)	35879688	35880031
Satt460	Gm06(C2)	43291286	43291441	Satt637	Gm12(H)	35564967	35565165
Satt079	Gm06(C2)	43950925	43951071	Satt142	Gm12(H)	36042990	36043140
Sat_263	Gm06(C2)	44188146	44188273	Satt293	Gm12(H)	36045730	36045934
Staga001	Gm06(C2)	—	—	Satt317	Gm12(H)	36615077	36615324
Satt307	Gm06(C2)	46286822	46286983	Satt181	Gm12(H)	36409981	36410195
Sct_028	Gm06(C2)	—	—	Sctt012	Gm20(I)	—	—
Satt720	Gm15(E)	4135745	4136017	Satt700	Gm20(I)	24352903	24353049
Satt651	Gm15(E)	6805121	6805289	AB002807	Gm20(I)	—	—
Satt268	Gm15(E)	22885338	22885572	Satt127	Gm20(I)	12169069	12169293
Satt185	Gm15(E)	27225536	27225782	Sat_219	Gm20(I)	24528543	24528803
Satt151	Gm15(E)	—	—	Satt496	Gm20(I)	26502973	26503309
Satt403	Gm15(E)	—	—	Sat_174	Gm20(I)	24547742	24547964
Satt483	Gm15(E)	34902029	34902298	Satt239	Gm20(I)	24129682	24129873
Satt452	Gm15(E)	38923092	38923306	Satt567	Gm07(M)	4510428	4510539
Satt355	Gm15(E)	32216236	32216481	Satt540	Gm07(M)	4962954	4963107
Satt263	Gm15(E)	28606547	28606768	Satt435	Gm07(M)	5464283	5464567

续表

SSR 标记	定位的 Gm	起始	终止	SSR 标记	定位的 Gm	起始	终止
Satt631	Gm03(N)	2916401	2916552	Sat_304	Gm03 (N)	41100923	41101082
Satt159	Gm03(N)	3169968	3170252	Sat_091	Gm03 (N)	40846197	40846377
Satt009	Gm03(N)	3910203	3910364	Satt312	Gm03 (N)	41732430	41732591
Satt641	Gm03(N)	4554469	4554806	Sat_285	Gm03 (N)	—	—
Sat_186	Gm03(N)	3465323	3465611	Satt234	Gm03 (N)	—	—
Satt530	Gm03(N)	5813486	5813720	Sat_306	Gm03 (N)	43594027	43594307
Satt683	Gm03(N)	13550216	13550471	Sat_295	Gm03 (N)	42387599	42387885
Satt675	Gm03(N)	6923123	6923265	Satt022	Gm03 (N)	44682505	44682712
Satt624	Gm03(N)	20610287	20610436	Sat_282	Gm10 (O)	37506928	37507099
Sat_084	Gm03(N)	8640178	8640335	Sat_341	Gm10 (O)	38067842	38068048
Satt393	Gm03(N)	—	—	Satt563	Gm10 (O)	38181787	38181949
Satt584	Gm03(N)	9758007	9758202	BE801128	Gm10 (O)	38408822	38408991
Satt237	Gm03(N)	40118992	40119245	Satt478	Gm10 (O)	38560108	38560296
Satt339	Gm03(N)	39934452	39934683	Sat_242	Gm10 (O)	38844703	38844963
Satt255	Gm03(N)	40344151	40344291				

注：—表示未确定标记在基因组上的具体位置

3.“通用 QTL”区间基因预测

根据蛋白质含量“通用 QTL”区间内 SSR 标记的对应在基因组上的位置，用 Perl 编写脚本在大豆基因组序列中，提取各个“通用 QTL”区间对应的序列，将其导入本地化的 GenScan 软件预测，得到 11 163 条氨基酸序列。

4.“通用 QTL”区间基因注释

将预测的 11 163 条氨基酸序列，导入本地安装的软件 InterProScan，滤除假基因并筛选，结果得到有 6 个基因与氨基酸代谢过程(GO：0019538)和氨基酸合成过程(GO：0008652)相关，与该类匹配度达 90%以上，可以作为候选基因(表 7-2-4)。其中的 GO 注释为国际使用的 GO 分类号，其详细注释信息见表 7-2-5。

表 7-2-4 蛋白质含量“通用 QTL”区间内基因注释

染色体	基因起始	基因终止	生物学过程	分子功能
Gm04	43001267	43002813	GO:0019538	GO:0016671
Gm11	6060380	6061703	GO:0019538	GO:0005506，GO:0016706
Gm20	24613783	24615796	GO:0019538	GO:0005515
Gm03	15337780	15339783	GO:0008652	
Gm06	41444049	41444477	GO:0008652	GO:0016836
Gm20	16812889	16813905	GO:0008652	GO:0004412

表 7-2-5　GO 注释信息

GO	注释信息
GO:0016671	催化氧化还原，减少二硫化碳含硫离子数目
GO:0005506	铁离子结合相关
GO:0005515	α-2 巨球蛋白受体相关蛋白质的活性
GO:0016706	催化氧化还原反应中，2-酮戊二酸电子的得失
GO:0016836	催化碳氧键断裂
GO:0004412	高丝氨酸与天冬氨酸转换催化剂

二、7S 球蛋白和 11S 球蛋白

(一)7S 球蛋白和 11S 球蛋白遗传

1. 7S 球蛋白遗传

大豆 7S 球蛋白组分是糖蛋白，碳水化合物占 7S 伴大豆球蛋白总量的 5%左右。7S 球蛋白的空间结构是紧密折叠的，其中 α-螺旋结构、β-折叠结构和不规则结构分别占 5%、35%和 60%。7S 伴大豆球蛋白中含有人体必需的 8 种氨基酸，赖氨酸含量高于 11S 球蛋白(王金龙和陈存来，1998)。7S 球蛋白中色氨酸和甲硫氨酸总量是 11S 球蛋白的 1/5～1/6，因此 7S 伴大豆球蛋白与 11S 球蛋白相比是低含硫氨基酸蛋白质(刘志胜等，2000)。大豆 7S 球蛋白分子质量为 180～210kDa，包括 3 种组分：β-伴大豆球蛋白(β-conglycinin)、γ-伴大豆球蛋白(γ-conglycinin)和碱性 7S 球蛋白，其中 β-伴大豆球蛋白是主要存在形式，由 α、α′和 β 3 种亚基组成，分子质量分别为 72kDa、68kDa 和 52kDa，这 3 种主要亚基以同源或异源三聚体形式存在，(Fontes et al., 1984；Thanh and Shibasaki，1976；Hill and Breidenbach，1974)。

Kitamura 等认为 α′-亚基的产生由一显性基因 *Cgy1* 控制，而 α′-亚基的缺失由一隐性基因 *cgy1* 控制(Kitamura et al., 1984)。Davies 等(1985)研究认为，α-亚基的产生由一显性基因 *Cgy2* 控制，而 α-亚基的缺失由一隐性基因 *cgy2* 控制。Tsukada 等(1986)认为 β′-亚基由一个隐性基因 *cgy3* 控制，纯合 *Cgy3*/*Cgy3* 无 β-亚基，*Cgy2* 和 *Cgy3* 紧密连锁，*Cgy2a* 和 *Cgy2b* 分别代表 α-亚基电泳正常型和慢型的基因，并认为 β-亚基的表现受环境因素的影响，而很难对其基因进行遗传分析。Hayashi 等在研究 7S 球蛋白全缺失突变体的特点时指出，根据 Southern 和 Northern 杂交分析，7S 全缺失并非为 7S 球蛋白亚基基因缺失或结构缺陷，而很可能发生在 mRNA 转录水平(Hayashi et al., 1998)。

2. 11S 球蛋白遗传

11S 球蛋白的基因家族至少有 5 个成员，即 *Gy1*、*Gy2*、*Gy3*、*Gy4*、*Gy5*，分别编码 $A_{1a}B_{1b}$、$A_{1b}B_2$、A_2B_{1a}、$A_5A_4B_3$ 和 A_3B_4。每个大豆球蛋白基因编码一种由单一 mRNA 翻

译而成的球蛋白亚基前体，该前体是由信号序列、酸性(A)肽、短肽接头和碱性(B)肽组成(Ereken-Tumer et al., 1982)。Cho 等利用 AFLP 分析了这些基因的遗传规律及组织形式，认为 *Gy1*、*Gy2* 紧密连锁于一个遗传位点，两基因之间相隔 3kb，*Gy3*、*Gy4* 和 *Gy5* 分别位于基因组的 3 个位点，遵循孟德尔分离规律，独立遗传(Cho et al., 1989)。Kaizuma(1990)报道，通过 γ 射线处理筛选出的缺失组 Ⅰ($A_{1a}B_{1b}$、$A_{1b}B_2$ 和 A_2B_{1a})的变异类型表现为单一隐性基因控制。Kitamura 等(1984)以缺少 $A_5A_4B_3$ 亚基品种(‘雷电’)与缺失 α′-亚基品种(‘毛振’)杂交，对 F_2 和 F_3 代分析结果表明：$A_5A_4B_3$ 亚基缺失由隐性基因 *gy4* 控制，与控制 α′-亚基缺失基因 *cgy1* 无连锁关系。Kitamura 等利用一个野生大豆缺失 A_3B_4 亚基的新突变体与缺失组 Ⅰ 全部亚基、缺失 $A_5A_4B_3$ 亚基亲本杂交，对 F_2 560 粒种子采用聚丙烯酰胺凝胶电泳法(SDS-PAGE)检测 11S 球蛋白，结果显示 A_3B_4 亚基的存在与缺失符合 3∶1 比例，$A_5A_4B_3$ 亚基的存在与缺失也符合 3∶1 比例，表明 A_3B_4 亚基和 $A_5A_4B_3$ 亚基的缺失均由单一隐性基因控制；组 Ⅰ 亚基则像一个集团，在 F_2 种子检测中未发现其不同亚基的重组类型；在 F_2 代中出现 8 种基因型，包括 1 种具有全部 11S 球蛋白的原始类型、3 种单突变体类型、3 种双突变体类型和 1 种缺失全部 11S 亚基的三突变体类型，分离比例为 27∶9∶9∶9∶3∶3∶3∶1，表现出控制组 Ⅰ、A_3B_4 和 $A_4A_5B_3$ 3 个基因位点呈独立分配。他们指出，11S 亚基双隐性和三隐性基因导致 11S 球蛋白含量降低，但值得注意的是，7S 球蛋白则没有明显的增加；相反 7S 球蛋白低含量品系中，11S 球蛋白的提高补偿了 7S 球蛋白的降低，从而保持了籽粒蛋白质含量的恒定(Kitamura et al., 1993)。

Teraishi 等(2001)研究指出，虽然 α-、α′-和 β-亚基是由归属于不同连锁群的多基因家族编码的，但有一个单主效基因 *Scg-1*(7S 球蛋白的抑制基因)控制着它们的缺失。该缺失性状不是因为 7S 球蛋白亚基基因的改变或缺失造成的，而是由于缺少转录基因造成的，这表明 *Scg-1* 抑制 7S 球蛋白亚基基因的表达。连锁分析表明 *Scg-1* 座位与 α-和 β-亚基基因位于同一染色体的同一区段，三者之间紧密连锁。此外，包含 *Scg-1*、α-和 β-亚基基因位点的染色体区段甲基化，说明亚基缺失与多拷贝基因沉默有关。*Scg-1* 对大豆的生长发育无明显影响，因此在调控大豆种子蛋白质组分方面 *Scg-1* 是一个有用的基因资源。

刘春等(2008)在 SDS-PAGE 筛选到蛋白质亚基特异种质的基础上，运用双向聚丙烯酰胺凝胶电泳(2-DE)，分析大豆贮藏亚基正常品种‘南农大黄豆’和亚基变异品种‘桂阳紫金豆’种子总蛋白质的蛋白质组。差异蛋白质组学显示，等电点和分子质量分别约为 5.40kDa 和 37.85kDa、5.24kDa 和 37.2kDa、5.15kDa 和 37.05kDa 的蛋白质点在正常品种种子中表达而在缺失品种中未表达。对这 3 个蛋白质点用基质辅助激光解析电离飞行时间质谱(MALDI-TOF-MS)测定其胶内酶解后的肽质量指纹谱(PMF)，对获得的 PMF 用 Mascot 软件在 NCBI 数据库中查询比对，鉴定出这 3 个蛋白质点均为大豆球蛋白 $A_{1a}B_{1b}$ 亚基同源三聚体，表明桂阳紫金豆种子贮藏蛋白缺少 $A_{1a}B_{1b}$ 亚基。此后，刘春等(2008)还研究了 4 个不同蛋白质亚基类型($A_{1a}B_{1b}$ 亚基正常、$A_{1a}B_{1b}$ 亚基缺失；A_3B_4 亚基正常、A_3B_4 亚基缺失)的品种所配成的 6 个杂交组合的 F_1、F_2、F_3 种子蛋白质亚基表现及其遗传。结果表明：$A_{1a}B_{1b}$ 亚基正常、A_3B_4 亚基正常分别受一显性基因控制，$A_{1a}B_{1b}$ 亚基缺失、A_3B_4 亚基缺失分别受一对隐性基因控制，控制 $A_{1a}B_{1b}$ 亚基正常、A_3B_4 亚基正常的基因分别对控制 $A_{1a}B_{1b}$ 亚基缺失、A_3B_4 亚基缺失的基因均表现为完全显性，其 F_2 的分离均符合 3∶1 的遗传比例，这些与前人的研究结果相符。其中，$A_{1a}B_{1b}$ 亚基的遗传规律是首次与 A_2B_{1a} 和 $A_{1b}B_2$ 亚基分开而单独被研究的。刘春等进一步对所掌握的 11S 球蛋白组分亚基缺失体的亚基缺失的分子机制进行研究发现，亚基的缺失一类是因基因的翻译起始密码子 ATG 变成了 ATA，这直接影响后面的翻译，导致了亚基的缺失；另一类原因是在基因中插入了大段序列而导致的缺失。

（二）7S 球蛋白和 11S 球蛋白的 QTL 定位

目前，人们对于 7S 和 11S 的研究主要是在大豆 7S 球蛋白(α+β)-亚基缺失型种质的基因序列分析(刘珊珊等，2009)；大豆 11S 球蛋白基因 *Gy1* 启动子克隆及序列分析(米东等，2009)；β-伴大豆球蛋白 α′-亚基基因 RNAi(李夏等，2012)等方面。11S 球蛋白和 7S 球蛋白的 QTL 定位研究还少见报道。

（三）7S 球蛋白和 11S 球蛋白的基因克隆

1. 大豆 7S 球蛋白(α+β)-亚基缺失型种质的 α-与 β-亚基基因的测序与分析

大豆 7S 球蛋白基因家族包含至少 15 个成员(Harada et al., 1989)，它的 3 个主要亚基(α′-，α-与 β-亚基)是其基因家族内不同成员编码的蛋白质产物。三者的基因都是在大豆种子发育的中后期表达的，具有严格的组织特异性和时序调控性(Lessard et al., 1991)。α′-，α-和 β-亚基的基因包含 6 个外显子，5 个内含子。三者的基因序列(Sebastiani et al., 1990；Tierney et al., 1987；Schuler et al., 1982)及 α′-与 β-亚基基因 5′端侧翼区的限制性内切核酸酶图谱均已明确。以上数据是分子水平上研究调控大豆 7S 球蛋白各亚基表达规律的重要理论基础，被广大学者在对大豆球蛋白各亚基基因表达调控分子机制的深入研究中广泛应用。尽管 7S 球蛋白 3 个主要亚基的基因序列具有较高的同源性，但 α′-、α-亚基基因与 β-亚基基因的调控机制却明显不同(Fujiwara et al., 1992；Bray et al., 1987)。

为了探明导致 α-与 β-亚基同时缺失的分子机制，刘珊珊等(2009)利用日本引进 7S 球蛋白 α-与 β-亚基同时缺失的大豆种质：(α+β)-亚基双缺失品系，对照为 7S 球蛋白亚基表现正常的日本栽培品种‘Enrei’和‘东农 42’为实验材料，将 α-与 β-亚基基因的特异性引物扩增得到的特异性 α-与 β-亚基的基因片段切出、纯化、克隆后测序，进行序列比较。基因的特异性引物进行 PCR 扩增的结果如图 7-2-2 所示，(α+β)-亚基缺失型大豆材料的 α-亚基基因的 PCR 扩增产物的带型与对照‘Enrei’基本一致，都在 956bp 处得到α-亚基基因的扩增产物。用β-亚基基因的特异性引物进行 PCR 扩增，结果显示(α+β)-亚基缺失型大豆材料的 PCR 扩增产物的带型与对照‘Enrei’不同，对照‘Enrei’的 PCR 扩增产物为 1 条 290bp 的扩增条带。而同等扩增条件下，(α+β)-亚基缺失型大豆材料的扩增产物却有 3 条带，除了 290bp 处有 1 条亮度不及对照的谱带外，在大约 702bp 和 1264bp 的位置还有 2 条带(图 7-2-3)。

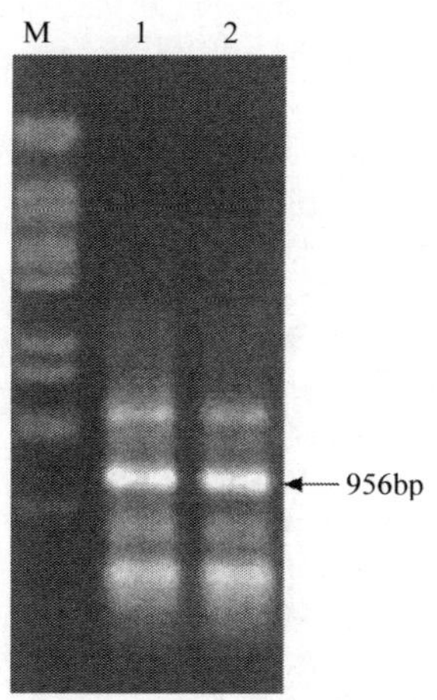

图 7-2-2　α-亚基基因特异性引物的 PCR 扩增结果(刘珊珊等，2009)

M，分子质量标记(*Bst*PIdigest)；1，'Enrei'；2，SD [(α+β)-缺失型]

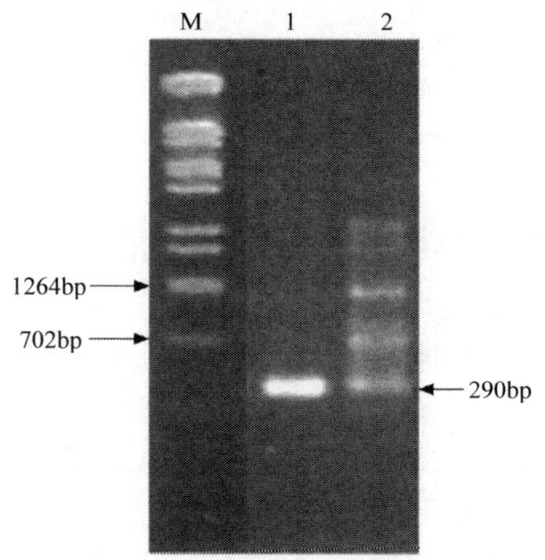

图 7-2-3　β-亚基基因特异性引物的 PCR 扩增结果(刘珊珊等，2009)

M，分子质量标记(*Bst*PIdigest)；1，'Enrei'；2，SD[(α+β)-缺失型]

利用 α-亚基基因特异性引物扩增得到的 956bp 的 α-亚基基因序列，在正常型的'Enrei'与(α+β)-亚基缺失型大豆材料间比较的结果显示：正常型'Enrei'与(α+β)-亚基缺失型的 α-亚基基因扩增片段间的同源性较高，为 90.9%，两份材料 α-亚基基因序列间的区别主要存在于扩增片段的 5′端。利用 β-亚基基因特异性引物扩增得到的 β-亚基的基因序列，在正常型'Enrei'与(α+β)-亚基缺失型大豆材料间比较的结果显示：正常型'Enrei'与(α+β)-亚基缺失型材料的 β-亚基基因扩增片段间的同源性较低，仅为 53.1%。另外，在(α+β)-亚基缺失型材料 β-亚基基因扩增片段的两端，检测到 1 对短的反向重复序列(图 7-2-4 双线所示)。

综上所述，(α+β)-亚基缺失型材料所具有的 α-与 β-亚基同时缺失的特性，不是由 α-与 β-亚基基因的缺失引起的；(α+β)-亚基缺失型大豆材料的 α-与 β-亚基基因的扩增序列均与对照存在一定的差异。

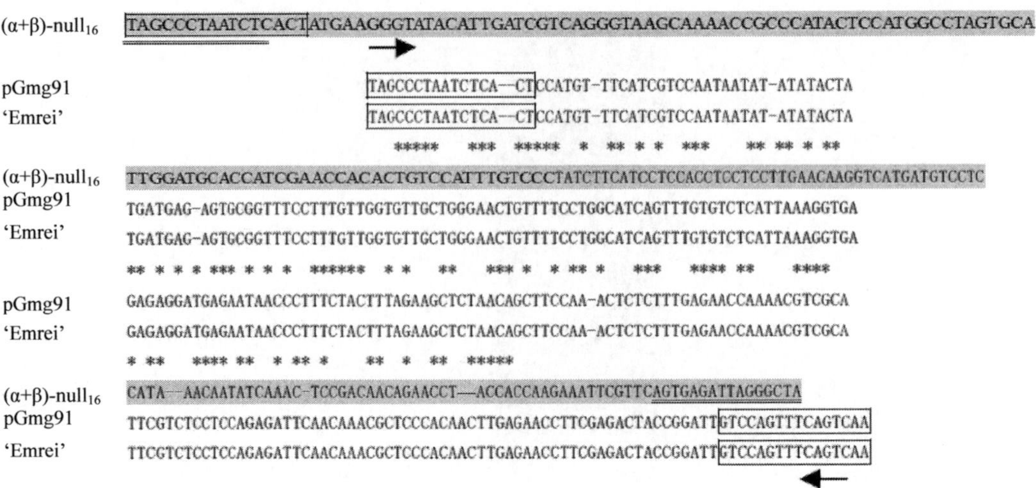

图 7-2-4 (α+β)-亚基缺失型与对照‘Enrei’(亚基表现正常型)的β-亚基基因扩增片段的序列比较(刘珊珊等，2009)

方框内为 PCR 扩增反应的特异性引物序列；灰色背景内的碱基代表由(α+β)-亚基缺失型材料扩增得到的β-亚基基因序列；星号代表‘Enrei’(亚基表现正常型)与(α+β)-null$_{16}$相同的核苷酸(同源性为 53.1%)；双线指示在(α+β)-null$_{16}$中检测到的 5′引物的反向重复序列；箭头标明 PCR 扩增反应进行的方向

2. β-伴大豆球蛋白 α′-亚基基因 RNAi

β-伴大豆球蛋白是7S球蛋白的重要组成部分，β-伴大豆球蛋白具有较好的热稳定性，通过常规的加热处理去除其抗原活性的效果非常有限，通过育种手段降低β-伴大豆球蛋白含量是降低其活性的主要途径。

李夏等(2012)以大豆总 RNA 反转录获得的 cDNA 为模板，通过 PCR 扩增克隆了β-伴大豆球蛋白 α′-亚基基因的核心保守序列(400bp)，并将该片段的反义和正义片段插入到重组植物表达载体 p3301-p 的种子特异性启动子 *7αp* 下游，将功能性间隔序列 intron-SSR 插入反义片段与正义片段之间，成功构建了 β-伴大豆球蛋白 α′-亚基基因 ihp-RNAi 表达载体 *p3301-PFNZ-α′-BADH*(图 7-2-5)，利用农杆菌介导法转化大豆得到 7 株阳性转化植株。RT-PCR 检测表明，β-伴大豆球蛋白 α′-亚基基因的表达被明显抑制(图 7-2-6)。

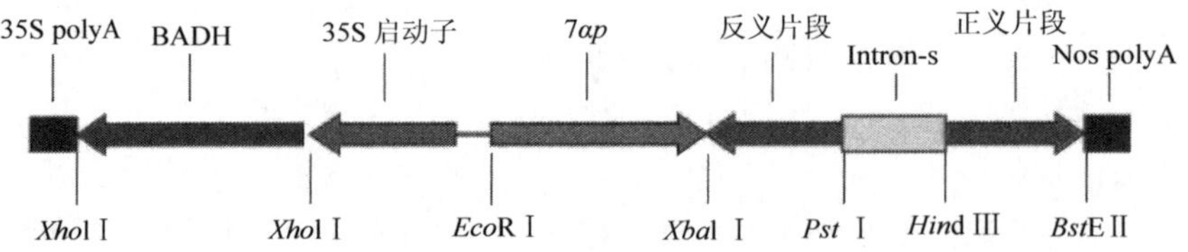

图 7-2-5 β-伴大豆球蛋白 α′-亚基基因 ihp-RNAi 表达载体结构图(李夏等，2012)

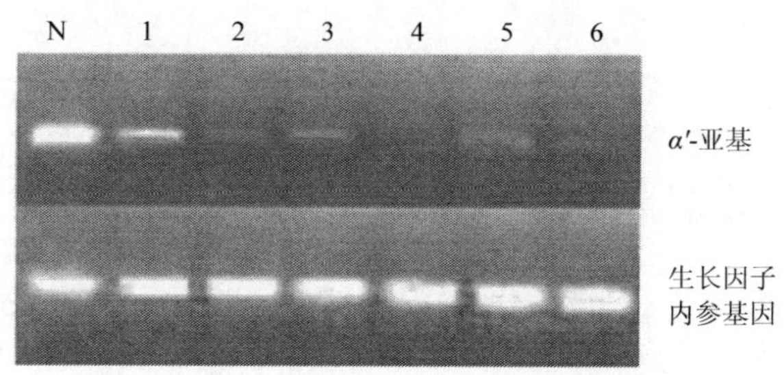

图 7-2-6 转 *p3301-PFNZ-α'-BADH* 大豆植株 α'-亚基基因表达量的 RT-PCR 检测(李夏等，2012)

N，非转基因植株；1～6，转基因植株

3. 大豆 11S 球蛋白基因 *Gy1* 启动子克隆及序列分析

根据米东等(2009)的研究，以高蛋白质大豆品种‘南农 87C-38’总 DNA 为模板，采用 PCR 法扩增获得约 1100bp 大小的 DNA 片段，回收该片段并克隆到 pUCm-T 载体上，选取阳性克隆进行 PCR 和酶切检测，再进行测序分析。

测序结果显示本实验克隆的目的 DNA 片段长度为 1174bp，其中包括 1066 个核苷酸对 *Gy1* 启动子序列、51 个核苷酸对的 5′非编码区(5′UTR)序列和 57 个核苷酸对的信号肽序列。目前，‘南农 87-C38’大豆 11S 球蛋白 *Gy1* 基因启动子序列已提交 GenBank，注册号为 AY649096。在该实验中克隆的启动子序列与 GenBank E07850 报道的 *Gy1* 启动子有 4 个核苷酸差异，同源性为 99.6%；与 GenBank X15121 报道的 *Gy1* 基因启动子序列及信号肽对应序列有 5 个核苷酸差异，同源性为 99.3%，差异位点分别位于−1008bp，−508bp，−491bp，−394bp 和−508bp，−491bp，−394bp，−60bp，+18bp 处(图 7-2-7 中用阴影显示)。分析 3 种 *Gy1* 启动子的重要保守序列，在上游−32～27bp 处有 TATA 框序列(图 7-2-7 中用黑框显示)。−428～−420 是 CACA 框序列(图 7-2-7 中用下划线显示)，−117～−91bp 有一个 Legum in box 序列(图 7-2-7 中用虚线显示)。3 个 *Gy1* 启动子的核苷酸序列在这些重要的基因表达调控功能区是完全相同的。

三、酶及生理活性蛋白

这里将以大豆胰蛋白酶抑制剂、脂氧酶及大豆凝集素为主，介绍其遗传分析及 QTL 定位。

(一)大豆胰蛋白酶抑制剂的遗传、QTL 定位及基因克隆

1. 大豆胰蛋白酶抑制剂的遗传分析

大豆胰蛋白酶抑制剂主要有 Kunitz 型胰蛋白酶抑制剂(KSTI)和 Bowman-Birk 型胰蛋白酶抑制剂(BBI)两种。

Kunitz 型胰蛋白酶抑制剂：在大豆中至少有 4 种胰蛋白酶抑制剂，其中最主要的是 SBTI-A2(Orf and Hymowitz，1977)，属于 KSTI 型。大豆 KSTI 存在由 3 个共显性基因(*T ia*，*T ib*，*T ic*)控制，KSTI 缺失由一个隐性基因(*ti*)控制(韩粉霞等，2002)，由这 3 个显性等

```
              -1068
AY649096      GAATTCTCTCTTATAAAACACAAACACAATTTTTAGATTTTATTTAAATAATCATCAATCCGATTATAATTATTTATATA
E07850        GAATTCTCTCTTATAAAACACAAACACAATTTTTAGATTTTATTTAAATAATCATCAATC-GATTATAATTATTTATATA
X15121        --------------------------------------------------------------------------------
              -988
AY649096      TTTTTCTATTTTCAAAGAAGTAAATCATGAGCTTTTCCAACTCAACATCTATTTTTTTTCTCTCAACCTTTTTCACATCT
E07850        TTTTTCTATTTTCAAAGAAGTAAATCATGAGCTTTTCCAACTCAACATCTATTTTTTTTCTCTCAACCTTTTTCACATCT
X15121        --------------------------------------------------------------------------------
              -908
AY649096      TAAGTAGTCTCACCCTTTATATATATAACTTATTTCTTACCTTTTACATTATGTAACTTTTATCACCAAAACCAACAACT
E07850        TAAGTAGTCTCACCCTTTATATATATAACTTATTTCTTACCTTTTACATTATGTAACTTTTATCACCAAAACCAACAACT
X15121        --------------------------------------------------------------------------------
              -828
AY649096      TTAAAATTTTATTAAATAGACTCCACAAGTAACTTGACACTCTTACATTCATCGACATTAACTTTTATCTGTTTTATAAA
E07850        TTAAAATTTTATTAAATAGACTCCACAAGTAACTTGACACTCTTACATTCATCGACATTAACTTTTATCTGTTTTATAAA
X15121        --------------------------------------------------------------------------------
              -748
AY649096      TATTATTGTGATATAATTTAATCAAAATAACCACAAACTTTCATAAAAGGTTCTTATTAAGCATGGCATTTAATAAGCAA
E07850        TATTATTGTGATATAATTTAATCAAAATAACCACAAACTTTCATAAAAGGTTCTTATTAAGCATGGCATTTAATAAGCAA
X15121        --------------------------------------------------------------------------------
-668
AY649096      AAACAACTCAATCACTTTCATATAGGAGGTAGCCTAAGTACGTACTCAAAATGCCAACAAATAAAAAAAAAGTTGCTTTA
E07850        AAACAACTCAATCACTTTCATATAGGAGGTAGCCTAAGTACGTACTCAAAATGCCAACAAATAAAAAAAAAGTTGCTTTA
X15121        -----------------------------TAGCCTAAGTACGTACTCAAAATGCCAACAAATAAAAAAAAAGTTGCTTTA
              -588
AY649096      ATAATGCCAAAACAAATTAATAAAACACTTACAACACCGGATTTTTTTTAATTAAAATGTGCCATTTAGGATAAATAGTT
E07850        ATAATGCCAAAACAAATTAATAAAACACTTACAACACCGGATTTTTTTTAATTAAAATGTGCCATTTAGGATAAATAGTT
X15121        ATAATGCCAAAACAAATTAATAAAACACTTACAACACCGGATTTTTTTTAATTAAAATGTGCCATTTAGGATAAATAGTT
              -508
AY649096      [illegible]AATATTTTTAATAATT [illegible]TTTAAAAAGCCGTATCTACTAAAATGATTTTTATTTGGTTGAAAATATTAATATGTTTAAAT
E07850        [illegible]AATATTTTTAATAATT [illegible]TTTAAAAAGCCGTATCTACTAAAATGATTTTTATTTGGTTGAAAATATTAATATGTTTAAAT
X15121        [illegible]AATATTTTTAATAATT [illegible]TTTAAAAAGCCGTATCTACTAAAATGATTTTTATTTGGTTGAAAATATTAATATGTTTAAAT
              -428
AY649096      CAACACAATC TATCAAAATTAAACTAAAAAAAAA[illegible]TAAGTGTACGTGGTTAACATTAGTACAGTAATATAAGAGGAAAAT
E07850        CAACACAATC TATCAAAATTAAACTAAAAAAAAA[illegible]TAAGTGTACGTGGTTAACATTAGTACAGTAATATAAGAGGAAAAT
X15121        CAACACAATC TATCAAAATTAAACTAAAAAAAAA[illegible]TAAGTGTACGTGGTTAACATTAGTACAGTAATATAAGAGGAAAAT
              -348
AY649096      GAGAAATTAAGAAATTGAAAGCGAGTCTAATTTTTAAATTATGAACCTGCATATATAAAAGGAAAGAAAGAATCCAGGAA
E07850        GAGAAATTAAGAAATTGAAAGCGAGTCTAATTTTTAAATTATGAACCTGCATATATAAAAGGAAAGAAAGAATCCAGGAA
X15121        GAGAAATTAAGAAATTGAAAGCGAGTCTAATTTTTAAATTATGAACCTGCATATATAAAAGGAAAGAAAGAATCCAGGAA
              -268
AY649096      GAAAAGAAATGAAAC [CATGCATG] GTCCCCTCGTCATCACGAGTTTCTGCCATTTGCAATAGAAACACTGAAACACCTTTC
E07850        GAAAAGAAATGAAAC [CATGCATG] GTCCCCTCGTCATCACGAGTTTCTGCCATTTGCAATAGAAACACTGAAACACCTTTC
X15121        GAAAAGAAATGAAAC [CATGCATG] GTCCCCTCGTCATCACGAGTTTCTGCCATTTGCAATAGAAACACTGAAACACCTTTC
              -188
AY649096      TCTTTGTCACTTAATTGAGATGCCGAAGCCACCTCACACCATGAACTTCATGAGGTGTAGCACCCAAGGCTTCCATAGCC
E07850        TCTTTGTCACTTAATTGAGATGCCGAAGCCACCTCACACCATGAACTTCATGAGGTGTAGCACCCAAGGCTTCCATAGCC
X15121        TCTTTGTCACTTAATTGAGATGCCGAAGCCACCTCACACCATGAACTTCATGAGGTGTAGCACCCAAGGCTTCCATAGCC
              -108
AY649096      ATGCATACTGAAGAATGTCTCAAGCTCAGCACCCTACTTCTGTGACGT-GTCCCTCATTCACCTTCCTCTCTTCCCTATA
E07850        ATGCATACTGAAGAATGTCTCAAGCTCAGCACCCTACTTCTGTGACGT-GTCCCTCATTCACCTTCCTCTCTTCCCTATA
X15121        ATGCATACTGAAGAATGTCTCAAGCTCAGCACCCTACTTCTGTGACGTTGTCCCTCATTCACCTTCCTCTCTTCCCTATA
              -28  +1
AY649096      AATAACCACGCCTCAGGTTCTCCGCTTCACAACTCAAACATTCTC-TCCATTGGTCCTTAAACACTCATCAGTCATCACC
E07850        AATAACCACGCCTCAGGTTCTCCGCTTCACAACTCAAACATTCTC-TCCATTGGTCCTTAAACACTCATCAGTCATCACC
X15121        AATAACCACGCCTCAGGTTCTCCGCTTCACAACTCAAACATTCTCCTCCATTGGTCCTTAAACACTCATCAGTCATCACC
              +53  +108
AY649096      ATGGCCAAGCTAGTTTTTTCCCTTTGTTTTCTGCTTTTCAGTGGCTGCTGCTTCGCT
E07850        ---------------------------------------------------------
X15121        ATGGCCAAGCTAGTTTTTTCCCTTTGTTTTCTGCTTTTCAGTGGCTGCTGCTTCGCT
```

图 7-2-7　‘南农 87C-38’*Gy1*(AY649096)启动子序列与 GenBank E07850 和 GenBank X15121 启动子序列比较(米东等，2009)

位基因编码的相应蛋白质为 Tia，Tib，Tic，其中 Tia 在自然界中普遍存在，而 Tib 和 Tic 较少见到。赵述文等发现一份新的 SBTi-A2 蛋白，严晴燕等(1996)分析，表明这新发现的 SBTi-A2 应是第 4 个显性等位基因控制的蛋白质产物，并命名为 Tid(赵述文和王海，1992；赵述文等 1991)。通过对大豆种子蛋白质转录和转录后调控进行研究，发现在大豆的基因组中至少存在 10 个不同的 *KSTI* 基因，是一个多基因家族，有些前后形成串联结构。在这 10 个基因中，至少有 4 个(*KSTI1*，*KSTI2*，*KSTI3*，*KSTI4*)基因在大豆种子幼胚阶段表达。Jofuku 和 Goldberg(1989)就 *KSTI1*，*KSTI2*，*KSTI3* 这 3 个基因进行了测序，发现 *KSTI3* 编码了大豆种子主要的胰蛋白酶抑制剂，并与早期发现的 *Tia* 基因相对应。整合近年来研究结果发现，KSTI 型家族包含有 *Tia*，*Tib*，*Tic*，*Tid*，*Tie*，*Tif*，*Tis* 和 *ti* 共 8 个多基因共显性控制单位点的多态类型及 *KSTI1/2*，*KSTI3* 等成员(王跃平等，2008)。

Bowman-Birk 型胰蛋白酶抑制剂：野生大豆(*Glycine soja*)和栽培大豆(*Glycine max*)的 BBI 型抑制剂组成一个多基因家族(Deshimaru et al., 2004)。目前已经有 7 种 BBI 型抑制剂(A，B，C-Ⅰ/Ⅱ，D-Ⅰ/Ⅱ，E-Ⅰ)在大豆种子中证实。

2. 大豆胰蛋白酶抑制剂的 QTL 定位及基因克隆

由于目前对“大豆胰蛋白酶抑制剂的 QTL 定位研究”鲜见报道，在此略去。

在大豆胰蛋白酶抑制剂的基因克隆方面，Jofuku 和 Goldberg(1989)克隆并测序了 *KSTI1*，*KSTI2*，*KSTI3* 这 3 个基因。高越峰等(1998，1997)从未成熟大豆子叶中，利用 RT-PCR 的方法克隆到了大豆 Kunitz 型胰蛋白酶抑制剂基因 *KSTI*，并采用农杆菌介导转化方法获得了转基因烟草，经抗虫实验表明，具有明显的抗棉铃虫能力。忻骅等(1999)在赵述文等的工作基础上，克隆了 *Tid* 这个新类型 cDNA 全序列，初步研究了它的抗虫性。吕品等(2007)利用大豆‘美引 1 号’克隆了大豆胰蛋白酶抑制剂基因 *KSTI3* 的全长 DNA 片段，并将其构建到 *pMD18-T vector* 上。

王跃平等(2008)利用大豆品种‘绥农 14’鼓粒期籽粒 cDNA 文库发现 contig5，contig35，contig8 和 contig9 分别与 BBI 家族成员 BBI-A1，BBI-A2，BBI-C 和 BBI-D 有关，并且存在新的等位变异，通过 cDNA 和基因组 PCR 扩增，克隆了 BBI 家族 4 个成员，证实了新等位变异的存在。通过比较分析籽粒形成时期的 cDNA 文库，发现大豆胰蛋白酶抑制剂基因的表达，随籽粒的发育和成熟而呈现由低到高变化趋势。

(二)大豆脂氧酶的遗传、QTL 定位及基因克隆

1. 大豆脂氧酶的遗传分析

大豆脂氧酶(lipoxygenase，Lox)是引起豆腥味的主要因子，它主要由 Lox_1、Lox_2、Lox_3 等位基因组成，且均以单显性方式遗传(Davies and Nielson，1986；Kitamura et al., 1983；Hildebrand and Hymowitz，1982)。Hildbrand 和 Hymowitz(1982)，Kitamura 等(1983)分别以 Lox_1、Lox_3 的缺失品种与正常品种正反交，结果表明 Lox_1 和 Lox_3 的存在表现为显性，分别受基因 Lx_1 和 Lx_3 控制，而缺失是由等位的隐性基因 lx_1 和 lx_3 控制，且不受母性影响。Davies 和 Nielson(1986)利用缺失 Lox_2 的品种‘PI86023’与缺失 Lox_1 和 Lox_3 的育成品系配制杂交组合，证明 Lx_1 位点与 Lx_2 位点紧密连锁，而 Lx_3 位点则是独立遗传，Lox_2 的存在由显性基因 Lx_2 控制，隐性等位基因 lx_2 则导致 Lox_2 缺失。王文秀等(2001)的研究进一步验证了这 3 个基因的遗传规律。日本已获得了由双、三缺失的突变体育成的 Suzuyutaka 近等基因系。大豆种子无论是单缺失(lx_1)、双缺失(lx_1lx_3 和 lx_2lx_3)还是三

缺失($lx_1lx_2lx_3$)的品系，与正常品系比，其农艺性状没有显著差异(Kitamura et al., 1985)。

2. 大豆脂氧酶的 QTL 定位

在大豆脂氧酶的 QTL 定位研究方面，孙君明等(2004)采用 RAPD 技术，以大豆脂氧酶缺失近等基因系 Century(分别含有 Lx、lx_1、lx_2、lx_3、$lx_{1,3}$、$lx_{2,3}$基因)为材料，筛选 520 个随机引物，发现 13 个多态性引物，其中针对 lx_1、$lx_{1,3}$基因的多态性引物有 6 个，分别为 $OPG06_{1300}$、$S352_{900}$、$S370_{900}$、$S377_{780}$、$S287_{950}$、和 $S389_{300}$。引物 S352 经多次重复和组合 96P11×Century-1 的 F_2 代分离群体检测，χ^2 测验表明，S352 与 lx_1 基因紧密连锁。Xu 等(2000)利用初级三体将 lx_1 定位在 13 号染色体上，Cregan 等(2001)将初级三体和 SSR 标记相结合，证明 lx_1 和标记 Sat_090(连锁群 F)紧密连锁，从而将连锁群(lingkage group，LG)F 和 13 号染色体对应起来。Kim 等(2004)根据 Lx_2 基因序列设计了引物对，在 251bp 处发现了 1 个 SNP 位点——T/C，通过 SNP 位点和 SSR 标记的连锁分析，将 Lx_2 定位在 F 连锁群(LGF)的一端，位于 Satt522 和 Sat_074 两标记间并紧密连锁。参考 Cregan 等(2001)利用 5 个不同的亲本组合构建的连锁图，Sat_090 也位于 Satt522 和 Sat_074 间，进一步证实了 Lx_1 和 Lx_2 是紧密连锁的。另外，Matthews 等(2001)将 1 个与 Lx_1 和 Lx_3 碱基序列高度一致的 EST 标记(pBLT002)定位到 LG I，既然 Lx_1 已定位到 LG F 上，那么 LG I 上的 EST 极有可能是和 Lx_3 连锁的。

3. 大豆脂氧酶的基因克隆

大豆种子中 3 种脂氧酶同工酶的 cDNA 序列已基本清楚。Shibata 等(1987)测定了 Lox_1 的 cDNA 序列，全长 218kb，共 838 个氨基酸，分子质量约为 94KDa；Shibata 等(1988)还报道了 Lox_2 的 cDNA 全序列，并推导出它由 865 个氨基酸构成，分子质量约为 97kDa；Lox_3 基因组 DNA 及 cDNA 全序列，是由 9 个外显子和 8 个内含子组成，其蛋白质包含 859 个氨基酸，分子质量约为 96kDa。Wang 等(1994)对 Lox_2 缺失突变的分子机制进行研究，发现 Lox_2 在结构基因序列上发生了 T→A 的点突变，使得 His-532 突变为 Glu-532，并且证明 His-532 被 Glu 替代并未打破 Lox_2 的蛋白质合成，而是导致 Lox_2 酶活性丧失，稳定性降低，进而证明 His-532 的存在对蛋白质本身结构的保持极为重要；随后研究 Lox_3 缺失突变的分子机制，发现了 3 个点突变，−636bp 处的 C→T，−585bp 处的 T→A，−387 处的 C→A，经 *gus* 基因转录检测，表明−636bp 和−585bp 处的点突变是导致 Lox_3 缺失的主要原因(Wang et al., 1995)。Lox_1 基因缺失突变的分子机制目前尚不清楚。分析脂氧酶氨基酸组成时发现，Lox_1 和 Lox_2 存在 81%同源性，Lox_1 和 Lox_3 存在 74%的同源性，Lox_2 和 Lox_3 存在 70%的同源性(徐文英等，1996)。

赵艳等(2010)利用 PCR 技术从大豆基因组 DNA 中，分离 Lox_3 基因启动子片段 *Lox3p*。将克隆得到的 *Lox3p* 片段替换 *pCAMBIA1301* 中的 *CaMV35S* 启动子，构建表达载体 *pCAM-Lox3p*。通过在大豆种子中进行瞬时表达，*GUS* 组织化学染色及荧光测定都显示出 *Lox3p* 驱动 *GUS* 基因表达的强度高于 *CaMV35S* 启动子。马建等(2008)将重组 PCR 技术应用于构建大豆脂氧酶基因 ihpRNA 干扰表达载体。并且采用 RT-PCR 技术克隆大豆种子脂氧酶基因(Lx_1、Lx_2、Lx_3)核心保守序列 357bp 片段，通过重组 PCR 构建大豆脂氧酶基因 RNA 干扰表达载体，利用花粉管通道法转化大豆品种‘吉农 18’，获得了 12 个转基因株系，其中 10 个株系发生明显变化，SDS-PAGE 电泳和脂氧酶活性测定表明，转基因植株种子中脂氧酶活性明显降低，平均减低 64.2%(马建等，2009)；经近红外谷物分析仪测定，转基因植株脂肪含量平均提高 0.8%～1.5%，总蛋白质含量降低 1.2%～3.0%；RT-PCR 结果表明转基因株系中脂氧酶 mRNA 积累受到明显抑制。

(三)大豆凝集素的遗传、QTL 定位及基因克隆

目前有关大豆凝集素的遗传及 QTL 定位研究鲜有报道。

有关大豆凝集素相关基因克隆研究方面，大豆凝集素基因为 *Le1* 和 *Le2*，已被克隆，其亚基完整的基因序列，也已经被测出(基因库登录号为 K00821 和 M30884)，每个亚基中含有 253 个氨基酸残基，并都有 1 个共价连接的含 9 个甘露糖(Man9NAc)的寡糖链。方标等(2011)应用基因工程手段，从大豆品种‘吉农 18’中克隆了大豆凝集素基因 *Le2*，构建植株表达载体 *pSy-Le2*，将大豆凝集素 *Le2* 基因通过农杆菌介导法导入烟草中，经过筛选获得转基因植株，为进一步鉴定 *Le2* 基因功能提供了实验基础。

魏益凡等(2010)采用 RT-PCR 从大豆品种‘吉农 18’中克隆了大豆种子 *Le1* 基因核心保守序列 515bp 片段，以植物表达载体 *pCAMBIA1301* 为基本载体，构建了抑制大豆 *Le1* 基因表达的 RNAi 载体，为研究大豆凝集素的基因功能和作用奠定了基础。

第三节　脂质性状遗传、QTL 定位与基因克隆

大豆脂质含量是大豆重要品质性状之一，同时脂质含量也是一个重要的复杂的数量性状，受多基因共同控制。针对大豆脂质含量及其组分含量性状的相关研究，国内外许多学者利用不同群体及标记图谱定位了百余个 QTL，但这些已定位的 QTL 大都是基于不同的环境、应用不同作图群体、使用不同的作图方法定位得到，其遗传图存在一定的差异，因此定位的 QTL 在基因组的位置也不尽相同。Meta 分析方法可以将这些 QTL 通过公共标记映射整合到大豆公共遗传连锁图 Soymap2 上，获得“真实”QTL，并可在置信区间内应用生物信息学手段挖掘到与大豆脂质及组分相关的基因，将为大豆脂质性状分子辅助育种及分子设计育种奠定重要研究基础。

一、脂质

(一)大豆脂质性状的遗传

大豆种间杂交F_1代脂质含量近于双亲平均值，F_2代分离范围在双亲之间，呈常态分布(Weber，1950)。大豆品种间杂交F_1代脂质含量遗传与种间杂交基本一致，即接近于双亲平均值，分离范围介于双亲之间。也有研究者得出F_1代就有较高比例的超亲个体，F_2代正向超亲个体占15.7%，双亲脂质含量在19.0%～21.0%，F_2超亲率高，而

双亲脂质含量在20.0%～22.0%，超亲率会降低(刘丽君，2007)。脂质含量的遗传是否有母体效应，尚无定论。多数学者研究表明，大豆杂交后代脂质含量与产量呈正相关，与蛋白质含量呈显著负相关。品种间杂交脂质含量遗传力属中等大小，亲本差异大时，遗传力较大，并且其含量受环境因素影响也较大(Zhe et al., 2010；Haq and Mallarino，2005)。

脂质含量的基因作用方式，早期研究认为以加性效应为主，也有一定的显性效应和上位效应(陈恒鹤，1987)。郑永战等(2007)对品种间杂交BC_1F_3家系进行单年单点实验，结果发现大豆脂质含量受2对加性互补主基因+多基因控制，主基因遗传率为16.2%，多基因遗传率为53.5%。姜振峰(2010)采用中美品种间杂交所获得的RIL群体(n=147)，进行了3年3点的遗传分析，结果表明，大豆脂质含量遗传较复杂，既有多基因遗传模型，也有2个主基因+多基因遗传模型，还有3个主基因遗传模型，主基因遗传率在各点各年均低于多基因遗传率，说明多基因贡献对大豆脂质含量具有重要作用。

(二)大豆脂质性状的 QTL 定位

1. 脂质性状传统 QTL 定位

近 20 年来，国内外众多学者基于不同的群体对大豆种子中脂质含量的 QTL 进行了定位，共定位了 128 个脂质含量相关的 QTL(表 7-3-1)。

表 7-3-1　脂质含量 QTL 定位信息

QTL 数目	母本	父本	群体大小/株	分析方法	群体类型	参考文献
11	‘Charleston’	‘东农 594’	154	CIM，MIM	RIL	单大鹏等，2008
10	‘中豆 29’	‘中豆 32’	255	CIM	RIL	王贤智等，2008
1	‘皖 82-178’	‘通山薄皮黄豆甲’	133	CIM	RIL	徐鹏等，2007
3	‘合丰 25’	‘新民 6 号’	122	CIM	RIL	吕祝章，2006
2	‘科新 3 号’	‘中黄 20’	192	CIM	F_4	朱晓丽，2006
2	‘绥农 14’	‘绥农 20’	94	CIM	F_2	朱晓丽，2006
4	‘晋豆 23’	‘灰布支黑豆’	474	CIM	RIL	梁昭全，2005
4	‘Charleston’	‘东农 594’	154	CIM	RIL	陈庆山等，2005
3	‘N87-984-16’	‘TN93-99’	101	ANOVA	RIL	Panthee et al., 2005
3	‘BSR101’	‘LG82-8379’	167	ANOVA	RIL	Kabelka et al., 2004
6	‘Essex’	‘Williams’	131	CIM	RIL	Hyten et al., 2004
4	‘皖 82-178’	‘通山薄皮黄豆甲’	133	CIM	RIL	李群，2004
4	‘Charleston’	‘东农 594’	154	CIM	RIL	张忠臣等，2004
3	‘郑 92116’	‘商 951099’	105	IM	$F_{2:3}$	关荣霞，2004

续表

QTL 数目	母本	父本	群体大小/株	分析方法	群体类型	参考文献
1	‘科丰1号’	‘南农1138-2’	184	CIM	RIL	Zhang et al., 2004
1	‘A3733’	‘PI437088A’	76	ANOVA	RIL	Chung et al., 2003
3	‘科丰1号’	‘南农1138-2’	201	CIM	RIL	王永军，2001
2	‘科丰1号’	‘南农1138-2’	201	IM	RIL	吴晓雷，2000
3	‘Ma.Belle’	‘Proto’	82	ANOVA	F_2	Csanádi et al., 2001
5	‘Minsoy’	‘Noir1’	236	ANOVA	RIL	Specht et al., 2001
1	‘A81-356022’	‘PI468916’	98	IM	BC_3F_4	Sebolt et al., 2000
1	‘Parker’	‘PI468916’	100	IM	BC_3F_4	Sebolt et al., 2000
2	‘Archer’	‘Minsoy’	233	IM	RIL	Orf et al., 1999
3	‘Archer’	‘Noir1’	240	IM	RIL	Orf et al., 1999
1	‘Essex’	‘Peking’	200	ANOVA	$F_{2:3}$	Qiu, 1999
1	‘Minsoy’	‘Noir1’	240	IM	RIL	Orf et al., 1999
1	‘M82-806’	‘HHP’	71	ANOVA	$F_{2:5}$	Brummer et al., 1997
1	‘M84-49’	‘Sturdy’	92	ANOVA	$F_{2:5}$	Brummer et al., 1997
3	‘A87-29601’	‘CX1039-99’	100	ANOVA	$F_{2:5}$	Brummer et al., 1997
3	‘C1763’	‘CXl159-49’	89	ANOVA	$F_{2:5}$	Brummer et al., 1997
3	‘C1763’	‘CX1039-99’	83	ANOVA	$F_{2:5}$	Brummer et al., 1997
1	‘M81-382’	‘PI423.949’	81	ANOVA	$F_{2:5}$	Brummer et al., 1997
5	‘PI97100’	‘Coker237’	111	ANOVA	F_2	Lee et al., 1996
6	‘Young’	‘PI416937’	120	ANOVA	F_4	Lee et al., 1996
5	‘Minsoy’	‘Noir1’	284	ANOVA	RIL	Mansur et al., 1996
2	‘Minsoy’	‘Noir1’	284	IM	RIL	Mansur et al., 1993
9	‘A81-356022’	‘PI468916’	60	ANOVA	$F_{2:3}$	Diers et al., 1992
5	‘Misuzudaizu’	‘MoshidouGong503’	未知	ANOVA，IM	RIL	Tajuddin et al., 2003

2. 大豆脂质含量QTL的Meta分析

(1)大豆脂质含量QTL信息的收集和整理

从Soybase网站和已经发表的28篇文献，搜集了近20年来脂质含量的QTL定位信息，共计128个QTL(见表7-3-2)。群体类型包括RIL，F_2，F_4，$F_{2:3}$，$F_{2:5}$和BC_3F_4，QTL定位方法包括IM，CIM，MIM和ANOVA分析方法。

表 7-3-2　脂质含量 QTL Meta 分析结果

连锁群	AIC	位置/cM	置信区间/cM	图距/cM	原始 QTL 数目	平均遗传贡献率/%	左侧标记	坐标	右侧标记	坐标
A1	48.99	93.5	92.75 ~ 94.24	1.49	5	10.83	A170_1	92.56	Satt511	94.20
A1	48.99	29.19	28.18 ~ 30.21	2.03	2	29.18	Satt454	28.08	A329_2	30.28
A1	48.99	88.24	86.91 ~ 89.57	2.66	2	38.41	att599	85.58	Bng077_1	91.24
A2	18.01	70.96	66.97 ~ 74.95	7.98	2	39.15	A111_1	67.33	Satt341	77.70
B2	53.37	72.83	69.15 ~ 76.51	7.36	3	9.56	Sat_083	68.98	Sat_009	78.66
C1	54.37	10.43	7.68 ~ 13.19	5.51	3	8.67	Satt690	5.36	A351_2	15.70
C1	54.37	123.94	122.95 ~ 124.93	1.98	2	13.60	AI794821	122.63	Satt338	123.79
C2	36.9	98.42	96.2 ~ 100.63	4.43	2	5.50	R092_3	96.13	Sat_076	99.18
D1a	28.99	57.45	56.53 ~ 58.36	1.83	3	8.56	Satt254	56.40	Satt203	59.00
D1a	28.99	70.74	68.87 ~ 72.62	3.75	2	9.10	Satt198	68.62	Satt439	72.30
D2	22.25	77.41	75.24 ~ 79.58	4.34	3	10.17	Sat_292	75.29	Satt461	80.20
E	22.24	26.14	23.51 ~ 28.77	5.26	2	14.35	OP_M12b	22.84	K229_1	28.30
E	22.24	32.71	29.92 ~ 35.50	5.58	2	20.50	K229_1	28.27	Satt573	35.80
F	27.42	2.16	1.29 ~ 3.02	1.73	2	12.17	M8E6mr1	1.09	Satt343	3.04
F	27.42	18.45	16.11 ~ 20.80	4.69	2	13.59	Satt252	16.084	Satt423	20.56
G	33.03	67.32	66.09 ~ 71.10	5.01	3	12.53	A073_1	68.56	Sat_143	73.40
G	33.03	95.12	94.26 ~ 95.97	1.71	4	13.27	Sct_199	94.40	Satt191	96.60
H	16.58	89.27	88.33 ~ 90.22	1.89	3	9.63	Satt142	86.49	A748_2	90.30
I	27.16	32.5	30.93 ~ 34.07	3.14	2	27.00	B214_2	30.56	A352_2	34.70
I	27.16	37.4	36.23 ~ 48.58	12.35	5	18.22	Sat_219	36.03	Sat_105	49.30
K	29.9	102	98.26 ~ 105.74	7.48	2	11.20	R	97.13	M7E8mr3	107.00
L	49.37	34.78	33.84 ~ 35.71	1.87	2	19.50	Satt497	33.71	Satt613	36.10
L	49.37	93.1	91.60 ~ 94.60	3	3	11.83	DUBC015	90.34	A489_1	95.40
N	17.54	73.14	69.19 ~ 77.09	7.9	2	6.57	A808_1	68.76	Sat_304	77.10
N	15.19	95.56	92.22 ~ 98.90	6.68	3	37.31	Satt257	92.56	Satt022	102.06

注：R 在 soymap2 中表示 Classical 标记

(2) 大豆脂质含量 QTL 一致性图谱的建立

110 个已定位的脂质含量 QTL 映射到参考图谱上，构建了大豆脂质含量 QTL 一致性图谱，映射后的 QTL 覆盖了整个基因组，而且可以看到有很多 QTL 密集区域(图 7-3-1，仅以连锁群 A1 为例)。由于有些定位的 QTL 区间与公共图谱无公共标记，而无法映射，将这部分 QTL 舍去。

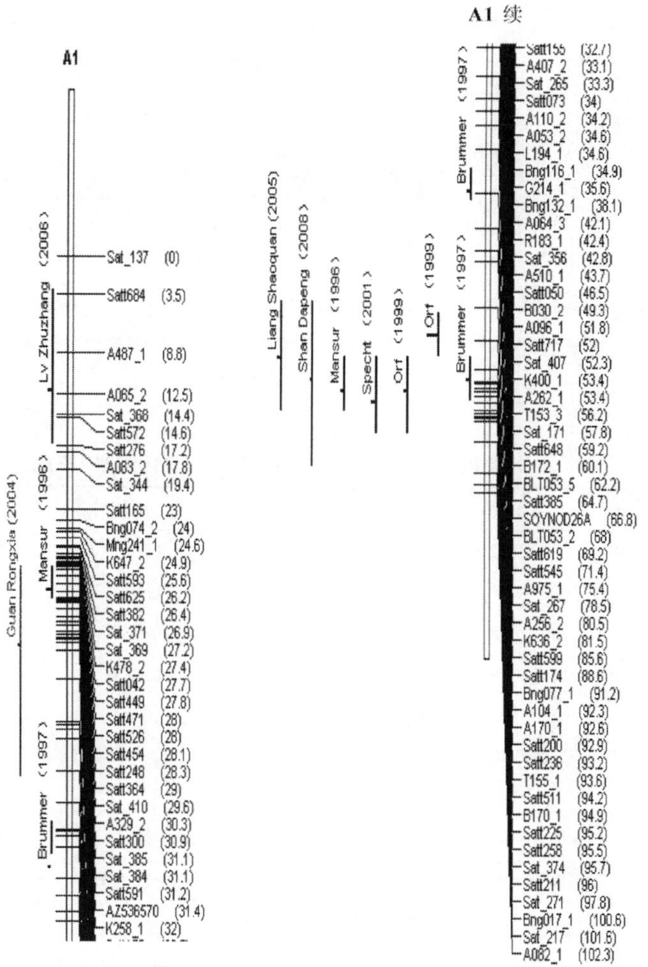

图 7-3-1　大豆脂质含量 QTL 一致性图谱(LGA1 部分)

(3) 大豆脂质含量 QTL 的 Meta 分析

利用 BioMercator2.1 软件中 tools-Meta-analysis 对各个连锁群的 QTL 密集区进行分析。由于分析模型不同，以每次 Meta 分析中 AIC 值最小，确定 1 个“通用 QTL”。经过分析，得到 25 个脂质含量的“通用 QTL”及其区间标记，MQTL 的 95%置信区间大小为 1.49～12.35cM，原始 QTL 数目为 2～5，平均遗传贡献率(mean R^2)为 5.5%～39.15%(表 7-3-2)。

(三) 大豆脂质性状的基因挖掘

1. 脂质含量“通用 QTL”区间内 SSR 标记的物理定位

在大豆基因组浏览网站 http://soybase.org/gbrowse/cgi-bin/gbrowse/gmax1.01/上(Grant D et al., 2010)，根据脂质含量“通用 QTL”区间内 SSR 标记的名称，查询各个标记对应在基因组上的位置(图 7-3-2，表 7-3-3)。在对应的区域框中输入标记的名称，可得到标记对应的连锁群及序列的具体位置，其中很少部分的标记无对应的位置，但不影响整个区间序列的选取。

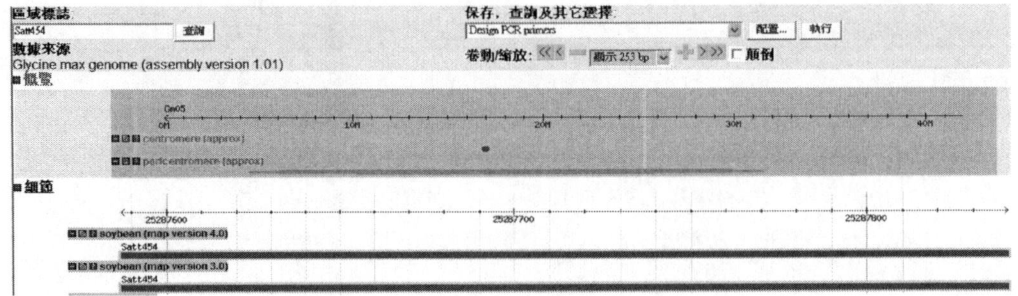

图 7-3-2　Gbrowse 查找标记位置

表 7-3-3　脂质含量“通用 QTL”区间内 SSR 标记的物理定位

SSR 标记	定位的 Gm	起始	终止	SSR 标记	定位的 Gm	起始	终止
Satt454	Gm05(A1)	25287587	25287839	SOYGPATR	Gm04(C1)	525092	525202
Satt248	Gm05(A1)	10999936	11000046	AI794821	Gm04(C1)	46658840	46659321
Satt364	Gm05(A1)	23928948	23929175	Satt338	Gm04(C1)	46964810	46965057
Sat_410	Gm05(A1)	18413059	18413305	Satt376	Gm06(C2)	15482845	15483081
Satt599	Gm05(A1)	41691167	41691349	Satt363	Gm06(C2)	15756353	15756612
Satt174	Gm05(A1)	41397942	41398100	Sat_076	—	—	—
Satt200	Gm05(A1)	40716777	40717018	Satt254	Gm01(D1a)	37913725	37913975
Satt236	Gm05(A1)	40500902	40501128	Satt383	Gm01(D1a)	40096027	40096242
Satt511	Gm05(A1)	40500870	40501124	Satt267	Gm01(D1a)	42070299	42070544
AW132402	Gm08(A2)	11868919	11869074	Satt402	—	—	—
Satt341	Gm08(A2)	13199923	13200142	AZ302047	Gm01(D1a)	44472825	44473059
Sat_083	Gm14(B2)	14355880	14356129	Satt203	Gm01(D1a)	44873077	44873294
Satt318	Gm14(B2)	28809608	28809872	Satt198	Gm01(D1a)	48554913	48555144
Sct_094	Gm14(B2)	37717948	37718141	Satt468	Gm01(D1a)	48853721	48853939
Satt272	Gm14(B2)	42622843	42623063	Satt436	Gm01(D1a)	48689923	48690143
Sat_230	Gm14(B2)	42352485	42352765	Satt439	Gm01(D1a)	48828428	48828708
Satt020	Gm14(B2)	42022252	42022366	Sat_292	Gm17(D2)	12771348	12771595
Satt122	Gm14(B2)	34445176	34445301	Sat_222	Gm17(D2)	13149883	13150050
Satt070	Gm14(B2)	34228964	34229137	Satt389	Gm17(D2)	14024808	14025036
Sat_189	Gm14(B2)	33180317	33180429	Satt461	Gm17(D2)	14367828	14367982
Satt556	Gm14(B2)	39579290	39579452	Satt651	Gm15(E)	6805121	6805289
Satt474	Gm14(B2)	33076539	33076797	Satt212	Gm15(E)	5221863	5222014
Sat_009	—	—	—	Satt598	Gm15(E)	13638341	13638511
Satt690	Gm04(C1)	447059	447279	Satt573	Gm15(E)	13638333	13638504
Sct_186	—	—	—	Sat_390	Gm13(F)	10758142	10758431

续表

SSR 标记	定位的 Gm	起始	终止	SSR 标记	定位的 Gm	起始	终止
Satt146	Gm13(F)	13078576	13078862	Sat_174	Gm20 (I)	24547742	24547964
Satt325	Gm13(F)	18091080	18091327	Satt239	Gm20 (I)	24129682	24129873
Satt343	Gm13(F)	11494402	11494531	Satt354	Gm20 (I)	33429765	33430013
Satt252	Gm13(F)	5376455	5376676	Sat_105	Gm20 (I)	34234025	34234290
Satt149	Gm13(F)	4976740	4977013	Sat_293	Gm09 (K)	42848788	42849068
Satt423	Gm13(F)	5231035	5231285	Sat_020	—	—	—
Satt012	—	—	—	Satt196	Gm09 (K)	43310841	43311029
Sat_164	Gm18(G)	53656368	53656562	Satt497	Gm19 (L)	33697772	33698039
Satt503	Gm18(G)	53955436	53955691	Satt313	Gm19 (L)	34589295	34589541
Satt517	Gm18(G)	53769431	53769694	Satt613	Gm19 (L)	35095319	35095470
Sat_143	Gm18(G)	54786857	54787032	Satt006	—	—	—
Sct_199	Gm18(G)	58093386	58093600	Satt664	Gm19 (L)	46109586	46109819
Satt472	Gm18(G)	58136158	58136436	Satt229	Gm19 (L)	47049000	47049225
Satt191	Gm18(G)	58722746	58722971	Satt549	Gm03 (N)	39360304	39360547
Satt191	Gm18(G)	58722746	58722971	Satt660	—	—	—
Sat_117	—	—	—	GMABAB	Gm03 (N)	39839105	39839271
Satt142	Gm12(H)	36042990	36043140	Satt237	Gm03 (N)	40118992	40119245
Satt293	Gm12(H)	36045730	36045934	Satt339	Gm03 (N)	39934452	39934683
Satt317	Gm12(H)	36615077	36615324	Satt255	Gm03 (N)	40344151	40344291
Satt587	Gm20(I)	3738311	3738476	Sat_304	Gm03 (N)	41100923	41101082
Satt614	Gm20(I)	3915838	3916147	Satt257	Gm03 (N)	43533723	43533973
Sctt012	—	—	—	Sat_306	Gm03 (N)	43594027	43594307
Sat_219	Gm20(I)	24528543	24528803	Sat_295	Gm03 (N)	42387599	42387885
Satt496	Gm20 (I)	26502973	26503309	Satt022	Gm03 (N)	44682505	44682712

注：— 表示未确定标记在基因组上的具体位置

2. “通用 QTL”区间的基因预测

根据脂质含量“通用 QTL”区间内 SSR 标记的对应在基因组上的位置，用 Perl 编写脚本，在大豆基因组序列中提取各个“通用 QTL”区间对应的序列，将其导入本地化的 GenScan 软件预测，得到 12 805 条氨基酸序列。

3. “通用 QTL”区间内的基因注释

将预测的 12 805 条氨基酸序列导入本地安装的软件 InterProScan，滤除假基因并筛选得到其中与脂质直接相关的脂肪酸合成过程(GO：0006633)和脂肪酸代谢过程(GO：0006631)的基因共有 13 个，与该类基因保守序列匹配度达 90%以上，可以作为候选基因(表 7-3-4)。其中的 GO 注释为国际使用的 GO 分类号，其详细注释信息见表 7-3-5。

表 7-3-4　脂质含量"通用 QTL"区间内的基因注释

染色体	基因起始	基因终止	生物学过程	细胞组成	分子功能
Gm05	8157580	8158860	GO:0006633	GO:0016020	GO:0016747
Gm14	28232005	28232697	GO:0006633	GO:0016020	GO:0016747
Gm14	34323795	34323223	GO:0006633		GO:0016491
Gm15	7635353	7639585	GO:0006633		GO:0000036
Gm15	8682029	8687898	GO:0006633		GO:0050080
Gm15	5559450	5563003	GO:0006633	GO:0016021	GO:0016705
Gm15	9271866	9272269	GO:0006633		GO:0000036
Gm15	5698083	5700056	GO:0006633	GO:0016020	GO:0016747
Gm15	10571464	10573270	GO:0006633	GO:0005783	GO:0005506
Gm15	12307474	12308712	GO:0006633	GO:0016020	GO:0016747
Gm18	54074459	54165611	GO:0006633		GO:0004315
Gm14	15738765	15739515	GO:0006631	GO:0005777	GO:0003997，GO:0050660
Gm14	34323795	34332932	GO:0006631		GO:0045300

表 7-3-5　GO 注释信息

GO 分类号	注释信息
GO:0000036	酰基转移酶
GO:0003997	脂肪酸酰基辅酶 A 氧化酶
GO:0004315	ACP 合酶 I，KAS 合酶
GO:0005506	选择性和非共价键(铁)离子催化酶
GO:0005777	调控氧化反应过程
GO:0005783	膜的转运相关
GO:0016020	双层脂质分子
GO:0016021	磷脂双层膜转运相关
GO:0016491	催化氧化还原过程酶
GO:0016705	催化氧化还原过程酶
GO:0016747	氨基-酰基转移酶
GO:0045300	酰基载体蛋白酶
GO:0050080	丙二酰辅酶 A 催化酶
GO:0050660	FAD 氧化还原酶

二、脂肪酸

大豆油的主要成分是三酰甘油酯(triacyglycerol，TAG)，其中脂肪酸含量占大豆种子油的 90%，其组成及配比决定了大豆油脂的品质。大豆油脂中的脂肪酸主要由 5 种组成：棕榈酸($C_{16:0}$)、硬脂酸($C_{18:0}$)、油酸($C_{18:1}$)、亚油酸($C_{18:2}$)及亚麻酸($C_{18:3}$)(表 7-3-6)。一般来说，亚油酸含量最高，占脂肪酸总量的 50%～55%，甚至以上；其次为油酸占 20%左右；棕榈酸占 10%～14%；亚麻酸占 7%～13%；硬脂酸仅占 2%～3%（薛庆喜等，2000；顾和平等，1997）。

表 7-3-6 大豆主要脂肪酸组分的名称及分子式

脂肪酸	分子式	双键数目	碳原子数目	简写符号
棕榈酸（palmiticacid）	$CH_3(CH_2)_{14}COOH$	无	16	$C_{16:0}$
硬脂酸（stearicacid）	$CH_3(CH_2)_{16}COOH$	无	18	$C_{18:0}$
油酸（oleicacid）	$CH_3(CH_2)_7CH{=}CH(CH_2)_7COOH$	1	18	$C_{18:1}$
亚油酸（linoleicacid）	$CH_3(CH_2)_4(CH{=}CHCH_2)_2(CH_2)_6COOH$	2	18	$C_{18:2}$
亚麻酸（linolenicacid）	$CH_3CH_2(CH{=}CHCH_2)_3(CH_2)_6COOH$	3	18	$C_{18:3}$

（一）大豆脂肪酸的遗传分析

对于大豆脂肪酸的遗传分析已有较多报道，但关于大豆脂肪酸组分含量的遗传是否存在母体效应，不同学者的研究结果各不相同。1990 年以前，大多数研究学者认为大豆脂肪酸组分的遗传可能存在母体效应或细胞质效应（Brim et al., 1968）。目前，大多数研究者以某一脂肪酸成分突变体为材料对大豆脂肪酸的遗传进行研究，结果均表明大豆脂肪酸的遗传是由少数几个基因控制的，不存在母体效应和细胞质效应。

1. 饱和脂肪酸的遗传分析

（1）棕榈酸含量的遗传分析

Stoltzfus 等（2000）利用高棕榈酸含量突变体材料‘A30’（棕榈酸含量比常规品种高 40g/kg），与原始亲本‘A89-144026’的大豆品系进行杂交，以研究棕榈酸含量的遗传机制。研究结果表明，棕榈酸含量的遗传无显性效应，突变体材料‘A30’具有一个单突变位点，记为 *fap7*，基因效应为加性效应。郑永战等（2007）用主基因+多基因混合遗传模型分析大豆脂肪含量和脂肪酸组分的遗传机制，认为棕榈酸为 3 对主基因+多基因遗传模型，其中有 2 对主基因效应为等加性，主基因遗传率为 71.63%，多基因遗传率为 14.78%；李佚（2009）研究认为棕榈酸为 3 对主基因+多基因遗传模型，其中主基因效应为加性-上位性+加性-上位性多基因遗传模型。主基因遗传率为 51.07%；多基因遗传率为 30.21%。棕榈酸含量遗传体系中 3 对主效基因的遗传贡献率达 50%以上，多基因遗传贡献率只有 30%左右。

（2）硬脂酸含量的遗传分析

Rahman 等（1999）对高硬脂酸含量的突变体材料‘KK-2’、‘M-25’研究表明，硬脂酸含量由隐性单基因控制。郑永战等（2007）研究认为硬脂酸为 3 对主基因+多基因遗传模型，其中均有 2 对主基因效应为等加性，主基因遗传率为 91.51%，未估计出多基因遗传率。李佚（2009）研究认为硬脂酸遗传符合 2 对主基因+多基因遗传模型，其中主基因效应为显性上位+加性多基因遗传模型。主基因遗传率为 60.76%；多基因遗传率为 4.82%。硬脂酸含量遗传中，2 对主效基因的遗传贡献率达 60%以上，多基因遗传贡献率仅为 4.82%。

2. 不饱和脂肪酸的遗传分析

(1) 油酸含量的遗传分析

Takagi 和 Rahman (1996) 研究结果表明，油酸含量的遗传是由单基因控制的遗传，低油酸含量的遗传呈部分显性，控制油酸含量遗传的基因同时也控制着亚油酸的含量，其或许是通过阻止油酸去饱和合成亚油酸的过程，达到控制亚油酸含量的效果。郑永战等 (2007) 以大豆品种 'ZDD2315'、'Essex' 为杂交亲本，在 'Essex' × 'ZDD2315' 配置的 4 个世代材料中，以 P_1、P_2、F_1、BC_1F_3 家系为研究材料，用主基因+多基因混合遗传模型分析大豆脂肪含量及脂肪酸组分含量的遗传机制。结果表明，油酸含量的遗传为 3 对加性主基因遗传模型，其中 2 对主基因效应为等加性，主基因遗传率为 74.66%。李侠 (2009) 研究认为油酸含量的遗传由 2 对主基因+多基因遗传模型，其中主基因效应为累加作用+加性多基因遗传模型。主基因遗传率为 62.64%；多基因遗传率为 33.54%。油酸含量遗传体系中，2 对主效基因的遗传贡献率达 60%以上，多基因遗传贡献率在 30%左右。

(2) 亚油酸含量的遗传分析

郑永战等 (2007) 研究认为，大豆亚油酸含量的遗传为 3 对主基因+多基因遗传模型，其中有 2 对主基因效应为等加性，主基因遗传率为 91.59%，未估计出多基因遗传率。李侠 (2009) 研究认为亚油酸含量的遗传为 2 对主基因+多基因遗传模型，其中主基因效应为累加作用+加性多基因遗传模型。主基因遗传率为 60.75%；多基因遗传率为 33.54%。亚油酸含量遗传体系中，2 对主效基因的遗传贡献率达 60%以上，多基因遗传贡献率在 30%左右。

(3) 亚麻酸含量的遗传分析

Wilcox 和 Cavins (1985) 认为，亚麻酸含量的遗传是由单个位点上的 2 个隐性基因所控制。Primomo 等 (2002) 利用低亚麻酸和低棕榈酸含量的突变体材料 'RG_3' 和 'RG_1' 与几个大豆品系进行正反交实验，结果发现 'RG_1' 品种还存在一个等位基因 *fan*，该基因有降低亚麻酸含量的作用。遗传学研究表明，低亚麻酸性状由隐性单基因 *fan* 控制。Wilcox 和 Cavins (1985) 用大豆品种 'Century'（亚麻酸含量为 7%）和 'C1640'（亚麻酸含量为 3.4%）进行杂交分析认为，一对基因控制亚麻酸含量的表现，具不完全显性。郑永战等 (2007) 用主基因+多基因混合遗传模型分析大豆脂肪含量和脂肪酸组分的遗传机制，研究认为亚麻酸为 2 对等加性主基因+多基因遗传模型，主基因遗传率为 41.98%，多基因遗传率为 24.17%。李侠 (2009) 研究认为亚麻酸含量的遗传为 3 对主基因+多基因遗传模型，其中主基因效应为加性-上位性+加性多基因遗传模型。主基因遗传率为 96.53%，多基因遗传率没有被估测。亚麻酸含量遗传体系中，3 对主效基因的遗传贡献率达 95%以上，多基因的遗传贡献率很低。

(二) 大豆脂肪酸的 QTL 定位及基因克隆

1. 饱和脂肪酸的 QTL 定位及基因克隆

(1) 传统的饱和脂肪酸 QTL 定位

从 Soybase 网站 (http://soybase.org) 和国内外文献中搜集了近 10 年的研究，其中有效可靠的大豆饱和脂肪酸相关 QTL 共 27 个(表 7-3-7)(Grant et al., 2010)。这些研究多集中于 BC(backcross)群体、RIL 及 F_2 群体，分析方法也主要是 CIM、MIM、IM 及 ANVOA。

表 7-3-7　已报道与大豆饱和脂肪酸组分相关 QTL 信息

性状	标记	连锁群	群体类型	研究方法	参考文献
棕榈酸	Satt330-Sat_155	I	BC_1F_1	CIM，MIM	郑永战等，2006
棕榈酸	Satt646-Sat_140	C1	BC_1F_1	CIM，MIM	郑永战等，2006
棕榈酸	Satt161-Satt646	C1	BC_1F_1	CIM，MIM	郑永战等，2006
棕榈酸	Satt646-Sat_140	C1	BC_1F_1	CIM，MIM	郑永战等，2006
棕榈酸	Satt537	D1b	RIL	CIM	Panthee et al., 2006
棕榈酸	Satt133	A2	RIL	CIM	Panthee et al., 2006
棕榈酸	Satt175	M	F_2	IM，ANOVA	Li et al., 2002
棕榈酸	Satt684	A1	F_2	IM，ANOVA	Li et al., 2002
棕榈酸	Sat_368	A1	F_2	IM，ANOVA	Li et al., 2002
棕榈酸	Satt276	A1	F_2	IM，ANOVA	Lietal., 2002
棕榈酸	Sat_132	O	RIL	CIM，ANOVA	Reinprecht et al., 2006
棕榈酸	Satt288	G	RIL	CIM，ANOVA	Reinprecht et al., 2007
棕榈酸	Sat_092	D2	RIL	CIM，ANOVA	Reinprecht et al., 2007
棕榈酸	Satt157	D1b	RIL	CIM，ANOVA	Reinprecht et al., 2007
棕榈酸	Satt489	C2	RIL	CIM，ANOVA	Reinprecht et al., 2007
棕榈酸	Satt684	A1	RIL	—	Cardinal et al., 2007
硬脂酸	Sat_245-Satt373	L	BC_1F_1	CIM，MIM	郑永战等，2006
硬脂酸	Sat_230-Sat_534	B2	BC_1F_1	CIM，MIM	郑永战等，2006
硬脂酸	Sat_189-Satt070	B2	BC_1F_1	CIM，MIM	郑永战等，2006
硬脂酸	Sat_230-Satt534	B2	BC_1F_1	CIM，MIM	郑永战等，2006
硬脂酸	Satt249	J	RIL	CIM	Panthee et al., 2006
硬脂酸	Satt168	B2	RIL	CIM	Panthcc ct al., 2006
硬脂酸	Satt070-Satt556	B2	F_2	—	Spencer et al., 2004
硬脂酸	Satt474	B2	F_2	—	Spencer et al., 2003
硬脂酸	Satt590	M	RIL	CIM，ANOVA	Reinprecht et al., 2006
硬脂酸	Satt288	G	RIL	CIM，ANOVA	Reinprecht et al., 2007
硬脂酸	Sat_090	F	RIL	CIM，ANOVA	Reinprecht et al., 2007

注：— 表示研究方法不清楚

(2)饱和脂肪酸 QTL 元分析

大豆脂肪酸相关的 QTL 的研究历史较早，1992 年 Diers 等就利用 RFLP 标记定位了 23 个与这 5 种脂肪酸含量相关的 QTL(Diers et al., 1992)。然而，由于其构建的图谱与公共图谱的连锁群不能对应，因此，这些 RFLP 标记在以后的研究中都没有被使用。

从 Soybase 网站(http://soybase.org)和国内外文献中搜集 2002 年至今研究的有用且有效的大豆脂肪酸相关的 QTL 共 90 个(Grant et al., 2010)。其中与大豆棕榈酸相关的 QTL 有 16 个，与硬脂酸相关的 QTL 有 11 个(Cardinal et al., 2007；Panthee et al., 2006；Reinprecht et al., 2006；郑永战等，2006；Spencer et al., 2004；Li et al., 2002)。将文

献中不同实验构建的独立的遗传图，利用 BioMercator2.1 软件的 Projection 功能，将它们分别逐一映射到公共图谱 Soymap2 上，从而得到一张涵盖国内外所有关于大豆脂肪酸组分相关的 QTL 的一致性图谱。如图 7-3-3 所示，大豆脂肪酸 QTL 主要分布在 A1、B2、D1b、D2、E、G、L 这 7 条连锁群上，且成簇分布，只有在 B2 连锁群上的分布区间相对较大，但局部也呈簇状分布，可见在这些位点存在较多与大豆脂肪酸相关的真实有效 QTL，非常利于运用元分析的方法进行分析整合。这种 QTL 一致性图谱的建立为基因定位和挖掘，以及分子标记辅助选择提供了有力参考依据。

利用 BioMercator2.1 软件中 tools-Meta-analysis 分别对搜集整理的大豆棕榈酸、硬脂酸、油酸、亚油酸和亚麻酸进行相关的 QTL 元分析，发现这些相关标记定位在染色体上的位置及分布情况。分析结果中以每次元分析中 AIC 值最小的模型为准，确定“真实”的 QTL。

对大豆脂肪酸组分相关 QTL 元分析共得到了 19 个真实的 QTL(表 7-3-8)。其中有的 QTL 与单一组分相关，如定位在 D1b 连锁群上 73.12cM，置信区间为 70.57～75.67cM 的“真实 QTL”与棕榈酸含量相关(图 7-3-4)。与硬脂酸相关的“真实 QTL”定位在 B2 连锁群上 73cM 处，图距为 0.4cM。而该连锁群上 90.49cM 位置的“真实 QTL”则与亚麻酸含量相关。定位在 C2、D2、G、K 连锁群上的 QTL 大都与多种脂肪酸组分含量相关，如 G 连锁群上 80.67cM 处，图距为 6.12cM 的“真实 QTL”就与油酸、棕榈酸及硬脂酸 3 种脂肪酸含量相关。与油酸相关的 QTL 主要成簇分布于 L 连锁群上。

表 7-3-8 大豆脂肪酸组分相关 QTL 元分析信息

连锁群	AIC 值	位置/cM	置信区间/cM	图距/cM	左侧标记	右侧标记	性状
A1	64.01	3.54	0 ~ 7.44	7.44	Sat_137	A487_1	Pal
A1	64.01	15.76	10.46 ~ 21.07	10.61	Satt572	Satt276	Pal
A1	64.01	92.41	89.06 ~ 95.77	6.71	A104_1	A170_1	Ole
B2	60	73	72.8 ~ 73.2	0.4	Sat_189	Satt556	St
B2	60	90.49	86.19 ~ 94.78	8.59	AW620774	A741_1	Lio
C2	11.04	113.39	108.09 ~ 118.69	10.6	Sat_312	Satt319	Ole，Pal
D1b	28.81	73.12	70.57 ~ 75.67	5.1	Satt141	Satt290	Pal
D2	34.21	83	78.67 ~ 87.33	8.66	Satt461	Sat_114	Ole
D2	34.21	91	90.81 ~ 91.19	0.38	L026_1	Satt615	Lin，Ole
E	35.08	25.38	23.84 ~ 26.93	3.09	OP_M12b	A636_1	Lio
E	35.08	45.09	41.34 ~ 48.84	7.5	Satt483	Satt452	Lio，Ole
G	127.82	0.72	0 ~ 3.65	3.65	Satt163	Satt038	Ole，lin
G	127.82	21.9	16.59 ~ 27.2	10.61	Satt235	Satt130	Ole，lin
G	127.82	49.25	45.5 ~ 53	7.5	Satt131	Satt566	Ole
G	127.82	80.67	77.61 ~ 83.73	6.12	K493_1	T005_2	Ole，Pal，St
K	11.08	42.89	37.58 ~ 48.19	10.61	Satt555	Sct_196	Lin，Lio
L	69.71	31.89	27.56 ~ 36.22	8.66	Sat_397	Sat_191	Ole
L	69.71	66.11	62.36 ~ 69.86	7.5	gy3E_1	Satt166	Ole
N	6.69	34.09	32.42 ~ 35.76	3.34	Satt530	Satt683	Lin

注：Pal，棕榈酸；Ole，油酸；St，硬脂酸；Lio，亚油酸；Lin，亚麻酸

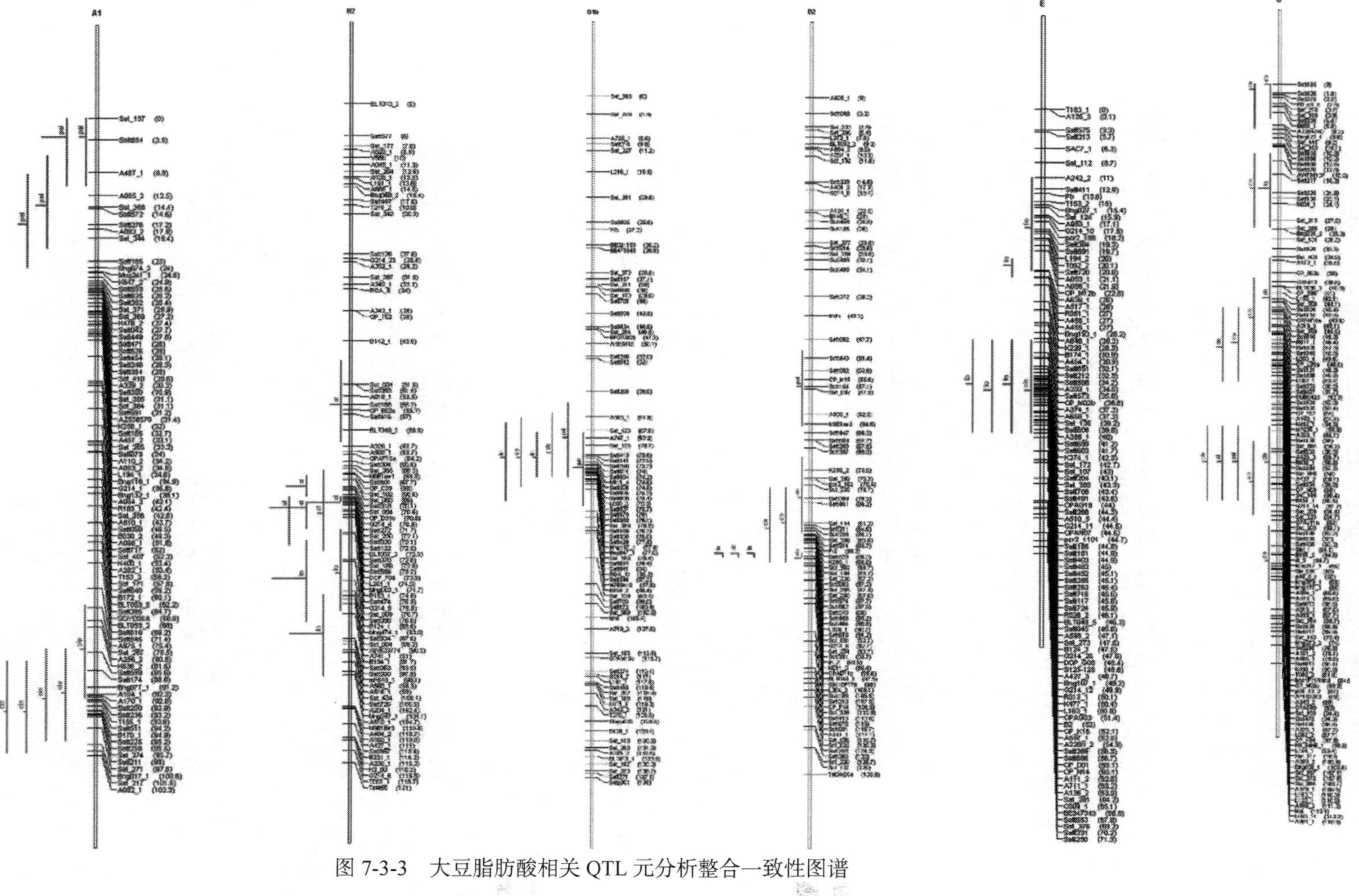

图 7-3-3　大豆脂肪酸相关 QTL 元分析整合一致性图谱

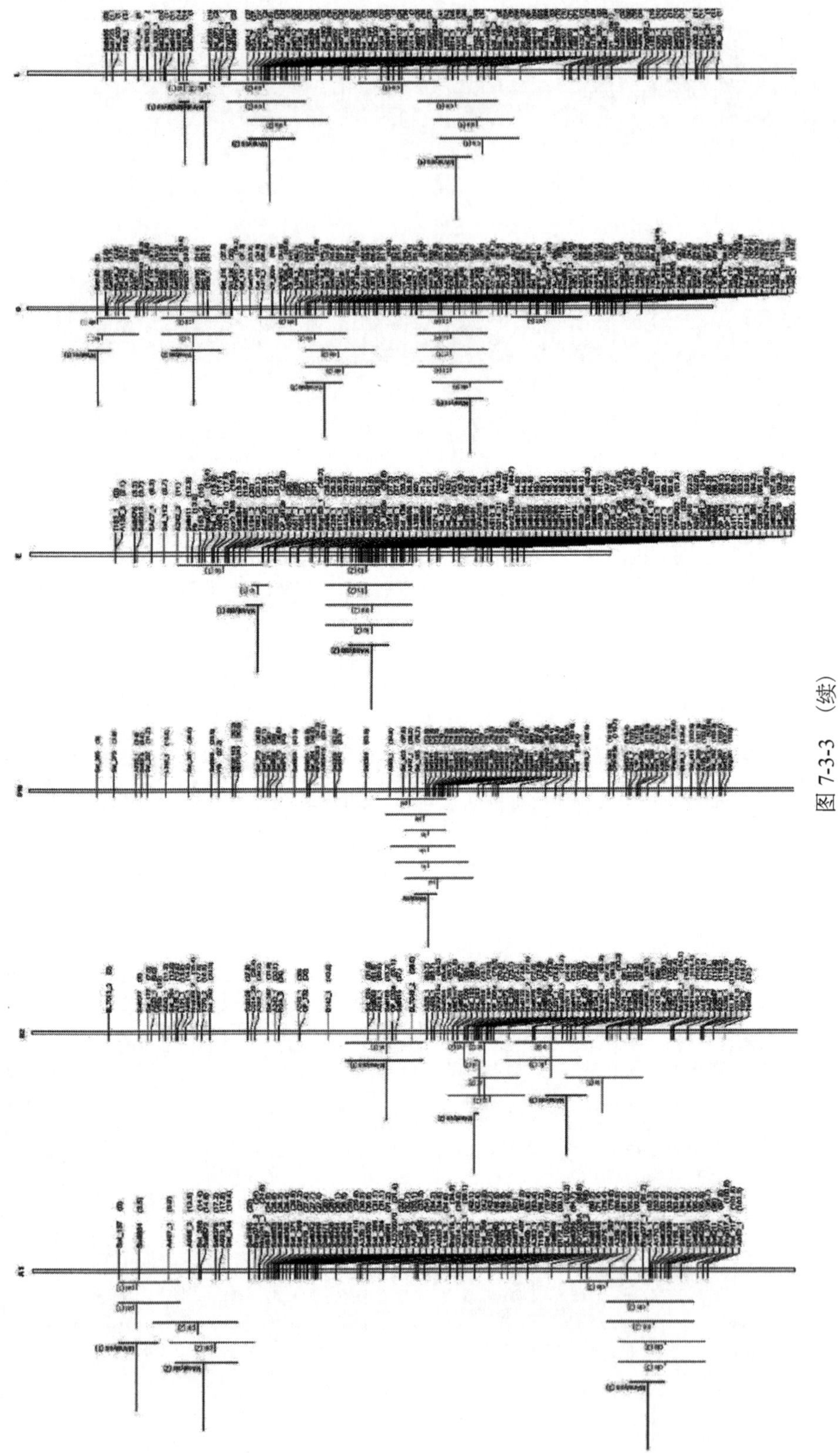

图 7-3-3 （续）

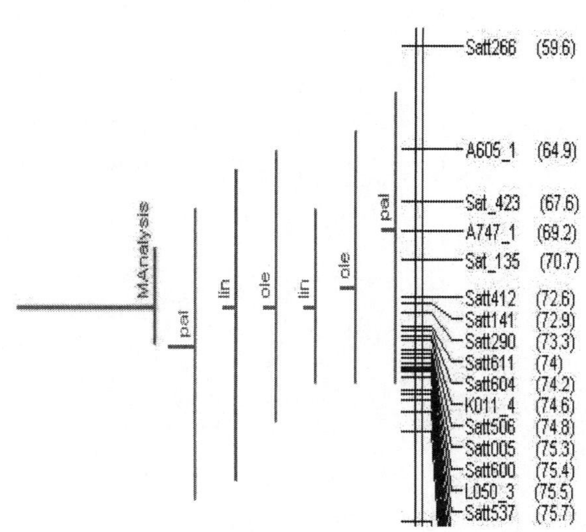

图 7-3-4　D1b 连锁群上大豆棕榈酸含量相关 QTL 元分析

将元分析得到的 QTL 与不同实验中定位的 QTL 进行比较发现，元分析明显缩短了 QTL 的图距。例如，定位于 A1 连锁群上 3.45cM 位置的“真实 QTL”与原实验中定位的位置相同，但其图距则从原来的 11.04cM 缩短到现在的 7.44cM。而定位在 D1b 连锁群上 28.81cM 处与棕榈酸相关的“真实 QTL”，其图距则由原来的平均 19.11cM 缩短到 5.1cM。定位在 D2 连锁群上 91cM 位置的“真实 QTL”，在原实验中定位的平均位置为 263.5cM 的位置，图距为 19.28cM，而经元分析之后该 QTL 则被定位在了 91cM 的位置，图距则缩短到 0.38cM。

(3) 饱和脂肪酸的基因克隆

目前对于饱和脂肪酸基因的克隆研究尚鲜见报道。

2. 单不饱和脂肪酸的 QTL 定位及基因克隆

(1) 传统的单不饱和脂肪酸 QTL 定位

从 Soybase 网站 (http://soybase.org) 和国内外文献中搜集了近 10 年的研究，发现有效可靠的大豆油酸相关的 QTL 共 39 个 (表 7-3-9) (Grant D et al., 2010)。这些研究多集中于 BC 群体、RIL 及 F_2 群体，分析方法也主要是 CIM、MIM、IM 及 ANVOA。

表 7-3-9　已报道与大豆单不饱和脂肪酸组分相关 QTL 信息

性状	标记	连锁群	群体类型	研究方法	参考文献
油酸	Sat_356-Satt615	D2	BC_1F_1	CIM，MIM	郑永战等，2006
油酸	Sat_365-Satt615	D2	BC_1F_1	CIM，MIM	郑永战等，2006
油酸	Satt266-Satt290	D1b	BC_1F_1	CIM，MIM	郑永战等，2006
油酸	Satt290-Satt579	D1b	BC_1F_1	CIM，MIM	郑永战等，2006
油酸	Sat_191-Sat_311	C1	BC_1F_1	CIM，MIM	郑永战等，2006

续表

性状	标记	连锁群	群体类型	研究方法	参考文献
油酸	Satt263	E	RIL	CIM	Panthee et al., 2006
油酸	Satt143	L	$F_{2:3}$	CIM	Fabra et al., 2008
油酸	Satt418	L	$F_{2:3}$	CIM	Fabra et al., 2008
油酸	Satt313	L	$F_{2:3}$	CIM	Fabra et al., 2008
油酸	Satt156	L	$F_{2:3}$	CIM	Fabra et al., 2008
油酸	Satt166	L	$F_{2:3}$	CIM	Fabra et al., 2008
油酸	Satt527	L	$F_{2:3}$	CIM	Fabra et al., 2008
油酸	Satt561	L	$F_{2:3}$	CIM	Fabra et al., 2008
油酸	Satt235	G	$F_{2:3}$	CIM	Fabra et al., 2008
油酸	Satt394	G	$F_{2:3}$	CIM	Fabra et al., 2008
油酸	Satt501	G	$F_{2:3}$	CIM	Fabra et al., 2008
油酸	Satt594	G	$F_{2:3}$	CIM	Fabra et al., 2008
油酸	Satt303	G	$F_{2:3}$	CIM	Fabra et al., 2008
油酸	Satt288	G	$F_{2:3}$	CIM	Fabra et al., 2008
油酸	Satt612	G	$F_{2:3}$	CIM	Fabra et al., 2008
油酸	Satt191	G	$F_{2:3}$	CIM	Fabra et al., 2008
油酸	Satt389	D2	$F_{2:3}$	CIM	Fabra et al., 2008
油酸	Satt311	D2	$F_{2:3}$	CIM	Fabra et al., 2008
油酸	Satt226	D2	$F_{2:3}$	CIM	Fabra et al., 2008
油酸	Satt599	A1	$F_{2:3}$	CIM	Fabra et al., 2008
油酸	Satt200	A1	$F_{2:3}$	CIM	Fabra et al., 2008
油酸	Satt236	A1	$F_{2:3}$	CIM	Fabra et al., 2008
油酸	Satt225	A1	$F_{2:3}$	CIM	Fabra et al., 2008
油酸	Satt211	A1	$F_{2:3}$	CIM	Fabra et al., 2008
油酸	Satt163	G	RIL	CIM，ANOVA	Reinprecht et al., 2006
油酸	Satt288	G	RIL	CIM，ANOVA	Reinprecht et al., 2006
油酸	Satt489	C2	RIL	CIM，ANOVA	Reinprecht et al., 2006
油酸	Satt175-Satt245	M	RIL	CIM，MIM	李侠，2009
油酸	Satt463-Satt540	M	RIL	CIM，MIM	李侠，2009
油酸	Satt449-satt225	A1	RIL	CIM，MIM	李侠，2009
油酸	Satt389-satt208	D2	RIL	CIM，MIM	李侠，2009
油酸	Satt208-Satt311	D2	RIL	CIM，MIM	李侠，2009
油酸	Satt301-Satt514	D2	RIL	CIM，MIM	李侠，2009
油酸	Satt316-Satt079	C2	RIL	CIM，MIM	李侠，2009

(2)单不饱和脂肪酸 QTL 元分析

如图 7-3-3 所示，将文献中不同实验构建的独立的遗传图，利用 BioMercator2.1 软件的 Projection 功能，将它们分别逐一映射到公共图谱 Soymap2 上，从而得到一张涵盖国内外所有关于大豆脂肪酸组分相关的 QTL 的一致性图谱。利用 BioMercator2.1 软件中

tools-Meta-analysis 分别对搜集整理的大豆单不饱和脂肪酸 QTL 进行元分析，其中获得单一油酸含量位点 5 个，分别分布在 A1、D2、G 和 L 这 4 个连锁群上；另外还有 6 个位点(分布在 C2、D2、E 和 G 连锁群)除包含油酸相关位点，还包含硬脂酸、亚油酸和棕榈酸等位点(表 7-3-8)。

(3)单不饱和脂肪酸的基因克隆

目前对单不饱和脂肪酸的基因克隆研究还少见报道。

3. 多不饱和脂肪酸的 QTL 定位及基因克隆

(1)传统多不饱和脂肪酸的 QTL 定位

从 Soybase 网站(http://soybase.org)和国内外文献中搜集了近 10 年的研究，其中有效且可靠的大豆多不饱和脂肪酸相关 QTL 共 23 个(表 7-3-10)(Grant et al., 2010)。本书是基于公共图谱的整合元分析，因此舍弃了其中在公共图谱上没有的部分 RFLP 标记。

表 7-3-10 已报道与大豆多不饱和脂肪酸组分相关 QTL 信息

性状	标记	连锁群	群体类型	研究方法	参考文献
亚油酸	Satt166-Satt156	L	BC_1F_1	CIM，MIM	郑永战等，2006
亚油酸	Satt442-Sat_401	H	BC_1F_1	CIM，MIM	郑永战等，2006
亚油酸	Satt384-Sat_273	E	BC_1F_1	CIM，MIM	郑永战等，2006
亚油酸	Satt235	G	RIL	CIM	Panthee et al., 2006
亚油酸	Satt263	E	RIL	CIM	Panthee et al., 2006
亚油酸	Sat_274	O	RIL	IM	Shibata et al., 2008
亚油酸	Sat_127	H	RIL	IM	Shibata et al., 2008
亚油酸	Satt384	E	RIL	IM	Shibata et al., 2008
亚油酸	Satt534	B2	RIL	—	Spencer et al., 2004
亚油酸	Satt560	B2	RIL	—	Spencer et al., 2004
亚油酸	Satt349	K	RIL	CIM，ANOVA	Reinprecht et al., 2006
亚油酸	Satt185	E	RIL	CIM，ANOVA	Reinprecht et al., 2006
亚油酸	Satt066-Satt063	B2	F_2	CIM	杨柳等，2006
亚麻酸	Satt641-Satt675	N	BC_1F_1	CIM，MIM	郑永战等，2006
亚麻酸	Satt641-Satt675	N	BC_1F_1	CIM，MIM	郑永战等，2006
亚麻酸	Sat_115-Satt102	I	BC_1F_1	CIM，MIM	郑永战等，2006
亚麻酸	Sat_356-Satt615	D2	BC_1F_1	CIM，MIM	郑永战等，2006
亚麻酸	Sat_365-Satt615	D2	BC_1F_1	CIM，MIM	郑永战等，2006
亚麻酸	Satt290-Satt579	D1b	BC_1F_1	CIM，MIM	郑永战等，2006
亚麻酸	Satt579-Satt600	D1b	BC_1F_1	CIM，MIM	郑永战等，2006
亚麻酸	Satt185	E	RIL	CIM	Panthee et al., 2006
亚麻酸	Satt349	K	RIL	CIM，ANOVA	Reinprecht et al., 2006
亚麻酸	Satt038	G	RIL	CIM，ANOVA	Reinprecht et al., 2006

注：— 表示研究方法不清楚

(2) 多不饱和脂肪酸 QTL 元分析

从 Soybase 网站(http://soybase.org)和国内外文献中搜集 2002 年至今研究的有用且有效的大豆油亚油酸和亚麻酸相关的 QTL 分别有 10 个和 14 个，并且所有这些定位的 QTL 的平均遗传距离在 15cM 左右(Grant et al., 2010; Shibata et al., 2008; Panthee et al., 2006; Reinprecht et al., 2006；郑永战等，2006)。如图 7-3-3 所示，根据文献中不同实验构建的独立的遗传图，利用 BioMercator2.1 软件的 Projection 功能，将它们分别逐一映射到公共图谱 Soymap2 上，从而得到一张涵盖国内外所有关于大豆脂肪酸组分相关的 QTL 的一致性图谱。利用 BioMercator2.1 软件中 tools-Meta-analysis 分别对搜集整理的大豆多不饱和脂肪酸 QTL 进行元分析，其中在 N 连锁群上检测到单一的亚麻酸位点，在 D2 和 G 连锁群上检测到 3 个与油酸交叠的位点；在 B2 和 E 连锁群各检测到单一的亚油酸相关位点，在 K 和 E 连锁群上还检测到与油酸和亚麻酸交叠的位点(表 7-3-8)。

(3) 多不饱和脂肪酸的基因克隆

目前对多不饱和脂肪酸的基因克隆研究鲜见报道。

第四节　配糖体性状遗传、QTL 定位与基因克隆

配糖体(glycoside)也称糖苷，是由糖的还原基和糖或其他化合物的羟基(也有少数的—SH，—NH_2)脱水所形成的键，即糖苷物质的总称。大豆的配糖体主要包括大豆异黄酮和皂苷类物质。

一、异黄酮

异黄酮(isoflavone)是一类具有 C-6/C-3/C-6 骨架的天然活性产物，是大豆种子中积累较多的一类次生代谢产物。

有关大豆异黄酮的研究报道，最早见于 1931 年，Walz(1931)用 90%甲醇从豆奶中提取了大豆异黄酮糖苷 5,7,4′-三羟基异黄酮-7-葡萄糖苷(genistin)，并发现其能被盐酸水解成 1 分子的染料木素(genistein)和 1 分子的葡萄糖(glucose)。以后国外陆续有关于异黄酮的报道，Kosslak 和 Bohlool(1984)发现大豆异黄酮具生物活性，是大豆根瘤菌结瘤基因的诱导物质；Graham 等(1990)研究表明，大豆异黄酮是大豆组织对疫霉根腐病菌侵染的反应物质。美国国家癌症研究所(American cancer institute，ACI)邀请有关专家研究证明大豆异黄酮是较好的抗癌、防癌物质，在医药界引起很大轰动(Kenis，1993)。另有许多研究也证实大豆异黄酮有弱雌激素活性、抗氧化活性、抗溶血活性和抗真菌活性等生物效能，能有效预防和抑制白血病、多种癌症、妇女更年期综合征等多种疾病的发生，尤其是对乳腺癌和前列腺癌有良好的预防和治疗作用(Arean et al., 2002；Kritz-Silverstein and Goodman-Gruen，2002)。此外，异黄酮在防止植物受到紫外线伤害、作为植物-微生物间的信号传导物质、在植物防御反应等方面，起到重要作用(Naoumkina et al., 2007；Kim et al., 2005；Kosslak and Bohlool，1984)。因此，在豆科和非豆科作物中进行异黄酮遗传改良不仅可以改善食品品质，增加作物的营养价值，而且可以增强植物的抗逆性，

具有重要的营养学和农艺学意义。

(一)大豆异黄酮遗传

国内外学者研究发现，不同基因型及不同生长环境(生长地域、生长年份)等条件下，异黄酮含量变异幅度较大，同时，筛选出了一批异黄酮含量差异较大的种质资源(Carrao-Panizzi and Kitamura，1995；孙君明和常汝镇，1995；Eldridge and Kwolek，1983)。Wang 和 Murphy(1994)发现同一个大豆品种在同一地点经 1989～1991 年连续种植，异黄酮总含量年份间变异幅度为 1176～3309μg/g，1989 年的含量是 1991 年的近 3 倍。

明确大豆异黄酮含量的遗传学基础，对指导高异黄酮大豆育种具有重要意义。研究表明，大豆异黄酮含量受品种遗传特性和环境因素共同影响(梁慧珍等，2005；Li et al., 2004；Hoeck et al., 2000)。

梁慧珍等(2006)利用大豆异黄酮含量差异较大的 6 个大豆品种(P_1，'郑 92116'；P2，'豫豆 29 号'；P_3，'豫豆 25 号'；P_4，'郑 90007'；P_5，'豫豆 19 号'；P_6，'郑长青 14 选'。P_1、P_2、P_3 异黄酮含量较高；P_4、P_5、P_6 为中低异黄酮含量品种)为亲本，通过双列杂交配制杂交组合，测定了 2 个环境条件下亲本 P、F_1 和 F_2 种子的异黄酮含量。采用双子叶植物种子数量性状遗传模型和统计分析方法，分析了胚、细胞质和母体植株等不同遗传体系的基因效应及环境互作效应。结果发现，大豆种子异黄酮含量的表现主要受制于母体遗传效应，其次为胚(子叶)基因效应，细胞质效应影响较小。不同遗传体系的基因主效应明显大于环境互作效应。异黄酮含量的机误方差较大，说明异黄酮含量更易受到环境条件变化影响。亲本遗传效应分析表明，选用'豫豆 29'或'郑 90007'亲本有利于增加杂种后代大豆种子异黄酮含量，提高品质改良的效果。胚显性方差和母体显性方差均极显著，表明种子杂种优势和母体杂种优势会同时存在，而且是不受环境影响的主效应基因，进一步明确该性状在多遗传体系影响时的遗传规律，为大豆品质数量性状的遗传改良提供理论依据。

(二)大豆异黄酮 QTL 定位

Meksem 等(2001)利用大豆品种 Essex 与 Forrest 杂交获得的 100 个个体的重组自交系，结合 150 个多态性 DNA 标记，使用单因素方差分析方法对种子中异黄酮含量进行了 QTL 定位，发现了 4 个比较稳定的区间；Kassem 等(2004)在 Meksem 的研究基础上，使用同样的群体结合新的标记，对大豆异黄酮 QTL 定位进行分析，利用 240 个 SSR 标记进行单因素方差分析，进一步修正了原来的 QTL，并发现了两个新的 QTL。

据 Juan 等(2009)的研究表明，由于异黄酮的合成和积累受许多生物和非生物因素的影响，即使在一个固定的环境中生长且遗传稳定的大豆种子，其异黄酮含量的变化范围也较大，异黄酮 QTL 定位往往会产生矛盾的结果。Juan 等研究人员还利用区间作图法，复合区间作图法，多区间作图法和基于混合模型的复合区间作图法，共获得 26 个 QTL，研究结果表明，尽管上位性主要依赖于环境，但却是影响异黄酮含量的一个非常重要遗传组成。另外，上位性是造成这些性状在不同环境中所观察到的表型变异的一个重要因素。

我国学者梁慧珍等(2009)利用'晋豆 23 号'和灰布支杂交构建的 474 个 F_{13} 代大豆

重组自交系群体家系为材料，利用 WinQTLCart2.0 软件的复合区间作图方法对大豆异黄酮含量、脂肪含量和蛋白质含量 3 个重要品质性状，进行 QTL 定位并分析 3 者相关性，结果共检测到 23 个 QTL，其中，控制异黄酮含量的 6 个 QTL，分被别定位在 J、N、D2 和 G 等 4 个连锁群上；控制脂肪含量的 11 个 QTL 被分别定位在 A1、A2、B2、C2 和 D2 等 5 个连锁群上；控制蛋白质含量的 6 个 QTL 被分别定位在 B2、C2、G 和 H1 等 4 个连锁群上。上述结果表明，控制异黄酮含量的基因与控制脂肪和蛋白质含量的基因，除与脂肪在 D2 连锁群、与蛋白质在 G 连锁群都有 QTL 检出外，基本都不在同一染色体上，即存在基因互作的可能性较小。

张晶莹等（2012）采用异黄酮含量有显著差异的大豆品种‘鲁黑豆 2 号’（LHD2，高异黄酮品种，3697.24μg/g）和‘南汇早黑豆’（NHZ，低异黄酮品种，1816.67μg/g）为亲本杂交产生 100 个家系绘制了一张包含 161 个多态性 SSR 标记，全长 3546.54cM 的大豆遗传连锁图。利用 ICIMapping3.2 软件的 ICIM、IM 和 SMA 3 种定位方法，共定位到 4 种环境下与异黄酮主要组分相关的 14 个 QTL，3 个标记区间在多个环境和多种定位方法下均被检测到，分别是 Sat_003-Satt306、Satt070-Satt122 和 Satt571-Satt270。第 7 染色体（M 连锁群）Sat_003-Satt306 和第 20 染色体（I 连锁群）Satt571-Satt270 区间内，有关于 MYB 类和锌指蛋白 ZIP 类的转录因子存在，证明了其对异黄酮积累与合成的重要作用。另外，检测到 95 对与大豆异黄酮主要组分相关的上位性 QTL，几乎涉及所有染色体，上位性效应值均较高，表明异黄酮积累受多基因控制。

目前，对于大豆异黄酮含量 QTL 定位研究虽然较多，但还不够深入，定位到的位点区间较大，还没能实现对于位点的精细定位。

（三）大豆异黄酮合成关键酶基因克隆

近年来，有很多通过转化单个关键酶基因来提高异黄酮含量的报道（Zhang et al., 2009；Shih et al., 2008；Cain et al., 1997），但是，都没有达到稳定高效提高异黄酮含量的效果。随着基因工程的快速发展，多基因转化策略将越来越受到重视。

王艳等（2012）通过 RT-PCR 分析了不同生育时期 7 个大豆异黄酮合成相关酶基因（*PAL*，*C4H*，*4CL*，*CHS*，*CHI*，*IFS* 和 *F3H*）的相对表达情况。并利用高效液相色谱法测定了大豆种子发育过程中，豆荚（含种子）中异黄酮及其组分的含量，同时利用 SAS8.2 分析了 $F_{5:11}$ 重组自交系群体豆荚中异黄酮含量与部分基因相对表达量间的相关性。结果表明，从营养生长进入生殖生长阶段，部分基因（*PAL*，*CHI*，*IFS* 和 *F3H*）的相对表达量均有显著提高；*PAL*，*C4H*，*CHS* 和 *IFS* 基因在叶片中的相对表达量高峰出现在 R1 期，大部分基因在 2 个品种豆荚中相对表达量差异显著的时期为 R6 期。在 R6 期，豆荚中 *PAL* 基因的相对表达量与染料木素（GT）和总异黄酮含量（TI）呈显著正相关。*CHS* 基因的相对表达量与大豆黄素（DZ）、染料木素和总异黄酮含量呈显著正相关，但是与黄豆黄素（GC）呈显著负相关。*IFS* 基因的相对表达量与大豆黄素含量呈显著正相关。*F3H* 基因的相对表达量与所有异黄酮成分均呈显著负相关。研究明确了相应基因的表达情况，对于理解异黄酮含量变异的遗传机制具有重要意义。

钱丹丹等（2011）采用 RT-PCR 法克隆了大豆异黄酮生物合成途径中查尔酮合酶

(chalcone synthase，CHS)和查尔酮异构酶(chalcone isomerase，CHI)2 个关键酶的基因，并利用 SOE-PCR 技术成功将 2 个基因融合，将其构建成原核表达载体，在大肠杆菌中进行了初步的表达研究，为进一步研究 CHS 和 CHI 两种关键酶的功能奠定了基础。同时构建了真核表达载体，采用农杆菌转化法侵染大豆子叶节，获得了转基因抗性植株。

目前关于大豆异黄酮相关基因的克隆及转化工作仍在开展中。

二、皂苷

大豆皂苷曾被认为对人体健康不利，而且是大豆制品苦涩味的主要来源，即被视为抗营养因子。近年来的研究表明，大豆皂苷的毒性作用不仅很小，而且还具有较多有益的生理功能：大豆皂苷可降低血液中胆固醇和甘油三酯的含量，且还具有抗氧化、抗自由基、抗病毒、抗血栓形成、提高胰岛素水平等生理活性，大豆皂苷还能抑制肿瘤细胞的生长，增强机体的免疫能力(龙彭年，2003；唐传核等，2001；刘晓庚等，2000；孙学斌，2000；王银萍等，1994)。

田俊等(2010)首次对皂苷含量相关 QTL 进行定位研究。选用大豆皂苷含量高的亲本‘哈-91016’和大豆皂苷含量低的亲本‘N98-9445A’，以及从二者杂交所得 F_2 群体中随机抽取的 198 个样本材料，经皂苷含量测定，后代群体的皂苷含量多数介于双亲之间，少数存在超亲现象。其中最大值达到 17.8mg/g，大于母本‘哈-91016’(13.6mg/g)，表现正向超亲的占 13.9%，而最小值为 6.7mg/g，小于父本‘N98-9445A’(8.7mg/g)，表现负向超亲的占 5.2%，说明 F_2 群体皂苷含量具有丰富的遗传变异。另外，F_2 代单株皂苷含量为连续变异，且基本符合正态分布，说明皂苷含量性状是呈连续变化的数量性状。

利用复合区间法检测与大豆皂苷含量有关的 QTL，当 LOD 值大于 2.0 时，经过 WinQTLCartographerv2.0 计算，共鉴定出 2 个与大豆皂苷含量相关的 QTL，分别位于 K 和 D1a 连锁群上。其中 K 连锁群上标记区间为 Sat_044～Satt102，与 SSR 标记 Sat_044 的遗传距离是 4.6cM，LOD 值 2.09，遗传贡献率为 12.6%，加性效应为 1.60；D1a 连锁群上，标记区间为 Sat_036～Satt580，与 SSR 标记 Satt580 的遗传距离是 8.9cM，LOD 值 2.87，遗传贡献率为 15.8%；加性效应为 1.14。

目前大豆皂苷遗传、QTL 定位及相关基因克隆的研究较少，有待进一步深入地研究。

(本章由蒋洪蔚完成)

参考文献

白生文，范慧玲. 2008. RAPD 标记技术及其应用进展. 河西学院学报, 24: 52～54

陈恒鹤. 1987. 大豆蛋白质、脂肪含量及其农艺性状遗传规律的轮配分析. 中国农业科学, 20: 32～38

陈庆山，张忠臣，刘春燕，等. 2005. 应用 Charleston×东农 594 重组自交系群体构建大豆遗传图. 中国农业科学, 38: 1312～1316

陈庆山，张忠臣，刘春燕，等. 2007. 大豆主要农艺性状的 QTL 分析. 中国农业科学, 40: 41～47

丁小林. 2004. 大豆食品的营养价值与功能特性. 食品研究与开发, 25: 100～102

方标，王丕武，于雷，等. 2011. 大豆凝集素基因 *Le2* 克隆及转化. 大豆科学, 30: 706～709

高越峰，朱祯，肖桂芳，等. 1998. 大豆 Kunitz 型胰蛋白酶抑制剂基因的分离及其在抗虫植物基因工程

中的应用. 植物学报, 40: 405～411
高越峰, 朱祯, 朱玉, 等. 1997. 大豆 Kunitz 型胰蛋白酶抑制剂基因的克隆及其转基因烟草抗虫性初探. 高技术通讯, 9: 5～9
顾和平, 朱成松, 陈新, 等. 1997. 大豆籽粒品质的进一步改良. 大豆通报, 4: 5～6
关荣霞. 2004. 大豆重要农艺性状的QTL定位及中国大豆与日本大豆的遗传多样性分析. 博士后出站报告. 北京: 中国农业科学院
韩粉霞, 丁安林, 孙君明. 2002. 缺失 Kunitz 胰蛋白酶抑制剂和脂氧酶 2, 3 的大豆新品种——中黄 16 的选育. 遗传学报, 29: 1105～1110
姜振峰. 2010. 大豆油分和蛋白质含量遗传效应及与环境互作效应 QTL 分析. 博士毕业论文. 哈尔滨: 东北林业大学
李群. 2004. 大豆蛋白质和油份含量基因的 SSR 标记及初步定位. 硕士毕业论文. 南京: 南京农业大学
李侠. 2009. 大豆脂肪酸含量遗传分析及与油酸含量相关 QTLs 定位的研究. 硕士毕业论文. 哈尔滨: 东北农业大学
李夏, 戴佳乐, 陈子奇, 等. 2012. β-伴大豆球蛋白 α′-亚基基因 *ihp-RNAi* 表达载体的构建. 西北农林科技大学学报, 40: 190～198
李兆波, 吴禹, 王岩, 等. 2010. SNP 标记技术及其在农作物育种中的应用. 辽宁农业职业技术学院学报, 12: 8～9
梁慧珍, 李卫东, 曹颖妮, 等. 2006. 大豆籽粒异黄酮含量的遗传效应研究. 作物学报, 32: 856～860
梁慧珍, 李卫东, 方宣钧, 等. 2005. 大豆异黄酮及其组分含量的配合力和杂种优势. 中国农业科学, 38: 2147～2152
梁慧珍, 王树峰, 余永亮, 等. 2009. 大豆异黄酮与脂肪、蛋白质含量基因定位分析. 中国农业科学, 42: 2652～2660
梁昭全. 2005. 大豆种子蛋白质和脂肪含量 QTL 分析. 硕士毕业论文. 南宁: 广西大学
林延慧, 张丽娟, 李伟, 等. 2012. 大豆蛋白质含量的 QTL 定位. 大豆科学, 2: 207～209
刘春, 王显生, 麻浩. 2008. 大豆种子贮藏蛋白遗传改良研究进展. 大豆科学，27: 866～873
刘丽娟, 刘灶长, 陈海荣, 等. 2009. SRAP 标记技术及其在蔬菜作物多样性分析中的应用. 中国农学通报, 25: 43～48
刘丽君. 2007. 中国东北优质大豆. 哈尔滨: 黑龙江科学技术出版社
刘珊珊, 孟凡立, 刁桂珠, 等. 2009. 大豆 7S 球蛋白(α+β)-亚基缺失型种质的 α-与 β-亚基基因的测序与分析. 中国农业科学, 42: 419～424
刘顺湖, 周瑞宝, 盖钧镒, 等. 2009. 大豆蛋白质有关性状遗传的分离分析. 作物学报, 35: 1958～1966
刘顺湖, 周瑞宝, 喻德跃, 等. 2009. 大豆蛋白质有关性状的 QTL 定位. 作物学报, 35: 2139～2149
刘晓庚, 陈梅梅, 陈学恒, 等. 2000. 大豆皂苷的研究初步. 中国粮油学报, 15: 18～22
刘志胜, 李里特, 辰巳英三. 2000. 大豆蛋白营养品质和生理功能研究进展. 大豆科学, 19: 263～268
龙彭年. 2003. 大豆营养保健研究应用现状和发展策略. 世界农业, 287: 43～45
吕品, 柴晓杰, 王丕武, 等. 2007. 大豆胰蛋白酶抑制剂 KSTI3 基因的克隆及其植物表达载体的构建. 吉林农业大学学报, 29: 275～278
吕祝章. 2006. 大豆遗传图构建、重要农艺性状 QTL 定位及优异基因发掘. 博士学位论文. 泰安: 山东农业大学
吕祝章, 杨建华, 李玉环, 等. 2010. 大豆农艺性状的 QTL 分析. 安徽农业科学, 6: 2838-2841
马建, 厉志, 刘艺苓, 等. 2008. 应用重组 PCR 技术构建大豆脂氧酶基因 RNA 干扰表达载体. 大豆科学, 27: 564～568
马建, 张君, 曲静, 等. 2009. 应用 RNA 干扰技术创造低脂氧酶活性大豆新种质. 中国农业科学, 42: 3804～3811

孟祥勋, 王曙明, 刘宝泉, 等. 2001. 大豆蛋白质含量的种子性状广义遗传模型分析. 大豆科学, 20: 79～87
米东, 逯慧, 严琛, 等. 2009. 大豆 11S 球蛋白基因 *Gy1* 启动子克隆及序列分析. 上海师范大学学报(自然科学版), 38: 414～417
齐照明. 2010. 大豆蛋白脂肪含量 QTL 整合、关联分析与基因挖掘. 硕士毕业论文. 哈尔滨: 东北农业大学
钱丹丹, 龚德顺, 焦丽, 等. 2011. 大豆异黄酮合成关键酶基因的克隆及表达分析. 大豆科学, 30: 743～748
任羽, 王得元, 张银东, 等. 2004. 相关序列扩增多态性(SRAP)一种新的分子标记技术. 中国农学通报, 20: 11～13
单大鹏, 朱荣胜, 陈立君, 等. 2009. 大豆蛋白质含量相关的 QTL 间的上位效应和 QE 互作效应. 作物学报, 35: 1～7
孙君明, 常汝镇. 1995. 中国大豆异黄酮含量的初步分析. 中国粮油学报, 10: 51～54
孙君明, 伍树明, 陶文静. 2004. 大豆脂氧酶 21 缺失基因(*lx1*)的 RAPD 标记. 中国农业科学, 37: 170～174
孙学斌. 2000. 大豆皂苷及其抗肿瘤作用. 木本植物研究, 20: 328～331
唐传核, 杨晓泉, 彭志英, 等. 2001. 大豆皂苷最新研究概况. 大豆科学, 20: 60～65
田俊, 宋雯雯, 韩雪, 等. 2010. 大豆皂苷含量的 QTL 分析. 东北农业大学学报, 41(10): 1～4
王金龙, 陈存来. 1998. 大豆种子贮藏蛋白组分 11S/7S 研究概况. 山东农业科学, 36: 48～50
王文秀, 杨春燕, 张孟臣, 等. 2001. 大豆脂氧酶的遗传规律. 河北农业大学学报, 24: 17～21
王贤智, 周蓉, 张晓娟, 等. 2008. 大豆遗传图的构建和含油量的 QTL 分析. 中国油料作物学报, 30: 272～278
王艳, 武林, 孙梦阳, 等. 2012. 不同生育时期大豆异黄酮合成相关酶基因表达的分析. 大豆科学, 31: 887～893
王银萍, 吴家祥, 王心蕊, 等. 1994. 大豆皂苷和人参茎叶皂苷的抗糖尿病动脉粥样硬化作用. 白求恩医科大学学报, 20: 881～884
王永军. 2001. 大豆重组自交系群体的构建与调整及其在遗传作图、抗花叶病毒基因定位和农艺及品质性状 QTL 分析中的应用. 博士学位论文. 南京: 南京农业大学
王跃平, 陈雄庭, 邱丽娟, 等. 2008. 大豆胰蛋白酶抑制剂 Bowman-Birk 基因家族新等位变异分析. 中国科学, 38: 536～541
魏益凡, 马建, 付永平, 等. 2010. 抑制大豆 *Le1* 基因表达的 RNAi 载体构建. 吉林农业科学, 35: 18～20
吴晓雷. 2000. 大豆高密度遗传图构建和重要农艺性状基因定位、大豆属进化关系的研究. 博士学位论文. 北京: 中国农业大学
忻骅, 曹凯鸣, 谢可方, 等. 1999. 大豆 Kunitz 型胰蛋白酶抑制剂新类型 Tid 的全序列分析. 中国生物化学与分子生物学报, 15: 671～673
徐鹏, 王慧, 李群, 等. 2007. 大豆油份含量 QTL 的定位. 遗传, 29: 92～96
徐文英, 傅翠珍, 苏震, 等. 1996. 大豆脂氧酶的研究动态. 植物生理学通讯, 32: 308～313
薛庆喜, 姚远, 李春富, 等. 2000. 美国大豆油分品质的改良和遗传. 大豆通报, 6: 22～23
严晴燕, 曹凯鸣, 徐隽, 等. 1996. 大豆(*G. max*)胰蛋白酶抑制剂 SBTi-A2 新类型 TiX 的纯化及其性质研究. 复旦学报(自然科学版), 35: 150～156
杨柳, 张彬彬, 韩英鹏, 等. 2006. 大豆亚麻酸含量的 QTL 分析. 大豆科学, 25: 270～278
姚红伟, 张立冬, 孙金阳, 等. 2010. DNA 分子标记技术概述. 河北渔业, 007: 42～46
张晶莹, 葛一楠, 孙君明, 等. 2012. 多环境条件下大豆异黄酮主要组分的 QTL 定位. 中国农业科学, 45: 3909～3920

张忠臣, 战秀玲, 陈庆山, 等. 2004. 大豆油分和蛋白性状的基因定位. 大豆科学, 23: 81～85
赵述文, 王海. 1992. 大豆(*G. max*)种子蛋白 SBTi 位点新类型的发现及甘肃省大豆 *SBTi* 位点各等位基因频率的研究. 大豆科学, 11: 93～96
赵述文, 邹淑华, 胡明祥, 等. 1991. 东北三省栽培大豆种子蛋白 *Ti* 和 *Spl* 各等位基因频率及分布. 大豆科学, 10: 71～88
赵雪, 谢华, 马荣才. 2007. 植物功能基因组研究中出现的新型分子标记. 中国生物工程杂志, 27: 104～110
赵艳, 史岩玲, 钱丹丹, 等. 2010. 大豆脂氧酶-3 基因(*Lox3*)启动子的克隆及其瞬时表达分析. 生物技术通报, 9: 65～69
郑永战, 盖钧镒, 卢为国, 等. 2006. 大豆脂肪及脂肪酸组分含量的 QTL 定位. 作物学报, 32: 1823～1830
郑永战, 盖钧镒, 周瑞宝, 等. 2007. 大豆脂肪及脂肪酸组分含量的遗传分析. 大豆科学, 26: 801～806
朱晓丽. 2006. 大豆遗传图构建及在两个群体重要农艺性状的 QTL 定位. 硕士毕业论文. 哈尔滨: 东北农业大学
Arean S, Rappa C, Frate E, et al. 2002. A natural alternative to menopausal hormone replacement therapy. Phytoestrogens. Minerva Ginecol., 54: 53～57
Bostein D, White R L, Skolnick M, et al. 1980. Construction of a genetic linkage map in man using restriction fragment length polymorphism. Am. J. Hum. Genet., 32: 314～318
Bray E A, Naito S, Pan N S, et al. 1987. Expression of β-subunit of β-conglycinin in seeds of transgenic plants. Planta, 172: 364～370
Brim C A, Schutz W M, Collins F I. 1968. Maternal effect on fatty acid composition and oil content of soybean, *Glycine max* (L.) Merrill. Crop Sci., 8: 517～518
Brummer E C, Graef G L, Orf J, et al. 1997. Mapping QTL for seed protein and oil content in eight soybean populations. Crop Sci., 37: 370～378
Cain C C, Saslowsky D E, Walker R A, et al. 1997. Expression of chalcone synthase and chalcone isomerase proteins in Arabidopsis seedlings. Plant Mol. Biol., 35: 377～381
Cardinal A J, Burton J W, Camacho-Roger A M, et al. 2007. Molecular analysis of soybean lines with low palmitic acid content in the seed oil. Crop Sci., 47: 304～310
Carrao-Panizzi M C, Kitamura K. 1995. Isoflavone content in Brazilian soybean cultivars. Breed Sci., 45: 295～300
Center C, Kruglyak L. 1995. Genetic dissection of complex traits：guidelines for interpreting and reporting linkage results. Nat. Genet., 11: 241～247
Chardon F, Virlon B, Moreau L, et al. 2004. Genetic architecture of flowering time in maize as inferred from quantitative trait loci meta-analysis and synteny conservation with the rice genome. Genetics, 168: 2169～2185
Cho T J, Davies C S, Nielsen N C. 1989. Inheritance and organization of glycinin genes in soybean. Plant Cell, 1: 329～337
Chung J, Babka H L, Graef G L, et al. 2003. The seed protein, oil, and yield QTL on soybean linkage group Ⅰ. Crop Sci., 43: 1053～1067
Collard B C Y, Mackill D J. 2009. Conserved DNA-derived polymorphism (CDDP): a simple and novel method for generating DNA markers in plants. Plant Mol. Biol. Rep., 27: 558～562
Courtois B, Ahmadi N, Khowaja F, et al. 2009. Rice Root Genetic Architecture: meta-analysis from a Drought QTL Database. Rice, 2: 115～128
Cregan P B, Kollipara K P, Xu S J, et al. 2001. Primary trisomics and SSR markers as tools to associate

chromosomes with linkage groups in soybean. Crop Sci., 41: 1262～1267

Csanádi G, Vollmann J, Stift G, et al. 2001. Seed quality QTLs identified in a molecular map of early maturing soybean . Theor. Appl. Genet., 103: 912～919

Darvasi A, Soller M. 1997. A simple method to calculate resolving power and confidence interval of QTL map location. Behav. Genet., 27: 125～132

Darvasi A, Weinreb A, Minke V, et al. 1993. Detecting marker-QTL linkage and estimating QTL gene effect and map location using a saturated genetic map. Genetics, 134: 943～951

Davies C S, Coates J B, Nielsen N C. 1985. Inheretance and biochemical analysis of four electrophoretic variants of β-conglycinin from soybean. Theor. Appl. Genet., 71: 351～358

Davies C S, Nielson N C. 1986. Genetic analysis of a null-allele for lipoxygenase-2 in soybean. Crop Sci., 26: 460～462

Deshimaru M, Yoshimi S, Shioi S, et al. 2004. Multigene family for Bowman-Birk type proteinase inhibitors of wild soja and soybean: the presence of two BBI-a genes and pseudogenes. Biosci. Biotech. Biochem., 68: 1279～1286

Diers B W, Keim P, Fehr W R, et al. 1992. RFLP analysis of soybean seed protein and oil content. Theor. Appl. Genet., 83: 608～612

Diers B W, Shoemaker R C. 1992. Restriction fragment length polymorphism analysis of soybean fatty acid content. JAOCS, 69: 1242～1244

Eldridge A, Kwolek W. 1983. Soybean isoflavones: effect of the environment and variety on composition. J. Agric. Food Chem., 31: 394～396

Ereken-Tumer N, Richter J D, Nielsen N C. 1982. Structural characterization of the glycinin precursors. J. Biol. Chem., 257: 4016～4018

Fabra M J, Talens P, Chiralt A. 2008. Tensile properties and water vapor permeability of sodium caseinate films containing oleic acid-beeswax mixtures. J. Food Eng., 85: 393～400

Fontes E P B, Moreira M A, Davies C S, et al. 1984. Urea-elicited changes in relative electrophoretic mobility of certain glycinin and beta-conglycinin subunits. Plant Physiol., 76: 840～842

Fujiwara T, Hirai M Y, Chino M, et al. 1992. Effects of sulfur nutrition on expression of the soybean seed storage protein genes in transgenic petunia. Plant Physiol., 99: 263～268

Glass G V. 1976. Primary, secondary, and meta-analysis of research. Educ. Res., 5: 3～8

Goffinet B, Gerber S. 2000. Quantitative trait loci: a meta-analysis. Genetics, 155: 463～473

Graham T L, Kim J E, Graham M Y. 1990. Role of constitutive isoflavone conjugates in the accumulation of glyceollin in soybean infected with *Phytophthora megasperma*. Mol. Plant Microbe Interact., 3: 157～166

Grant D, Nelson R T, Cannon S B, et al. 2010. The USDA-ARS soybean genetics and genomics database (D843-D846). http://www. soybase. org/sbt/search/search_results. php?category=QTLName&search_term=Oil%2016-4[2012-5-18]

Guo B, Sleper D A, Lu P, et al. 2006. QTLs associated with resistance to soybean cyst nematode in soybean: meta-analysis of QTL location. Crop Sci., 46: 595～602

Häberle J, Holzapfel J, Schweizer G, et al. 2009. A major QTL for resistance against fusarium head blight in European winter wheat. Theor Appl Genet., 119: 325～332

Haq M U, Mallarino A P. 2005. Response of soybean grain oil and protein concentrations to foliar and soil fertilization. Agron. J., 97: 910～918

Harada J J, Barker S J, Goldberg R B. 1989. Soybean beta-conglycinin genes are clustered in several DNA regions and are regulated by transcriptional and post-transcriptional processes. The Plant Cell, 1: 415～

425

Hayashi M, Harada K, Kitamura K. 1998, Characterization of a 7S globulin-dificient mutant of soybean (*Glycine max* (L.) Merrill). Molec. Gen. Genet., 258: 208～214

Hildebrand D F, Hymowitz T. 1982. Inheritance of lipoxygenase-1 activity in soybean seeds. Crop Sci., 22: 851～853

Hill J E, Breidenbach R W. 1974. Protein of soybean seeds Ⅱ. Accumulation of the major protein components during seed development and maturation. Plant Physiol., 53: 747～751

Hoeck J A, Fehr W R, Murphy P A, et al. 2000. Influence of genotype and environment on isoflavone contents of soybean. Crop Sci., 40: 48～51

Hyten D L, Pantalone V R, Sams C E, et al. 2004. Seed quality QTL in a prominent soybean population. Theor. Appl. Genet., 109: 552～561

Jofuku K D, Goldberg R B, 1989. Kunitz inhibitor genes are differentiallyexpressed during the soybean life cycle and in transformed tobacco plant. Plant Cell, 1: 1079～1093

Juan J G G，Wu X，Zhang J, et al. 2009. Geneticcontrol of soybean seed isoflavone content: importance of statistical model and epistasis in complex traits. Theor. Appl. Genet., 119: 1069～1083

Kabelka E A, Diers B W, Fehr W R, et al. 2004. Putative alleles for increased yield from soybean plant introduction. Crop Sci., 44: 784～791

Kaizuma N. 1990. A mutant line on 11S globulin subunits induced with gamma-ray irradiation. Jpn. J. Breed., 40: 505～506

Kassem M A, Meksem K, Iqbal M J, et al. 2004. Definition of soybean genomic regions that control seed phytoestrogen amounts. J. Biomed. Biotechnol., 1: 52～60

Kenis B. 1993. The preparation ofisoflavones specimen and the clinicalutilization of cancer resistance. Soybean Dig., 9: 26～29

Kim H K, Jang Y H, Baek I S, et al. 2005. Polymorphism and expression of isoflavone synthase genes from soybean cultivars. Mol. Cells, 19: 67～73

Kim M Y, Ha B K, Jun T H, et al. 2004. Single nucleotide polymorphism discovery and linkage mapping of lipoxygenase-2 gene (*Lx2*) in soybean. Euphytica, 135: 169～177

Kitamura K, Davies C S, Kaizuma N, et al. 1983. Genetic analysis of a null-allele for lipoxygenase-3 in soybean seeds. Crop Sci., 23: 924～927

Kitamura K, Davies C S, Nielsen N C. 1984. Inheritance of alleles for Cgy1 and Gy4 storage protein genes in soybean. Theor. Appl. Genet., 68: 253～357

Kitamura K, Ishimoto M, Kaizuma K. 1993. Genetic relationships among genes for the subunits of soybean 11S globulin. Jpn. J. Breed., 43: 159～163

Kitamura K, KumagaiT, Kikuchi A. 1985. Inheritance of lipoxygenase-2 and genetic relationships among genes for lipoxygenase-1, -2 and -3 isozymes in soybean seeds. Jpn. J. Breed., 35: 413～420

Kosslak R M, Bohlool B B. 1984. Suppression of nodule development of one side of a split-root system of soybeans caused by prior inoculation of theother side. Plant Physiol, 75: 125 ～130

Kritz-Silverstein D, Goodman-Gruen D L. 2002. Usual dietary isoflavone intake, bone mineral density, and bone metabolism in postmenopausal women. J. Womens Health Gend Based Med, 11: 69～78

Lee S H, Bailey M A, Mian M A R, et al. 1996. RFLP loci associated with soybean seed protein and oil content across populations and locations. Theor. Appl. Genet., 93: 649～657

Lessard P A, Allen R D, Bernier F, et al. 1991. Multiple nuclear factors interact with upstream sequence of differentially regulated β-conglycinin gene. Plant Mol. Biol., 16: 397～413

Li W D, Liang H Z, Lu W G, et al. 2004. F_1 studies on the correlat ions between isoflavone contents in soybean seed and the eco-physiological factors. Agric. Sci. China, 3: 340～348

Li Z , Wilson, R F , Rayford W E, et al. 2002. Molecular mapping genes conditioning reduced palmitic acid content in N87-2122-4 soybean. Crop Sci., 42: 373～378

Mansur L M, Lark K G, Kross H, et al. 1993. Interval mapping of quantitative trait loci for reproductive, morphological, and seed traits of soybean (*Glycine max L.*). Theor. Appl. Genet., 86: 907～913

Mansur L M, Orf J H, Chase K, et al. 1996. Genetic mapping of agronomic traits using recombinant inbred lines of soybean. Crop Sci., 36: 1327～1336

Matthews B F, Devine T E, Weisemann J M, et al. 2001. Incorporation of sequenced cDNA and genomic makers into the soybean genetic map. Crop Sci., 41: 516～521

Meksem K, Njiti V N, Banz W J, et al. 2001. Genomic regions that underlie soybean seed isoflavone content. J. Biomed. Biotechnol., 1: 38～44

Naoumkina M, Farag M A, Sumner L W, et al. 2007. Different mechanismsforphytoalexin induction by pathogen and wound signals in medicagotruncatula. Proc. Natl. Acad. Sci., 104: 17909～17915

Orf J H, Chase K, Jarvik T, et al. 1999. Genetics of soybean agronomic traits: Ⅰ. Comparison of three related recombinant inbred populations. Crop Sci., 39: 1642～1651

Orf J H, Hymowitz T. 1977. Inheritance of a second trypsin inhibitor variant in seed protein of soybeans . Crop Sci., 17: 811～813

Pang M X, Percy R G, Hughs E, et al. 2009. Promoter anchored amplified polymorphism based on random amplified polymorphic DNA (PAAP-RAPD) in cotton. Euphytica, 167: 281～291

Panthee D R, Pantalone V R, Saxton A M. 2006. Modifier QTL for fatty acid composition in soybean oil. Euphytica, 152: 67～73

Panthee D R, Pantalone V R, West D R, et al. 2005. Quantitative trait loci for seed protein and oil concentration, and seed size in soybean. Crop Sci., 45: 2015～2022

Primomo V S, Falk D E, Ablett G R, et al. 2002. Inheritance and interaction of low palmitic and low linolenic soybean. Crop Sci., 42: 31～36

Qiu B X, Arelli P R, Sleper D A. 1999. RFLP markers associated with soybean cyst nematode resistance and seed composition in a 'Peking' × 'Essex' population. Theor. Appl. Genet., 98: 356～364

Rahman S M, Kinoshita T, Anai T, et al. 1999. Genetic relationships between loci for palmitate contents in soybean mutants. J. Heredity, 90: 423～428

Reinprecht Y, Poysa V W, Yu K, et al. 2006. Seed and agronomic QTL in low linolenic acisd lipoxygenase-free soybean (*Glycine max* (L.) Merrill) germplasms. Genome, 49: 1510～1527

Schuler M A, Schmitt E S, Beachy R N. 1982. Closely related families of genes code for the α and α′ subunits of the soybean 7S storage protein complex. Nucl. Acid. Res., 10: 8225～8243

Sebastiani F L, Farrell L B, Schuler M A, et al. 1990. Complete sequence of a cDNA of α subunit of soybean β-conglycinin. Plant Mol. Biol., 15: 197～201

Sebolt A M, Shoemaker R C, Diers B W. 2000. Analysis of a quantitative trait locus allele from wild soybean that increases seed protein concentration in soybean. Crop Sci., 40: 1438～1444

Shibata D, Steczko J, Dixon J E, et al. 1987. Primary structure of soybean lipoxygenase-1. J. Biol. Chem., 262: 10080～10085

Shibata D, Steczko J, Dixon J E, et al. 1988. Primary structure of soybean lipoxygenase L-2. J. Biol. Chem., 263: 6816 ～6821

Shibata M, Takayama K, Ujiie A, et al. 2008. Genetic relationship between lipid content and linolenic acid concentration in soybean seeds. Breed. Sci., 58: 361～366

Shih C H, Chen Y, Wang M, et al. 2008. Accumulation of isoflavone genistin in transgenic tomato plants overexpressing a soybean isoflavone synthase gene. J. Agric. Food Chem., 56: 5655～5661

Song Q J, Marek L F, Shoemaker R C, et al. 2004. A new integrated genetic linkage map of the soybean. Theor. Appl. Genet., 109: 122～128

Specht J E, Chase K, Macrander M, et al. 2001. Soybean response to water: a QTL analysis of drought tolerance. Crop Sci., 41: 493～509

Spencer M M, Landau-Ellis D, Meyer E J, et al. 2004. Molecular markers associated with linolenic acid content in soybean. JAOCS, 81: 559～562

Stoltzfus D L, Fehr W R, Welke G A, et al. 2000. A allele for elevated palmitate in soybean . Crop Sci., 40: 647～650

Tajuddin T, Watanabe S, Yamanaka N, et al. 2003. Analysis of quantitative trait loci for protein and lipid contents in soybean seeds using recombinant inbred lines. Breed. Sci., 53 (2) : 133～140

Takagi Y, Rahman S M. 1996. Inheritance of high oleic acid content in the seed oil of soybean mutant M23. Theor. Appl. Genet., 92: 179～182

Teraishi K, Takahashi M, Hajika M, et al. 2001. Suppression of soybean β-conglycinin genes by a dominant gene, Scg-1. Theor. Appl. Genet., 103: 1266～1272

Thanh V H, Shibasaki K. 1976. Heterogeneity of beta-conglycinin. Bioch. et Biophy. Acta., 469: 326～338

Tierney M L, Bray E A, Allen R D, et al. 1987. Isolation and characterization of a genomic clone encoding the β-subunit of β-conglycinin. Planta, 172: 356～363

Tsukada Y, Kitamura K, Harada K, et al. 1986. Genetic analysis of subunits of two major storage protein (β-conglycinin and glycinin) in soybean seeds. Jpn. J. Breed., 36: 390～400

Walz E. 1931. Isoflavon-und saponin-glucoside in *Soja* hispida. Ann. Chem., 489: 118～155

Wang H J, Murphy P A. 1994. Isoflavone composition of American andJapanese soybean in Iowa: effects of variety, crop year, and location. J. Agric. Food Chem., 42: 1674～1677

Wang W H, Takano T, Shibata D, et al. 1994. Molecular basis of a null mutation in soybean lipoxygenase 2: substitution of glutamine for an iron-ligand histidine. Proc. Natl. Acad. Sci., 91: 5828～5832

Wang W H, Tomohiko K, Takano T, et al. 1995. Two single-base substitutions involved in altering a paired-box of AAACTCA in the promoter region of soybean lipoxygenase L-3 gene impair the promoter function in tobacco cells. Plant Sci., 109: 67～73

Weber C R. 1950. Inheritance and interrelation of some agronomic and chemical characters in an interspecific cross in soybeans *G. max*×*G. ussuriensis*. Lowa Agric. Exp. Res. Bull., 374: 767～816

Wilcox J R, Cavins J F. 1985. Inheritance of low linolenic acid content of the seed oil of a mutant in Glycine max . Theor. Appl. Genet., 71: 74～78

Xu S J, Singh R J, Kollipara K P, et al. 2000. Primary trisomics in soybean origin identification, Breeding behavior and uses in gene mapping. Crop Sci., 40: 1543～1551

Zhang H C, Liu J M, Lu H Y, et al. 2009. Enhanced flavonoid production in hairy root cultures of Glycyrrhiza uralensis Fisch by combining the over-expression of chalcone isomerase gene with the elicitation treatment. Plant Cell Rep., 28: 1205～1213

Zhang W K, Wang Y J, Luo G Z, et al. 2004. QTL mapping of ten agronomic traits on the soybean (Glycine max L. Merr.) genetic map and their association with EST markers. Theor. Appl. Genet., 108: 1131～1139

Zhe Y, Lauer J G, Borges R, et al. 2010. Effects of genotype × environment interaction on agronomic traits in soybean. Crop Sci., 50: 696～702

Zietkiewicz E, Rafalski A, Labuda D. 1994. Genome fingerpring by simple sequence repeat (SSR) -anchored polymerase chain reaction amplication. Genomics, 20: 176～183

第八章　大豆品质改良育种途径与方法

第一节　大豆品质改良育种目标

大豆品质改良育种总体目标，是以高产、稳产、多抗为基础，以培育适应大豆加工企业深加工要求的高附加值大豆新品种为最终目标。制定品质改良育种目标的具体原则为：①必须根据国民经济的发展、各地生态栽培条件及品种的生态类型，研究制约生产者生产及加工企业加工的瓶颈问题，如何通过遗传改良育种手段，去除现有品种中不利于生产者生产和加工企业加工的缺点，增加新育成品种的附加值。②选育的品种应具备主茎发达，株高适中(70～90cm)，分枝收敛，适于密植，不倒伏，不裂荚，结荚部位稍高(10～15cm)，成熟期一致，成熟后脱水快，种皮不易破裂，适于机械化收割等特征。③制定育种目标时，还必须具有前瞻性，富有预见性。一个过硬品种的育成，至少需要8～10 年时间。因此，在制定育种目标时，必须在充分了解本领域国内外发展现状及趋势的基础上，预测到今后生产条件的变化及加工企业发展对品种加工性状的要求，使品质改良育种研究成为引领和指导农户生产及企业加工发展的重要风向标。

制定品质改良育种目标，除注重粒重、粒型、裂皮、种脐色、种皮色等外观品质外，从大的方面可以将其归结为两个方向，一是功能性营养成分增强型育种目标，功能性营养成分如蛋白质、脂质、11S 含硫氨基酸、油酸、异黄酮、维生素 E、叶黄素等；二是抗功能性营养成分低减或去除型育种目标，如大豆胰蛋白酶抑制剂缺失、脂氧酶缺失育种目标、低亚麻酸含量育种目标或过敏源蛋白含量低减或去除型育种目标等。

一、功能性营养成分增强型

(一) 提高大豆品种的粗蛋白质和脂质含量

选育高蛋白品种，要求产量及其他农艺性状在不低于对照品种的基础上，粗蛋白质含量≥44.5%；选育高油大豆品种，要求产量及其他农艺性状在不低于对照品种的基础上，粗脂质含量≥22.5%。

(二) 提高大豆品种蛋白质组分中含硫氨基酸含量、脂质组分中油酸含量

蛋白质、脂肪酸组分改良育种是在提高粗蛋白质和粗脂肪含量育种的基础上，对蛋白质组分中某些有益氨基酸、脂质中某些有益脂肪酸含量的改良提高。有益氨基酸的改良，主要以 11S 含硫氨基酸如甲硫氨酸含量的提高(≥4g/100g DW)，增加大豆的营养价值，提高大豆制成品的凝胶稳定性为主。与之相反，提高 7S 球蛋白亚基氨基酸含量，增加分离蛋白的分散性，也已成为大豆氨基酸改良的育种目标之一。在脂肪酸组分改良

方面，以增加油酸含量(≥50%)，降低亚麻酸含量(<3%)为主要育种目标。

(三)提高大豆新规功能性营养成分含量

提高异黄酮、α-生育酚及叶黄素等含量，选育高功能性营养成分含量的大豆品种，应该在综合农艺性状优良的基础上，与改良其他品质性状结合进行，利用基因聚合育种手段，实现优良品质性状的多基因聚合，大幅增加新育成品种的附加值。目前，国内外尚未出台大豆高功能性营养成分的含量标准，一般高异黄酮品种其含量应该是普通大豆品种含量的1.5～2倍以上，异黄酮含量≥600mg/100g DW，α-生育酚含量≥6mg/100g DW，叶黄素含量≥2mg/100g DW。

二、抗功能性营养成分低减或去除型

(一)脂氧酶完全缺失型大豆新品种选育

脂氧酶在大豆种子中的存在，是大豆种子产生腥臭味的主要根源。培育完全无腥味大豆新品种，是大豆深加工企业对大豆原材料的迫切需求。20世纪90年代，美国、日本等发达国家就已经有脂氧酶完全缺失大豆新品种的商业化种植，我国目前尚无此类品种的大面积种植。因此，开展完全无腥味大豆新品种的培育，将成为大豆品质改良育种的重要的育种目标之一。

(二)过敏源蛋白低减或去除型大豆新品种选育

Gly m Bd(略称28k)、Gly m Bd(略称30k)和Gly m Bd(略称60k)是最主要的大豆过敏源蛋白。目前，30k和60k这两个过敏源蛋白缺失遗传资源已经找到，而且日本也已经有60k缺失大豆新品种育成，30k缺失育种研究也正在进行中。但28k缺失遗传资源尚未被筛选到，有待今后进一步发掘创制，争取实现28k、30k及60k过敏源蛋白三缺失基因聚合育种目标。

(三)胰蛋白酶抑制剂缺失型大豆新品种选育

由于单一的胰蛋白酶抑制剂缺失性状的市场需求尚不旺盛，此类性状的缺失育种，最好在兼具其他优良品质性状的基础上进行，是起锦上添花作用的一种选育目标。目前，Kunitz型胰蛋白酶抑制剂缺失兼具脂氧酶Lox_2，Lox_3缺失型大豆品种‘中黄16’，已由中国农业科学院作物科学研究所育成，但由于其他综合性状不够突出，大面积推广受到限制。

(四)低寡聚糖、低植酸大豆新品种选育

寡聚糖因有利于肠内有益细菌如双歧杆菌等的增殖，提高大豆种子寡聚糖含量的品质改良育种，成为重要的育种目标。但是，由于它易被肠内细菌分解产生气体，形成肠内胀气，加上寡聚糖不易被反刍动物消化，引起排便及下痢增加等原因，极大地降低了大豆作为精饲料的利用效率。寡聚糖低减改良育种，随之成为重要的育种改良目标之一。目前，

寡聚糖含量大幅度低下，蔗糖含量增加的变异大豆资源已经被筛选到，已知这种变异形质是受隐性基因 *stcla* 所调控，因此，低寡聚糖含量的大豆新品种的育成推广是完全可能的。

另外，植酸虽然具有显著地抗氧化、抗癌作用。但是，由于它具有易与 Ca、Mg、Fe 等结合，进而影响人体对 Ca、Mg、Fe 及蛋白质的消化吸收等负面效应，在美国用甲基磺酸乙酯(ethyl methane sulfonate，EMS)化学诱变处理，获得了植酸含量大幅下降的大豆变异体，并且已经知道低植酸形质受 *pha1* 和 *pha2* 两个隐性基因控制(Walker et al., 2006)。另据 Gao 等(2008)研究报道，低植酸含量性状会影响大豆种子的发芽率，但通过与轮回亲本的多次回交，育成低植酸含量、高发芽率的大豆新品种也是可能的。

三、专用大豆品种

在人类发展的历史长河中，中华民族为人类的文明繁荣发展，贡献了无与伦比的聪明才智。诸如造纸、火药、指南针、活字印刷等发明创造为世界所公认。而大豆(黄豆)的驯化及其豆制品的摄入，则当之无愧地成为维系和孕育中华儿女乃至亚洲各民族聪颖智慧和健康体魄的源泉。从豆腐、豆豉、豆浆、豆芽、菜用大豆(也称毛豆)、酱油、腐竹等传统豆制品，到分离蛋白、组织蛋白、浓缩蛋白、脑磷脂、甾醇、异黄酮、皂苷、VE，再到大豆冰激凌、素肉鸡、大豆汉堡等现代豆制品的开发延伸，无一不与优良的大豆原料，特别是专用大豆新品种的培育及开发密切相关。

(一)毛豆选育

毛豆是中国、日本、朝鲜半岛及东南亚国家的传统休闲食品。在我国，台湾是主要的毛豆繁育基地，尤其是在台湾的亚洲蔬菜研究发展中心(AVRDC)。其次是长江流域的江苏、浙江、安徽、湖北、四川等地，华北、东北地区产量则很小。根据市场需求，毛豆适宜采收期一般在花后 45～55 天(R6～R7)期(Rao et al., 2002)。选育的目标要求：外观品质方面，2～3 粒的大荚、籽粒大(百粒重大于 25g)，荚密生、豆荚绒毛色为灰白色，成熟种脐色为黄色，荚皮颜色呈亮绿色，质地平滑，豆荚较厚，适宜机械采摘为宜；内在品质方面，要求具备蛋白质含量适中，高蔗糖含量(通常大于种子干重的 10%，甚至以上)(Masuda and Harada，2000)，高β-胡萝卜素含量，几乎无苦味，芳香味浓郁，适口性好、保鲜期长等特点。

(二)煮豆、纳豆等专用豆选育

二者的共同特点是均为整粒加工，无需磨碎，种皮完整不破裂，吸水性好，质地柔软，可溶性糖含量高等。煮豆，要求百粒重要大，一般要求可溶性糖含量高，百粒重≥30g 为宜；纳豆应具备高蔗糖含量、百粒重≤10g 的极小粒，种皮黄色，脐色浅淡，蛋白质和碳水化合物含量高，脂质含量低，种皮吸水良好等特点。

(三)豆芽专用豆选育

要求脂质含量低，蛋白质和碳水化合物含量高，味道佳，色泽黄而有光泽，耐贮藏，发芽率高(≥98%)，幼根发达，百粒重 10～12g 的小粒种为宜。

(四)豆腐专用豆选育

要求具备水溶性大豆蛋白质含量高，其他成分含量在中等水平，百粒重大于 20g，种脐色为黄色等特点。较为有名的豆腐专用品种，如日本育成‘Fukuyutaka’等。

(五)豆浆专用豆选育

要求具备种子百粒重大于 25g，甚至以上，粒大且圆、中高蛋白质含量、蛋白质分散性好，蔗糖含量高，亚麻酸含量低等特点。近年来，随着脂氧酶完全缺失的无腥味品种育成推广，以其为原料生产的豆浆及其他豆制品很受消费者欢迎。

(六)味噌、酱油等专用豆选育

目前尚无通用的选育标准，通常根据企业各自标准而定。一般通常应具备以下特点：种皮黄白色，浸泡时吸水性强，质地柔软，煮熟后颜色发亮或淡黄，在游离糖含量组成方面，应具备蔗糖含量高等特点(Taira，1990)。

(本节由王绍东完成)

第二节　大豆种质资源收集、保存与评价

作为大豆种质资源异常丰富的中国，大豆科研工作者在种质资源的收集、整理、鉴定和利用上，付出了大量艰辛的工作，为各国大豆种质资源的引进和利用做出了巨大贡献。目前为止，国家大豆种质基因库已收集和保存国内外大豆种质资源 23 000 余份，其中从美国、日本、加拿大等多个国家引进大豆种质资源近 3000 份，并有 2156 份种质资源通过鉴定和评价，并编入《中国大豆品种资源目录》(中国农业科学院作物品种资源研究所，1996，1991)，保存于国家长期库和中期库中。这些种质根据育成方式可分为近等基因系、特殊遗传材料、现代育成品种、特异种质和尚待发掘利用的种质(邱丽娟等，2000)。即便如此，中国对大豆种质资源的收集及鉴定工作仍滞后于美国。美国从 1927 年，就开始有意识的从中国、朝鲜、日本和前苏联引进种质资源，而我国于 1957 年前后，才开始收集和保存大豆种质资源。目前，我国虽然已拥有在数量上可与美国比肩的种质资源，但是，在资源的评价与利用方面还存在相当的差距。

本节将主要介绍我国在大豆种质资源的收集与保存、鉴定与评价、创新与利用等几个方面的发展状况。

一、大豆种质资源的收集与保存

(一)野生大豆种质资源的生物学特性

1977 年，Lackey 等将大豆属植物划分为 2 个亚属，即亚属 *Glycine*(大豆亚属)和亚属 *Soja*(黄豆亚属)。目前，亚属 *Glycine* 共有 15 个种(黄德爱，1999)，均为多年生，分

布在澳大利亚和南太平洋列岛及中国台湾、福建和广东等地。在我国 24°N 的东南沿海岛屿上发现了大豆属野生种植物有大豆亚属中的烟豆(*Glycine tabacina*)和多毛豆(*Glycine tomentella*)，而大多数学者认为黄豆亚属仅有 2 个种，即栽培大豆[黄豆 *Glycine max*(L.) Merr.]和它的祖先野生大豆(野黄豆 *Glycine soja* Sieb. et Zucc.)，仅分布于中国、朝鲜半岛、日本列岛等亚洲东部和俄罗斯的远东地区。据研究，一年生野生大豆(*Glycine soja*)是栽培大豆的近缘野生种，具有与栽培大豆相同数目的染色体(GG，2*n*=40)，是研究大豆起源、进化、分类的宝贵资源。无论是亚属 *Soja* 中的野生大豆，还是亚属 *Glycine* 中的烟豆和多毛豆，都具有较强的抗病虫害性和高蛋白质含量等特性，被认为是提高大豆的蛋白质含量和改善大豆品质、抗病性和抗逆性的重要基因源。因此，它们不仅为大豆育种提供了宝贵的种质资源，而且为大豆的起源进化和大豆属的分类研究提供了丰富的材料。特别是在我国 24°N 处是亚属 *Glycine* 和亚属 *Soja* 分布的地理重叠区，这对大豆的系统发生和分类研究，无疑有着特别重要的意义。

(二)野生大豆种质资源的分布

如表 8-2-1 所示，野生大豆资源的分布较狭窄，主要集中分布在东亚中北部地区的中国、朝鲜半岛、日本列岛、俄罗斯远东等地区(庄炳昌，1999)。通过对我国野生大豆资源分布范围的考察，北起黑龙江省的漠河镇(53°31′N)，南到海南省的崖县(18°30′N)，西南到西藏自治区的吉隆县(85°E)；西北到新疆维吾尔自治尔的伊犁河谷地带(83°E)。考察结果表明，我国野生大豆分布范围为北界在黑龙江省塔河县依西肯(52°56′N)至漠河县漠河镇(53°31′N)一线，南界在北回归线以北广西壮族自治区的象州县(24°N)和广东省的英德市(24°10′N)一线，东界在黑龙江省的抚远县(134°32′E)，西界在西藏察隅县的上察隅区和下察隅区(97°E)(王克晶和李福山，2000)。

表 8-2-1　野生、半野生大豆种质资源分布与保存情况

地区	分布有无	保存份数	所在纬度(N)
辽宁	+	1248	41°23′
吉林	+	1220	41°25′
黑龙江	+	1036	48°14′
山西	+	544	39°02′
陕西	+	402	32°50′
福建	+	397	26°54′
河北	+	364	39°50′
河南	+	322	33°47′
江苏	+	260	
江西	+	202	26°51′
广西	+	200	25°00′
湖北	+	170	31°52′
浙江	+	166	27°32′
安徽	+	129	30°32′

续表

地区	分布有无	保存份数	所在纬度(N)
山东	+	120	36°11′
四川	+	93	32°21′
甘肃	+	90	34°59′
贵州	+	86	27°03′
湖南	+	65	29°29′
内蒙古	+	58	39°34′
宁夏	+	24	39°32′
广东	+	17	24°47′
北京	+	15	40°28′
西藏	+	11	28°39′
云南	+	2	27°18′
重庆	+		29°09′
天津	+		
上海	+		
台湾	+		
总计		7241	

资料来源：王克晶和李福山，2000

注：+表示有野生资源分布

从大豆种质资源的分布特点来看，有从两端纬度区向中间逐渐增多的趋势，特别是30°N～48°N内，不但种群大，类型也很丰富。经度间分布情况受地形、地貌影响很大，从大兴安岭、内蒙古高原、青藏高原到云贵高原东缘一线开始，向东分布逐渐增多，特别是松辽平原、黄河中下游地区和江淮流域之间最为普遍。在该线以西地区，由于海拔增高，温度降低或降雨减少等原因，除个别生态条件好的局部地区外，基本没有野生大豆的生长。黑龙江省具有良好的野生大豆资源分布，如表 8-2-2 所示，生态地区不同，野生大豆资源的叶形、粒重、生长习性等差异也较大(胡小梅等，2011；林红等，2006)。

表 8-2-2 黑龙江省不同生态区野生大豆资源情况

生态区	分布情况	叶形	其他性状
东部低洼地区	分布广、类型多，野生大豆分布东界在 134°23′E	以椭圆、卵圆为主，也有披针、线性叶	植株繁茂，茎长 1.2～2.8m，最多分枝 30～40 个，百粒重 1g，有半野生大豆
南部平原丘陵区	点片分布	以长卵圆叶为主，有各种叶形分布	类型多、较繁茂，百粒重 1.2～2.0g，茎长 1m 以上，有半野生大豆
西部风沙干旱盐碱土区	矮小、稀少、少量大片群落	以小椭圆叶为主	茎长 0.4～1.5m，分枝 2～4 个，叶小粒少，百粒重 0.7～0.8g
北部高寒区	零星分布，野生大豆分布北界在 53°29′N	以披针叶为主，也有线性叶、椭圆叶	茎长 0.6～1.0m，百粒重 1.2g，叶片肥厚，生育期短
中部黑土丘陵区	资源丰富、大片群落	以卵圆叶、披针叶为主	植株较繁茂，平均茎长 1.5m，百粒重 0.8～1.5g

资料来源：林红等，2006

(三)国内外大豆种质资源的收集与保存

1. 我国大豆种质资源的收集与保存

我国作为大豆的发源地，虽然拥有丰富的大豆种质资源，但是，随着人类对粮食资源需求的急剧扩张，原来的“三边(山边、林边、水边)土地”资源面积正逐年退缩，几十年来的过度开垦和农田设施建设的加速推进，使野生大豆资源的生存环境，已变得愈加脆弱，伴随着生物遗传多样性日渐狭窄，一些重要的野生大豆资源正濒临灭绝的边缘。此外，30 年前已收集地区的野生大豆资源也发生了较大变化，野生大豆出现了很多新的类型。因此，野生大豆资源抢救性收集和原生境保护工作变得尤为重要。

我国最早于 1978 年，在吉林省首次进行了野生大豆资源收集试点考察，此次考察取得的成果，为之后野生大豆资源的考察提供了宝贵的经验。从 1979 年开始，在全国范围内有组织、有计划地开展了野生大豆资源考察与收集工作。1982～1985 年，又对西藏地区及云南的横断山脉和金沙江流域进行了考察。至此野生大豆资源考察与收集工作，共考察了全国 1245 个县、市，其中 826 个县有野生大豆，占考察县市的 66.1%，共收集到野生大豆种子 6500 余份，发现了白花、线型叶、青子叶等新类型，也收集到一些较进化的野生大豆单株。1995 年后又陆续对新疆和河北等地进行了考察。截止到 2000 年，野生大豆工作者已通过杂交创新培育出 180 余份具有各种优良性状基因的大豆新种质，进入国家库保存，至 2000 年已从全国 29 个省、市、自治区收集的野生、半野生大豆种质资源 7241 份(表 8-2-1)。

2002 年开始，在东北等地野生大豆考察中，对已经考察和收集过的地区的野生大豆种群发生变化情况进行了重新考察，并且对未考察过的地区进行了野生大豆的补充考察和收集，发现黑龙江省有丰富的野生大豆资源，具有寒地野生大豆的独特性，在全国占有重要地位。迄今该省已在通河县、巴彦县建设了两个野生大豆自然保护区，收集保存野生大豆 1036 份，并建立了野生大豆资源 GPS 定位系统数据库(林红等，2006)。2004 年，研究人员对江西省的野生大豆资源又进行了一次全面系统考察。从赣北至赣南，通过对 64 个县(区)的考察，共搜集到野生大豆资源 202 份，其中有 1 份半野生大豆资源。48 个县(区)有野生大豆的存在，新发现 9 个县(区)有野生大豆的存在(程春明等，2005)。2008 年 9 月，广西以野生大豆分布较多的桂林为重点考察区，辐射到周边，对桂林、柳州、贺州 3 市的 10 个县(区)30 多个乡(镇)的野生大豆进行了考察。结果发现，在桂林市的 8 个县(区)22 个乡(镇)均发现有野生大豆分布，考察共收集野生大豆种子 200 份，其中半野生大豆 11 份(曾维英等，2010)。因此，对已进行过野生大豆考察收集的地区进行补充收集是非常有必要的，应继续加大对野生大豆资源分布状况的调查力度，加强野生大豆的抢救性收集和原生境保护区(点)建设。

2. 美国大豆种质资源的收集与保存

大豆传入美国被认为是 1876 年，但是，最近有观点认为要早得更多，或许在 16 世纪或 17 世纪就已经传入美洲新大陆(Hymowitz and Shurtleff，2005；Hymowitz and Harlan，

1983)。美国农业部(USDA)的科学工作者先后举行了两次大规模的现地调查。Dorsett 1924～1926 年在中国东北部收集了 1500 份大豆资源，并送回美国。此后 Dorseet 和 Morse 又于 1929～1931 年从日本、韩国和中国收集了约 4500 份资源。数年后，他们又从其他国家有目的地引进了更多的大豆资源。现在，设在美国伊利诺伊州的伊利诺伊大学香槟分校的农业部大豆遗传资源基因库保存有 19 000 多份大豆品种资源。另外，同样的资源还保存在了美国马里兰州的贝尔茨维尔，密西西比州的斯通威尔作为美国大豆遗传资源的长期保存库，保存了各种大豆资源。这些基因库为世界大豆育种研究，保存并续繁了极为宝贵的种质材料。位于加拿大中南部城市的萨斯卡通的加拿大农业部基因库，仅仅保存了极少数的大豆种质资源，大部分加拿大育种家都要依赖于美国收集的资源。

近年来，随着人类有目的的选择的不断介入，在由野生大豆进化至栽培大豆的演变过程中，尤其是在经历了近 70 多年的人类介入和有目的的育种选择后，大豆的遗传多样性变得愈加狭窄。据 Hyten 等(2006)研究表明，大豆遗传多样性遗失的主要原因，一方面被认为从亚洲导入的农家品种的数量是有限的，此后进行的人为选择则加剧了多样性的低下，尤为重要的原因是作物化进程的演变，即野生种有的最低的碱基序列的多样性，随着作物化的进程被减半，81%的稀有等位基因被遗失，遗失基因的 60%是具有显著变化特性的等位基因。因此，加强世界各国野生大豆种质资源的收集保护，对已收集的资源进行有序的开发和利用，确保大豆种质资源的遗传多样性不被破坏，具有重要意义。

二、大豆种质资源的鉴定与评价

1949年，美国的大豆种质资源就已由专人负责保存和鉴定评价。在20世纪80年代初，美国已从种质资源中筛选出了一些特异基因种质，如抗疫霉根腐病、菌核病、细菌性斑疹病等抗病资源，抗食叶性害虫、抗红蜘蛛等抗虫资源，抗倒伏、耐低温、抗缺铁等抗逆性资源，研究其遗传规律并在育种中利用，有效地控制或显著降低了病虫危害，大幅度提高了大豆产量(盖钧镒，1983)。相比之下，我国从1986年以后才开始对抗病性、抗逆性、品质等进行比较系统的评价(常汝镇和杨棋，1999)。由于相关研究的滞后，极大地影响了定向育种的发展。

(一)野生大豆的分类鉴定与评价

1. 野生大豆的分类鉴定

野生大豆是一年生草本植物，茎细弱，分枝和缠绕性强，叶为羽状复叶，小叶多为卵圆形，也有椭圆形、披针形及线型叶，花色为紫色，极少数为白色，种皮色多为黑色，也有黄、青、褐及双色种皮，百粒重 0.5～8.0g。种皮多有泥膜。在野生到栽培大豆之间，还有一些进化程度不同的连续形态。前苏联学者 Skvortzow(1927)将种子黑褐或黑色，百粒重 4～5g，形态介于野生种和栽培种之间的类型定为大豆属的一个新种 *G. gracilis*。他所描述的类型如东北地区种植的‘小粒秣食豆’，还有在长江流域的‘泥豆’、‘马料豆’及陕、晋北部广为种植的‘小黑豆’。而国内将野生大豆群体内百粒重为 3～8g 的大粒型称作半野生大豆(*G. gracilis*)，百粒重在 3g 以下的称作野生大豆。半野生大豆又分两种类型，一种形态处于野生大豆和栽培大豆之间，偏于栽培大豆，而另外一种类型与典型的野生大豆没多大区别，两种类型比较难以区分。关于半野生大豆的起源有两种推测：一是由野生自然进化到栽培种的中间型，另一种可能是由天然野生和栽培种的杂交衍生而来(李福山等，1983)。

半野生大豆是形态上变异最丰富的类型，有黑、褐、黄、绿、双色种皮及各种中间种皮颜色，茎从缠绕、弱缠绕、匍匐、蔓生、半蔓生、半直立至直立类型，通常百粒重 3g 以上，高者乃至 10g 以上。半野生大豆类型的百粒重与栽培大豆有重叠，而且其茎形态与野生大豆和栽培大豆也有重叠。因此，半野生大豆的分类地位一直存在争议，王连铮等(1983)、姚振纯(1997)认为半野生大豆是野生种的一种类型或变异。Broich 和 Palmer(1981)调查了野生、半野生和栽培大豆的形态差异后，支持半野生大豆是属于栽培大豆种内变异。目前我国国家基因库保存 1400 余份形态变异极其丰富的半野生大豆，Wang 等(2008)使用 6 个形态性状分析了我国 1185 份半野生大豆的表型结构，划分了 617 个形态组成类型。李向华等(2003)利用 60 对 SSR 引物对 65 份东北地区新收集的野生大豆资源，以及与其来源相同的已经编目保存的野生大豆资源进行遗传多样性分析，结果为新收集材料的遗传多样性指数明显高于已收集的资源，总体材料的遗传多样性水平得到提高，且新收集材料与已收集资源间的平均遗传变异相似系数只有 0.1918。刘洋等(2010)使用 421 份包括两组野生大豆百粒重类型、三组半野生大豆百粒重类型和小粒秣食豆类型大豆地方品种，对亚属 *Soja* 内进行了 SSR 标记的遗传多样性差异评价，并对半野生大豆的分类地位归属问题进行了分析。结果表明：半野生大豆属于野生种内的变异而非栽培种内变异。百粒重大小当作评价野生大豆物种内的遗传分化或进化程度的主要指标，有其遗传上的理论依据。

2. 野生大豆的化学品质评价

(1)野生大豆的蛋白质和脂质含量评价

从全国已保存的6000余份野生大豆种子成分分析结果来看，蛋白质含量变幅在29.0%～55.7%，平均含量为 44.9%，脂质含量变幅在 5.1%～20.2%，平均含量为 10.3%(王连铮等，2010)。如表 8-2-3 所示，野生大豆蛋白质含量较高，脂质含量普遍较低。

表 8-2-3　野生大豆蛋白质及脂质含量表

纬度(N)	蛋白质含量/%	脂质含量/%	不同蛋白质含量所占比例/%			
			＜39.9%	40%～44.9%	45%～49.9%	＞50%
25°～29°59′	42.7	10.7	16.1	70.2	13.3	0.4
30°～34°59′	45.9	10.3	3.0	26.2	66.3	4.5
35°～39°59′	42.4	11.6	8.7	51.8	38.6	0.6
40°～44°59′	46.5	10.1	2.7	28.6	55.8	12.7
45°～49°59′	46.4	9.5	0.7	28.5	64.8	6.0
全国	44.9	10.3	5.3	40.0	48.0	6.7

资料来源：王连铮，2010

野生大豆蛋白质及脂质含量在地区之间差异较大，以 30°～34°59′N 的江淮之间和

40°N 以北的松辽平原地区蛋白质含量为最高，分别为 45.9%和 46.5%，是我国野生大豆蛋白质含量的两个高峰区，而蛋白质含量最低地区是在 25°～29°59′N 长江以南的广东、广西、福建等地，以及 35°～39°59′N 的华北平原和西北地区，其蛋白质含量平均为 42.7%和 42.4%。

(2) 野生大豆的氨基酸和脂质组成

大豆蛋白质含量显著高于其他禾谷类作物，而野生大豆蛋白质含量又明显高于栽培大豆。在蛋白质氨基酸组成方面，大豆氨基酸含量，除含硫氨基酸没有达到理想数值外，其他氨基酸组成基本接近人类和动物所需要的理想比例(表 8-2-4)。

表 8-2-4　野生大豆和栽培大豆种子蛋白质的氨基酸含量

氨基酸	野生大豆		栽培大豆	
	平均数(g/16g N)	离散系数/%	平均数(g/16g N)	离散系数/%
天冬氨酸	12.50	3.5	12.76	3.2
苏氨酸	3.78	4.3	3.82	4.0
丝氨酸	4.94	6.4	4.88	5.9
谷氨酸	18.61	3.3	18.74	3.0
脯氨酸	5.27	3.0	5.22	3.2
甘氨酸	4.25	3.3	4.17	3.2
丙氨酸	4.12	4.6	4.19	5.1
胱氨酸	1.95	9.9	1.94	10.1
缬氨酸	4.68	6.9	4.67	6.3
甲硫氨酸	1.53	7.1	1.54	5.8
异亮氨酸	4.47	4.6	4.58	4.5
亮氨酸	7.14	6.9	7.33	4.6
酪氨酸	3.25	6.7	3.29	6.7
苯丙氨酸	4.80	2.9	4.98	6.6
赖氨酸	6.45	4.7	6.34	4.5
组氨酸	2.64	4.4	2.55	4.3
精氨酸	8.08	8.1	7.61	7.4

资料来源：王连铮，2010

必需脂肪酸的营养重要性已为人们所熟知，亚油酸缺少可引起皮肤鳞片化，生长停滞，肾功能衰退等。不饱和脂肪酸的作用可使胆固醇酯化，降低血清和肝脏的固醇水平。如表 8-2-5 所示，不同进化类型大豆的脂肪酸含量的差异，主要表现在不饱和脂肪酸之间的差异，尤其是油酸和亚麻酸含量差别较大。野生大豆较栽培大豆的亚麻酸含量高 6.74%～7.49%，而油酸含量低 8.51%～8.92%(王连铮等，2010)。

表 8-2-5　野生大豆和栽培大豆的脂肪酸组成

类别	野生大豆		栽培大豆	
	平均数/%	离散系数/%	平均数/%	离散系数/%
棕榈酸($C_{16:0}$)	12.05	5.80	11.71	5.49
硬脂酸($C_{18:0}$)	3.33	7.41	3.53	14.87
油酸($C_{18:1}$)	12.84	10.70	21.35	14.56
亚油酸($C_{18:2}$)	56.11	2.76	54.49	5.22
亚麻酸($C_{18:30}$)	15.81	7.45	8.33	14.85

资料来源：王连铮，2010

(二)栽培大豆的鉴定与评价

据中国栽培大豆品种资源特性鉴定研究，目前，已鉴定出优异种质 4000 余份，其中，高蛋白质含量种质 196 份，高脂质含量种质 43 份，为育种研究及生产利用提供有益的支持。1991～2000 年，对 1000 份优异种质进行了综合评价，获得综合性状优良的种质 180 份，包括高蛋白质含量(45%以上)、高脂质含量(22%以上)、高产、抗病(大豆花叶病毒病、孢囊线虫病、锈病、疫霉根腐病)、抗逆(旱、酸雨)、超早熟、抗虫(食叶性害虫、豆秆黑潜蝇)等种质和特殊种质及高配合力种质，并已编目入库(邱丽娟等，2002)。

(1)栽培大豆的外观品质鉴定与评价

1)结荚习性鉴定。结荚习性是大豆的重要生态性状之一，在遗传上受 2 对基因控制。中国栽培大豆的结荚习性分布趋势是自北向南随着生育期、降水和日平均气温的增加，有限结荚习性品种逐渐增加。据常汝镇等(1990)对全国 6728 份栽培大豆种质的调查，有限结荚习性品种占 48.9%，无限结荚习性品种占 39.1%，亚有限结荚习性品种占 12%。有限结荚习性品种在长江中游地区分布最广，占 90.2%，其次为长江流域及其以南大豆品种，占 78.7%，长江下游地区有限结荚习性品种占 74%；东北春大豆区以无限结荚习性品种为主，占 63.3%，有限结荚习性品种占 36.7%；黄河中下游地区以无限结荚习性大豆品种为主，占 48.9%，有限结荚习性品种占 36.7%，亚有限结荚习性品种占 14.4%。其中，河南、山东有限结荚习性大豆品种占 52.2%，是无限结荚习性大豆品种分布的 2 倍。陕西和山西的大豆品种以无限结荚习性品种为主，占 86.2%，有限结荚习性大豆品种占 13.4%。

近几年，随着大豆育成品种的不断更新，以无限结荚习性为主的东北地区大豆品种的春大豆的结荚习性也在发生着变化，逐渐被以亚有限和有限结荚习性为主大豆品种所替代。在《大豆研究 50 年》中(王连铮等，2010)，通过对 17 628 份材料调查，有限结荚习性大豆种质占 51.05%，无限结荚习性与亚有限结荚习性大豆种质分别占 31.85%和 17.10%。整体而言，有限结荚习性大豆品种增多、无限结荚习性品种有减少的趋势(表 8-2-6)。

表 8-2-6　大豆种质资源结荚习性的分布　(单位：个)

栽培类型	无限	亚有限	有限	合计
东北春大豆	1 622	231	644	2 497
北方春大豆	2 289	193	511	2 993
黄淮春大豆	58	6	69	133
黄淮夏大豆	1 042	789	1 820	3 651
南方春大豆	161	803	1 878	2 842
南方夏大豆	421	873	3 752	5 046
南方秋大豆	22	119	325	466
合计	5 615	3 014	8 999	17 628

资料来源：王连铮，2010

在分子水平基因鉴定方面，Liu 等(2010)首次将决定大豆生长习性的基因 *Dt1* 定位，并通过图位克隆方法克隆了该基因，发现了在第四个外显子上发生单碱基突变，从而造成氨基酸被置换的突变类型 *dt1*；通过转基因技术让该基因在大豆上超表达，同时利用 RNAi 技术让该基因在大豆上减少表达，验证了该基因的功能，开发了鉴定大豆有限和无限结荚习性类型的方法。

2)植物学特性鉴定。大豆的花色、茸毛色、叶形等植物学性状存在品种差异，是鉴别大豆品种特性的重要性状。中国栽培大豆的花色有白花和紫花两种。在对 6700 份种质资源的调查中，白花品种占 48.8%，紫花品种占 51.2%。茸毛分灰毛、棕毛两种，灰毛品种占 52.7%，棕毛品种占 47.3%，叶形以椭圆形和卵圆形叶为主，两者占 95.2%，披针形叶占 4.8%。植株高度在 91cm 以上占 32.6%，株高在 81～90cm 占 12.3%，株高在 61～80cm 占 25.6%，株高在 41～60cm 占 22.3%，40cm 以下的矮秆品种占 7.2%(常汝镇，1990)。大豆植物学特性的地理分布为东北春大豆区、淮河下游地区的主栽品种多为灰毛白花，长江中游地区以棕毛白花为主，长江下游地区大豆品种以棕毛紫花为主，黄河下游地区白花与紫花、灰毛与棕毛品种所占比例总体上大致相同，但各省份间有差异。株高以东北地区最高，其次为黄河中下游地区，长江流域夏大豆株高较高(70～80cm)，秋大豆较矮。

随着大豆种质资源不断挖掘与创新，其植物学特性也在发生着细微的变化。对 17 639 份大豆品种的花色统计发现，紫色花呈增加趋势，占 52.21%，白色花有略降趋势，占 46.25%，另有 218 份花色为杂合体，群体中既有紫花也有白花。叶形依然以椭圆形和卵圆形为主。东北春大豆、南方春大豆和南方夏大豆椭圆叶居多，披针形叶以东北春大豆和南方夏大豆相对较多。茸毛色变化较大，棕毛品种多于灰毛品种，分别占 53.01%和 46.74%，另有 45 份大豆为无茸毛品种。统计 16 967 份材料的株高变化也较大，株高在 91cm 以上占 26.68%，在 81～90cm 占 10.26%，在 61～80cm 占 26.47%，在 41～60cm 占 27.09%，40cm 以下的矮秆品种占 9.49%。

刘峰等(2000)应用栽培大豆‘长农 4 号’和半野生大豆‘新民 6 号’杂交得到的 F8 代重组自交系(88 株)构建了较高密度的大豆 F 连锁群图谱，将大豆的紫花/白花基因(*Ww*)定位在该连锁群上，与花色基因连锁的两个标记为 Satt039 和 Satt516。作图分析发现，其中一个 RFLP 标记(K14)有 4 个独立分离的等位基因，其中两个(K14-2 和 K14-4)定位在 F 连锁群上，并且紧密连锁，反映了大豆基因组的复杂性。于清岩等(2007)以美国半矮秆大豆品种‘Charleston’与高蛋白质品系‘东农 594’杂交得到的 154 株 RIL 群体作为实验材料，利用在亲本之间多态性高的 SSR 引物对群体进行分析，确定与大豆花色有关的两个 QTL 主要分布在 F 连锁群上，其相关 QTL 在 GMRUBP 和 Satt030，Satt030 和 Satt146 引物之间出现几率较大。

大豆株高是多基因控制的数量性状，易受环境影响，据 Soybase(http://www.soybase.org)公布的数据，目前已经定位了 97 个株高 QTL，包括位于 A2、B1、C1、D1、E、F、H、J、L 和 N 连锁群的 QTL(Mian et al., 1998；Mansur et al., 1996)，是与产量 QTL 处于同一连锁群的 QTL(Wang et al., 2004)，大豆营养生长第 7 和第 10 叶期共同检测到有 3 个 QTL(Mian et al., 1998)，还具有选择性表达的动态 QTL 等。汪霞等(2011)以溧水中子黄豆和‘南农 493-1’杂交衍生的 504 个正反交 $F_{2:4}$ 家系为研究对象，检测到株高存在环境效应和细胞质效应，定位了 15 个主效 QTL，2 个与环境互作的 QTL 和 6 个与细胞质互作的 QTL。将 Soybase 数据库中信息完全的 90 个株高 QTL 和本研究检测的株高 QTL 映射到大豆公共图谱 soymap2 上，利用 BioMercator2.1 软件进行 Meta 分析。结果表明，分布于 C2、F、L 和 M 染色体上的 18 个较小置信区间存在一致性 QTL，其中包括本研究发现的 C_2 染色体上的 *qPH-6-2*、*qPH-6-3* 和 M 染色体上的 *qPH-7-1*、*qPH-7-2*、*qPH-7-3* 共 5 个 QTL。

3)籽粒大小性状鉴定。籽粒大小是大豆外观品质的重要特性之一，在生产上具有特殊意义。大粒品种丰产性好，要求较好的土壤和精耕细作条件，小粒品种则具有抗逆性强，适应性广等特点。中国大豆籽粒大小类型多，是各个生态区长期选择的结果，可根据不同需要，种植和利用不同类型的大豆品种，同时也为大豆育种工作者，选育新型大豆品种提供了丰富的种质资源。中国大豆种质资源中以中粒品种居多，占 42.92%，其次为小粒，占 32.61%，大粒品种占 17.92%。百粒重在 24g 以上的特大粒和 30g 以上的极大粒分别占 3.81%和 1.29%。中国大豆品种中籽粒最大的南汇大粒种百粒重可达 43.5g。特大粒和极大粒的大豆品种主要分布在南方夏大豆中，分别占特大粒和极大粒品种的 44.86%和 76.32%。

Mian 等(1996)利用两个籽粒大小正常的大豆株系构建了两个群体，鉴定出 16 个与籽粒大小显著相关、独立的 RFLP 标记位点，在这两个群体中对表型变异的解释率分别为 73%和 74%，没有找到两个群体共同显著相关的标记位点；16 个标记中有 12 个标记在所有的环境条件下都与籽粒 QTL 显著相关，3 个标记在 2 个环境中显著，1 个标记只在 1 个环境中显著。Maughan 等(1996)利用单粒大小为 240mg 的栽培大豆和单粒大小为 15mg 的野生大豆(*G. soja* Sieb. et Zucc.)进行杂交，在 F_2 群体中筛选到 3 个与籽粒大小相关的标记，表型变异的解释率达 50%；高文瑞等(2007)采用主基因+多基因混合遗传分离分析方法，联合分析‘J280082’(小粒品种)×‘海系 13’(大粒品种)，‘巴马九月黄’(小粒品种)×‘海系 13’(大粒品种)2 个组合的 P_1、P_2、F_1 和 F_2 4 个群体，2 个组合的大豆籽粒大小遗传都符合 E-1 模型，即籽粒大小性状均受两对主基因控制，并且有多基因效应，主基因效应表现为加性-显性-上位性效应；2 个组合主基因遗传率都较大，分别为

74.3%、42.6%，多基因遗传率较小，分别为 5.1%、14.4%。在‘J280082’×‘海系 13’中有 17 个标记与大豆籽粒大小性状相关，在‘巴马九月黄’×‘海系 13’群体中有 12 个标记与大豆籽粒大小性状相关；其中 Satt070（B2 连锁群）、Satt546（D1b 连锁群）、Satt302（H 连锁群）、Satt 337（K 连锁群）、Satt373（L 连锁群）、Satt237（N 连锁群）在两个群体中都表现出与大豆籽粒大小相关；Satt302、Satt070 在两个群体中都有着较高的对籽粒大小性状变异的解释率（>8%），可用于对大豆籽粒大小性状分子标记辅助育种选择。

4）种皮色性状鉴定。在 17 667 份中国大豆种质资源中，黄粒大豆 10 513 份，占 59.51%，黑豆占 15%，青豆占 14.71%，褐大豆占 8.03%，双色豆占 2.76%。东北春大豆黄豆比率最高，占 72.82%，南方夏大豆中青豆有 1000 余份，占全部青豆的 38.48%。褐大豆以黄淮夏大豆和南方夏大豆数量相对较多，双色豆多分布在黄淮夏大豆中，占 31.62%。

大豆种皮色在从野生大豆到栽培大豆的演变过程中，逐渐从黑色变成黄色，是重要的形态标记，种皮颜色是通过各种花色苷的沉积而形成的。迄今已发现有 5 个位点（*I*、*T*、*W1*、*R*、*O*）参与控制性状的形成（Yang et al., 2010）。*I*、*R*、*T* 这 3 个位点主要通过控制色素的合成调控种皮的颜色（Nicholas et al., 1993）。*I* 位点控制花青素和原花青素的空间分布位置与沉积，抑制整个种皮的色素沉积，从而导致成熟种皮表现为均匀的黄色。*I* 位点被定位在大豆第 8 号染色体（A_2 连锁群）一个富含查尔酮合成酶（CHS）的区域（Tuteja et al., 2004）。*R* 和 *T* 两个位点通过控制原花青素和花青素的种类控制局部具体颜色（Zabala and Vodkin，2003），包括黑色（*i*、*R*、*T*）、不完全黑（*i*、*R*、*t*）、褐（*i*、*r*、*T*）和浅褐（*i*、*r*、*t*）。黑色种皮（*i*、*R*、*T*）和不完全黑色种皮（*i*、*R*、*t*）中，花青素和原花青素均有沉积（Todd and Vodkin，1993）。褐（*i*、*r*、*T*）、浅褐（*i*、*r*、*t*）种皮中只有原花青素合成（Zabala and Vodkin，2003）。定位于第 6 号染色体（C_2 连锁群）*T* 位点的基因 *F3'H* 已被克隆和转基因验证，由于碱基缺失导致所编码的氨基酸缺少了保守域 GGEK，从而不能与血红素结合而丧失功能；*R* 位点定位在第 9 号染色体（K 连锁群）A668-1 与 K387-1 两标记之间，可能是 R2R3 类 MYB 转录因子，也可能是 UDP 类黄酮 3-O-糖基转移酶；*O* 位点定位在第 8 号染色体（A_2 连锁群）Satt207 与 Satt493 两标记之间，其分子特性尚不清楚；*W1* 位点可能由 *F3'5'H* 基因控制遗传（宋健等，2012）。

（2）栽培大豆的化学品质鉴定与评价

1）大豆蛋白质组成的鉴定与评价。大豆种子中贮藏蛋白质包括球蛋白（60%～70%）、白蛋白（约 20%）、胰蛋白酶抑制剂（5%～10%）、植物凝集素（约 5%）、蛋白酶和磷酸酶等几种类型。大豆球蛋白是主要类型，其中的 7S 球蛋白和 11S 球蛋白约占大豆种子蛋白质总量的 70%（许月等，1998）。南方产区的江苏、安徽、江西、广东等地方品种含硫氨基酸含量较高。

大豆种子贮藏蛋白的亚基组成与大豆蛋白的营养及加工品质密切相关。刘珊珊等（2008）利用聚丙烯酰胺凝胶电泳法（SDS-PAGE）对收集于中国、越南的 850 份大豆资源贮藏蛋白的亚基组成进行分析。在 222 份中国栽培大豆品种中检测到 14 粒 7S 球蛋白β-亚基低减型种子。在‘黑农 35’、‘黑农 38’和‘黑农 41’中筛选到 11S 球蛋白 A_3、A_4 亚基缺失或低减的类型。同年，王林林等（2008）利用大豆微核心种质 205 份和育成新品种 248 份，共计 453 份资源，分析大豆蛋白质亚基含量及低β-亚基种质，发现在微核心种质有 9.27%的品种β-亚基含量低，在育成品种中 16.53%的品种β-亚基含量低。姜莹等(2010)以杭州国家大豆改良分中心保存的 321 份浙江省大豆资源为研究材料，发现 4 份大豆资源均表现为 7S 球蛋白α′-，α-亚基含量较低，并且在 30～17kDa 出现未知小分子肽。

大豆胰蛋白酶抑制剂是大豆种子贮藏蛋白的一类物质，主要有两种类型：KTI 型和 STBI 型。这两个类型均为典型的丝氨酸蛋白酶抑制剂，主要集中在大豆子叶中。刘兴媛(1994)对我国 19 000 份大豆种质进行分析，结果显示中国大豆种质资源中均含有胰蛋白酶抑制剂，栽培大豆种子中的胰蛋白酶制剂有 *Tia* 和 *Tib* 两种基因型，其出现率分别为 99.7%和 0.3%，4 份材料中出现双带，即 *Tia*+*Tib* 或 *Tia*+*Tic*。*Tia* 类型分布广泛，北方春大豆和华南四季豆出现率为 100%，黄淮夏大豆区为 99.3%，长江流域春、夏大豆区和东南春、夏、秋大豆区均为 99.9%，*Tib* 只在甘肃、山东、江苏、安徽、河南、云南等有少量分布。野生大豆中也含有胰蛋白酶抑制剂，但与栽培大豆相比，*Tib* 基因型和 *Tic* 基因型出现得较多。

傅翠真等(2001)从 26 个省份的 1726 份种质中，鉴定出脂氧酶 Lox_1、Lox_2、Lox_3 及 $Lox_{2,3}$ 等 4 种 Lox 缺失类型，共有 99 份脂氧酶缺失突变体，缺失率为 5.73%，其中夏大豆 65 份，春大豆 33 份，秋大豆 1 份。南方多熟制区的大豆品种具有丰富的 Lox 缺失突变体，在 1161 份被测种质中，有 97 份缺失突变体，缺失率较高的是四川和贵州等地品种。麻浩等(2001)从南方产区 174 份大豆种子资源中，鉴定出 33 份 Lox 缺失种质，且均为地方品种，占鉴定总数的 18.97%，并鉴定出有缺失的 Lox_1、Lox_2、Lox_3、Lox_{3a}、Lox_{3b}、$Lox_{2,3a}$、$Lox_{2,3b}$ 等 7 种类型的珍贵材料，其中 Lox_2、Lox_3、Lox_{3b} 缺失的种质较为丰富。湖南的大豆种质资源中具有丰富的 Lox 缺失突变体，缺失率高达 14.12%，其中以 Lox_3 缺失类型最为丰富。

大豆过敏源蛋白主要有 Gly m Bd 60k、Gly m Bd 30k 和 Gly m Bd 28k。关荣霞等(2004)检测了 175 份大豆的过敏蛋白缺失情况，没有检测到 30k 过敏蛋白缺失的品种，有 77 份材料缺失 28k 过敏蛋白(一次抗体为 C_5)，占检测品种的 44%，以黄淮夏大豆和南方夏大豆品种缺失 28k 比例较高，分别占 60.7%和 60.9%。

2)大豆脂肪酸的鉴定与评价。据刘兴媛等(1998)对全国 22 个省、自治区、直辖市 8924 份栽培大豆品种资源的测定结果，中国栽培大豆种子的脂肪酸成分中饱和脂肪酸约占 15%，不饱和脂肪酸约占 85%，其中亚油酸含量最高，为 50.75%～57.57%。不同地区、不同品种的大豆脂肪酸组成有差异，棕榈酸含量以广东省品种最高(12.84%)，硬脂酸含量以新疆维吾尔自治区品种最高(4.62%)，油酸含量以广东省品种最高(27.58%)，亚油酸含量以湖北省品种最高(55.65%)，亚麻酸含量以内蒙古自治区品种为最高(10.84%)。比较春夏秋大豆 3 类型间脂肪酸组成，春大豆饱和脂肪酸和油酸含量较高，夏大豆亚油酸和亚麻酸含量较低，秋大豆亚油酸和亚麻酸含量较高。

3)大豆生理活性成分的鉴定与评价。刘广阳等(2008)利用高效液相色谱法(HPLC)检测了黑龙江省 556 份不同生态区及不同类型大豆的异黄酮、大豆苷(daidzin，D)和染料木苷(genistin，G)含量，其中野生大豆 243 份，栽培大豆 313 份。结果表明：野生大豆异黄酮含量高于栽培大豆，同时筛选出高异黄酮含量种质 3 份，低异黄酮含量种质 2 份。异黄酮、大豆苷和染料木苷含量三者间的相关分析表明，大豆异黄酮含量与大豆苷含量及染料木苷含量、大豆苷含量与染料木苷含量均呈极显著正相关。孙君明等(2004)利用高效液相色谱技术，鉴定了中国南方 6 个省份的大豆品种 249 份材料的异黄酮主要成分，可明显检测出 6 种主要的异黄酮组分，包括大豆苷、甲氧基黄豆苷原(glycitin，GL)、染料木苷、丙二酰基大豆苷(malonygenistin，MGD)、丙二酰基黄豆苷原(malonylglycitin，MGL)和丙二酰基染料木苷(malonygenistin，MGG)。各组分以丙二酰基异黄酮组分含量最高。

大豆皂苷是大豆制品苦涩味的主要来源，过去很长一段时间曾被视为抗营养因子。近年来研究表明，大豆皂苷的毒性作用不仅很小，而且还具有较多有益的生理功能(龙彭年，2003)。大豆皂苷可降低血液中胆固醇和甘油三酯的含量，大豆皂苷还具有抗氧化、抗自由基、抗病毒、抗血栓形成、提高胰岛素水平等生理活性，大豆皂苷还能抑制肿瘤细胞的生长，增强机体的免疫能力(江燕和高旭年，2004；孙学斌，2000)。赵越等(2009)采用酶标仪比色法，分别检测了黑龙江省 15 份野生大豆(*Glycine soja*)、55 份栽培大豆(*Glycine max*)的皂苷含量，筛选出黑龙江省高皂苷含量的野生大豆种质资源 1 份、栽培大豆种质资源 3 份，栽培大豆的皂苷含量高于野生大豆。

三、大豆种质资源的创新与利用

(一) 野生大豆种质资源的创新与利用

种质资源是现代植物育种的基础，野生种和作物近缘种是植物种质资源的重要组成部分。由于所处的独特环境，野生种的遗传多样性范围远远超过栽培作物。野生大豆具有多花、多荚、高蛋白质及抗病虫、耐逆境等多种优良特性，是大豆种质改良中的重要基因来源(田清震和盖钧镒，2000)。一年生野生大豆为了适应其生存环境，需要较漫长的自然选择时间，在各地均表现为小粒、黑种皮、蔓生、炸荚性强、无限结荚等习性，但具有栽培种中所缺乏的具有潜在经济价值的丰富变异。对野生大豆生理生态学的研究表明，野生大豆属短日照、喜温、喜湿的植物，对土壤要求比较宽，具有一定的耐盐性(孙备等，2008)。

我国野生大豆资源种群分布广泛，南北跨越 29 个纬度区，东西跨越 37 个经度区，野生大豆变异大，类型丰富。在目前已保存的野生大豆资源中，筛选出蛋白质含量在 50%以上的材料有 386 份，现已鉴定筛选出蛋白质含量超过 55%、蛋白质含量超过 53%且脂肪含量达到 9%以上、含硫氨基酸含量高于 3g/16g N，最高含量达 3.25g/16g N、亚麻酸含量 23.12%、亚油酸含量 61.24%，以及 11S/7S 值高达 4.4 等化学品质特异的珍贵种质，为我国高蛋白质育种、提高含硫氨基酸含量、改良栽培大豆氨基酸组成，以及以提高儿童智力、防止心血管硬化为目的的高不饱和脂肪酸育种，提供了优异基因源。吉林省农业科学院近期开展了野生大豆游离氨基酸和维生素 E 等含量的检测，获得一批品质优异的种质(杨光宇等，2005)。

野生大豆属国家二级保护植物，是不可多得的育种材料。近10年来，随着大豆育种研究工作的不断深入，人们越来越认识到野生大豆在育种中的应用价值。从现代育种目标看，一年生野生大豆可供利用的性状有：产量、品质类性状，如多花、多荚、多粒、高蛋白质、高出草率等；生理类性状，如耐阴性、部分材料对光周期的不敏感性等；抗病虫及耐逆境性状，如抗大豆孢囊线虫病(SCN)、抗大豆花叶病毒(SMV)、抗蚜虫、耐旱、耐涝、耐盐碱等；育性性状，野生大豆也是发掘核不育、核质不育等种质的重要资源。此外，野生大豆还是遗传研究的重要材料，被广泛应用于原生质体培养、遗传转化及大豆基因组图谱的构建等方面(田清震和盖钧镒，2000)。野生大豆资源的利用，为拓宽大豆育种遗传基础开辟了新途径。

野生大豆的高蛋白质含量是一个可遗传的性状。我国一些农业科技工作者利用野生大豆创造出一批具有很高利用价值的高蛋白质中间材料。王金陵等(1994)从利用野生大豆配制的杂交组合中获得了一批蛋白质含量超过50%的株系；杨光宇等(1996)选育出一批具有一定产量、直立型或半直立型和蛋白质含量 50%以上的高蛋白质株系；姚振纯(1999)等利用野生大豆选育出的大豆新品系‘龙品8807’，蛋白质含量48.2%，蛋白质加脂质总含量达到66.16%；李福山等(1986)也选育出蛋白质含量48%以上的中间材料。

黑龙江省在开展野生大豆利用创新研究中，通过种间杂交已成功选育出早熟、秆强、不炸荚的特用小粒大豆新品种‘龙小粒豆1号’、‘龙品8807’等高蛋白优异种质及一批变异丰富、百粒重在6～20g、抗病及具有高产潜能的新种质，用于大豆优质、抗病、高产育种，取得明显成效(齐宁等，2005；林红等，2003)。近年来，野生大豆高异黄酮含量检测筛选与利用创新等研究也有了新进展。野生大豆资源的考察和深入研究，对进一步适应科研、育种和农业可持续发展的需要有重要意义。通过野生大豆与栽培大豆种间杂交，选育出既具有野生大豆高蛋白质、多花荚、抗逆性强等优异性状，又综合了栽培大豆的秆强、高产等综合农艺性状优良的新种质，如‘龙品8807’、‘龙品9310’、‘龙品85-1-10’等，以其为父本，与高产栽培大豆‘黑农37’、‘绥农8’、‘农大9419’、‘合98-1004’等杂交、回交，培育出一批含有野生大豆亲缘，高蛋白质、抗大豆灰斑病、疫霉病的大豆新品系‘龙品8802-1’、‘龙品03-324’、‘龙品02-512’、‘龙品03-311’、‘龙品03-321’、‘龙品04-296’等。

(二)栽培大豆种质资源的创新与利用

中国大豆品种资源的主体是地方品种，广泛分布于全国各地，是中国和世界大豆育种科研及生产发展的物质基础。中国栽培大豆育成品种的亲本来源于地方品种、育成品种、育成品系和国外品种4部分。在20世纪60年代以前，地方品种是栽培大豆品种资源的主体，20世纪初，全国各地利用的地方品种近千份，但是，真正开展对地方优良品种的筛选利用，始自20世纪50年代。例如，黑龙江省的‘克霜’、‘紫花4号’等65个品种，吉林省的‘小白豆’、‘满仓金’等55个品种，辽宁省的‘平顶香’、‘黑脐黄豆’等83个品种等。有些优良地方品种在较大的地域范围、较长的时间内成为生产上的重要用种，甚至是当家品种。20世纪80年代以后，新育成品种(品系)和引入国外品种，已逐渐成为育种及农业生产的主体。

1. 大豆资源的利用

(1) 国外对大豆种质资源的利用

利用遗传资源提高大豆的产量、油分及蛋白质含量的尝试，始自于上个世纪 20 年代 (Hymowitz and Shurtleff，2005)。有关菜用大豆的研究利用，则始自于 20 世纪 30 年代。Hymowitz 等的研究团队，在 20 世纪 70 年代初，在世界上率先开展了大豆不良形质，如胰蛋白酶抑制剂、脂氧酶、外源凝集素、植酸、低聚糖等抗营养因子去除或低减的遗传改良研究。最近几年的研究表明，上述的诸多抗营养因子中，也存在一些对生活习惯病如高血压、动脉硬化等疾病的防治有利的一面。因此，有关加强大豆功能性营养成分遗传改良研究，显得日益重要，已成为今后大豆育种的一个重要目标。

高产育种是所有育种计划中的最重要的目标，它与品种的环境适应性有着极为密切的关系。因此，所选杂交亲本之一，多为欲推广区域的主栽品种，或类似区域的具有高产性状的品种。另一个亲本，则根据具体的育种目标确定。在后代选择过程中，要选择那些具备特定的目标形质个体。当两亲本的产量性状相当时，育种家们多会寻找产量性状更高的遗传资源作亲本。在北美，通常认为新开发品种对大豆增产的贡献率最大，每年每公顷增加幅度在 23kg 左右 (Orf et al., 2004)。在过去的 70 多年的时间里，大豆育种家们主要致力于提高大豆产量、品质及病虫抗性、倒伏抗性等方面的研究。在大豆广适性品种开发方面，由美国北部扩大到了加拿大南部等高纬度地区。

过去几十年，来自中国北部的大豆遗传资源，对美国北部和加拿大的品种选育开发做出了较大的贡献，而引自中国南部的大豆遗传资源，成为美国南部的育成品种的祖先 (Carter et al., 2004)。北美食品用大豆品种的遗传基础与同地域栽培的加工用品种存在差异，其遗传多样性更为丰富。因此，开展族群间杂交，则有利于增强南北种群彼此间的遗传多样性。

随着大豆基因组解析的深入研究，分子标记辅助选择 (MAS) 正逐渐成为新基因的挖掘、定位的重要工具。应用 MAS 进行目标形质的选择，特别是在获得基因的数量、丰富品种信息等方面，对大豆生产者而言，具有重要的市场商业价值。孟山都公司通过现代分子生物技术与传统育种技术的集成组装，在大豆遗传资源选择上，从过去的 1/1 000 000 提高到了 1/5，选择效率发生了巨变。最近，美国爱荷华州州立大学联合美国农业部对大豆转座子 *TgmW4* 的克隆解析表明，它可以使既知功能的大豆基因的克隆变得容易起来。如此显著的技术进步，必将对加快大豆育种进程起到重要的作用。

(2) 中国对国外大豆种质资源的利用

黑龙江省农业科学院佳木斯分院先后从美国、日本、前苏联、加拿大、新西兰、巴西、阿根廷、朝鲜等国引入品种资源 188 份，入库保存 88 份，丰富了我国大豆种质资源库，拓宽遗传类型。通过生态鉴定和模拟鉴定，运用现代技术进行品质分析、抗性鉴定、产量鉴定和适应性鉴定，筛选出优异种质资源 6 份，如引自美国的‘Amsoy’(阿姆索)、‘Ohio’(俄亥俄)、‘Wilkin’(维尔金)、‘Rampage’(拉母配吉)、‘Hobbit’(荷贝特)，引自日本的‘十胜长叶’等，已在育种科研中得到广泛应用。利用这些大豆品种资源先后育成 8 个优良品种，其中抗灰斑病、高产品种 5 个，高产、广适性品种 2 个，矮秆、高油、抗病、高产品种 1 个(郭泰等，2005)。其中，‘合丰 25’[‘合丰 23 号’×(‘克 69-5236’×‘十胜长叶’)F_5]表现最为突出。‘合丰 35’{‘合 8009-1612’[(‘黑河 54’×‘Amsoy’)×‘黑河 54’]×‘绥 81-272’}是继‘合丰 25’之后又一个具有突破性的品种，1998～1999 年累计推广面积位居全国大豆品种的首位。黑龙江省农业科学院绥化分院培育的‘绥农 14 号’，则以亲本组合配制合理，遗传基础良好，综合性状优良著称。

利用国外种质的主要途径是做杂交亲本，将美国、日本等国家的优良种质与本地优良品种进行杂交或辐射处理等，已育成新品种 100 余个。江苏省徐州农业科学研究所用‘徐州 126’与美国品种‘马莫顿’(mamotan)杂交育成‘徐豆 1 号’，成为江苏淮北等地主推品种。中国农业科学院油料作物研究所用‘徐豆 1 号’等种质，育成高产广适应性新品种‘中豆 19’、‘中豆 20’等。以‘马莫顿’为亲本还育成‘冀豆 3 号’、‘皖豆 1 号’、‘皖豆 3 号’、‘皖豆 10 号’、‘淮豆 1 号’、‘灌豆 1 号’等。用‘比松’(beeson)做亲本育成‘吉林 22’、‘吉林 27’、‘州豆 30’、‘晋豆 8 号’、‘晋豆 13’、‘汾豆 11’等。用‘Mecury’为父本育成的‘辽豆 14’新品种，创造出北方春大豆 4908kg/hm^2的高产纪录。用‘克拉克 63’(clark63)作亲本育成‘黑农 33’、‘黑农 36’、‘黑农 38’、‘牡丰 6 号’、‘冀承豆 1 号’、‘冀承豆 4 号’、‘中黄 4 号’、‘科丰 6 号’、‘徐豆 7 号’等。用‘阿姆索’(amsoy)育成‘黑河 5 号’、‘黑河 7 号’、‘辽豆 3 号’、‘辽豆 10 号’、‘冀豆 5 号’、‘绥农 7 号’、‘绥农 8 号’、‘绥农 9 号’等。用‘维尔金’(wilkin)作亲本育成‘宝丰 1 号’、‘宝丰 3 号’等。用‘威廉姆斯’(williams)作亲本育成‘粤大豆 2 号’、‘冀豆 4 号’、‘冀豆 7 号’、‘泗豆 11 号’等。

育种实践证明,美国和日本大豆种质资源在中国大豆品种选育中发挥了重要作用(邱丽娟等，2006)。将系谱分析与 SSR 标记分析方法相结合，在全基因组水平探索大豆优良品种‘绥农 14’和‘合丰 25’与祖先亲本的遗传组成，研究结果表明，由于在育种改良过程中利用具有遗传多样性的日本种质十胜长叶和美国种质‘Amsoy’作为亲本，拓宽了包括‘绥农 14’和‘合丰 25’在内的中国大豆优良品种遗传多样性。

引进的国外品种不仅在大豆的高产育种中得到了广泛的利用，而且在大豆优质育种中也发挥了重要作用。直接或间接以国外品种为亲本育成的代表性品种，如中国农业科学院油料作物研究所，用美国品种‘克拉克 63’作亲本育成蛋白质含量 45%的高产抗病新品种‘中豆 5 号’，含有‘克拉克 63’血缘的‘中豆 8 号’蛋白质含量高达 49.61%，‘中油 82-10’蛋白质含量为 50%；用‘索夫 400’作亲本育成了‘中豆 14’等高蛋白质品种；由河南省农业科学院育成的含有‘索夫 400’血缘的‘豫豆 12’，其蛋白质含量高达 50%；东北农业大学用美国品种‘莫索’(marsoy)作亲本育成脂质含量达 22.2%的大豆品种‘东农 38’；黑龙江省农业科学院佳木斯分院用‘Hobbit’作亲本，育成了脂质含量为 23.04%的‘合丰 42’；中国农业科学院作物科学研究所用‘Hobbit’与‘遗 2’杂交育成‘中黄 20’，脂质含量达到 23.5%。

1981～1985 年育成的 94 个大豆品种中，具国外引进品种血缘的有 41 个，占同期育成品种总数的 44%；1985～1990 年育成大豆品种 182 个，有国外血缘的 94 个，占同期育成品种总数的 52%；1990～1995 年育成品种 110 个，有国外血缘的 74 个，占同期育成品种总数的 67%(崔章林等，1998)。1995～2005 年虽尚未完全统计，但国外品种的利用更加广泛，累计种植面积 2712.4 万 hm^2，其中国审品种 7 个，占累计推广面积的 20.9%。

2. 大豆种质资源的创新

(1) 高产大豆种质的创新

丰富的中国栽培大豆种质资源中蕴藏着诸多农艺性状、产量性状、品质性状突出的优良种质，成为高产优质育种的基础。例如，起源于地方品种的克山大豆种质具有适应能力、遗传力、配合力强等优点，利用克山大豆种质杂交育成的新品种占黑龙江省杂交育成新品种的 77.3%，其中育成的‘丰收 6 号’、‘丰收 10 号’最高产量均超过 4500kg/hm^2(赫世涛和牛若超，1997)。近 20 多年来，我国大豆育种应用地理远缘亲本和多血缘亲本，拓宽了遗传基础，从而使大豆新品种的生产潜力有较大提高，区域实验的产量达到 2300～2700kg/hm^2(南方多熟制大豆)、2600～3000kg/hm^2(黄淮海夏大豆)，产量潜力达到 3500～4500kg/hm^2。

黑龙江省农业科学院利用花粉管通道法，即外源 DNA 直接导入技术(direct introduction exogenous DNA，DIED)，将高蛋白质含量野生大豆 DNA 直接导入栽培大豆，育成了第一个外源基因导入的高产、优质(蛋白质含量为 45.5%)、抗灰斑病、耐轻盐碱新品种‘黑生 101’，于 1998 年申报了国家发明专利(雷勃均，2001)。安徽省农业科学院以‘皖豆 16’等离子处理高产突变体与‘豫豆 10 号’杂交选育的‘MN413’，最高产量达 4726.2kg/hm^2，优质(蛋白质和脂质含量总和达 63.02%)。杜维广等(2001)选择具有高光效种质，用高光效亲本‘绥农 4 号’等育成‘哈 79-9440’、‘哈 82-7799’、‘哈 88-7704’、‘哈 90-6719’、‘哈 91-7021’等，其中高光效种质‘哈 79-9440’最高产量达 3840kg/hm^2，并育成了‘黑农 39’、‘黑农 40’、‘黑农 41’等高光效新品种。中国科学院遗传与发育生物学研究所也鉴定出高光效、高产品系‘9702’和‘9208-5’(朱保葛等，2000)。高产大豆新品种‘辽豆 14’和‘铁丰 31’是分别利用‘Mercury’和‘Resnic’为父本育成的，获得了 4500kg/hm^2 以上的高产，‘辽豆 14’甚至达到 4908kg/hm^2。

(2) 优质、抗病大豆种质的创新

优质、抗病大豆种质资源的引进，在扩大品种遗传基础、选育适于我国不同生态区利用的大豆品种方面发挥了重要作用。例如，利用‘中品 661’育成 6 个新品种，高蛋白质大豆品种‘中黄 17’和‘中黄 22’，蛋白质含量分别为 44.17%和 47.05%；高油品种‘中黄 15’(含油量 21.7%)和‘冀黄 13’(含油量 24.01%)，其中‘冀黄 13’是国内含油量最高的品种；中国农业科学院油料作物研究所采用‘短脚早’、‘通山薄皮黄豆甲’、‘蒙庆 6 号’、‘克拉克 63’、‘索夫 400’等国内外多品种复合杂交，创建‘中油 8905-1’、‘中油 8905-2’、‘中油 82-10’、‘中油 834053’、‘中油 85-8’、‘中油 88-6’、‘中油 88-9’等蛋白质含量高达 49%～50%的春、夏大豆种质资源。湖北省利用矮脚早等育成春大豆‘鄂豆号’新品种，如‘鄂豆 4 号’、‘鄂豆 7 号’蛋白质含量在 47%以上，河南、安徽、辽宁等省利用湖北省高蛋白质种质育成了‘豫豆号’、‘皖豆号’、‘辽豆号’等蛋白质含量在 46%以上的新品种。安徽省农垦总公司用 $^{60}Co\ \gamma$ 射线辐射等方法育成的‘皖豆 15’蛋白质含量 46.3%、脂质含量 20.53%，蛋白质和脂质总含量达 66.9%。

随着高蛋白质、高脂质种质的挖掘和改良，使高脂质、低蛋白质含量的北方产区也育成了蛋白质含量高的新种质。吉林省农业科学院用‘九农 2 号’等种质选育了东北春大豆蛋白质含量高达 47.2%的‘九资 8236-31’。黑龙江省农业科学院通过种间杂交，选育出蛋白质含量高达 48.25%的优异种质‘龙品 8807’，是高产优质育种的优良亲本(姚振纯等，1999)。中国科学院遗传与发育生物研究所育成的‘科新 3 号’，蛋白质含量达 49%。高纬度的东北产区大豆脂质平均含量为 19.15%(王连铮，1992)，利用高脂质种质育成了一批脂质含量达 23%以上的新品种，如‘嫩丰 2 号’、‘嫩丰 4 号’、‘嫩丰 10 号’、‘黑农 6 号’、‘黑农 8 号’、‘黑农 31’、‘黑农 44’、‘垦农 19’、‘铁丰 24’、‘合丰 42’、‘吉林 1 号’等。随着高脂质含量种质的挖掘和改良，低纬度的南方大豆产区也育成脂质含量在 22%以上的新品种及蛋白质含量和脂质含量双高的优质新品种，如‘湘春豆 14’(脂质含量 23%)、‘湘春豆 19’、‘中豆 32’、‘湘春豆 18’、‘湘春豆 15’等。

傅翠珍等利用引进的国外种质‘Century’脂氧酶缺失品系作对照，在中国种质资源中鉴定出多份脂氧酶缺失种质(傅翠珍等，1997)。此外，还建立了胰蛋白酶抑制剂缺失鉴定(丁安林，1990)和转基因成分检测(吕山花等，2003)等特异鉴定方法。用美国缺失脂氧酶近等基因系‘Century’-$Lox_{2,3}$，育成胰蛋白酶抑制剂和脂氧酶双低的优质新品种‘中黄 16’；用‘Century’-Lox_2 育成第一个脂氧酶单缺失品种‘中黄 18’，此后又陆续育成了‘中黄 28’和‘中黄 31’等胰蛋白酶抑制剂和脂氧酶双低品种。河北省农林科学院用‘Century’和‘Suzuyutaka’两套 *Lox* 近等基因系作亲本，育成双缺失品种‘五星 1 号’；中国农业科学院作物科学研究所用‘威廉姆斯 P.I.L81-4590’作亲本，在国内育成第一个高异黄酮含量品种‘中豆 27’，利用美国缺失胰蛋白酶抑制剂种质‘P.I. L83-4387’作亲本，在我国育成第一个无胰蛋白酶抑制剂品种‘中豆 28’，以上育成品种均是利用引进的优异种质资源进行定向选择而培育成功的。

(本节由姜妍完成)

第三节　大豆品质改良育种技术

大豆育种技术，在过去很长一段时期内，基本上以传统的常规育种技术为主，根据各地大豆生产的现状和需求，决定采用何种育种技术。常见的常规育种技术主要有：引种、系统选种、杂交育种、辐射育种及杂种优势的利用等。进入 20 世纪 90 年代中期以来，分子标记辅助选择育种和转基因技术的应用，将成为 21 世纪，大豆新品种培育的最重要的育种技术手段。

大豆品质改良育种技术，伴随着民众生活水平的不断提高，消费者对食物原料的营养、风味，以及加工企业对加工原料的加工性状需求的不断提升，得到了较大幅度的改进。同时，它也是建立在对现有大豆遗传资源鉴定、评价及应用现代生物技术进行种质创新的基础上发展起来的。目前，常用的大豆品质改良育种技术，主要有人工杂交技术中的回交技术，物理、化学诱变技术，DNA 分子辅助选择育种技术，以及转基因技术等。

一、回交育种技术

常见的人工杂交育种方法有单交、三交、复交及回交等多种。回交育种技术(back-cross breeding)是大豆品质改良育种过程中，最常用的人工杂交育种技术之一。其目的是把某种特定的优良性状转入到作为轮回亲本的当地主栽品种中去，使其在具备了原有品种的优良性状的基础上，还兼具新导入的优良性状，或具备超越双亲的优良性状(图 8-3-1)。

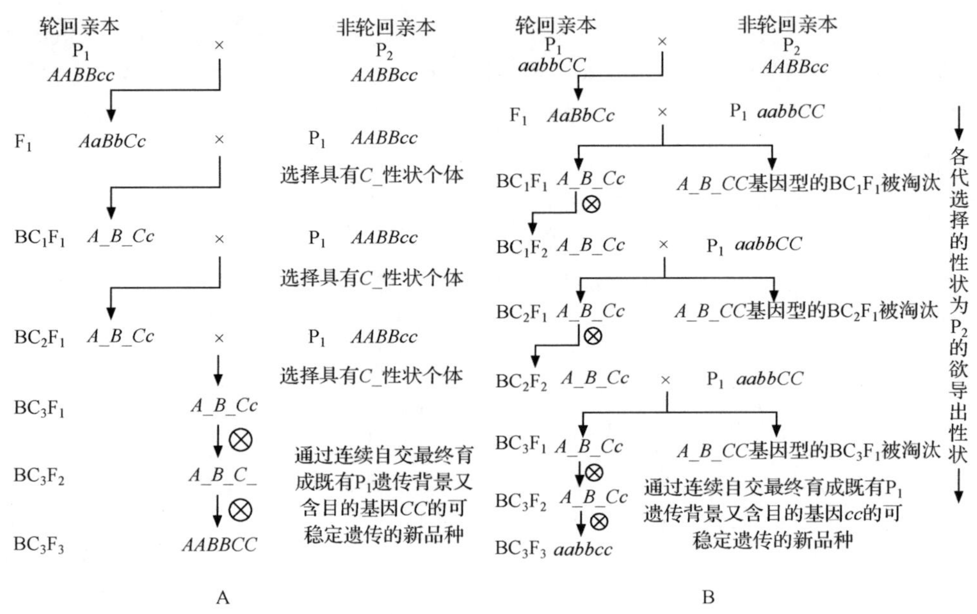

图 8-3-1　目的性状受 1 对显性基因(A)或隐性基因(B)调控下的回交育种程序图

回交育种一般主要应用于大豆抗病育种和质量性状的品质改良育种方面。它又可分为以下两种用途：

(一)单基因导入法

在欲导入目的性状受 1 对显性基因调控的情况下，如图 8-3-1A 所示，可用综合农艺性状优良的当地主栽品种，作为轮回亲本(P_1：*AABBcc*)，以含有目的基因的亲本(P_2：*aabbCC*)作为非轮回亲本，进行人工杂交获得 F_1 代，再分别以杂交后代个体(F_1，BC_1F_1，BC_2F_1，……)为母本，以 P_1 为父本进行连续回交 2 或 3 代，再自交 2 或 3 代以上，即可将非轮回亲本的目的基因 *CC* 导入到轮回亲本 P_1 中去，选育出既含纯合目的基因(*CC*)，又具有 P_1(*AABB*)的遗传背景，综合农艺性状优异且可稳定遗传的大豆新品种。

在欲导入目的性状受 1 对隐性基因调控的情况下，如图 8-3-1B 所示，基本方法与图 8-3-1A 近似，相同之处是各代选择的性状均为 P_2 的欲导出性状，不同之处是后者欲导出的目的性状受 1 对隐性基因控制，因此，在每次回交之前均需先自交 1 次，以淘汰掉含显性纯合的非目的基因的个体，最后经过隔代回交3代左右，再自交2或3代以上，即可使所选育的新种质的遗传结构发生改变，即在轮回亲本的原有基因型(*aabb*)基础上，加上了新导入的来自非轮回亲本的目的基因(*cc*)，最终可选育出既含目的基因(*cc*)又具有 P_1(*aabb*)的遗传背景，综合农艺性状优异的大豆新品种。

美国、日本等国家利用上述方法育成了许多有名的大豆新品种，如美国的'Amsoy 71'，'Williams 82'，日本的'Yukihomare'，'Nagomimaru'等。

(二)改良回交法

其特点是在不同的回交周期中，与2个或2个以上的轮回亲本进行杂交，可以实现多个优良性状的基因聚合育种。这种方法的育种周期较长，应用起来有一定难度。美国利用此方法育成了'科姆特'、'哈尔科'等品种。其回交方法是先育成品种，然后在利用品种进行回交(王连铮和郭庆元，2007)。

回交技术常用于改良某一推广品种的个别缺点，如抗病性差，通过回交手段提高推广品种的抗病性；或将推广品种中的某一不利成分去除，如将导致豆腥味的脂氧酶完全缺失性状或将过敏源蛋白缺失性状导入到推广品种中，使新育成的品种不再含有豆腥味，食用后不再产生过敏现象，从而扩大该品种的加工利用价值和受众群体，使更多的消费者能够喜欢并能够无忧无虑的消费大豆制品，分享大豆给人类健康带来的众多益处。

二、诱变育种技术

诱变技术(induced mutation breeding)是为了获得现存的大豆遗传资源中不存在的大豆新种质，通过核辐射等物理手段，或利用EMS、叠氮化钠(NaN_3)等化学诱变剂处理，创造新的变异，并结合杂交育种技术，对后代进行有目的的选择培育新品种的方法。它具有方法简便，育种周期短，创造变异效果好等优点，被广泛应用于大豆等各作物的育种实践。目前，较为常用的诱变方法有物理诱变、化学诱变及农业空间诱变等。

(一)物理诱变

物理诱变指利用射线辐射等物理因素，处理一些农作物种子、花粉、组织、器官等，从而引起植物染色体的畸变，诱发出新的可遗传变异，从中筛选出有利变异性状的后代，培育出新品种的方法。此方法具有诱变频率高，变异范围大，变异性状稳定快等优点，被广泛应用于各种作物的诱变育种研究。常用的物理诱变育种方法有：电离辐射诱变、离子束注入诱变、激光诱变、磁诱变及微波诱变育种等。

1. 电离辐射诱变育种

世界上有关禾本科作物的诱变研究较早，始于20世纪20年代晚期。大豆诱变育种研究较晚，始于1957年，美、日、德及前苏联等国的科学家开展了电离辐射诱变研究，证明热中子、X射线不仅可以引起产量因子的遗传性变异，还可以引起大豆种子蛋白质和脂质含量的突变。日本农业食品产业技术综合研究机构作物科学研究所大豆育种研究室的羽鹿牧太和高橋浩司等，利用γ-射线照射（‘Kannto102’ × ‘Yumeyutaka’）F_2种子，先后育成了脂氧酶完全缺失的‘Ichihime’和‘L-Star’两个大豆新品种(羽鹿牧太他，2002；高橋特一他，2003)。

2. 离子束注入诱变育种

其机制是离子束作用于遗传物质时，除像一般辐射可以引起能量传递，质量沉积，动量和电荷的交换，导致 DNA 链断裂重组以外，还能使染色体结构发生易位、倒位、缺失等，最终导致基因突变。还可能由于质量、能量、电荷等 3 因子的协同作用，引起大量受体局部原子移位、重组、基因修饰等多重损伤，形成新的分子结构和基团，进而产生丰富的基因突变。1986 年中国科学院等离子物理研究所，率先将此技术应用于植物育种领域，并在玉米、水稻、烟草、番茄等作物上获得了一批有推广价值的新品系(吴丽芳和李红，1999)。在大豆品质改良育种研究方面鲜有报道，仅郭建秋等(2009)在航天搭载和离子束注入对大豆诱变效应方面，做过一些比较研究，认为离子束注入法与航天搭载方法在引起诱变频率和突变类型上相近，但前者成本较低，更易于推广应用。

3. 激光诱变育种

其作用机制源于激光产生的光、电、热、压力等综合效应的累积，使 DNA 分子吸收并积聚能量，导致 DNA 分子发生断链、聚合、交联等变化，引起 DNA 分子结构受损和突变(向洋，1994)。此方面研究始于 20 世纪 60 年代，美国、前苏联、加拿大等国开展较早，我国的激光诱变育种始于 1972 年四川大学生物系对油菜种子的激光诱变研究。大豆的激光育种研究，始自安徽农业大学，采用 Ne 激光诱变，育成了蛋白质和脂质含量双高，既抗花叶病毒又抗孢囊线虫病的‘安激 2 号’大豆新品种(陈丽霞等，2008)。

4. 磁诱变和微波诱变育种

磁场生物效应的研究证明，磁场可以引起遗传物质的变化。20 世纪 70 年代，黑龙江省农业科学院黑河分院利用磁诱变方法，对‘黑河 23’进行磁诱变，证明许多磁诱变的性状可以稳定遗传给后代，获得早熟、丰产、花色等变异类型(姜宇，2005)。微波诱变育种中的微波辐射是一种低能电磁辐射，对生物体产生热和非热效应，在这两种效应的综合作用下，致使生物体内产生许多突变效应(陈丽霞等，2008)。张月季等(1995)用微波处理大豆种子，发现它对种传真菌，具有一定的杀灭作用，并能促进种子萌发和植株的健壮生长。20 世纪 70 年代中期，孔繁武(1984)用微波处理风干大豆种子，在主要的形态特征、熟期、抗逆性、产量性状等方面，能够产生可遗传变异，诱变效果不亚于激光和辐射诱变处理。

(二)化学诱变育种

化学诱变育种是通过利用化学诱变剂，进行人工诱发生物体基因或染色体，致其畸变，再经过定向培育和选择，育成新品种的方法。在农作物育种中，应用较为广泛的诱变剂有 EMS、NaN_3和平阳霉素(pingyangmycin，PYM)3 种。世界上大豆化学诱变育种，最早始于 1957 年，我国于次年开始大豆化学诱变育种研究，至今已育成一大批高产、抗病、优质大豆新品种。李占军等(2005)应用化学诱变剂 EMS 和 PYM 复合处理，诱变大粒大豆的种子，对突变体进行多代选择鉴定，育成了丰产、稳产、抗逆的‘化诱 5 号’大豆新品种。在大豆品质改良方面，Hamond 和 Fehr(1984)研究证明，X 射线与化学诱变剂对降低大豆种子亚麻酸含量有较好的效果。Patil 等(2007)采用γ-射线和 EMS 处理，获得了高油酸、低亚麻酸含量，并可稳定遗传的大豆突变体。

(三)农业空间诱变育种

空间诱变育种又叫航天诱变育种或太空育种，是指利用返回式卫星、航天飞机、飞船或高空气球将农作物种子带到太空环境，利用太空特殊的环境对种子的诱变作用来产生变异，再返回地面选育新种质、创制新材料，培育新品种的作物育种新技术。它包括卫星空间搭载、高空气球搭载、地面模拟空间因素诱变等途径(温贤芳和刘录祥，2001)。

目前，农业空间诱变育种技术，已经发展成为农作物诱变育种的新兴前沿学科和重要的育种手段，它可以加速农作物新种质资源的创制和突破性优良品种的选育进程。其作用机制是利用太空环境的高真空、微重力和多种高能粒子辐射，致使植物细胞染色体畸变频率增加、同工酶变异和基因突变，获得地面常规方法难以获得的超常规突变体和新种质，进而选育出有突破性的新品种。其突出特点是：变异幅度大、有益突变多、性状稳定快，是培育高产、优质、早熟、抗病农作物新品种，创制新种质的有效途径(李桂花和张衍，2003；温贤芳和刘录祥，2001)。

我国是目前世界上继美国、俄罗斯之后，第三个能够发射返回式卫星的国家之一。我国从 1987 首次开展太空航天育种以来，已先后进行了 24 次返回式卫星的发射，其中 23 颗返回式卫星顺利入轨，22 颗成功回收，5 次利用神舟飞船，进行了 1400 余项空间搭载实验，经多年地面种植筛选，截至目前，通过航天搭载，已培育出了 50 多个具有稳产、高产性能的粮食、蔬菜、瓜果、花卉等农作物和微生物、菌类、藻类等新品种(系)。其中包括水稻、小麦、番茄、青椒和芝麻在内的 30 多个新品种或新组合，已通过国家或省级审定，并已进入市场推广，几十个后续品系已进入区域实验或品种审定阶段(佚名，2011)。

由于农业空间诱变育种技术在提高作物育种效率，增加作物产量，改善作物品质，增加作物附加值，发展低碳环保型农业等方面，具有其他技术所不具备的明显优势。我国政府在“十五”计划期间，批准了一项航天育种工程，专门发射了一颗农业卫星。在“十五”计划、“十一五”规划产业示范发展的基础上，预计在 2010～2015 年，将创建年产值可达 1 亿～2 亿元的中国太空种子集团(公司)，太空新品种的大面积种植，必将为国民经济快速发展做出重大贡献。

三、分子标记辅助选择育种技术

分子标记辅助选择(molecular marker assistant selection，MAS)中的 DNA 分子标记，

是遗传标记的一种，是继形态标记、细胞学标记和生化标记之后，以 DNA 多态性与性状间紧密连锁关系为基础发展起来的一类遗传标记。前三者均以基因表达的结果为基础，是对基因表达的间接反映。分子标记反映的是性状基因遗传变异的真实性，其特点是遗传方式简单，能够稳定遗传，多态性高，揭示的信息量大，不受组织发育阶段及环境的影响，表现中性，无表型效应等。

(一)DNA 分子标记的种类及原理

根据标记所用的分子生物学手段不同，可以将其分为 4 个大类。

第一类是以 Southern 杂交技术为核心的分子标记，即限制性片段长度多态性(restriction fragment length polymorphysim，RFLP)标记，它是第一代应用于遗传研究的 DNA 分子标记。其原理是在长期的生物进化过程中，在属、种间同源 DNA 序列的限制性内切核酸酶识别位点上会出现差异，用限制性内切核酸酶酶解 DNA 样品，从而产生众多的限制性片段，通过凝胶电泳，将 DNA 片段按各自的长度分开，当酶解片段比较多，多态性片段难以检测时，需要将凝胶中的 DNA 变性，通过 Southern 印迹杂交，将其转移至硝酸纤维素膜或尼龙膜上，再用经同位素或地高辛标记的 DNA 做探针，与膜上的酶切片段分子杂交，通过放射自显影显示出杂交谱带，方能观察到限制性片段长度的多态性，这种与 DNA 探针特异结合的特定限制性酶切片段，即是 RFLP 分子标记。

限制性内切核酸酶(restriction endonuclease)是一类能够识别 DNA 特定碱基序列，并在特定位点水解外源 DNA 的内切酶。目前已鉴定出 3 种类型，即Ⅰ型、Ⅱ型和Ⅲ型酶。其中Ⅱ型酶，由于其内切酶的活性和甲基化作用活性是分开的，而且其水解位点的 DNA 序列是一定的，因此被广泛地应用于生物工程研究中。例如，从大肠杆菌 RⅠ菌株中分离出来的 *Eco*RⅠ内切酶就属于Ⅱ型内切酶，其识别的酶切位点为 G↓AATT↑C，由于它具有酶切位点的特异性，在 DNA 分子中，凡具有上述碱基序列酶切位点的位置，均可被其稳定、准确地水解成若干个 DNA 片段，片段的多少取决于 DNA 序列中酶切位点的个数(姚丹等，2009；周延清，2005)。

目前 RFLP 分子标记已被广泛应用于遗传图的构建，基因定位分析，遗传多样性和物种亲缘关系的鉴定，以及品种纯度鉴定和遗传背景分析等。

第二类是基于聚合酶链反应(polymerase chain reaction，PCR)技术的 DNA 扩增分子标记。它包括以随机扩增多态性 DNA(random amplified polymorphic DNA，RAPD)为代表的随机扩增多态性 DNA。其特点是不必知道基因组 DNA 序列的任何信息，引物可随机合成、随机选定，所检测到的 RAPD 理论上可覆盖整个基因组，而且操作简单，周期短，灵敏度高，DNA 用量少，但重复性较差。它还包括利用特定引物或成对引物扩增的标记，有简单序列重复(微卫星)标记(simple sequence repeat，SSR)、序列标签位点标记(sequence tagged site，STS)、序列特异性扩增区标记(sequence characterized amplified region，SCAR)、简单重复序列区间多态性(inter-simple sequence repeat，ISSR)等(姚丹等，2009；周延清，2005)。

在此，以较常用的 SSR 标记为例，做一简要的介绍。SSR 标记是一类由 1～6 个核苷酸为重复单位组成的长达几十个核苷酸片段的串联重复 DNA 序列。其两侧由保守的单拷贝序列构成，其长度一般在 100bp 以内。它广泛存在于许多真核生物，如包括人类在内的哺乳动物、小麦、大豆等单、双子叶植物中。其原理是以重复序列及两侧特异保守序列为模板，以与保守序列互补的特异引物来扩增 SSR 等位基因，扩增产物可在琼脂糖凝胶或聚丙烯酰胺凝胶上检测。其优点是 SSR 标记属于共显性标记，该技术检测到的一般是一个单一的多等位基因位点，而且位点均匀分布并能覆盖整个基因组，其多态性、可靠性高，实验重复性好。SSR 分子标记主要用于遗传连锁图的构建，遗传多样性研究，种质资源的鉴定，数量性状基因分析及分子标记辅助育种等方面。

第三类是 PCR 与酶切相结合的方法。主要指扩增片段长度多态性(amplified fragment length polymorphism，AFLP)、酶切扩增多态性序列标记(cleaved amplified polymorphic sequence，CAPS)等。其中，AFLP 标记是通过限制性内切核酸酶片段的不同长度，检测 DNA 多态性的一种 DNA 指纹分析技术，也是建立在基因组限制性内切核酸酶酶切片段基础上的 PCR 扩增技术，是第二代的 DNA 分子标记技术。其原理是基于对植物基因组 DNA 双酶切，再经过 PCR 扩增，扩增产物经放射性同位素标记，聚丙烯酰胺凝胶电泳分离，然后根据凝胶上 DNA 指纹的有无，来检出多态性。目前，AFLP 主要用于种质资源的鉴定，亲缘关系及遗传多样性分析，基因克隆与表达，以及连锁图的构建等方面(周延清，2005)。

CAPS 酶切扩增多态性序列标记技术，又称为 RFLP-PCR，主要是对 PCR 扩增的 DNA 片段进行限制性酶切分析，再根据 EST 或已发表的基因序列等设计特异引物，将特异 PCR 与限制性酶切相结合，是检测多态性的一种简单、经济、可靠和共显性的技术。其基本原理是利用已知位点的 DNA 序列设计出一套具有特异性的 PCR 引物(19～27bp)，然后用这些引物扩增该位点上的某一 DNA 片段，接着用专一性的限制性内切核酸酶，切割所得扩增产物，用琼脂糖凝胶电泳分离出酶切片段，染色并进行 RFLP 分析。常用于动植物等的基因分型、基因鉴定、基因定位、遗传图构建、基因分离、分子标记辅助选择育种及品种鉴定等(邢延豪等，2011；赵雪等，2007)。

第四类是基于 DNA 测序和 DNA 芯片等新技术的 DNA 标记。例如，单核苷酸多态性标记(single nucleotide polymorphism，SNP)是指染色体基因组水平上单个核苷酸碱基变异所引起的 DNA 序列多态性。通常所说的 SNP 均为二等位多态性的，这种多态性只涉及单个碱基的变异，这种变异可以是单碱基的转换(transition)、颠换(transversion)、也可以是由碱基插入及缺失等所致。由于其具备众多的优点，如 SNP 等位基因的频率易估算，SNP 数量多、分布广，易于基因分型，适于利用基因芯片(DNA chips)技术对单个核苷酸位点的突变，进行快速规模化筛查等，堪称为第三代 DNA 遗传标记。主要用于 SNP 作图，如绘制 EST 图谱、进行遗传图和物理图的整合，用作遗传标记，寻找与多基因性状相关的基因等。

(二)DNA 分子标记在大豆品质遗传改良中的应用

长期以来，植物新品种的选育，都是根据杂交后代的表型性状进行选择的。DNA 分子标记的开发，使过度依赖表型选择的传统育种程序，过渡到了以基因型选择为主的表型与基因型选择并重的现代分子育种新阶段。MAS 的开发应用，将给传统的育种研究带来革命性的变革。

1. DNA 分子标记应用的条件

分子标记辅助选择育种是指为了缩短育种年限，提高育种效率，把分子标记应用于育种过程，通过在分子水平上分析与目的基因紧密连锁的分子标记的基因型，来判定目的基因的存在与否，并对其进行间接选择的一种育种方法。其基本原理是利用与目的基因紧密连锁或表现共分离关系的分子标记，对选择个体进行目标区域及全基因组筛选，从而减少连锁累赘，获得期望的个体，达到提高育种效率的目的。用于 MAS 育种的分子标记必须具备以下条件：①分子标记与目的基因必须紧密连锁；②分子标记必须重复性好，可以经济、简便、可靠、迅速地检测大量个体；③分子标记适于不同遗传背景。

2. DNA 分子标记应用的益处

(1) 可以进行早期选择

在常规育种实践中，很多重要农艺性状如产量、种子成分含量等性状的选择，只有在成熟后才能进行，而采用 MAS 技术，只需对播前的种子，或对播种前几周内的幼苗期的叶片进行检测，即可以获得目标个体，这样不但可以尽早淘汰非目标个体，减少后期工作量，还可以大大节省财力、物力等，降低育种成本，缩短育种年限。大豆种子成分改良方面成功的例子，如张瑛等(2003)对鉴定出的脂氧酶缺失个体进行 MAS 选择，使回交次数从常规育种方法所用的 6 次，缩短至 3 或 4 次。

(2) 可以加大选择的范围及强度

利用分子标记可以同时对几个性状，如抗病性或高异黄酮含量等性状同时进行选择，还可以在早期选择阶段，加大选择范围，对更多的个体进行筛选，避免优良性状的过早丢失，提高优良个体选出的几率。

(3) 可以进行非破坏性性状的评价

增加收获个体数量，根据育种目标的不同，很多目标性状的选择，需要采取生育中期个体的某些组织器官进行破坏性评价，势必会对其周边个体的生长产生影响，进而影响到群体种子的收获数量。而采用分子标记技术，只需少量叶片即可对目标性状进行跟踪选择，基本不影响个体的生长及对其他性状的选择。

(4) 提高回交转育的工作效率

共显性标记可以及早区分纯合和杂合个体，快速聚合和转移多种有利基因。若应用传统育种手段，将一个隐性目的基因从供体亲本导入到轮回亲本中去，需要先自交一代使其纯化后再回交，至少要回交 3 代以上。即便如此，仍有可能无法剔除与目的基因连锁的累赘染色体片段。应用 DNA 分子标记技术则可以利用其共显性标记，避免等位基因间的显、隐性干扰，打破不利连锁，去除连锁累赘，避免紧密连锁的同效非等位基因间的上位性遮盖和负效干扰，并能避免环境因素等的干扰，成倍提高目的基因的回交转育速度(图 8-3-2)。

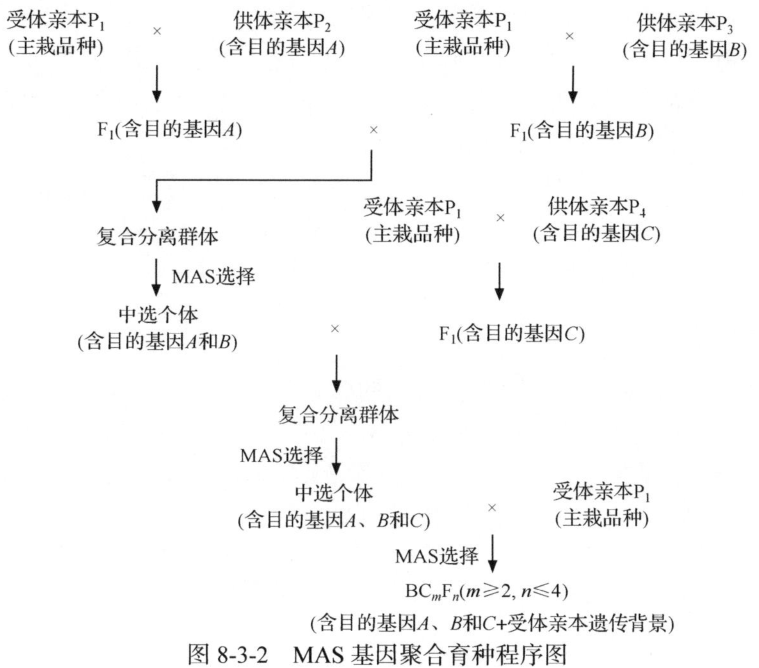

图 8-3-2　MAS 基因聚合育种程序图

(5) 其他方面

可以对那些表型鉴定烦琐、困难的性状，如抗孢囊线虫病等性状，进行鉴定，避免了繁琐的接种鉴定等。有利于远缘优良基因向栽培品种的精准导入，减少不良基因的连锁累赘。

3. DNA 分子标记在大豆品质改良育种中的应用

(1) 在系谱法育种中的应用

质量性状的分子标记辅助选择，也被称为前景选择(foreground selection)。它是通过对标记基因的选择，推测目标个体的基因型。一般从 F_2 代开始选择，不论其显隐性如何，一旦选定了等位基因位点纯合的个体，在以后的各世代中，目的基因就不会再分离，只要在各个世代繁殖中不产生混杂，就无需逐代对选定的目标个体进行逐个分析。

主要的选择方法分为单边标记和双边标记法。单边标记的可靠性取决于目的基因与标记连锁的紧密程度，选择的正确率，随重组率的增加而降低；后者则由于后代中包含目的等位基因和包含非目的等位基因，发生双交换的频率会很低。因此，双边标记法的可靠性和正确率，远高于单边标记法。目的基因选定后，还要对其遗传背景进行选择，即背景选择(background selection)。在 F_2 代，根据两个相邻标记可推测出它们之间的染色体区段的来源和组成，因为它涉及整个基因组，要有完整的分子标记连锁图，而且所选用的标记，必须能够覆盖全基因组(周延清，2005)。

对于数量性状的分子标记辅助选择，作物的很多重要性状多为数量性状，如生育期、产量、成分含量等。数量性状的遗传特点是表现型与基因型之间无明显的对应关系。对数量性状进行 MAS 意义重大，但困难也很多。有关数量性状的 MAS 选择，多局限于理论研究方面。目前，MAS 选择除在抗病选择方面进展较快外，郑宇宏等利用获得的与低亚麻酸含量相关的 QTL，在不同的杂交群体中，选出农艺性状和品质性状皆优良的低亚麻酸品系 L-106，其亚麻酸含量仅为 2.45%，油酸含量为 24.57%（李文滨和韩英鹏，2009）。

（2）在回交转育技术中的应用

如图 8-3-1 所示，回交转育是利用与目的基因紧密连锁的位点标记，在早期世代即可选出含有目的基因的个体，无需隔代自交再回交的程序，可以减少连锁累赘，极大地缩短育种进程，提高育种效率的方法。

4. 全基因组选择

全基因组选择，是利用全基因组范围内的标记，进行标记与表型的全基因组关联分析，鉴定对性状有影响的遗传标记，将这些标记应用于选择，即为全基因组选择（张慧，2010）。其特点是在基因组的各个染色体上选取多个标记，来检测后代各个标记的基因型，能够反映出个体基因型的遗传组成，选出具有最佳基因组合的个体。

四、转基因技术

目前，常用的大豆转基因育种技术，大的方面主要有两种，即外源基因的导入和基因沉默技术。

（一）基因导入

外源基因的导入技术，依据导入手段的不同，主要有农杆菌介导法（agrobacterium-mediated transformation）、基因枪转化法（particle bombardment）、电激法、显微注射法等。其中，前两者是最为常用的遗传转化方法。

1. 农杆菌介导法

农杆菌是一种天然的植物遗传转化体系，人们通过将目的基因插入到经过改造的 T-DNA（transfer deoxyribonucleic acid）区，利用农杆菌的感染，将外源基因导入植物细胞，引起相应的植物细胞可遗传的变异，然后通过细胞和组织培养技术，再生出新的植株——转基因植株。其原理是在根癌农杆菌（*Agrobacterium tumefaciens*）和发根农杆菌（*Agrobacterium rhizogenes*）细胞中，分别含有 Ti 质粒和 Ri 质粒，在这些质粒上，含有一段 T-DNA，它借助农杆菌侵染植物伤口进入细胞组织，从而插入到植物基因组中。它的应用起初始于拟南芥、大豆等双子叶植物。近年来，随着农杆菌介导方法的改良，在水稻、玉米等单子叶植物上，也得到了广泛的应用。其特点是操作简单、效率较高、周期短、可插入外源基因片段大、不易发生重组、拷贝数低、宿主范围广等优点，是目前国内外最常用的遗传转化方法之一（赵晓雯等，2011）。

2. 基因枪转化法

该法又称离子轰击法，它是利用被加速的包裹了目的基因的微金属颗粒，轰击植物组织细胞，将外源基因直接送入完整的植物组织和细胞中，然后通过细胞和组织培养技术，经筛选得到转基因植株的一种转化方法。其基本原理是通过动力系统将带有目的基因的金属颗粒（金粒或钨粒），以一定的速度射进植物细胞，由于小颗粒穿透力强，不需除去细胞壁和细胞膜而进入基因组，从而实现稳定转化的目的。其特点是有应用面广，适于动植物细胞培养物、胚胎、细菌及小型动物的转基因，方法简单，转化时间短，转化频率高等。但与农杆菌转化法相比，转移外源基因的片段小，易发生基因重组引起基因沉默等缺点。

（二）基因沉默

基因沉默是指生物体中特定基因，由于种种原因未能表达，或表达量极低的现象。一方面，基因沉默是遗传修饰生物（genetically modified organism）实用化和商品化的巨大障碍；另一方面，基因沉默是植物抗病毒的一个本能反应，为应用抗病毒基因的植物工程育种，提供了具有较大潜在实用价值的策略——RNA 介导的病毒抗性（RNA-mediated virus resistance，RMVR）。转基因沉默分为转录水平的沉默（transcriptional gene silencing，TGS）和转录后水平的沉默（post-transcriptional gene silencing，PTGS）。TGS是指转基因在细胞核内 RNA 合成受到了阻止，而导致的基因沉默；PTGS 是指转基因在细胞核中能够稳定的转录，但在细胞质中无对应的 mRNA 存在。

目前，美国等国家应用基因导入技术，已经育成了抗草甘膦农药的第一代转基因大豆，并实现大面积商业化种植。但由此引起的人类健康安全的质疑并未完全解除，尤其是因基因漂移可能发生的超级杂草出现等的生态安全，更是令人担忧。

有关基因沉默技术在大豆育种上的应用，美国科学家 Herman 等（2003）曾应用此技术，使调控大豆主要过敏源蛋白 Gly m Bd 30k 基因沉默，创造出了该过敏源蛋白缺失的大豆新种质，其他报道较少。

五、大豆品质改良育种程序

大豆品质改良育种程序，与常规大豆杂交育种程序基本相同，需根据品质改良性状的目标，选择并确立杂交组合的亲本类型。

（一）育种目标的设定和杂交组合的配制

育种目标的设定，已经在本章第一节做过阐述，在此不再赘述。杂交组合的配制，关键在杂交亲本的选择，实际应用中，通常以丰产性、抗逆性、适应性好，配合力高的当地主栽品种为杂交母本，以含有欲导入的某一优良品质性状，如脂氧酶完全缺失、7S 球蛋白亚基缺失或高异黄酮含量等性状的品种（品系）为父本，配制杂交组合。

（二）杂交方法

大豆常规育种的杂交方法有单交、三交、复交及回交等。具体的杂交方法，在《大豆》（王金陵，1982）、《现代中国大豆》（王连铮和郭庆元，2007）等书籍中，均有详细的介绍，详情可参见上述书籍。

(三)杂交后代的处理与选择

杂交后代的处理与选择方法，一般有系谱法、混合个体选择法、单粒传选择法、早代测定法及摘荚法等(王连铮和郭庆元，2007)。对于大豆的品质改良育种而言，以系谱法选择较为有利。应用系谱法从 F_2 代性状出现分离开始，即对目标品质性状进行选择，单株收获。

1. 双亲播种期确定

杂交亲本确定之后，根据双亲开花期早晚，确定适宜的播期：在已知双亲花期的情况下，根据双亲花期的早晚，在花期接近时，可以采取同期播种，或错期播种方式；在只知道母本花期，父本花期未知的情况下，可以先一次播种父本后，分期播种母本，以确保父母本花期相遇。

2. 人工杂交与世代扩繁及选择

(1)母本花蕾、父本花粉选择

母本花蕾宜选择花蕾肥大、健壮，花瓣在花萼包裹下呈现似露非露的状态时，为最佳母本用花蕾；父本花粉的选择，作为父本的花粉，应采自花蕾即将开放至满开的花冠鲜艳、花粉颜色淡黄、松散不粘连的健壮花蕾。授粉过早或过晚，都将会导致授粉失败或假杂种的增多。

(2)人工授粉

用尖嘴镊子去掉包裹在母本花蕾外面的花萼、花瓣及二体雄蕊，使其柱头露出，同时去掉父本花蕾的花萼和花瓣，将父本的花粉轻擦母本柱头 1 或 2 次即可。父本花粉量大时，一朵父本的花粉，可以给 2 朵母本柱头授粉。授粉后应在授粉茎节上，加挂标牌，记录亲本组合名称，杂交日期，杂交花蕾的个数，及杂交人姓名等，并将同一茎节上的未杂交花蕾去掉，每个茎节仅留 2 朵左右的花蕾用作母本授粉，以确保授过粉的花蕾能健壮生长至成熟收获。

由于大豆花蕾较小，在夏季杂交的情况下，杂交熟练者 1 天可杂交 150 朵左右，杂交成功率可达 50%以上；冬季温室内杂交，由于大豆多为闭花授粉，杂交的数量和成功率均很低，一般不进行冬季温室杂交。为了提高杂交成功率，减少花粉虫对花粉的食害，可以于杂交当日的清晨，提前采摘父本花蕾，放入内装 50ml 离心管的冰盒保存，可供当日全天杂交使用。

收获的 F_1 种子一般只有十几粒，为了收获更多的 F_2 种子，F_1 的种植一般只在适于大豆生长的春夏季节(5～10 月)进行，稀植播种，秋季收获。为了容易辨别 F_1 种子的真伪，杂交双亲应同时播种，根据幼茎颜色、花期、花色、叶型及成熟期形态类型等表型性状综合判断，去除假杂种。近年，随着 MAS 分子标记技术的成熟，MAS 也将被用于品种纯度及杂种后代真伪的鉴别。

(3) F_2 至 F_3 群体培育

F_2、F_3 群体中，每个组合根据各自性状的表现及扩繁面积的大小，一般应保证能够收获 1500～2000 粒种子为宜。其中，每个个体至少能保证采收 1 个荚即可。因此，F_2 至 F_3 群体的培育，多以密植为主。由于在 F2 代开始，成熟期等各性状出现分离，采种时应根据熟期分 2 或 3 次采收，在下一年度，将不同熟期的种子分开播种，便于后代表型性状的选择。由于 F_2 至 F_3 世代的遗传稳定性较高，从各个个体采收 1 个荚，进入下一个世代的繁殖，对于花叶病毒抗性、脐色、褐斑、紫斑，以及粒重和裂皮等容易选择的性状，可在此世代进行选择。对于脂氧酶完全缺失等隐性性状的选择，也可从此世代开始。显性性状也应从 F_2 世代开始连续两世代进行追踪选择，待显、隐性性状稳定后，在此后的各世代，也应进行抽样检测，以确保其纯度。从 F_3 代开始，对抗倒伏性、植株生长习性等性状，应通过不同的栽培区域进行选择。

为了加快育种进程，在我国一般采用去海南省南繁加代的扩繁方式，加快世代性状的稳定，日本多采用冬季温室小规模加代或到冲绳加代。美国、加拿大等国一般不进行加代繁殖。

(4) 个体选择和系统选择

个体选择一般多在 F_4 或 F_5 世代进行，除继续注意选择熟期、株高、株型、病毒抗性等要符合要求外，可以进行蛋白质含量的选择。在 F_3 代选择出符合要求的个体，每个个体由来的种子种成 1 行，每行作为 1 个系统，根据选择要求确定入选系统，在入选系统（F_4 种子）中，选出符合综合选择要求的、不少于 5 株的个体，进行分别收获脱粒（F_5 种子），每个个体成为 1 个系统，总保持 5 个系统进入下一个世代的繁殖，如此反复进行，待各性状趋于稳定及品种化后，高世代化的 5 个系统即作为原原种生产的方式维持下去。

3. 产量的鉴定和品种的审定

符合育种目标的品系在决选以后，首先要在本单位或适宜栽培的区域进行 1～2 年的产量鉴定及品种比较实验，对品种比较实验综合表现优秀的品系，参加各服务区内省、自治区、直辖市和国家级区域实验。一般区域实验进行 2 年，生产实验 1 年，区域实验的第 2 年与生产实验同时进行。区域实验一般均采取随机区组法，重复 3 或 4 次，小区面积为 20m^2 左右。生产实验面积一般在 333m^2 以上。根据实验结果，经省级（自治区、直辖市）或国家级农作物品种审定委员会审查通过后，先由省级或国家级农业行政主管部门发布公告，方可在适宜区域推广种植。

（本节由王绍东完成）

第四节　国内外大豆品质育种现状与展望

我国拥有丰富的大豆种质资源，为大豆品质改良育种提供了资源保障。现代分子生物技术的发展，为大豆优异基因在品种间的转移提供了有力的技术支持。目前，我国大豆品质改良多以提高蛋白质、脂质含量为主，国家建立了一套完整的检测鉴定标准，如高蛋白质大豆品种，蛋白质含量≥44%，高脂质含量大豆品种，脂质含量≥23%。但是，对维生素 E、异黄酮、皂苷等高功能性营养成分含量大豆品种的审定方面，仍缺乏统一的国家标准，在一定程度上限制了上述品种的审定推广。

一、功能性营养成分增强型

(一)蛋白质含量及其有益组分增强型

1. 高蛋白质含量大豆品质改良育种

大豆蛋白质含量是一个较脂质含量、产量等性状的遗传力均高的可遗传性状。大多数研究表明，大豆蛋白质含量遗传属于加性遗传(于永德，1991；孟庆喜等，1983；Weber et al., 1970)。20 世纪 50 年代，Weber 和 Moorthy(1952)用亲子代回归法估算的 F_2 代个体蛋白质含量的遗传力为 0.7。Shanon 等(1972)利用两个高蛋白质品种(P_1，P_2)和两个高产品种(Y_1，Y_2)杂交的 6 个组合中，对 F_2 由来 F_4 世代的蛋白质含量和产量相关性研究发现，P_1P_2 和 P_2Y_2 两个组合的产量和蛋白质含量呈显著负相关，Y_1Y_2 组合呈正相关关系。张金巍等(2011)研究表明，双亲蛋白质含量高，有利于提高其杂交、回交后代的蛋白质平均含量及超轮回亲本个体的比例，而且，同一组配方式，双亲蛋白质含量差异越大，其后代变异系数和变异幅度越大。

回交转育技术可以改良玉米等作物的数量性状(刘纪麟，2000)，也是选育大豆高蛋白质品种的一种有效方法。赵双进等(2006)经多年轮回选择，培育出了蛋白质含量高达 48.0%、46.1%的 01S56，01S1 高蛋白质品系。虽然，大豆蛋白质含量与产量呈显著的负相关，但当回交世代增加到 BC_2F_2 时，其蛋白质含量与单株荚数、单株粒数、百粒重等产量构成因素间呈极显著正相关，说明回交技术可以有效缓解大豆产量与蛋白质含量矛盾(张金巍等，2011)。到目前为止，在我国南方地区育成的大豆品种的蛋白质含量较高，如‘雁青’，‘豫豆 2 号’，‘中豆 8 号’，‘皖豆 10 号’等。近年来，东北春大豆区也相继育成了一些蛋白质含量超过 45%的大豆品种，如‘东农 36’，‘东农 42’，‘黑农 35’，‘吉农 28’，‘通农 9’，‘通农 10 号’，‘黑农 43’，‘黑农 48’，‘东农 48’等品种，并在大豆品质改良育种中得到广泛应用。

有关大豆蛋白质含量的 QTL 定位研究也较多，根据研究者的研究对象、年代、环境的差异，影响蛋白质含量的 QTL 多达 14 个以上，它们分布于 A2、B2、C1、D1、E、F、G、H、I 等连锁群上(Brummer et al., 1997)。Seblot 等(2000)利用野生大豆群体，检测到位于 I 连锁群 Satt127 位点附近，贡献率达 65%的 2 个蛋白质主效 QTL。Lv 等(2010)以栽培大豆‘合丰 25’为母本，以半野生大豆‘新民 6 号’为父本，杂交得到 122 个 F_8 代重组自交系，在 I 和 M 连锁群上共检测到 4 个影响蛋白质含量的 QTL，发现分布在 I 连锁群上的 3 个 QTL 成簇分布，贡献率分别达到了 29.15%、33.70%和 31.67%。

2. 高 11S 含硫氨基酸大豆蛋白组分

在大豆蛋白质组分中，甲硫氨酸、胱氨酸等含硫氨基酸的含量较低，一直被认为是影响大豆蛋白质品质的限制因素。提高 11S/7S 值，即要提高 11S 球蛋白亚基含量，降低 7S 球蛋白亚基含量，是提高含硫氨基酸含量的有效途径。7S 亚基由α-,α′-和β-亚基构成，只要使上述 3 个亚基中部分或全部缺失，7S 球蛋白的含量就会降低。据李增云等(1992)研究指出，大豆种子含硫氨基酸与蛋白质含量呈负相关关系，但由于大豆品种间含硫氨基酸含量变异较大，筛选到含硫氨基酸含量高的种质是可能的。1968 年，日本学者海妻矩彦等用乙烯亚胺处理‘雷电’和‘白荚’两个大豆品种，获得蛋白质和含硫氨基酸含量都高的突变系。1975 年，美国 Hartwig 等从Ⅴ～Ⅹ熟期组中筛选到了甲硫氨酸含量高达 1.61%的种质资源。2001 年，日本育种家高桥浩司等育成了α-,α′-亚基缺失、且β-亚基半减，7S 亚基含量大幅低减，11S 含硫氨基酸含量大幅增加的大豆新品种‘Yumeminori’。2006 年，通过回交转育技术，又育成了α-,α′-亚基缺失、丰产耐倒伏的大豆新品种‘Nagomimaru’。Hajika 等(1996)从在日本九州地区生长的野生大豆资源中，发现了一个 7S 球蛋白的 3 个亚基同时缺失的变异体，并证明它与调控上述单一亚基缺失的基因位点不同，3 个亚基同时缺失是由单一显性基因调控的，据原田久也推测，这个 3 缺失变异形质可能由基因沉默所致。

3. 高 7S 球蛋白亚基大豆蛋白组分

此前的研究一直认为，11S 球蛋白的营养性及食品物性等方面都高于 7S 球蛋白。因此，有关 11S 球蛋白缺失、高 7S 球蛋白含量的遗传改良育种研究，较少有人触及。但是，随着 7S 球蛋白所具有的降低血液中性脂质含量等功能的明确，低 11S 球蛋白含量、高 7S 球蛋白含量的大豆遗传改良育种研究开始受关注。1993 年，日本的 Kitamura 研究小组，发现了亚基Ⅰ、亚基Ⅱa 及Ⅱb 同时缺失的变异体，并且发现 3 个亚基同时缺失，可致 11S 球蛋白的缺失，同时可使 7S 球蛋白含量大幅增加(Kitamura，1993)。2009 年，由日本长野县中信农业试验场育成的 11S 球蛋白缺失，高 7S 球蛋白含量的大豆新品种‘东山 205’，在日本获得审定通过。如今‘东山 205’已经作为功能性食品的原料被开发利用。

(二)脂质含量及其有益组分增强型

1. 高脂质含量大豆品质改良育种

大豆种子脂质含量的遗传，属于以加性效应遗传为主，并有一定的显性和上位效应的数量遗传，主要受微效多基因调控，其遗传贡献率可达 53.49%(郑永战等，2007；宋启健等，1989)。由于大豆脂质含量对环境条件反应敏感，受地理纬度影响较大，会随着纬度的升高而增加，当脂质含量超过 20%时，随着其含量的增加，产量会有所降低。据 Singhe 和 Hadley(1968)，Weber 和 Moorthy(1952)对杂交组合后代及亲本脂质含量分析结果显示，F_2代脂质含量一般介于双亲之间，少数组合出现超亲现象。近年来，有关大豆种子脂质含量的 QTL 标记分析较多，如 Lee 等(1996)利用‘Young’×‘PI416937’的 F_4代 120 个株系对油分进行分析，得到了 3 个 QTL 位点，位于 A1 和 L 连锁群上。王囡囡(2011)根据脂肪含量 LOD 值(≥2.50)的大小，确定 6 个 QTL 位点位于 3 条连锁群上。目前为止，尚无可以直接用于杂交后代高脂质含量筛选的分子标记。

2. 有益脂肪酸组分含量

大豆种子脂肪酸组成及含量是决定大豆油脂品质的重要因素。提高大豆油脂的营养价值、耐贮性及其风味品质，提高大豆种子油酸、亚油酸含量，降低种子亚麻酸含量，已成为大豆油脂品质改良的重要课题。据郑永战等(2007)研究表明，油酸与亚麻酸含量呈显著的负相关(r=–0.604**，P≤0.01)，而亚油酸含量与亚麻酸含量呈显著的正相关(r=0.287**，P≤0.01)。以上说明，通过遗传育种手段，提高油酸含量、降低亚麻酸含量是完全可行的。但是，虽说提高亚油酸含量可以有利于提高油脂的营养价值，但同时也会降低大豆油脂的耐贮性，而且不利于降低亚麻酸含量。目前，育种家们已经发现了低亚麻酸含量的大豆种质资源，如‘PI361088b’、‘C1640’和‘A5’等资源。日本研究人员，利用 X 射线(21.4kR)辐射大豆品种‘Bay’，从 2747 个 M_2 群体中获得了油酸含量高达 46.1%，综合农艺性状优良，且能够稳定遗传的‘M23’的变异体(Rahman et al., 1994)。在转基因育种方面，美国 Pioneer Hi-Breed 公司研究人员将 *gm-fad2-1* 基因和编码 GM-HRA 蛋白的 *gm-hra* 基因(既作为选择标记，又具有除草剂耐性)，同时导入到‘305423’大豆种子中，抑制了内源性 ω-6 脱氢酶的转录，育成了既抗除草剂又具备高油酸含量特性的转基因大豆新品种，极大地改善了大豆油脂的品质(佚名，2007)。但也有学者认为，片面地强调降低亚麻酸含量的育种，会严重影响大豆对逆境的拮抗能力(尹田夫，1988)。因此，大豆脂肪酸组分的改良，应该是在提高油酸等不饱和脂肪酸含量的同时，适当减低亚麻酸含量，以确保综合农艺性状优良的大豆新品种的育成。

(三)异黄酮含量增强型

大豆异黄酮作为女性荷尔蒙样物质，对人体的心脑血管疾病及代谢失调、癌变等具有重要的预防和营养保健功效，成为众多医疗、卫生、营养等科学工作者研究的热点。但是，也常因大豆异黄酮具有的苦味等不快味，而影响大豆制品的适口性。基于大豆异黄酮具有的对人体多种营养保健功能，提高异黄酮含量的大豆品质改良育种研究，已备受各国大豆育种家的关注。目前，美国、日本、加拿大等国，对大豆异黄酮育种及异黄酮制品研究较为深入。在高异黄酮含量育种方面，日本已经育成了异黄酮含量高达 1.0%～1.2%的大豆新品种‘Fukuibuki’，是我国高异黄酮大豆品种含量的 1.5 倍左右。

影响大豆异黄酮含量的因素很多，在众多因素中，品种因素、播期、年份等因素对其含量的影响最大。其中，播期、年份等因素对其含量的影响，多归结于种子成熟期的温度及土壤含水量，即晚播成熟期温度低，加上丰富的土壤水分，则有利于大豆子叶异黄酮的积累(Lozowaya et al., 2005；Tsukamoto et al., 1995)。而胚轴部位的异黄酮含量对温度反应不敏感，能够始终保持较高的含量，约为子叶异黄酮含量的 5～8 倍。大豆品种间异黄酮含量差异显著，即便是同一熟期的不同大豆品种异黄酮含量也有较大差异。这表明大豆异黄酮含量除受环境因素影响外，遗传因素也是一个重要的决定因素。孙君明(1998)等研究显示，大豆种子异黄酮含量的遗传方式属于数量性状遗传，受一个主效基因和多个微效基因控制。也有研究表明，大豆异黄酮合成和蓄积的一部分是由叶和幼荚合成后转运到种子中的(Dhaubhadel et al., 2003)。近年来，有关大豆异黄酮含量 QTL 解析的研究较多。但是，能够有效用于分子标记辅助选择育种的 QTL 标记较少。

由于异黄酮含量遗传，存在主效基因效应，微效基因的遗传变异又较大，在亲本及杂交后代选择上，要根据不同的育种目标，选择高或低异黄酮含量的个体，这样杂交后代出现正向或负向超亲的可能性就会增加，从而获得高异黄酮含量或低异黄酮含量的后代。梁慧珍等(2005)研究表明，以高异黄酮含量的大豆品种做母本，采用高×高组合或高×低组合类型配制杂交组合，其含量在 F_2 代会出现明显分离，并且有可能出现超亲的高异黄酮含量的个体。因此，在高异黄酮含量后代选择上，多在较早世代进行。

(四)维生素 E 含量增强型

维生素 E 作为脂溶性抗氧化剂，被广泛应用于食品加工、医疗保健、饲料等各个领域。维生素 E 学名生育酚，它由α-、β-、γ-和δ-生育酚构成，其中α-生育酚的生物活性最高，它是人体必需的脂溶性维生素。联合国粮食及农业组织(FAO)/世界卫生组织(WHO)推荐人体每天摄入α-生育酚的量，不能低于为 10mg，在发达国家维生素 E 被誉为“生命奇迹丸”。对天然维生素 E 的需求，正以 10%～15%的年增长率上升。大豆是天然维生素 E 的主要的供给源，提高大豆种子中维生素 E 的含量，特别是提高α-生育酚的含量，成为大豆品质改良育种方面的重要课题之一。

2005 年，北海道大学 Kitamura 研究小组，从搜集的国内外自然资源中，筛选到了α-生育酚含量高于普通大豆品种 5 倍以上的‘Keszthelyi A.S.’、‘Dobrogeance’等变异体，并将这一形质导入到了栽培大豆品种‘Ichihime’(Lox null)中，通过对 F_2、F_3 世代种子的遗传解析，首次证明了高α-生育酚是一种可以稳定遗传的形质(Ujiie et al., 2005)，为高α-生育酚含量大豆新品种的改良奠定了理论基础。为了加快高α-生育酚含量大豆育种进程，有必要开展分子标记辅助选择育种研究。同研究小组通过对上述 RIL 群体的 QTL 解析，在 K 连锁群的 Sat_167 和 Sat_243 近旁，检出了一个 LOD 值为 19.48，遗传贡献率达 48.8%的 QTL，并通过 $F_{2:5}$ 群体的精细定位，发现在 Sat_243 和 KSC138-17 近旁，存在一个可上调α-生育酚百分含量及含量、同时下调γ-生育酚百分含量及含量的 QTL，克隆并鉴定了这个基因为*γ-TMT3*(Dwiyanti et al., 2011)。Li 等(2010)以‘合丰 25’为母本，以高 VE 含量的大豆品种‘OAC Bayfield’为父本，配制杂交组合，利用“单粒传法”获得 $F_{2:6}$ RIL 作图群体(n=144)。通过两年四点次实验，分别获得与α-生育酚含量紧密连锁的 QTL 4 个，与γ-生育酚含量紧密连锁的 QTL 8 个，与δ-生育酚含量紧密连锁的 QTL 4 个，与总 VE 含量紧密连锁的 QTL 5 个。上述研究，必将对高 VE 含量大豆的分子标记辅助选择育种奠定良好的基础。由于 VE 含量除受遗传因素影响之外，还受生长环境及栽培管理措施等影响，有关高 VE 含量的精细 QTL 定位，及通用分子标记的开发尚有待进一步研究。

(五)其他功能性营养成分增强型

皂苷，根据苷元的构造不同，分为 A、B、E 和 DDMP 族 4 类皂苷。但在大豆种子中原生皂苷只有 A 族和 DDMP 族两类，B 和 E 族皂苷是 DDMP 族皂苷加热过程中产生的。A 族皂苷是一种存在于种子胚轴、产生不快味较强的成分。DDMP 族皂苷不产生不快味，而且因其具有较强的抗病毒、抗癌作用，及对肝功能障碍具有保护作用等药理功能，而备受关注。目前，已有研究表明，在大豆遗传资源中，大豆品种间皂苷含量的差异较为显著。日本已经有高 DDMP 含量、且脂氧酶完全缺失的大豆新品种‘Kinusayaka’育成并获得推广。在我国，这种具有较高药理功效的高 DDMP 族皂苷含量的育种改良研究，尚值得期待。

叶黄素(lutein)，是β-类胡萝卜素的一种，具有较强的抗氧化作用，并具有吸收高能蓝光、吸收紫外线、保护皮肤、养眼护眼等功效。虽然大豆叶黄素含量的品种间差异目前尚不清楚，根据 Kanamaru 等(2006)研究表明，在大豆遗传资源中，发现了叶黄素含量是普通大豆含量 8 倍以上的野生大豆若干份，并证明了高叶黄素含量是可以稳定遗传的形质(Kanamaru et al., 2008)。目前，在高叶黄素含量 QTL 解析及大豆的遗传改良育种方面，国内外研究报道较少，仅北海道大学 Kitamura 研究团队有些报道(Kanamaru et al., 2008，2006；Wang et al., 2007)，国内有关此方面的研究报道较少。

二、抗功能性营养成分的低减型

(一)脂氧酶完全缺失型

大豆种子中的脂氧酶主要由 Lox_1，Lox_2，Lox_3 三个同工酶构成。在有氧条件下，它分解种子中的不饱和脂肪酸成小分子的醛、酮类物质，这些小分子的物质是大豆种子产生腥臭味的主要根源。有关大豆脂氧酶缺失育种改良，始自 20 世纪 80 年代前期，随着同工酶各缺失变异体的发现及遗传机制的解明(Kitamura，1984)，日本育种家已经先后育成了能够覆盖全国的脂氧酶完全缺失大豆新品种若干个，如‘Ichihime’、‘L-Star’、‘Suzusayaka’、‘Kinusayaka’、‘Toiku243’等，推广面积达 2000hm^2 以上。在我国家脂氧酶部分缺失品种如‘五星 1 号’、‘五星 2 号’、‘五星 3 号’、‘中黄 16’、‘中黄 31’等虽已获得推广，但种植面积仍然较少。到 2009 年，河北省农林科学院育成了首个脂氧酶完全缺失型夏大豆类型新品种‘五星 4 号’。而在我国东北大豆主产区，目前尚无脂氧酶完全缺失大豆新品种大面积的商业化种植，为了在东北春大豆区尽快实现完全无腥味大豆的商业化种植，满足大豆深加工企业对加工原料的需求，东北农业大学国家大豆工程技术研究中心王绍东团队，正在积极培育中，预计到 2017 年，即可推出适合我国东北大豆主产区种植的完全无腥味大豆新品种。

(二)过敏源蛋白缺失或低减型

大豆是主要的过敏源食物之一。目前，已知大豆过敏源蛋白有 16 种，其中，Gly m Bd 60k(β-伴大豆球蛋白的α-亚基)、Gly m Bd 30k(与大豆种子液泡蛋白 P34 相同，属于半胱氨酸蛋白酶家族)、Gly m Bd 28k(木瓜膜蛋白家族)是 3 种主要的过敏源蛋白，均属于 7S 大豆球蛋白范畴。因大豆过敏人群在食用大豆及制品，或吸入大豆粉末后，会引起胃部不适或导致过敏性皮炎，而无法直接摄取大豆种子中丰富的营养，极大地影响人们正常生活和身体健康。因此，开发低过敏或无过敏大豆，为过敏患者提供健康食品，也是大豆品质改良育种的研究方向之一。

在低过敏源常规大豆改良育种方面，Gly m Bd 60k 蛋白即α-亚基缺失大豆品种，如‘Yumeminori’等已经在日本育成，并广泛应用于食品加工领域。Gly m Bd 30k 蛋白缺失或低减资源，在美国已经找到，如‘PI603570A’，‘PI567476’等(Joseph et al., 2006)，通过常规遗传改良，使 Gly m Bd 30k 缺失育种成为可能。Herman 等(2003)通过基因沉默技术，用 Gly m Bd 30k 沉默载体 pKS73 转化大豆体细胞，在其他农艺性状不改变的前提下，成功抑制了它的表达，即通过基因修饰，培育 Gly m Bd 30k 过敏源蛋白缺失品种是可以实现的。2006 年之前，日本和中国利用免疫印迹技术(一次抗体为 C5)，各自在本国保存资源中，曾先后筛选到 Gly m Bd 28k 缺失大豆种质资源，认为此过敏源蛋白缺失变异较为丰富。但是，由于所用一次抗体 C5 的特异性等原因，更换为 G9 抗体后，先前被检测到缺失的资源均被否定。因此，至今 Gly m Bd 28k 缺失资源仍未找到。目前，有关其缺失育种研究处于停滞不前状态，也有研究人员推断 Gly m Bd 28k 过敏源蛋白或许由致死基因调控，致使无法筛选到缺失资源。

(三)胰蛋白酶抑制剂缺失型

大豆胰蛋白酶抑制剂是能够与胰蛋白酶结合而降低该酶分解底物速率的活性物质。在大豆中有两种存在形式，即库尼兹(Kunitz)型和鲍曼-贝尔克(Bowman-Birk，BB)型胰蛋白酶抑制剂。一方面，作为抗营养因子，单胃动物不易生食，否则，易引起胰脏肿大，显著抑制其生长，是大豆加工过程中必须去除的成分之一。另一方面，据现代医学研究表明，大豆中鲍曼-贝尔克型抑制剂在体内和体外都具有显著的抗肿瘤作用(Kennedy，1998)。因此，通过遗传改良手段，去除或增加大豆胰蛋白酶抑制剂含量，对提高大豆蛋白营养品质和药理功能具有重要意义。中国农业科学院丁安林研究团队，通过引入美国库尼兹型胰蛋白酶抑制剂缺失基因(*ti*)资源，首次将 *ti* 基因导入我国栽培大豆种质中，先后育成了‘中黄 16’，‘中豆 28’，‘中黄 31’等大豆新品种。目前，关于高鲍曼-贝尔克型胰蛋白酶抑制剂含量的大豆新品种的培育，尚有待进一步研究。

三、值得期待的功能性及抗功能性营养成分

“值得期待的功能性及抗功能性营养成分”，主要指大豆种子中一些新近开展或即将开展研究的种子成分，如低聚糖(oligosaccharides)、植酸(phytic acid)、植物固醇(sterol)、生物活性肽(lunasin)、卵磷脂(lecithin)等。其中，大豆低聚糖、植酸等成分，则同时具备功能性及抗功能性营养成分功效，需根据不同的加工用途，培育含量高或含量低的品种。但是有关这方面的大豆改良育种研究，基本上处于启动或尚未启动状态。

在大豆低聚糖中，棉籽糖和水苏糖较为重要，它主要分布在成熟大豆的胚轴中，属于贮藏性糖类，前者含量为 0.1%～0.9%，后者为 1.4%～4.5%，它们均属于非还原糖，由有β-果糖苷键和α-半乳糖苷键相连的 3 个或 4 个单元的果糖、葡萄糖、半乳糖构成。由于它们不能直接被十二指肠和小肠黏膜消化吸收，进入肠道底部后，易被那里含有相应酶类的微生物菌群分解，产生二氧化碳、甲烷、氢气、氮气等，引起胃肠胀气，加上它不易被反刍动物消化分解，降低了大豆作为精饲料的利用效率，引起反刍动物排便及下痢增加。但是，最新研究表明，它作为膳食纤维的一类，具有增加直肠内原双歧杆菌数量、减少有毒代谢、降低血压和抗癌等功效。通过对现有遗传资源的筛选，研究人员已经找到低聚糖含量极低、蔗糖含量增加的变异体，并证明此变异形质是受隐性基因 *stc1a* 调控，对产量、发芽等农艺性状没有影响，是可以用于育种改良的形质。同样，随着人

们对低聚糖保健作用认识的扩大，有关高低聚糖含量的遗传变异探索及其在遗传育种上的应用，也将会受到重视。

植酸在大豆种子中常以钙、镁等离子结合体的形式存在，是大豆中磷的主要来源。通过螯合铁、铜等 2 价金属离子体内外实验证明，它具有显著的抗氧化和抗癌作用，由于它多以磷酸钙、镁盐等形式存在，在人体对钙、镁等的消化吸收方面，会产生不利的影响。美国研究者利用 EMS 化学诱变方法，获得了植酸含量比普通大豆含量大幅低下的变异体，并证明低植酸含量形质是受 2 个隐性基因(*pha1*，*pha2*)调控的(Walker et al., 2006)。另有研究报道，低植酸含量大豆品种有发芽率低下的趋势，但通过多代回交转育技术，低发芽率弊端是可以得到改善的。最近的研究也表明，钙离子浓度与豆腐硬度密切相关，高植酸含量虽有抗癌等功效，但植酸含量过高，游离钙离子的含量会显著减少，进而影响豆腐的硬度及出率。因此，在大豆品质改良过程中，根据实际需要，如何做好拟育成品种的植酸含量的遗传制御，将成为今后重要的研究课题。

植物固醇存在于植物中的类脂化合物，是细胞膜的构成成分之一。大豆中植物固醇含量为 0.3～0.6mg/g，可在制油过程中获得。虽然，其结构与胆固醇相类似，但现代临床研究表明，它具有降低胆固醇浓度等生理活性作用。因此，通过育种手段提高其含量具有重要意义。有关大豆品种间植物固醇含量差异的情报很少，2007 年，日本东北大学农学部等研究团队研究表明，大豆品种间总固醇含量变异范围为 202～843μg/g，含量相差 4 倍左右的变异体已经找到，为高植物固醇含量大豆新品种的培育，提供了可利用亲本(Yamaya et al., 2007)。

生物活性肽存在于大豆种子中，由 43 个氨基酸组成，相对分子质量为 5.2～5.7kDa，具有天然生物活性的信号肽——月芸辛。它最初是分离于未成熟大豆种子，属于 2S 清蛋白的类别，也称为 Gm2S-1。它可抑制哺乳动物细胞有丝分裂，在着丝点处将聚天冬氨酸羧基端与高度乙酰化的染色质区结合，使着丝点联合体不能正常形成，影响微管与着丝点连接，从而抑制了细胞的有丝分裂而导致细胞死亡(李次力等，2009；Galvez and Lumen，1999)。最新研究表明，月芸辛是一种全新的癌症预防多肽，具有拮抗化学诱癌物和病毒基因致癌及预防心脑血管疾病和降低胆固醇的功效。据美国科学家对 144 个国内外品种的月芸辛含量分析显示，大豆种子中月芸辛含量变异范围为 1.0～13.3mg/g，表明不同基因型大豆品种含量差异较大，通过遗传改良手段提高其含量是可能的(Gonzalez et al., 2004)。在不久的将来，高月芸辛含量大豆的品种育成推广，对提高我国国民健康素质，必将发挥重要作用(季国和冯志彪， 2010)。

大豆卵磷脂实际上是指大豆磷脂，占大豆种子总重的 0.3%～0.5%。其具体组成为磷脂酰胆碱(PC，卵磷脂)25%～32%，磷脂酰乙醇胺(PE，脑磷脂)15%～22%，磷脂酰肌醇(PI，肌醇磷脂)15%左右，磷脂酰甘油(PG，神经鞘磷脂)16%左右，磷脂酸(PA)4%左右，其他磷脂 8%左右。由于它是构成生物膜的主要成分，具有预防心脑血管疾病、保护肝脏、健脑益智、延缓衰老等功效，因此，提高大豆种子卵磷脂含量，也是大豆品质改良育种重要的育种目标之一。但是，有关大豆卵磷脂含量的遗传信息及栽培条件对其含量、组成等的影响等尚未见报道，有待进一步探索。

(本节由王绍东完成)

参 考 文 献

常汝镇. 1990. 中国大豆遗传资源的分析研究III. 大豆生育习性和结荚习性分布特点, 作物品种资源, 2: 1～2

常汝镇, 杨棋. 1999. 东北大豆的品种资源//王金陵, 杨庆凯, 吴宗璞. 中国东北大豆. 哈尔滨: 黑龙江科学技术出版社: 248～276

陈丽霞, 杜吉到, 费志宏, 等. 2008. 诱变育种技术在大豆育种中的应用. 大豆科学, 27(5): 874～878

程春明, 王瑞珍, 叶厚专, 等. 2005. 江西野生大豆种质资源考察初报. 江西农业学报, 17(4): 63～65

崔章林, 盖钧镒, Carter T E Jr, 等. 1998. 中国大豆育成品种及其系谱分析. 北京: 中国农业出版社

丁安林. 1990. 不含 SBTI-A2 的基因导入我国大豆的遗传表达. 作物学报, 16(1): 26～31

杜维广, 张桂茹, 满为群, 等. 2001. 大豆高光效品种(种质)选育及高光效育种再探讨. 大豆科学, 20(2): 110～115

傅翠珍, 徐文英, 苏震. 1997. 中国大豆脂肪氧化酶缺失种质多样性鉴定研究. 中国农业科学, 30(1): 44～51

傅翠真, 常汝镇, 徐文英. 2001. 中国大豆资源脂肪氧化酶缺失类型研究. 植物遗传资源科学, 1(3): 1～5

盖钧镒. 1983. 美国大豆育种的进展和动向. 大豆科学, 2(4): 327～341

高文瑞, 陈晨, 王红铃, 等. 2007. 大豆籽粒大小的遗传及 SSR 标记分析. 中国油料作物学报, 29(2): 1～8

关荣霞, 常汝镇, 邱丽娟, 等. 2004. 栽培大豆蛋白亚基 11S/7S 组成及过敏蛋白缺失分析. 作物学报, 30(11): 1076～1079

郭建秋, 吴存祥, 冷建田, 等. 2009. 航天搭载和离子束注入对大豆诱变效应的初步研究. 核农学报, 23(3): 395～399

郭泰, 刘忠堂, 胡喜平, 等. 2005. 国外大豆种质资源的引入、研究与利用. 作物杂志, 1: 62～64

郝世涛, 牛若超. 1997. 克山大豆种质及其利用研究. 作物品种资源, 2: 1～4

胡小梅, 张必铉, 朱延明, 等. 2011. 野生大豆资源研究与利用. 安徽农业科学, 39(22): 13311～13313

黄德爱, 庄炳昌. 1999. 世界大豆属植物分类现状及形状描述//庄炳昌. 中国野生大豆生物学研究. 北京: 科学出版社: 298～323

季国, 冯志彪. 2010. 抗癌大豆多肽 Lunasin 的研究现状. 食品工业科技, 10: 405～407

江燕, 高旭年. 2004. 复方大豆皂苷胶囊对高脂模型大鼠的降血脂作用. 中药材, 10: 758～760

姜莹, 吴娴静, 董德坤, 等. 2010. 浙江省大豆种质资源蛋白亚基构成分析. 浙江农业学报, 22(4): 403～407

姜宇. 2005. 大豆磁诱变育种新方法的探索初报. 辽宁农业科学, 5: 48～49

孔繁武. 1984. 大豆微波育种研究. 种子世界, 6: 28～29

雷勃均. 2001. 外源 DNA 直接导入(DIED)法的大豆分子育种成效. 大豆科学, 20(1): 26～29

李福山, 常汝镇, 舒世珍. 1983. 中国的大豆属植物. 大豆科学, 2: 119～115

李福山, 常汝镇, 舒世珍, 等. 1986. 栽培、野生、半野生大豆蛋白质含量及氨基酸组成的初步分析. 大豆科学, 5(1): 65～72

李福山. 1993. 中国野生大豆资源的地理分布及生态分化研究. 中国农业科学, 26(2): 47～55

李桂花, 张衍, 荣曹健. 2003. 农业空间诱变育种. 长江蔬菜, 12: 33～36

李文滨, 韩英鹏. 2009. 大豆分子标记及辅助选择育种技术的发展. 大豆科学, 28(5): 917～925

李向华, 田子罡, 李福山. 2003. 新考察收集野生大豆与已保存野生大豆的遗传多样性比较. 植物遗传资源学报, 4(4): 345～349

李增云, 李泽鸿, 陈丹, 等. 1992. 东北大豆蛋白质与含硫氨基酸的含量及其相关分析. 吉林农业大学学

报, 14(2): 8～14
李占军, 魏玉昌, 杜连恩. 2005. 大豆新品种化诱 5 号的选育及栽培技术. 河北农业科学, 9(2): 63～64
梁慧珍, 李卫东, 方宣钧, 等. 2005. 大豆异黄酮及其组分含量的配合力和杂种优势. 中国农业科学, 38(10): 2147～2152
林红, 来永才, 齐宁, 等. 2003. 大豆种间杂交新品种龙小粒豆一号的选育. 中国油料作物学报, 25(4): 44～46
林红, 齐宁, 李向华, 等. 2006. 黑龙江省野生大豆资源考察研究. 中国油料作物学报, 28(4): 427～430
刘峰, 陈受宜, 庄炳昌. 2000. 大豆基因组 F 连锁群较高密度图谱的构建和基因定位. 自然科学进展, 10(11): 1012～1017
刘广阳, 齐宁, 林红. 2008. 杨雪锋. 黑龙江省野生和栽培大豆异黄酮与其组分相关性分析. 植物遗传资源学报, 9(3): 378～380
刘纪麟. 2000. 玉米育种学. 北京: 中国农业出版社: 143～175
刘珊珊, 刁桂珠, 王志坤, 等. 2008. 中国和越南大豆种质资源贮藏蛋白亚基组成的鉴定. 中国油料作物学报, 30(4): 511～513
刘兴媛, 胡传璞, 季玉玲. 1998. 中国大豆种质资源的脂肪酸组成分析. 作物品种资源, 2: 40～42
刘兴媛, 林国庆, 李中平, 等. 1994. 中国大豆种子蛋白中胰蛋白酶抑制剂等位基因的频率及分布. 中国油料, 2: 32～35
刘洋, 李向华, 肖鑫辉, 等. 2010. 大豆 Soja 亚属内种子大小的遗传差异及半野生类型分类归属. 分子植物育种, 8(2): 231～239
龙彭年. 2003. 大豆营养保健研究应用现状和发展策略. 世界农业, 287(3): 43～45
吕山花, 邱丽娟, 常汝镇, 等. 2003. 抗草甘膦转基因大豆 PCR 检测方法的建立与应用. 中国农业科学, 36(8): 883～887
麻浩, 官春云, 何小玲, 等. 2001. 大豆种子脂肪氧化酶缺失基因控制豆腥味效果的研究. 中国农业科学, 34(4): 367～372
孟庆喜, 高凤兰, 武天龙, 等. 1983. 选择方法及选择强度对大豆杂交后代选择效应的研究. 大豆科学, 2(3): 175～183
齐宁, 林红, 魏淑红, 等. 2005. 利用野生大豆资源创新优质抗病大豆新种质. 植物遗传资源学报, 6(2): 200～203
邱丽娟, 常汝镇, 陈可明, 等. 2002. 中国大豆(*Glycine max*)品种资源保存与更新状况分析. 植物遗传资源科学, 3(2): 34～39
邱丽娟, 常汝镇, 孙建英, 等. 2000. 中国大豆品种资源的评价与利用前景. 中国农业科技导报, 2(5): 58～61
邱丽娟, 常汝镇, 袁翠平, 等. 2006. 国外大豆种质资源的基因挖掘利用现状与展望. 植物遗传资源学报, 7(1): 1～6
宋健, 郭勇, 于丽杰, 等. 2012. 大豆种皮色相关基因研究进展. 遗传, 34(6): 687～694
宋启健, 盖钧镒, 马育华. 1989. 大豆蛋白质, 脂肪含量的遗传特点. 中国农业科学, 22(6): 24～29
孙备, 李建东, 王国骄. 2008. 一年生野生大豆生理生态学和种群生态学研究进展. 大豆科学, 27(4): 687～692
孙君明, 丁安林. 1998. 大豆异黄酮含量及影响因素的评价. 中国粮油学报, 13(2): 10～13
孙君明, 韩粉霞, 丁安林. 2004. 高效液相色谱(HPLC)技术鉴定中国南方大豆品种异黄酮主要成分. 植物遗传资源学报, 5(3): 222～226
孙学斌. 2000. 大豆皂苷及其抗肿瘤作用. 木本植物研究, 7: 328～331
田清震, 盖钧镒. 2000. 野生大豆种质资源的研究与利用. 植物遗传资源科学, 1(4): 61～66
汪霞, 徐宇, 李广军, 等. 2011. 大豆株高 QTL 定位及 Meta 分析. 南京农业大学学报, 34(3): 13～19

王金陵. 1982. 大豆. 哈尔滨: 黑龙江科学技术出版社: 198～216
王金陵，许忠仁，杨庆凯. 1994. 东北大豆种质资源拓宽与改良. 哈尔滨: 黑龙江科学技术出版社
王克晶，李福山. 2000. 我国野生大豆种质资源及其种质创新利用. 中国农业科技导报, 2(6): 69～73
王连铮. 2010. 大豆研究 50 年. 北京: 中国农业科学技术出版社: 16～17
王连铮，郭庆元. 2007. 现代中国大豆. 北京: 金盾出版社
王连铮，吴和礼，姚振纯，等. 1983. 黑龙江野生大豆的考察和研究. 植物研究, 3: 116～130
王连铮，王金陵. 1992. 大豆遗传育种学. 北京：科学出版社
王林林，关荣霞，齐峥，等. 2008. 大豆微核心种质和育成品种的种子蛋白 11S/7S 比值分析. 植物遗传资源学报, 9(1): 68～72
王囡囡. 2011. 大豆脂肪含量 QTL 分析. 黑龙江农业科学, 4: 1～3
温贤芳，刘录祥. 2001. 我国农业空间诱变育种研究进展. 高科技与产业化, 6: 31～37
吴丽芳，李红. 1999. 离子束生物工程应用研究进展. 物理, 28(19): 708～712
向洋. 1994. 激光诱变及生物学作用机制研究. 光电子激光, 5(2): 87～90
邢延豪，周延清，楚素霞，等. 2011. CAPS 标记技术及其应用进展. 江苏农业科学, 39(5): 74～76
许月，朱长甫，石连旋，等. 1998 大豆种子储存蛋白的研究概况. 大豆科学, 17(3): 262～267
杨光宇，王洋，马晓萍，等. 2005. 野生大豆种质资源评价与利用研究进展. 吉林农业科学, 30(2): 61～63
杨光宇，郑惠玉，韩春凤，等. 1996. 野生大豆(*G. soja*)直接利用技术. 中国农业科学, 29(5): 95～96
姚丹，闫伟，张扬，等. 2009. 分子标记技术在大豆遗传育种中的应用. 吉林农业科学, 34(6): 31～34
姚振纯. 1997. Soja 亚属内的半野生大豆及其资源价值. 中国种业, 2: 13～15
姚振纯，林红，来永才. 1999. 蛋白质和脂肪总含量 66. 16%大豆种间杂交新种质的选育. 作物品种资源, 3: 6～7
佚名. 2007. GMO Compass. http://www. gmo-compass. org/eng/gmo/db/107. docu. html.[2012-12-2]
佚名. 2011. 中国航天育种示范基地. http://baike. baidu. com/view/5342933. htm[2012-4-4]
尹田夫. 1988. 大豆油脂脂肪酸改良与生化育种策略. 大豆科学, 7(1): 75～79
于清岩，刘春燕，王家麟，等. 2007. 大豆花色的 QTL 分析. 湖南农业大学学报(自然科学版), 33: 134～137
于永德，盖钧镒. 1991. 大豆蛋白质含量和脂肪含量遗传变异研究. 山东农业大学学报, 22(3): 201～206
曾维英，梁江，陈渊，等. 2010. 广西野生大豆的考察与收集. 广西农业科学, 41(4): 390～392
张慧，王守志，李辉. 2010. 畜禽全基因组选择. 东北农业大学学报, 41(3): 145～149
张金巍，韩粉霞，孙君明，等. 2011. 大豆蛋白质含量的遗传变异及其与主要农艺性状的相关性分析. 植物遗传资源学报, 12(4): 501～506
张瑛，张磊，吴敬德，等. 2003. 植物脂氧酶同功酶快速检测技术在无豆腥味大豆育种上的应用研究. 大豆科学, 22(1): 50～53
张月季，翁才浩，游汝恒，等. 1995. 微波处理种传真菌的效应及对寄主植物的影响. 浙江农业学报, 7(6): 492～493
赵双进，张孟臣，蒋春志. 2006. 大豆 ms1 轮回群体品质改良效应与分离特性研究. 中国农业科学, 39(12): 2422～2427
赵晓雯，吴芳芳，狄少康，等. 2011. 农杆菌介导的大豆子叶节遗传转化技术流程及操作要点. 大豆科学, 30(3): 362～368
赵雪，谢华，马荣才. 2007. 植物功能基因组研究中出现的新型分子标记. 中国生物工程杂志, 27(8): 104～110
赵越，孙岩，胡国华，等. 2009. 黑龙江省高皂苷大豆种质资源筛选. 大豆科学, 28(4): 755～757
郑永战，盖钧镒，周瑞宝，等. 2007. 大豆脂肪及脂肪酸组份含量的遗传解析. 大豆科学, 26(6): 801～

806
中国农业科学院作物品种资源研究所. 1991. 中国大豆品种资源目录(续编一). 北京: 农业出版社
中国农业科学院作物品种资源研究所. 1996. 中国大豆品种资源目录(续编二). 北京: 中国农业出版社
周延清. 2005. DNA 分子标记技术在植物研究中的应用. 北京: 化学工业出版社: 50～186
朱保葛, 柏惠侠, 张艳, 等. 2000. 大豆叶片净光合速率转化酶活性与籽粒产量的关系. 大豆科学, 19(4): 346～350
庄炳昌. 1999. 中国野生大豆生物学研究. 北京: 科学出版: 1～3
高橋将一, 松永亮一, 小松邦顔, 他. 2003. 大豆新品種「エルスター」の育成とその特性. 九州沖縄農業研究センター報告, 第 42 号: 49～64
羽鹿牧太, 高橋将一, 異儀田和典, 他. 2002. ダイズ新品種「いちひめ」の育成とその特性. 九州沖縄農業研究センター報告, 第 40 号: 79～93
Broich S L, Palmer R G. 1981. Evolutionary studies of the soybean: the frequency and distribution of alleles among collections of *Glycine max* and *G. soja* of various origin. Euphytica, 30: 55～64
Brummer E C, Graef G L, Orf J, et al. 1997. Mapping QTL for seed protein and oil content in eight soybean population. Crop Sci., 37: 370～378
Carter T E Jr, Nelson R, Sneller C H, et al. 2004. Genetic diversity in soybeans//Boerma H R, Specht J E. Soybeans: Improvement, Production and Uses. 3rd ed. Agron. Monogr. 16. ASA, CSSA, and SSSA: 303～416
Dhaubhadel S, McGarvey B D, Williams R. 2003. Isoflavonoid biosynthesis and accumulation in developing soybean seeds. Plant Mol. Biol., 53: 733～743
Dwiyanti M S，Yamada T，Sato M, et al. 2011. Genetic variation of γ-tocopherol methyltransferase gene contributes to elevated α-tocopherol congtent in soybean seeds. BMC Plant Biol., 11: 152
Galvez A F, Lumen B O. 1999. Lunasin, a soybean cDNA encoding a chromatin-binding peptide inhibits mitosis of mammalian cells. Nat. Biotech., 17: 495～500
Gao Y, Biyashev R M, Saghai Maroof M A, et al. 2008. Validation of low-phytate QTLs and evaluation of seedling emergence of low-phytate soybeans. Crop sci., 48: 1355～1364
Gonzalez de Mejia E, Vasconez M, Lumen B O, et al. 2004. Lunasin concentration in different soybean genotypes, commercial soy protein, and isoflavone products. Agric. Food Chem., 52: 5882～5887
Hajika M, Takahashi M, Sakai S, et al. 1996. A new genotype of 7S globulin (β-conglycinin) detected in wild soybean (*Glycine soja* Sied. et Zucc). Breed Sci., 46: 385～386
Hammond E G, Fehr W R. 1984. Improving the fatty acid composition of soybean oil. J. Am. Oil Chem. Soc., 61: 1713～1716
Herman E M, Helm R M, Jung R, et al. 2003. Genetic modification removes an immunodominant allergen from soybean. Plant Physiol., 132(1): 36～43
Hymowitz T, Harlan J R. 1983. Introduction of soybean to North American by Samuel Brown in 1975. Econ. Bot., 37: 371～379
Hymowitz T, Shurtleff W R. 2005. Debunking soybean myths and legends in the historical and popular literature. Crop Sci., 45: 473～476
Hyten D L, Song Q J, Zhu Y L, et al. 2006. Impacts of genetic bottlenecks on soybean genome diversity. Proc Natl. Acad. Sci. USA, 103: 16666～16671
Joseph L M, Hymowitz T, Schmidt M A. 2006. Evaluation of glycine germplasm for nulls of the immunodominant allergen P34/Gly m Bd 30k. Crop Sci., 46: 1755～1763
Kanamaru K, Wang S, Abe J, et al. 2006. Identification of wild soybean (*Glycine soja* sieb. et Zecc.) with high lutein content. Breed. Sci., 56: 231～234

Kanamaru K, Wang S, Yamada T, et al. 2008. Genetic analysis and biochemiacal characterization of the high lutein trait of wild soybean(*Glycine soja* Sieb. et Zucc.). Breed. Sci., 58: 393～400

Kennedy A R. 1998. The Bowman-Birk inhibitor from soybean as an anticarcinogenic agent. Am. J. Clin. Nutr., 68: 14065～14125

Kitamura K. 1984. Biochemical characterization of lipoxygenase lacking mutants L-1-less, L-2-less, and L-3-less soybeans. Agric. Biol. Chem., 48: 2339～2346

Kitamura K. 1993. Breeding trails for improving the food processing quality of soybeans. Trends Food Sci. Tech., 4: 64～67

Lee S H, Bailey M A, Mian M A R, et al. 1996. RFLP loci associated with soybean seed protein and oil content across populations and locations. Theor. Appl. Genet., 93: 649～657

Li H, liu H, Han Y, et al. 2010. Identification of QTL underlying vitamin E contents in soybean seed among multiple environments. Theor. Appl. Genet., 120: 1405～1413

Liu B, Watanabe S, Uchiyama T, et al. 2010. The soybean stem growth habit gene *Dt1* is an ortholog of arabidopsis *TERMINAL FLOWER1*. Plant Physiol., 153(1): 198～210

Liu K. 2009. 大豆功能性食品与配料. 1版. 李次力, 刘颖, 韩春然, 译. 北京: 中国轻工业出版社: 1～20

Lozowaya V V, Anatoliy V L, Alexander V U, et al. 2005. Effect of tempreture and soil moisture status during seed development on soybean seed isoflavone concentration and composition. Crop Sci., 45: 1934～1940

Lv Z, Yang J, Li Y. 2010. QTL analysis of agronomic traits in soybean. Agric. Sci. Tech., 1: 51～54

Mansur L M, Orf J H, Chase K, et al. 1996. Genetic mapping of agronomic traits using recombinant inbred lines of soybean. Crop Sci., 36: 1327～1336

Masuda R, Harada K. 2000. Carbohydrate accumulation in developing soybean seeds; sucrose and starch levels in 30 cultivars for soyfoods. Proceeding of the Third International Soybean Processing and Utilization Conference: 67～68

Maughan P J, Saghai Maroof M A, Buss G R. 1996. Molecular marker analysis of seed-weight: genomic locations, geneaction, and evidence for orthologuous evolution among three legume species . Theor. Appl. Genet., 93: 574～579

Mian M A R, Ashley D A, Vencill W K, et al. 1998. QTLs conditioning early growth in a soybean population segregating for growth habit. Theor. Appl. Genet., 97: 1210～1216

Mian M A R, Bailey M A, Toamulonis J P, et al. 1996. Molecular marker s associated with seed weight in two soybean populations. Theor. Appl. Genet., 93: 1011～1016

Nicholas C D, Lindstrom J T, Vodkin L O. 1993. Variation of proline rich cell wall proteins in soybean lines with anthocyanin mutations. Plant Mol. Biol., 21(1): 145～156

Orf J H, Diers B W, Boerma H R. 2004. Genetic improvement: conventional and molecular-based strategies// Boerma H R, Specht J E. Soybeans: Improvement, Production and Uses, 3rd ed. Agron. Monogr. 16. ASA, CSSA: and SSSA: 417～450

Patil A, Taware S P, Oak M D, et al. 2007. Improvement of oil quality in soybean [*Glycine max*(L.) Merrill] by mutation breeding. J. Am. Oil Chem. Soc., 84: 1117～1124

Rahman S M, Takagi Y, Kubota K, et al. 1994. High oleic acid mutant in soybean induced by X-ray Irradiation. Biosci. Biotech. Biochem., 58(6): 1070～1072

Rao M S S, Mullinix B G, Rangappa M, et al. 2002. Genotype environment interaction and yield stability of food grade soybean genotypes. Agron. J., 94: 72～80

Seblot A M, Shoemaker R C, Diers B W. 2000. Analysis of a quangtitative trait locus allele from wild soybean that increases seed protein concentration in soybean. Crop Sci., 40: 1438～1444

Shannon J G, Wilcox J R, Probst A H. 1972. Estimated gains from selection for protein and yield in the F4 generation of six soybean populations. Crop Sci., 12 (6)： 824～826

Singh B B, Hadley H H. 1968. Maternal control of oil synthesis in soybeans, *Glycine max* (L.) Merr. Crop Sci., 8 (5) : 622～625

Skvortzow B W. 1927. The soybean-wild and cultivated in eastern Asia. Proc. Manchurian Res. Soc. Publ. Ser. A. Nat. History Sect., 22: 1～8

Taira H. 1990. Quality of soybean for processed foods in Japan. Jpn. Agric. Res. Quart., 24: 224～230

Todd J J, Vodkin L O. 1993. Pigmented soybean (*Glycine max*) seed coats accumulate proanthocyanidins during development. Plant Physiol., 102 (2) : 663～670

Tsukamoto C, Shimada S, Igita K, et al. 1995. Factors affecting isoflavone content in soybean seeds: changes in isoflavones, saponins, and composition of fatty acids at different temperatures during seed development. J. Agri. Food Chem., 43 (5) : 1184～1192

Tuteja J H, Clough S J, Chan W C, et al. 2004. Tissuespecific gene silencing mediated by a naturally occurring chalcone synthase gene cluster in *Glycine max*. Plant Cell, 16 (4) : 819～835

Ujiie A, Yamada T, Fujimoto K, et al. 2005. Identification of soybean varieties with high α-tocopherol content. Breed. Sci. 55 (2) : 123～125

Walker D R, Scaboo A M, Pantalone V R, et al. 2006. Genetic mapping of loci associated with seed phytic acid content in CX1834-1-2 soybean. Crop sci., 46: 390～397

Wang D, Graef G L, Procopiuk A M, et al. 2004. Identification of putative QTL that underlie yield in interspecific soybean backcross populations. Theor. Appl. Genet., 108: 458～467

Wang K, Li X, Li F, et al. 2008. Phenotypic diversity of the big seed type subcollection of wild soybean (*Glycine soja* Sieb. et Zucc.) in China. Genet. Resour. Corp Ev., 55: 1335～1346

Wang S, Kanamaru K, Li W, et al. 2007. Simultaneous accumulation of high contents of α-tocopherol and lutein is possible in seeds of soybean (*Glycine max* (L.) Merr.) . Breed. Sci., 57: 297～304.

Weber C R, Emptg L T, Thorne J C. 1970. Heterotic performance and combining ability of Two-Way F1 soybean hybrids. Crop Sci., 10: 159～160

Weber C R, Moorthy B R. 1952. Heritable and nonheritable relationships and variability of oil content and agronomic characteristics in the F2 generation of soybean crosses. Agron. J., 44: 202～209

Yamaya A, EndoY, Fujimoto K, et al. 2007. Effects of genetic variability and planting location on the phytosterol content and composition in soybean seeds. Food Chem., 102: 1071～1075

Yang K, Jeong N, Moon J K, et al. 2010. Genetic analysis of genes controlling natural variation of seed coat and flower colors in soybean. J. Hered, 101 (6) : 757～768

Zabala G, Vodkin L. 2003. Cloning of the pleiotropic T locus in soybean and two recessive alleles that differentially affect structure and expression of the encoded flavonoid 3′ hydroxylase. Genetics, 163 (1) : 295～309

第九章　大豆品质改良与分子设计育种

第一节　现代分子生物学发展对大豆品质改良的影响

大豆的许多品质性状，并不能像所观察的植株开花期及叶片形状等一样直接明了，而是需要精密仪器才能完成相关的测定。要取得相关性状的准确数值，对相关仪器设备及测定技术有一定的精准度要求，也就增加了研究与应用的难度。克隆控制品质性状的功能基因，并在此基础上开展有关的分子设计育种，精准的品质性状的表型鉴定是重要的前提之一。本节将简要地介绍有关品质改良的基础研究，并在此基础上着重介绍最新的分子设计育种的原理及其基本的技术路线。

一、传统的 QTL 定位与图位克隆技术

传统的 QTL 已在前面几章加以重点描述，国内外众多的研究者都进行了有关基因定位研究，截至 2012 年 11 月 13 日，在www.soybase.org网站上所收录的大豆 QTL 性状就多达 139 个，其中约半数性状是与种子相关，特别是种子营养成分。

(一)粗蛋白质含量、组分及氨基酸含量的 QTL 定位

1. 大豆粗蛋白质含量及组分的 QTL 定位

到目前为止，已定位的大豆种子中粗蛋白含量有 3 个主要 QTL，分别为 cqProt-001，cqProt-002，cqProt-003。蛋白质组分的 QTL 研究方面，涉及的性状有种子酸性球蛋白(seed acidic glycinin subunit content)、α-伴球蛋白组分(seed α-prime conglycinin fraction)、基本球蛋白亚基含量(seed basic glycinin subunit content)、大豆 β-伴球蛋白组分(seed beta conglycinin protein fraction)等。

2. 大豆氨基酸含量的 QTL 定位

丙氨酸含量(seed alanine content，Sd-Ala)，精氨酸含量(seed arginine content，Sd-Arg)，天冬氨酸含量(seed aspartic acid content，Sd-Asp)，半胱氨酸含量(seed cysteine content，Sd-Cys)，谷氨酸含量(seed glutamine content，Sd-Glu)，甘氨酸含量(seed glycine content，Sd-Gly)，组氨酸含量(seed histidine content，Sd-His)，异亮氨酸含量(seed isoleucine content，Sd-Ile)，亮氨酸含量(seed leucine content，Sd-Leu)，赖氨酸含量(seed lysine content，Sd-Lys)，甲硫氨酸含量(seed methionine content，Sd-Met)，甲硫氨酸与半胱氨酸含量(seed methionine+cysteine content，Sd-Met and Cys)，苯丙氨酸含量(seed phenylalanine content，Sd-Phe)，脯氨酸含量(seed proline content，Sd-Pro)，丝氨酸含量(seed serine content，Sd-Ser)，苏氨酸含量(seed threonine content，Sd-Thr)，色氨酸含量(seed tryptophan content，Sd-Trp)，酪氨酸含量(seed tyrosine content，Sd-Tyr)及缬氨酸含量(seed valine content，Sd-Val)QTL 等。

(二)种子总油分及脂肪酸含量等的 QTL 定位

种子总脂肪含量，至今已定位了 cqOil-001，cqOil-002，cqOil-003，cqOil-004 等 4 个主要 QTL。其他 QTL 定位如种子油脂与蛋白质比(seed oil/protein ratio，oil/prot)，种子油脂与蛋白质总量(seed oil+protein content，Sd oil-prot)QTL。在脂肪酸组分含量方面，如种子硬脂酸含量(seed stearic acid content，stear)，棕榈酸含量(seed palmitic acid content，palm)，亚油酸含量(seed linoleic acid content，linole)，亚麻酸含量(seed linolenic acid content，linolen)，油酸含量(seed oleic acid content，ole)QTL 等。

(三)种子碳水化合物含量等的 QTL 定位

种子细胞壁多糖含量(seed cell wall polysaccharide composition，CWP)，细胞壁果胶含量(seed cell wall pectin content，pectin)，阿拉伯糖与半乳糖含量(seed arabinose+galactose content，Ara+Gal)，海藻糖含量(seed fucose content，fucose)，半乳糖含量(seed galactose content，galactose)，可溶性低聚糖(seed soluble oligosaccharides，Sd oligosacc)，蔗糖含量(seed sucrose content，sucrose)及葡萄糖含量(seed glucose content)QTL 等。

(四)种子功能性营养成分及其他成分等的 QTL 定位

大豆异黄酮组分含量方面，如种子大豆苷元含量(seed daidzein content，daidzein)，木黄酮含量(seed genistein content，genistein)，大豆黄素含量(seed glycitein content，glycitein)，植酸含量(seed phytate content，phytate)，成熟期 R5 期种子氮含量(seed nitrogen content at growth stage R5，NitR5)，成熟期 R6 种子氮含量(seed nitrogen content at growth stage R6，NitR6)，成熟期 R7 种子氮含量(seed nitrogen content at growth stage R7，NitR7)，芽磷含量(shoot phosphorus content，Sht phos)，种子镉含量(seed cadmium content，Sd cadmium)等的 QTL 定位。

(五)种子特性相关联农艺性状等的 QTL 定位

种皮颜色(seed coat color，Sd color)及硬粒度(seed coat hardness，Hrd Sd)，种子质量(seed weight)，籽粒高度(seed height，Sd height)，硬度(seed hardness，Sd Hrd)，长度(seed length，Sd length)，种子数量(seed number)，结实率(seed set，Sd set)，种子大小(seed volume，Sd volume)，种子籽粒宽度(seed width，Sd width)，鼓粒期(seed filling period，Sd fill)，单株总质量(seed weight per plant，Sd Wt)，芽质量(shoot weight，Sht Wt)，特殊小叶重(specific leaflet weight，SLW)，体细胞胚形成率(somatic embryogenesis efficiency，Som embryo)，种子不育(seed abortion，Sd Abrt)等 QTL 定位。

(六)传统的 QTL 定位与图位克隆技术

以上每个性状均被定位了一个或多个 QTL 位点。其中人们对大豆百粒重及种子蛋白质含量的研究较多，在不同遗传群体及不同的生态环境下，已定位的 QTL 数量均超过了 100 个。然而人们对某些性状研究较少，如只定位了一个有关种子葡萄糖含量的 QTL。由于 QTL 受环境及测定技术的精度等影响较大，不同研究者所利用的杂交亲本、环境、年份及测定方法的不同，其 QTL 位点有可能呈现明显的差异。

在大豆中，从传统的 QTL 定位到精准地克隆出相关的功能基因，是一个极其复杂的过程。迄今为止，科学家们已成功克隆了几个主要控制生育期(开花期与成熟期)的 QTL，获得成功的数量不是很多，如大豆生育期基因 *E1*(Xia et al., 2012)，*E2*(Watanabe et al., 2011)及 *E3*(Watanabe et al., 2009)。比如 *E1* 基因的克隆，该基因位于着丝点附近，克隆难度极大，从 2004 年起，夏正俊等研究者利用 *E1* 的两个近等基因系杂交开始，到 2012 年在 *PNAS* 上正式发表论文为止，先后用了近 9 年的时间才完成了该基因的图位克隆，结果表明该基因含有一个核定位信号和一个与 B3 远缘相关的结构域，为豆科作物特有的转录因子。而大豆的种子品质性状相关的 QTL 更为复杂，因为与品质性状相关的代谢途径，它们相互之间错综复杂，一般均受多个微小 QTL 的影响，同时受遗传背景及环境条件的影响较大，使得其 QTL 基因的克隆极其困难。近年来，随着新一代高通量测序技术及各种组学的迅速发展，为传统的 QTL 基因定位及克隆起到决定性的推动作用。在大豆孢囊线虫的抗病基因的克隆方面，取得的一系列突破性进展(Cook et al., 2012; Liu et al., 2012)是一个成功的典范。

二、大豆基因组序列公开对品质改良的影响

在 2010 年初，*Nature*(Schmutz J et al., 2010)杂志上署名发表了由美国农业部、美国能源部联合基因组研究所和普渡大学等多家科研机构，联合完成的豆科植物最重要的物种——大豆的完整基因组序列草图。用全基因组鸟枪测序法对大豆基因组(1.1Gb)进行了测序，结合物理图和高密度遗传图，拼接获得大豆基因组的序列草图。“古四倍体”大豆基因组与杨树的基因组存在着相似之处。研究人员推测大豆基因组的复制至少发生了两次，一次大约是在 590 万年前，另一次则可能发生在 130 万年前，由此引起了整个基因组的高度重复，约 75%的基因以多拷贝形式出现。两次复制发生后，紧接着出现了基因多样化和基因丢失，大量的染色体发生重排。大豆基因组序列的公开(http://www.phytozome.net)，为大豆的研究带来了深刻的影响，为品质性状的分子改良创造了极大的机遇。大豆是人类最重要的食用油来源作物，通过对大豆基因组基因序列的分析，发现了约 1110 个基因与大豆油脂代谢有关，这些基因及其相关通路对大豆油含量有重要的影响。通过对相关途径中关键基因的修饰和调控，理论上可增加大豆的油脂产量。特别是高通量测序技术及各种组学的研究发展，从 QTL 定位到精确地捕获功能基因的速度得以极大地提高。

三、现代高通量测序技术对品质改良的影响

高通量测序技术(high throughput sequencing)是对传统测序的一次革命性的改变，可一次对几十万到几百万条 DNA 分子进行序列测定，又被称为深度测序(deep sequencing)，使得对一个物种的转录组和基因组进行细致全貌的分析成为可能。Applied BioSystem(ABI) 公司推出毛细管阵列电泳测序仪系列(series capillary array electrophoresis sequencing machines)以来，2005 年 454 Life Sciences 公司(2007 年该公司被 Roche 正式收购)推出了 454 FLX 焦磷酸测序平台(454 FLX pyrosequencing platform)。2006 年美国 Illumina 公司推出了 Solexa 基因组分析平台(genome analyzer platform)。2007 年 ABI 公司也推出了自主研发的 SOLiD 测序仪(ABI SOLiD sequencer)。几种现代高通量测序平台的技术特点比较见表 9-1-1。

通过对相关测序结果的分析，可获得大量的单核苷酸多态性位点(SNP)，插入缺失位点(Insertion/Deletion，InDel)、结构变异位点(structure variation，SV)，为克隆与大豆品质相关的基因带来极大的便利。Kim 等韩国研究者对野生大豆进行了基因组分析，并与栽培大豆进行了序列比对，为大豆的驯化等提供了一些重要线索(Kim et al., 2010)。2010 年 11 月，香港中文大学、华大基因(BGI)、农业部、中国科学院等单位合作的“大豆回家”项目，对“31 个大豆基因组进行了重测序，以揭示遗传多样性和进化选择模式”，相关研究在国际著名杂志《自然-遗传学》上在线发表。通过对野生大豆和栽培大豆全基因组进行了大规模遗传多态性分析，为大豆育种者及研究者，提供了非常有价值的信息资源。利用新一代测序技术对 17 个野生大豆株系和 14 个栽培大豆品种进行了全基因组重测序，利用 SOAP 软件与大豆的参考基因组进行比对，总共发现了超过 630 万个单核苷酸多态性位点，建立了高密度的分子标记图谱。同时通过 SOAPdenovo 软件，分别对野生大豆和栽培大豆进行组装，从而鉴定出了多于 18 万个获得和缺失变异(PAV)，初步明确了栽培大豆获得及缺失的基因(Lam et al., 2010)。

2012 年 1 月 17 日，华大基因(BGI)与美国密苏里大学国家大豆生物技术中心(National Center for Soybean Biotechnology at the University of Missouri)共同开展 1008 株大豆的基因组测序项目，实现了规模化挖掘优良基因。总之，随着各国科学家及育种家通过对大豆遗传特性的深入解析，及分子辅助育种技术的应用推广，对加快高产、优质新品种培育的进程起到了积极推动作用(http://www.genomics.cn)。

广泛应用高通量测序的另一个领域是小分子 RNA 或非编码 RNA(ncRNA)研究。染色质免疫沉淀——深度测序(ChIP-seq)实验，在研究 DNA 与蛋白质互作领域已发挥了巨大的威力。对染色质免疫沉淀以后的 DNA 直接进行测序，比对参照基因组序列可以直接获得蛋白质与 DNA 结合的位点信息。ChIP-seq 可以检测更小的结合区段、未知的结合位点、结合位点内的突变情况和蛋白质亲合力较低的区段。

表 9-1-1　不同高通量测序平台的技术特征及其应用上的优缺点比较

方法	测序长度/bp	准确率/%	单个运行获得的序列数	每个 RUN 所需的时间	价格（1×10^6 碱基）/美元	优点	缺点
单分子实时测序仪（Pacific Bio）	平均 2900	87%（测序长度状态模式），99%（准确率模式）	$(3.5\sim7.5)\times10^4$	0.5～2h	2.00	测定片断长、快，能检测 4mC，5mC，6mA	高通量下测定序列较少，仪器较贵
离子流测序［Ion semiconductor（Ion torrent sequencing）］	200	98	$\sim5.0\times10^6$	2h	1.00	仪器较便宜、快	能产生同聚错误
大规模并行焦磷酸合成测序法（454）	700	99.90	1.0×10^6	24h	10.00	所读片断长、速度快	每个 RUN 较贵，能产生同聚错误
合成测序法（Illumina）	50～250	98	$\sim3.0\times10^9$	1～10 天，决定于所测定的测序仪及所测的片断的长度	0.05～0.15	具高通量测序的潜势，但决定于测序的模式及用途	仪器较贵
连接测序法（SOLID sequencing）	（50+35）或（50+50）	99.90	$(1.2\sim1.4)\times10^9$	7～15 天	0.13	单碱基价格低廉	与其他方法相比测序较慢
链中止法（Sanger sequencing）	400～900	99.90	N/A	0.5～3h	2400.00	单序列片断长，用途广	非常贵，且对于大规模测序不可能

资料来源：Lin et al., 2012; Quail et al., 2012

注：N/A 表示无相关数据

四、现代各种组学新技术对品质改良的影响

除前面介绍的基因组学外，现代的各种组学对于大豆品质的改良，正在或即将起到巨大的推动作用。在明确大豆基因组学(genomics)的基础上，开展以转录组学(transcriptomics)为主的各种组学研究，对研究大豆种子中复杂代谢组分间的相关关系等具有重要意义，可以同时解析多种组分，明确多种组分间的相互关系。继大豆基因组学介绍之后，下面将以转录组学为重点，介绍其基本概念、测序的程序、应用前景，并简略地介绍其他相关各种组学。

(一)基因组学

大豆的基因组是以 Williams82 为蓝本完成测序与注释的(Schmutz et al., 2010)。近年来，各国科学家对多个大豆品种及野生大豆品种进行了重测序(Kim et al., 2010；Lam et al.，2010)。Du 等(2012)对大豆基因组中处于染色体不同位置的同源基因进行比较时，发现了一种有趣的现象，处于遗传交换的近中心粒区域(异染色质)的 2439 基因，与他们的处于常染色体同源基因相比，其基因的自身变异低，而表达水平高。

(二)转录组学

基因组(genome)包含的遗传信息经转录产生 mRNA，一个细胞在特定生理或病理状态下表达的所有种类的 mRNA 称为转录子组(transcriptome)。很显然，不同细胞在不同生理或病理状态下，转录组包含的 mRNA 的种类不尽相同。转录组测序的研究对象，为特定细胞在某一功能状态下所能转录出来的所有 RNA 的总和，包括 mRNA 和非编码 RNA。转录组研究是基因功能及结构研究的基础和出发点。通过新一代高通量测序，能够全面快速地获得某一物种特定组织或器官，以及在某一状态下的几乎所有转录本序列信息。特别在大豆籽粒的发育及其大豆病害的不同病程中，不同的转录本的信息对于了解大豆籽粒发育过程各种代谢途径的变化，以及大豆种子质量性状的发生发展起重要的作用。高通量转录组测序技术，无需了解物种基因信息，能够对任意物种进行转录组分析，并直接测定每个转录本的片段序列，精确到单核苷酸的分辨率；动态达 6 个数量级，能够同时鉴定和定量稀有转录本和正常转录本，以及检测基因家族中相似基因和可变剪接造成的不同转录本的表达。目前，它被广泛地应用于转录本结构研究(基因边界鉴定、可变剪切研究等)，转录本变异研究(如基因融合、编码区 SNP 研究)，非编码区域功能研究(Non-coding RNA 研究、microRNA 前体研究等)，基因表达水平研究，以及全新转录本发现。

在大豆中，大豆转录组的研究对象是大豆中全基因组瞬间的全部转录本，不受已注释的基因信息限制(Martin and Wang，2011)。同时，还可对大豆基因组的注释进行确认，而且还可发现新的可变剪切及反式剪切 RNA 等(Martin and Wang，2011；Allen and Howell，2010；Ozsolak and Milos，2010)。同时，大豆的基因组还可以作为与大豆亲缘关系相近的豆科物种转录组的参考序列。转录组测序的优势，主要表现为：①单次转录

组测序实验即可提供全面的转录组信息。②转录组测序无需预先知道任何序列信息。③转录组测序提高了动态检测范围和灵敏度。④转录组测序可提供转录本中序列变异信息。

数字基因表达谱及其升级版，主要用于某物种的特定组织或细胞在特定生物过程中的基因表达定量研究。基于新一代高通量测序平台和华大基因等自主研发的信息分析平台，RNA-Seq 可进行全基因组水平的基因表达差异研究，具有定量更准确、可重复性更高、检测范围更广、分析更可靠等特点。

1. RNA 干扰

RNA 干扰(RNA interference，RNAi)是指在进化过程中高度保守的、由双链 RNA(double-stranded RNA，dsRNA)诱发的、同源 mRNA 高效特异性降解的现象。近几年来 RNAi 研究取得了突破性进展，被 *Science* 杂志评为 2001 年的十大科学进展之一，并名列 2002 年十大科学进展之首。

RNAi 是在研究秀丽新小杆线虫(*Caenorhadbitis. elegans*)反义 RNA(antisense RNA)的过程中发现的，由 dsRNA 介导的同源 RNA 降解过程。1995 年，Guo 和 Kemphues 发现注射正义 RNA(Sense RNA)和反义 RNA 均能引起线虫 *Par-1* 基因沉默(Guo and Kemphues，1995)。此后 dsRNA 介导的 RNAi 现象陆续在真菌、果蝇、拟南芥等多种真核生物中被证实，并逐渐证实植物中的转录后基因沉默(posttranscriptional gene silencing，PTGS)、共抑制(cosuppression)及 RNA 介导的病毒抗性、真菌的抑制(quelling)现象，均属于 RNAi 在不同物种的表现形式。

在 RNAi 中，Rnase Ⅲ核酶家族的 Dicer 是一个非常重要的酶，它可与双链 RNA 结合，并将其剪切成 21～23 核苷酸(nucleotide，nt)及 3′端突出的小分子 RNA 片段，即形成小的干扰 RNA(small interfering RNA，siRNA)。随后 siRNA 与若干个蛋白质组成的 RNA 引起、被称之为 RNA 诱导沉默的复合体(RNA-induced silencing complex，RISC)结合，解旋成单链，并由该复合体主导 RNAi 效应。RISC 被活化后，活化型 RISC 受已成单链的 siRNA 引导(guide strand)，序列特异性地结合在标靶 mRNA 上并切断标靶 mRNA，引发靶 mRNA 的特异性分解。在大豆中人们已开展多项研究，如马建等试图应用 RNAi 技术创造低脂肪氧化酶活性大豆新种质及提高大豆脂肪含量(陈子奇，2012；马建等，2009)。同时 Curtin 等(2012)的研究表明 RNAi 与大豆抗逆之间存在着一定的相关性。

2. 小 RNA

小 RNA(miRNA)是一类长度为 20～24nt 组成的具有调控功能的非编码 RNA。miRNA 主要参与基因转录后水平的调控。这些 miRNA 基因首先在细胞核内转录成原始 miRNA 转录本(primary transcripts miRNA，pri-miRNA)，在核糖核酸酶 Drosha 的作用下剪切形成 60～70nt 的发卡状 miRNA 前体(pre-miRNA)，然后转运到细胞质，在另一个核糖核酸酶 Dicer 的作用下，被剪切成 20～24nt 长度的 miRNA，即 miRNA 双链。这种双链很快被载入 RNA 诱导沉默复合体(RISC)中，此后，其中一条单链 miRNA 被降解，另一条成熟的单链 miRNA 分子通过与靶基因的 3′UTR 区互补配对，对靶基因进行降解或者翻译抑制。近年来发现 miRNA 参与植物的多种生命过程如逆境的响应等，主要通过对基因转录后表达水平的调节来实现(Khraiwesh et al., 2012；Lelandais-Briere et al., 2010；Martin et al., 2010)。目前，国内研究者在大豆中已逐步应用 miRNA 技术开展相关的研究。

3. 降解组测序

随着高通量测序技术的发展，可以在特定的组织中发掘出 miRNA 信息。在植物中，miRNA 通常与 mRNA 进行完全或接近完全的配对，引起标靶基因的剪切，从而调控基因的表达，称为降解组测序(degradome sequencing)。将高通量测序技术与生物信息学的优点融合，已成功在水稻及拟南芥等模式植物的 miRNA 标靶基因的筛选中得以应用。Song 等(2011)及 Shamimuzzaman 和 Vodkin(2012)已用其来对大豆种子发育及组织特异性的 miRNA 进行详细的分析。

降解组测序的应用，主要在确认上游 miRNA 的剪切基因，进而得知下游影响基因路径。可由 miRNA 微数组芯片或利用现代高通量测序技术发掘新的 miRNA，来获得 miRNA 表达量差异，从降解组测序确认 miRNA 剪切哪些基因，再由下游使用全基因芯片进一步检测影响基因表达量的差异，结合表观性状与生物信息学中的基因本体论(Gene ontology，GO)与代谢通路(Pathway)分析，将植物 miRNA 的调控，由上而下进行整体性分析，从而了解整个代谢过程。降解组测序目前在 miRNA 研究中对于确认剪切基因起着关键性作用。

(三)蛋白质组学

mRNA 经翻译产生蛋白质，一个细胞在特定生理或病理状态下，表达的所有种类的蛋白质称为蛋白质组(proteome)。与基因组学相似，蛋白质组学(proteomics)不是一个封闭的、概念化的、稳定的概念与知识体系，而是对一个领域进行总括的描述。蛋白质组学集中于动态描述基因调节，对基因表达的蛋白质水平进行定量的测定，鉴定疾病、药物及外在环境对生命过程的影响，以及解释基因表达调控的机制。作为一门科学，它已有 20 多年的历史，是蛋白质(多肽)图谱和基因产物图谱技术的一种延伸。多肽图谱依靠双向电泳(two-dimensional gel electrophoresis，2-DE)进行进一步的图象分析；蛋白质组学研究的关键技术包括质谱(MS)分析，X 射线晶体衍射，核磁共振(NMR)和凝胶电泳。由于大豆种子的蛋白质含量高，许多蛋白亚基已经研究较为清楚。分析大豆种子中各种贮藏蛋白之外的微量蛋白质、大豆叶片及花等组织中的蛋白组学，已成为一个新的热点(Chen et al., 2012；Khatoon et al., 2012；Ma et al., 2012)。

(四)代谢组学

代谢组学(metabolomics)的概念来源于代谢组，代谢组是指某一生物或细胞在某个特定生理时期内所有的低分子质量代谢产物。代谢组学则是对某一生物或细胞在某个特定生理时期内，所有低分子质量代谢产物同时进行定性和定量分析的一门新学科。它是以组群指标分析为基础，以高通量检测和数据处理为手段，以信息建模与系统整合为目标的系统生物学的一个分支。

代谢组学的研究方法与蛋白质组学的方法类似，通常有两种方法。一种方法称作代谢指纹分析(metabolomic fingerprinting)，采用液相色谱-质谱联用(liquid chromatography-Mass LC-MS)的方法，确定样品中代谢产物或比较不同样品间代谢产物在质与量上的差异。从本质上来说，代谢指纹分析涉及比较不同个体中代谢产物的质谱峰，最终了解不同化合物的结构，建立一套完备的识别这些不同化合物特征的分析方法。另一种方法是代谢轮廓分析(metabolomic profiling)，研究人员假定了一条特定的代谢途径，并对此进行更深入的研究。

对于代谢产物来说，不仅只有质谱峰这个特征。更进一步说，质谱并不能检测出所有的代谢产物，并不是因为质谱的灵敏度不够，而是由于质谱只能检测离子化的物质，但有些代谢产物在质谱仪中不能被离子化。采用核磁共振的方法，可以弥补色谱的不足。剑桥大学的 Griffin 博士，正在使用质谱与核磁共振结合的方法，试图建立机体中的完整代谢途径图谱。Griffin 用核磁共振检测高丰度的代谢产物，由于核磁共振检测的灵敏度不高，因此只用于分析低丰度代谢产物。近年来，包括大豆等多种植物的代谢网络已经初步建立，为广大研究者提供了极大的便利(Chae et al., 2012；Zhang et al., 2010)。

(五)表观遗传学

表观遗传学(epigenetics)是与传统遗传学(genetic)相对应的概念。遗传学是指基于基因序列改变所致基因表达水平变化，如基因突变、基因杂合丢失和微卫星不稳定等；而表观遗传学则是指基于非基因序列改变所致基因表达水平变化，如DNA 甲基化和染色质构象变化等；表观基因组学(epigenomics)则是在基因组水平上对表观遗传改变的研究。

1. DNA 甲基化

DNA 甲基化(DNA methylation)为 DNA 化学修饰的一种形式，能够在不改变 DNA 序列的前提下，改变其遗传表现。例如，近中心粒的异染色质区基因表达较低，一般认为该现象与该区域的甲基化程度高与富集转座子等密切相关，同时与组蛋白修饰及染色质结构相关联(Karlic et al., 2010；Hollister and Gaut，2009)。

2. 组蛋白质修饰(histone modification)

组蛋白(histone)是真核生物体细胞染色质中的小分子碱性蛋白质，富含精氨酸和赖氨酸等碱性氨基酸。组蛋白与带负电荷的双螺旋 DNA 结合成 DNA-组蛋白复合物。因氨基酸成分和分子质量不同，主要分成 5 类，H1、H2A、H2B、H3、H4，它们富含带正电荷的碱性氨基酸，能够同 DNA 中带负电荷的磷酸基团相互作用。组蛋白质修饰常有以下几种：①乙酰化，其一为 H1、H2A、H4 组蛋白的氨基末端乙酰化，形成 α-乙酰丝氨酸，组蛋白在细胞质内合成后输入细胞核之前发生这一修饰；其二为在 H2A、H2B、H3、H4 的氨基末端区域的某些专一位置形成 N6-乙酰赖氨酸。②磷酸化，所有组蛋白的组分均能磷酸化，在细胞分裂期间，H1 的 1～3 个丝氨酸可以磷酸化，而在有丝分裂时期，H1 有 3～6 个丝氨酸或苏氨酸发生磷酸化，其他 4 个核心组蛋白的磷酸化可以发生在氨基末端区域的丝氨酸残基上。组蛋白的磷酸化可能会改变组蛋白与 DNA 的结合状况。③甲基化，仅发现于 H3 的 4 位、9 位、27 位和 H4 的 20 位的赖氨酸，鸭红细胞组蛋白 H1 和 H5 的组氨酸。④ADP-核糖基化，组蛋白 H1、H2A、H2B 及 H3 和多聚 ADP-核糖的共价结合，ADP-核糖基化被认为是在真核细胞内启动复制过程的扳机(Kouzarides，2007)。

一般来讲，组蛋白的乙酰化与基因的表达活性增强有关。反之，去乙酰化与基因沉默相关联，而组蛋白的甲基化对于基因的活性的作用呈多样化。H3 组蛋白中赖氨酸 K4 位赖氨酸甲基化能增加基因的活性，而在 H3 组蛋白中 K9 位赖氨酸的甲基化只抑制基因的活性。同时，DNA 甲基化与组蛋白甲基化过程常常关联。胞嘧啶的甲基化常增加 H3 组蛋白 K9 位的甲基化，反之亦然(Tollefsbol ，2011)。

第二节　分子设计育种原理及应用

近年来，随着大豆全基因组序列的公开发表，基因组学和功能基因组学研究，从重大理论到技术平台均获得了一系列重大突破。在基因挖掘、分子标记辅助育种及转基因技术获得较大进步的基础上，各国科学家力图利用分子育种技术克服传统育种的缺点。

2003 年，比利时科研人员 Peleman 和 van der Voort(2003)提出了品种设计育种的技术体系，他们认为分子设计育种应当分 3 步进行：一是确定要选择的育种目标，二是确立达到该目标的重要技术路径和方法，三是按照所确立的技术路线开展分子育种来培育新品种。当然，这个过程要有足够多的基础研究来支撑，如定位农艺性状的 QTL，评价这些位点的等位变异，等等，均为开展分子设计育种的首要前提。品种分子设计的核心是基于对关键基因或 QTL 功能的认识程度，在明确相关基因或 QTL 关键位点的基础上，利用分子标记辅助选择技术、TILLING 技术和转基因技术来创制优异种质资源(设计元件)。在当时提出的技术体系中，品种分子设计的元件一般主要指基于 QTL 而创制的经过分子标记辅助选择的 QTL 渗入系和近等基因系，但是基于关键基因功能而创制的等位变异系和转基因系，也日益被国内外育种专家认为是品种分子设计的重要材料。

一、分子设计育种与常规育种

目前，我国的大豆育种研究，一般还是以植物种内的有性杂交来进行品种的选育与改良为主。如表 9-2-1 所示，迄今为止，我国所育出的上千个品种均是通过此方法育成的。其弊端表现为：①这种改良很容易受到种间生殖隔离的限制，不利于近缘或远缘种的基因资源对选定的农作物进行遗传改良。②有性杂交进行基因转移，易受不良基因连锁的影响，如要摆脱不良基因连锁的影响，则必须对多世代、大规模的遗传分离群体进行检测。③利用有性杂交转移基因的成功与否，一般需要依据表观变异或生物测定来判断，检出效率易受环境因素的影响，对于改良复杂性状或微效多基因性状所需的育种周期长。以上不利因素已成为影响我国大豆育种取得产量及品种上重大突破的主要障碍。

表 9-2-1　分子设计育种与常规育种的比较

分子设计育种	常规育种
基因型选择，不受时空因素影响	表现型选择，受时空因素影响
基因来源广、基因资源丰富	基因来源有限、育种亲本贫乏
基因交流不受物种限制	基因交流限于种内、少数亚种间
目标性强：目标基因功能已知、基因可分离、可调控及可表达	目标性状明确
选择时间短，可准确快速在后代群体中跟踪目标性状的传递	选择时间长，根据细胞学鉴定基因型，需 2～3 年，通过测交需 2～3 年

近年来，随着基因组测序等多种技术的突破，基因组学、表型组学等多门“组学”及生物信息学得到迅猛发展，作物育种理论和技术也发生了重大变革。目前，以分子标记辅助育种、转基因育种、分子设计育种为代表的现代作物分子育种技术，逐渐成为了世界作物育种的主流，在我国也正在成为作物遗传改良的重要手段。如图 9-2-1 所示，现代育种包括常规育种及分子育种，分子育种也包括转基因育种及分子标记辅助育种，其中分子设计育种是其最高形式。大豆分子育种通过综合利用基因组学、生物信息学、计算机模拟与遗传育种学等多个学科的理论和方法，可对大豆从表型到分子等多个层次进行遗传操作，有助于大幅度提高育种效率，最终实现大豆品种的定向遗传改良。

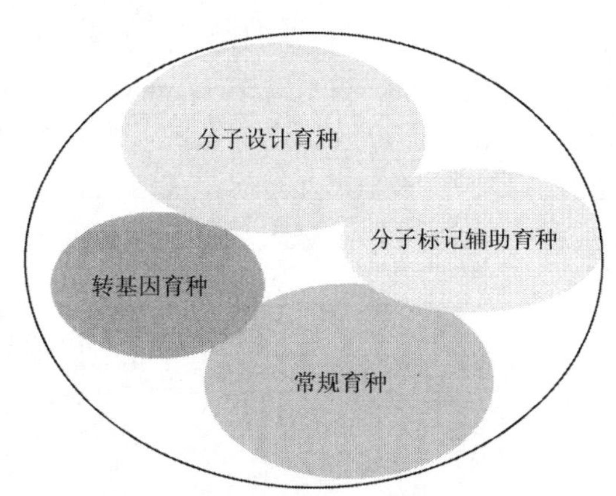

图 9-2-1　现代分子育种与常规育种间的关系

由于品种分子设计育种是基于对关键基因或 QTL 功能的认识，而开展并采用的高效基因转移途径，它具有基因转移和表型鉴定精确、育种周期短等常规育种无可比拟的优点(表 9-2-1)。虽然品种分子设计育种概念的提出只有 10 年左右时间，但是已成为国际上引领作物遗传改良育种的先进技术。根据预先设定的育种目标，选择合适的设计元件，实现多基因聚合育种，建立起完善的品种分子设计育种体系，就可以快速地将功能基因组学的研究成果转变成优良的大田作物品种，从而创造巨大的经济效益。

二、分子设计育种元件的创制

(一)大豆遗传图

遗传图的建立是定位复杂数量性状 QTL 及克隆基因的基础。遗传图作图的基本原理是利用染色体的交换与重组，即同源染色体减数分裂过程中，发生交换而产生的染色体及基因重组，根据基因间重组频率与其物理距离相关联，来估算出交换值，进而定位出基因或标记间的遗传距离，来绘制出连锁遗传图。遗传学家利用形态标记、生化标记和传统的细胞遗传学等方法，为构建各种主要作物的遗传图进行了大量细致的工作，并取得了一系列的成果。分子标记是继形态标记、细胞学标记和生化标记之后发展起来的一种新的遗传标记形式，它克服了形态标记等数量少、受环境影响较大等缺陷。

如图 9-2-2 所示，最早出现的 DNA 分子标记为限制性片段长度多态性(restriction fragment length polymorphism，RFLP)，其后随机扩增多态性 DNA(random amplified polymorphic DNA，RAPD)，其中微卫星 DNA(microsatellite DNA)，又称简单重复序列(simple sequence repeat，SSR)或反向重复序列(ISSR)等。自 1994 年发展起来的扩增片段长度多态性(amplified fragment length polymorphis，AFLP)，及以 PCR 为基础的各种分子标记如相关序列扩增多态性(sequence-related amplified polymorphism，SRAP)、目标区域扩增多态性(The target region amplification polymorphism，TRAP)与多重 SSR(multi-SSR)等进一步丰富了分子标记的种类。特别是近年发展起来的单核苷酸多态性(SNP)分子标记，多态性高，使用简单方便，因而所构建的遗传图越来越密(Xia et al., 2007；Song et al., 2004)。以 SNP 为基础发展起来的 DNA 微阵列(microarray)又称基因芯片技术，如多样性阵列技术(diversity arrays technology，DArT)标记，大大增加了人们所获得的信息量。近年来，随着大豆基因组测序技术的迅速发展，高通量测序技术也提供了大量可供选择的分子标记，来加密遗传图及物理图，极大地方便了 QTL 基因克隆。

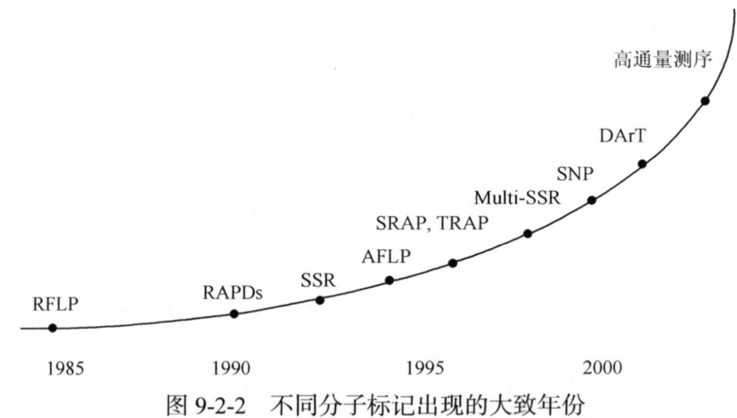

图 9-2-2　不同分子标记出现的大致年份

如表 9-2-2 所示，从 1988 年起，Apuya 等(1988)就利用两个栽培大豆 Minsoy 和 Noir1 所构建成的 F_2 群体，构建了世界上第一张具 4 个连锁群共 197cM 的大豆遗传图。其

表 9-2-2　大豆遗传图谱的建立

年份	群体种类	群体组合	主要分子标记种类	分子标记数	连锁群数	连锁群总长度/cM	参考文献
1988	F_2	‘Minsoy’ × ‘Noir1’	RFLP	11	4	197	Apuya et al.，1988
1990	F_2	‘A81-356022’ × ‘PI468916’	RFLP	130	26	1 200	Keim et al.，1990
1993	F_2	‘Minsoy’ × ‘Noir1’	RFLP 等	132	31	1 550	Lark et al.，1993
1995	F_2	‘Clark’ × ‘Harosoy’	SSR、RFLP、RAPD	172	29	1 468	Akkaya et al.，1995
1997	F_2	‘长农 4 号’ × ‘新民 6 号’	RFLP、RAPD	71	20	1 446.8	张德水等，1997
1997	RIL	‘BSR-101’ × ‘PI437654’	RFLP、RAPD、AFLP	840	28	3 441	Keim et al.，1997
1999	F_2、RIL	‘Minsoy’ × ‘Noir1’；‘Clark’ × ‘Harosoy’；‘A81-356022’ × ‘PI468916’	SSR 、RFLP	1 423	20	—	Cregan et al.,1999
2000	RIL	‘长农 4 号’ × ‘新民 6 号’	RFLP、SSR、AFLP、RAPD 等	240	24	3 713.3	刘峰等，2000
2001	RIL	‘科丰 1 号’ × ‘南农 1138-2’	RFLP、SSR、AFLP、RAPD	792	24	2 320.7	吴晓雷等，2001
2001	RIL	‘Essex’ × ‘Forrest’	SSR	107	20	2 823.1	Iqbal et al.，2001
2002	RIL	‘晋豆 23’ × ‘灰不支黑豆’	SSR、ISSR、AFLP	117	32	824.1	宛煜嵩等，2002
2004	RIL	‘Minsoy’ × ‘Noir1’；‘Minso’ × ‘Archer’；‘Archer’ × ‘Noir1’；‘Clark’ × ‘Harosoy’；‘A81-356022’ × ‘PI468916’	SSR、RFLP、RAPD、AFLP 等	1 849	20	2 523.6	Song et al.，2004
2004	F_2	‘中黄 20’ × ‘科新 3 号’	SSR	122	33	1 719.6	杨喆等，2004
2004	RIL	‘Charleton’ × ‘东农 594’	SSR	163	20	1 835.5	张忠臣，2004
2004	RIL	‘科丰 1 号’ × ‘南农 1138-2’	SSR、RFLP、EST 等	452	21	3 595.9	Zhang et al.，2004

续表

年份	群体种类	群体组合	主要分子标记种类	分子标记数	连锁群数	连锁群总长度/cM	参考文献
2005	RIL	‘晋豆 23’×‘灰不支黑豆’	SSR	227	20	1 900	宛煜嵩等，2005
2005	RIL	‘Charleton’×‘东农 594’	SSR	161	20	1 913.5	陈庆山等，2005
2006	RIL	‘Essex’×‘Forrest’	SSR 等	171	20	1 879	Kassem et al.，2006
2006	RIL	‘Essex’×‘ZDD2315’	SSR	250	25	2 963.5	卢为国等，2006
2007	RIL	‘Misuzudaizu’×‘Moshidougong 503’	EST-SSR、RFLP、SSR	935	20	2 700.3	Hisano et al.，2007
2007	F_2	‘Misuzudaizu’×‘Moshidougong 503’	AFLP、SSR、RFLP、STS	1 277	20	3 080.5	Xia et al.，2007
2008	RIL	‘Pureunkong’×‘Jinpangon 2’	SNP、SSR、AFLP	325	20	2 379	Cai et al.，2008
2008	RIL	‘中豆 29’×‘中豆 32’	SSR、AFLP、SRAP	227	27	1 315.46	王贤智等，2008
2009	RIL	‘Jack’×‘Fukuyutaka’；‘Peking’×‘Akita’；‘Misuzudaizu’×‘Mashidougong 503’	EST-SSR、SSR、STS	1 810	20	2 442.9	Hwang et al.，2009
2010	RIL	‘科丰 1 号’×‘南农 1138-2’	SSR、RFLP、EST 等	553	25	2 071.6	周斌等，2010
2010	RIL	‘Minsoy’×‘Noir1’；‘Minsoy’×‘Archer’；‘Evans’×‘Peking’	SNP、SSR、RFLP 等	55 500	20	2 296.4	Hyten et al.，2010
2011	RIL	‘Forrest’×‘Williams82’	SNP、SSR、STS	990	20	2 723.8	Wu et al.，2011

资料来源：张乐等，2012；周斌等，2009

后，Keim 等（1990）利用栽培大豆品系‘A81-356022’和野生大豆‘PI468916’杂交的 F_2 群体，构建了含有 26 个连锁群，130 个 RFLP 标记，总长为 1200cM 的连锁图。同期，张德水和刘峰等开始构建我国自己的连锁图，但标记的数量相对较少。SSR 标记的发展，使大豆连锁图的构建产生了深刻的变化，使得图谱密度进一步的增加，而在作图群体的使用上，也从开始的 F_2 群体转变为 RIL 群体，并利用图谱整合技术，把多个图谱上的标记整合到一张图谱上去。Cregan 等（1999）利用不同的群体分别构建的图谱进行整合，在 3 个遗传图中总标记数共有 1423 个，包括 606 个 SSR 标记，689 个 RFLP 标记，79 个 RAPD 标记，11 个 AFLP 标记，10 个同功酶标记和 26 个经典形态标记。

国内吴晓雷（2001）等构建了 792 个标记的连锁图，分布于 24 个连锁群中，总长度为 2320.7cM。Xia 等于 2007 年构建了一个以日本栽培大豆‘Misuzudaizu’和中国农家品种秣食豆公 503 所构建的 F_2 群体，构建了一张含 1277 个分子标记的连锁图，形成了与大豆的染色体数目相当的 20 个连锁群（Xia et al., 2007）。其后，Song 等（2010）在 Cregan 等（1999）构建的图谱基础上应用了 5 个 RIL 群体，并加密了分子标记数，特别是新增了 420 个新 SSR 标记，使标记间的平均距离为 2.5cM，标记总数 1849 个，成为广为应用的“公共图谱”。

随着基因组测序技术的发展，SNP 标记作为第三代分子标记逐渐被应用到高密度遗传图的构建中来。Hyten 等（2010）同样利用 3 个 RIL 群体构建了一张包括 5500 个标记，其中有 3793 个标记是 SNP 标记的遗传图，该图谱覆盖大豆基因组 20 个连锁群，总长度达 2 296.4cM。近年来，Song 等（2010）还分析了大豆中所有可能的 SSR 信息，供研究者选用。

（二）基因文库的建立

在大豆基因组序列发表之前，基因组文库是基因定位及图位克隆等的首要条件之一。基因组文库是利用能携带较大插入序列的载体构建，如酵母人工染色体（YAC）、细菌人工染色体（BAC）和柯斯质粒（Cosmid）克隆，它们可以分别插入 400～600kb、100～150kb 和 40kb 左右的 DNA 片段。常用已知的分子标记作为探针，来进行分子杂交获取其阳性克隆。首选将基因文库的克隆转移到尼龙膜上，膜上的 DNA 在碱性条件下变性，解聚形成单链，再通过烤膜或紫外线照射，单链将与膜紧密结合；再将膜置于含有放射性或荧光标记的核酸探针的溶液中保温，使探针与其互补序列进行杂交；杂交后充分洗去未杂交的探针，然后可由放射性或荧光自显影鉴定出阳性克隆。现代更为常用的方法为建立三维或四维的混合池（pool），通过 PCR 来鉴定阳性克隆。对阳性克隆进行序列测定或末端序列测定，根据所获得的信息再制作新的探针，进行下一轮筛选。如此重复，能获知相邻片段的基因序列，即相当于在染色体上位移了一步，简称为染色体步移或步查。如此由于单个分子标记常能筛选出两个以上的克隆，获得两克隆的大小、方向及相互间重叠信息等，除直接全克隆基因序列测定外，常根据限制性内切核酸酶的多态性谱带特征来确定。

图位克隆基因，一般要通过染色体步查，鉴定带有要克隆基因的较大的毗连群（contig，一组从基因组中克隆的毗连 DNA 序列）。在大豆生育期基因的克隆中，BAC 克隆起了关键性的作用，如 BAC 克隆对克隆大豆的 *E3*，*E2*，*E1*，*GmFTs*（*GmFT2a*/*GmFT5a*）

及 *Dt1* 等起了重要作用(Xia et al., 2009；Xia et al., 2005)。

(三)基因克隆

大豆中控制重要农艺性状的基因，及调控该类基因表达的调控因子或具有相关的分子标记的重要材料，均可成为开展大豆分子育种的重要分子元件。在大豆的基因克隆中，大豆生育期基因，大豆蛋白质组分基因及大豆抗病基因等方面取得了较快的进展。特别是大豆生育期基因 *E1*、*E2*、*E3* 及 *E4* 等的成功克隆(Xia et al., 2012；Watanabe et al., 2011；Watanabe et al., 2009；Kong et al., 2010；Liu et al., 2010；Liu et al., 2008)。其中，*E2* 和 *E3* 基因是成功应用残余(剩余)异质系法(residual heterozygosity line，RHL)得以克隆的(图 9-2-3)，这些研究结果为大豆开花期的研究奠定了坚实基础。大豆基因组信息的公开，大豆中参照序列(williams 82)的完成，对于大豆基因的克隆起到了重要作用。2012 年，随着大豆抗病基因 *RHG1* 和 *RHG4* 基因的克隆，大豆线虫病抗病机制方面取得了突破性进展(Cook et al., 2012；Liu et al., 2012)。

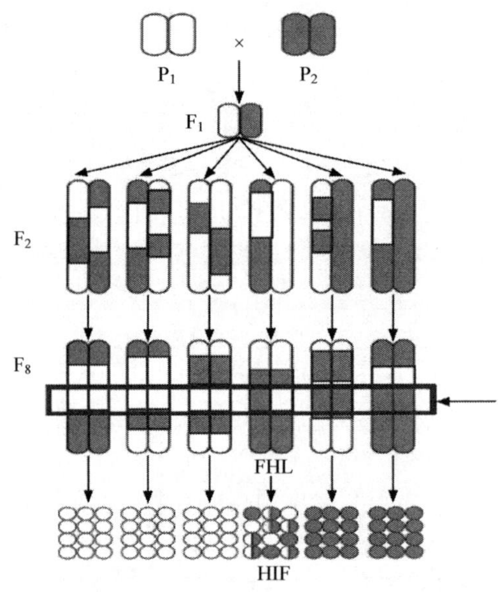

图 9-2-3 残余(剩余)异质系法进行 QTL 基因克隆示意图

如图 9-2-3 所示，在 F_2 群体中，各基因位点呈现 1∶2∶1 分离。在其后连续自交至 F_8 代(或更高世代)。RHL 群体在基因组中的大多基因位点已经纯合(其中包括所研究性状的其他 QTL 位点)，在研究性状所处的某一 QTL 区域(箭头指示处)保留着杂合体，即异质系(heterogeneous inbred family，HIF)。其自交的后代可形成一个异质自交系群体。对该群体的分离状况进行研究，可以进行 QTL 位点的精确定位直至克隆出该 QTL 基因。

三、分子育种元件间的互作

传统的分子辅助育种是一般寻找育种目标性状(QTL)或基因紧密连锁的分子标记；利用

QTL 位置、遗传效应、QTL 之间的互作、QTL 与环境之间的互作等信息，模拟和预测各种可能基因型组合的表现型，从中选择符合特定育种目标的基因型。在分子水平上，随着高通量测序技术及各种代谢组学等的发展，为研究大豆基因间的相互作用提供了重要条件。在育种实践中，明确或拥有了多个分子元件还是不够的，因为元件中的相互作用是大豆分子设计育种所必需的前提，明确各元件间的相互关系对于开展分子设计育种极其重要。不同基因间的相互作用，可以影响性状的表现型。影响同一性状不同等位基因间的互作；另一方面，由于基因多功能性，单个基因可同时调控不同性状。

基因间常存在着以下几种互作：互补效应(complementary effect)——两对独立遗传基因共同决定同一性状的发育时，当只有一对基因是显性或两对基因都是隐性时，则表现为另一种性状，F_2 代产生 9∶7 的比例。累加效应(additive effect)——两种显性基因同时存在时表现一种性状，单独存在时出现相似的性状，两种基因均为隐性时又表现为另一种性状，F_2 产生 9∶6∶1 的比例。叠加效应，又叫重叠效应(duplicate effect)——两对或多对独立基因对表现型能产生相同的作用，F_2 的典型比例为 15∶1。显性上位作用(epistatic dominance)——上位性，两对独立遗传基因共同对一对性状发生作用，其中一对基因对另一对基因的表现有一定的遮盖作用；下位性，与上位性相反，即后者被前者所遮盖；显性上位，起遮盖作用的基因是显性基因，其 F_2 的分离比例为 12∶3∶1。隐性上位作用(epistatic recessiveness)——控制一性状的两对互作的基因中，其中一对隐性基因对另一对基因起上位作用，F_2 的分离比例为 9∶3∶4；此上位作用与显性作用不同，此上位性作用是指两对不同等位基因之间的作用，而显性作用则常指同一对基因位点不同等位基因间的互作。抑制作用(Inhibiting effect)，显性抑制作用——在两对独立基因中，其中一对显性基因，本身并不控制性状的表现，但对另一对基因的表现有抑制作用，称这对基因为显性抑制基因，F_2 的分离比例为 13∶3。

虽然克隆了大豆生育期基因 *E1*、*E2* 与 *E3*，但是若不了解它们之间的相互关系，对于开展分子育种有可能会出现盲目性。例如，在所克隆的大豆生育期基因中，*E3* 与 *E4* 基因对于 *E1* 有上位性，*E1* 基因的表达要有 *E3* 和 *E4* 两个基因中，至少有一个显性的遗传背景。如果 *E3* 与 *E4* 基因位点均为隐性等位基因，*E1* 基因的表达就受到极大的抑制。同时，*E1* 基因的表达受到日照长短的影响，*E1* 基因的表达需要一个长日照条件，在短日照条件下 *E1* 基因不表达。大豆生育期基因 *E1* 与 *E3* 不仅调控大豆开花期与成熟期，同时与大豆的分枝数密切相关(Sayama et al., 2010)。在大豆中，披针形叶型品种常与多粒荚(四粒荚)相关联。近年来，Jeong 等(2012)克隆出了控制大豆叶型的基因(*Ln*)，表明该基因同时调控大豆侧芽器官发育，影响结荚特性。在分子设计时，如不考虑基因或元件间的互作关系，设计出的新品种或是达不到预期的目标，或可能产生一些不利的副作用，只有充分利用基因或分子元件间的互作关系，才有可能通过分子设计育种或转基因育种培育出理想的新品种。

四、分子设计育种技术的步骤与要求

分子设计育种概念最初由荷兰科学家 Peleman 和 van der Voort(2003)所提出，其目的是通过各种技术的集成与整合，提高育种过程中的可预见性和可控性。本理论首先要对育种程序中的各种因素进行模拟、筛选和优化，在此基础上再确立目标基因型、提出最佳的亲本选配和后代选择策略。

(一)分子设计育种的步骤及流程

如图 9-2-4 所示，开展分子设计育种一般有 4 个步骤(王建康等 2011；黎裕等 2010；顾铭洪和刘巧泉 2009；邱丽娟等 2007；万建民 2007，2006)。

1)获得育种目标性状的基因/QTL 或其紧密连锁的有用的分子标记。

2)利用各种 QTL 信息、QTL 间互作、QTL 与环境之间的互作等信息，进行模拟和预测以确定符合特定育种目标的基因型。

3)研究确定获得目标基因型的育种方案。

4)根据制定的育种方案，综合运用多种技术手段以实现预期的育种目标。

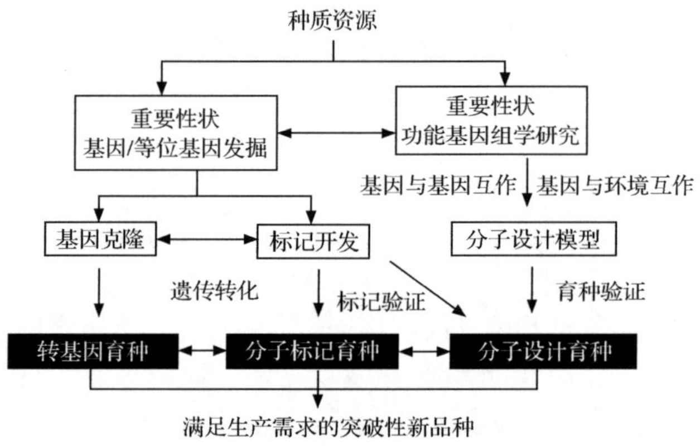

图 9-2-4　分子设计育种流程图(黎裕等，2010)

伴随芯片、测序技术的发展，分子辅助育种技术在深度和广度上得到了极大的提升。农作物复杂性状的分子育种，需要解析和操控许多因素，如植物生长、发育和对各种生物和非生物逆境条件的反应等。而全基因组策略分子标记辅助育种的导入，引发了现代分子育种革命性进步。全基因组策略的分子标记辅助育种利用全基因组信息，可有效地考虑分子育种中面临的各种基因组和环境因素。使大规模高密度的基因型鉴定和全基因组选择成为可能。精确的表型鉴定和环境测试，也是全基因组策略的重要组成部分。现代化多种高通量鉴定及测序技术，带来了天量的 DNA 数据，但结合农作物性状数据分析、整合如此巨量的 DNA 信息，则需要现代分子育种家具有数学、计算机、遗传学、分子生物学、基因组学和农作物育种学的跨学科知识和经验积累。

(二)分子设计育种技术要求

一般要开展分子设计育种，要有以下的实验基础或准备，才能获得准确的表型鉴定数据。

1. 实验的基本要求

实验管理要均匀一致，基于可靠的实验管理来减少信噪比，提高实验结果的可靠度。选择的研究小区，应尽量保持土壤的特性没有空间的变异，投入相关剂量要均一，有好的杂草及病虫害管理手段。应用合适的处理边际，选择合适的实验方案来减少重复间的变异，减少或去除空间变化趋势。同时种质资源的管理及筛选与优化也是最重要的基础之一。

2. 基因及表型数值的准确采集

所有相关品种及资源的全基因组序列信息，包括所有性状相关基因的分子标记，均可用于开展全基因组范围内的分子辅助育种，还可用于高密度的连锁定位或图位克隆的高密度地图的绘制及分子标记。在不同环境下高精度的数字化定量表型鉴定，是在全基因组选择不同环境下影响表型基因位点的基础。

3. 基于全基因组的选择策略

准确的表型鉴定能让研究者获得具体的植物特性，因而可以准确无偏地估算出控制数量性状的基因数量及它们的作用。通过模拟与模型来进行育种设计是分子设计育种的中心环节，因此，模型的建立与预测尤为重要。此外，分子标记辅助的自交及合成构建、遗传图的构建、标记与表型连锁的相关性鉴定及验证、标记选择的方法及应用、基因型与环境互作分析、分子设计育种与知识产权保护、知识产权及植物品种保护领域的研究等，对开展分子设计育种也十分重要。

4. 常用生物学信息软件

图 9-2-5 所示，为分子辅助育种及分子设计育种所常用的生物信息学软件。研究者利用这些软件，可以根据大豆表现型、基因型及环境等因素，进行基因功能分析、分子标记辅助选择育种、遗传资源的鉴定与分类等。

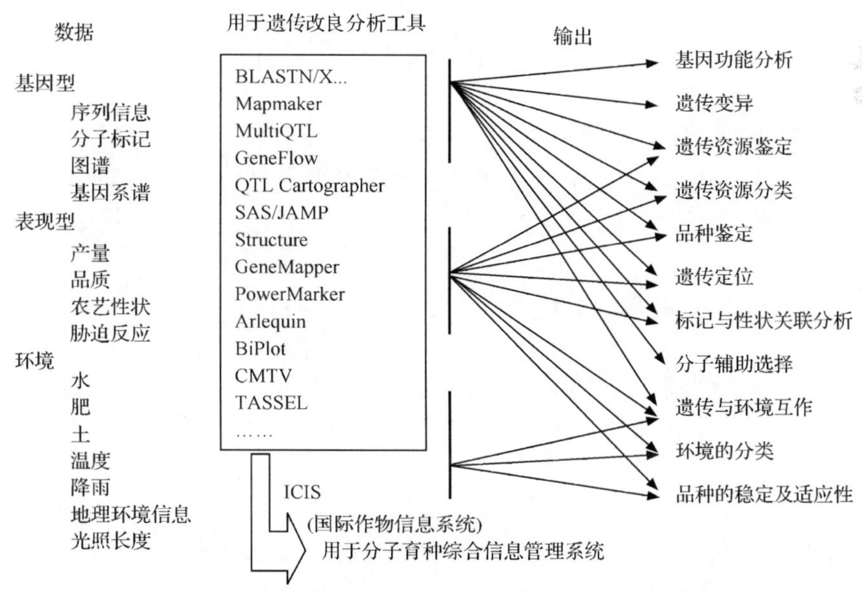

图 9-2-5　分子辅助育种及分子设计育种常用的生物信息学软件
（徐云碧, 2010; Xu, 2010; Xu and Crouch, 2008）

5. 重要的豆科作物基因组信息关联网站

目前，与大豆基因组相关的重要网站如下：

1) 美国国家生物技术信息中心 (National Center for Biotechnology Information，NCBI) (http://www.ncbi.nlm.nih.gov/)：为全球提供众多生物包括大豆在内的各种基因组及其他生物信息。

2) Phytozome (http://www.phytozome.net)：提供了众多基因组包括豆科作物大豆与蒺藜苜蓿 (*Medicago truncatula*) 在内的全基因组信息。*Nature* 杂志上发表的大豆基因组测序信息 (williams82) 公布在此网站。

3) 华大基因组 (深圳) 公布的大豆测序信息：位于 SGMD (The soybean genomics and microarray database) ftp://public.genomics.org.cn/BGI/soybean_resequencing/。

4) SoyBase (http://soybase.org)：SoyBase 是一个有关大豆各种信息的综合网站，包括众多的遗传及物理图及 QTL 信息等。

5) SoyKB (Soybean Knowledge Base) (http://www.soykb.org/)：SoyKB 为新建立的主要有关微阵列及基因表达的数据网站。

6) 大豆转录因子相关网站：SoyDB (http://casp.rnet.missouri.edu/soydb/)、http://legumetfdb.psc.riken.jp/与 Soy-TFKB (Soybean Transcription Factor Knowledge Base，http://www.igece.org/Soybean_TF/)，收集与整理了大豆的转录因子的信息。

7) PMRD：plant microRNA database (http://bioinformatics. cau.edu.cn/PMRD)，是中国农业大学开设的包括大豆在内的有关植物小 RNA 的网站。

8) LIS：豆科植物信息系统 (Legume information system, http://comparative-legumes.org/)。

第三节 大豆品质分子育种展望

分子设计育种的概念自 2003 年提出后，现已在多种作物上得以应用，代表着作物育种未来的发展趋势。由于与大豆品质相关的性状种类多样且调控机制复杂，为数众多的跨国公司及大豆主产国的科研工作者及育种家，正在开展与大豆品质相关的分子育种。

一、国外大豆分子育种现状与展望

在世界范围内，规模较大的跨国公司如杜邦 (DuPont)、孟山都 (Monsanto) 及先锋 (PIONEER) 等已开展了相关的分子育种研究，并各自建立完善分子育种技术体系。就构建分子育种平台而言，相关的基础研究数据的积累是必需的，其真正的核心在于跨学科地开发出能指导实际育种应用的分析计算方法。在现有新一代 DNA 测序和高密度 DNA 芯片技术的基础上，把 DNA 测序和高密度分子标记技术贯穿于包括遗传图构建、亲本选育积累及后代优选等全部育种过程，突破了传统育种周期长、可预见性差、选择效率低等瓶颈，从而极大提高育种效率，使实现快速、可控、高效的育种方式成为可能。

转基因技术、分子辅助育种手段与丰富的种质资源相结合，使美国孟山都公司的转基因大豆，迅速占据美国及南美市场的主要份额。其所培育的转基因抗农达(Roundup)大豆，从1996年首度推广开始，到2006年，含Roundup Ready(抗农达基因的商品名)性状的大豆种植面积达到2900万hm^2，占美国大豆种植总面积的95%左右。孟山都公司在战略层面上在并购育种公司、加强生物技术和生物信息学研究的同时，加强与能源和加工企业合作；在技术层面上，整合传统育种、基因组学、分子育种和生物技术等学科，注重多学科的协同创新。2009年后，孟山都公司新开发的第二代对草甘膦具有耐性的大豆品种Round Ready 2Yield(RR2Y)，保持了第一代的抗性特征，且在食用及饲用大豆、抗虫大豆、高附加值大豆育种方面取得了长足进展(赵国顺等，2007)。

另外，拜耳公司从好气性土壤放线菌分离出来的绿色链霉菌中，鉴定出了草铵膦-N-酰基转移酶的 *pat* 基因，并将该基因成功导入到大豆中，育成了大豆品系 A2704-12，A2704-21及A5547-35，赋予大豆抗草铵膦的特性，有望解决因RR2Y大量推广而出现杂草对草甘膦耐药性的问题。先锋公司，将耐草甘膦基因 *gat4601* 和可改变抗ALS(乙酰乳酸合成酶)抑制性除草剂Optimum GAT的基因 *gm-hra* 导入到大豆中。在产量性状方面，由于引入了分子标记辅助育种技术，产量性状也不断提高，先峰公司育成的Y系列品种可至少提高产量5%～10%。而孟山都公司的RR2系列亦至少增产7%～11%。

大豆的品种性状多种多样，其中大部分性状都被进行了QTL定位，部分性状已获得了相关的功能基因或已明确其主要代谢途径。目前，已得到改善或正在改善中的品质性状，如蛋白质、脂肪、碳水化合物、异黄酮、皂苷、脂肪酸、腐殖酸、脂氧酶等。在脂肪酸组分改良方面，北美的Hammond和Fehr公司，利用甲基磺酸乙酯(ethyl methanesulfonate，EMS)诱变处理，育成了低亚麻酸含量(≤4.1%)的品种；Wilcox和Caviness通过对Century进行EMS处理，育成了亚麻酸含量在3.5%以下的品种。现在，在北美推广的低亚麻酸含量的大豆品种，是已知的3个 *fan* 基因中的2个发生突变的结果，其亚麻酸含量已降到2.5%～3%，若3个 *fan* 基因(*GmFAD3A*，*GmFAD3B*、*GmFAD3C*)均发生突变，亚麻酸含量可降到1%。

美国从2006年1月开始，出台了《加工食品有义务标注反式脂肪酸含量水平》的法规，食品厂家为了使其产品的反式脂肪酸含量接近零水平，低亚麻酸大豆品种变得备受欢迎，助推了众多北美的公、私立的研究机关开发低或超低亚麻酸含量的大豆品种的积极性。低亚麻酸含量的大豆品种被麦当劳、肯德基及温帝汉堡等公司广泛应用。现在，美国已开始低亚麻酸大豆品种的商业化生产，种植面积达40万hm^2，主要为邦基公司的Nutrium品种、孟山都公司的Vistive和爱荷华州育成的品种Asoyia。而离转基因大豆(GMS)市场化最近的将有可能是先锋公司正在开发或处于规制申请阶段的高油酸含量(≥80%)的大豆品系(图9-3-1)。这种GMS品种培育的分子机制是将单拷贝的外源cDNA基因 *GmFad2-1* 导入受体品种中，显著地抑制了发育中的大豆种子内源 *GmFad2-1*(编码油酰磷脂酰胆碱ω-6脱氢酶)基因的表达，从而显著提高油酸的含量，改善大豆油脂肪酸的组成。

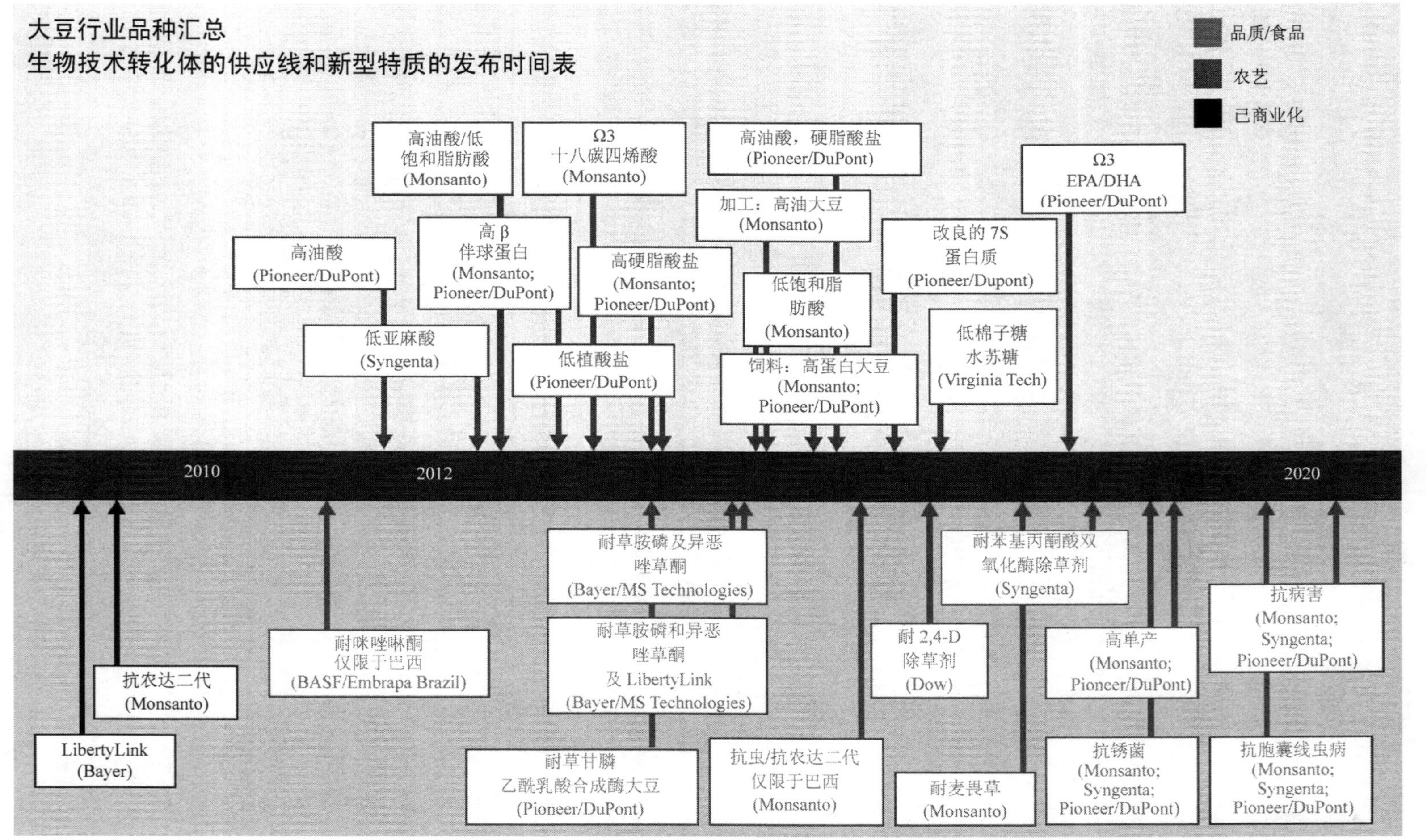

图 9-3-1　不同跨国公司的分子育种目标及时间进度

(American Soybean Association, US Soybean Expert Council, United Soybean Board, 2010)

以孟山都公司的大豆育种为例(图 9-3-1)，来说明国外跨国公司所开展的大豆分子育种程序。孟山都公司已逐步认识到传统育种的局限性，开始进入观念更新与技术储备向分子育种的转变阶段。公司将自己大豆育种的成功，归功于掌握大量的优异种质资源和多学科协作的综合育种平台。孟山都大豆育种技术路线的首端是具有优异性状的种质资源，尾端是符合消费者需求的新品种，中间则是传统育种、生物技术、基因组学、分子育种、作物分析学和 IT 资源等多种工具的综合运用。

孟山都大豆育种基本程序如下。

1)发现期(2～4 年)：基因和性状的鉴定，5%左右的入选率。

2)育种Ⅰ期(1～2 年)：基因优化与转化，25%左右的入选率。

3)育种Ⅱ期(1～2 年)：利用生物信息技术来进行预评和大规模转化，一般入选的有几十份材料，50%的入选率。

4)育种Ⅲ期(1～2 年)：高代纯化，田间实验，一般 5 份材料左右。

5)育种Ⅳ期(1～3 年)：目标性状精选，良种繁育，市场预测，一般仅一份材料，入选率 90%左右。

6)品种上市期：适宜区域进行推广。

二、中国大豆分子育种现状与展望

我国大豆分子育种起步较晚，现有的育成品种几乎都是经过常规杂交育种并结合诱变育种所获得。随着我国水稻及玉米等作物在分子育种方面取得成功经验的增多，许多育种研究单位已将分子辅助育种研究，提高到了比较重要的位置。与国外以大的跨国公司为主导的大豆分子育种体系相比较，国内大豆分子育种以多单位、多学科、多作物联合的综合研究为主体，来开展相关的分子育种研究，易造成研究与生产的实际问题间的脱节。随着我国转基因项目及多种分子设计育种项目的不断深入研究，大豆转基因育种，在我国已经越来越受到重视。

我国研究者已经意识到，只有有针对性地对我国育种现状开展相关的基础研究，如克隆能显著改善我国大豆产量性状的基因或调控因子，并获得具有自主知识产权产品的基因与技术，形成自己独立的分子设计育种技术体系，才能培育出具有世界先进水平的大豆品种。为此，开展分子育种不仅要以产量为主要目标，同时要重视改善大豆的品质。由于我国消费者对大豆品质有着独特的要求，因而全面对大豆多种品质成分开展研究，最终通过分子设计育种来培育具有优良品质性状的大豆品种意义重大。那么要赶超先进国家的大豆分子育种水平，培育出世界先进水平的大豆新品种，建议采取以下措施。

首先，要保持我国已有的大豆资源并挖掘其有用基因。例如，野生大豆品种具有高产相关基因，当然这些基因并不是在所有的栽培大豆的遗传背景下均能表现出增产。如果不加以保护与利用，我国固有的基因资源，有可能成为跨国公司的专利产品，或成为国外公司或其他国家制裁与控制我国大豆生产的手段。

其次，鉴于我国的大豆分子育种研究者的研究与常规大豆育种家的育种存在着一定程度的脱节，我国现阶段急需要发展的目标是建设多学科协作的综合育种平台。例如，常规育种方法难以在高蛋白质、高油分品质育种上取得进一步突破，已基本达到该技术的瓶颈。而分子育种则可以超越植物种属界别，解决常规育种无法克服的难题。当然，分子育种并不完全排斥常规育种，在某种意义上来讲，分子育种的发展离不开常规育种，而且在今后相当长的一段时间内，常规育种与分子育种将会在我国共存并进。

目前，我国的大豆科研人员虽然已开始重视分子辅助育种及分子设计育种，并已在大豆花叶病毒病和大豆灰斑病抗性基因的标记方面取得了显著的进展。同时，定位了与其他病害、逆境相关的抗性基因及与品质相关的基因，如抗大豆孢囊线虫病（SCN）、抗大豆花叶病毒病（SMV）、抗大豆疫霉根腐病、抗斜纹夜蛾，以及抗干旱、盐碱等耐性基因的 QTL 定位。品质相关性状如蛋白质含量、脂肪含量及大豆脂肪氧化酶缺失 QTL 定位等。但在分子育种水平上与国外的育种水平差距仍较大，我国品种的产量水平与增产潜力还远低于国外品种。

自 1923 年以来，我国大豆育种家经过长期的努力，已培育了近 1000 个大豆品种，推动了我国大豆的生产与大豆产业链的发展。但是，总体而言，我国农作物种业发展尚处于初级向中高级过渡阶段，还存在很多农作物种业的发展与现代农业发展不相适应之处。例如，①育种创新能力较低，育种材料深度评价不足，育种力量分散，育种方法、技术和模式落后，成果评价及转化机制不完善；②种子企业竞争能力较弱，企业数量多、规模小、研发能力弱，尚未建立商业化育种体系；③种子生产水平不高，种子繁育基础设施薄弱，抗自然灾害风险能力差，机械化水平低，加工工艺落后；④市场监管能力不强，种子管理力量薄弱，监管技术和手段落后，工作经费不足；⑤种业发展支持体系不健全，种子法律法规不能完全适应农作物种业发展新形势的需要，财政、税收、信贷等政策扶持力度有待进一步强化等。

目前，以抗除草剂转基因大豆品种为代表的大豆分子育种，对全球大豆生产格局产生了重要影响，它对于改善大豆的抗性、品质和丰产性，降低生产成本，提升大豆产业的竞争力具有不可替代的作用。但是，在重视转基因育种的同时，传统的常规育种研究仍不可忽视，应该看到市场对非转基因大豆等制品的需求依旧强劲，育种者培育什么样的品种，决定权应该取决于广大消费者的消费意愿。近年来，随着消费者理性消费理念的回归、追求健康生活意愿的增强，以及豆制品市场的细分，市场需求呈现出多元化发展的趋势，这就决定了将来的大豆育种将“由育种者决定消费者需求的现状，转变为根据消费者的消费意愿来培育新品种”的培育模式，而“一刀切式”研究也是不符合科学研究规律的。

三、未来大豆分子育种发展趋势

前面已介绍了国外多家公司已发表的大豆产量、品质、抗性等相关品种改良计划，同时对不同种类的品质性状均提出了详细的育种目标。近年来的研究发现，大豆种子还是许多重要的转基因表达的平台，有望为人类合成各种急需的如抗体蛋白等重要生物活性蛋白质（Bost and Piller，2011）。由于利用大豆种子所建立的转化平台，生产医用糖基化蛋白的技术，与过去依赖活体动物或人体组织生产的方式相比较，具有低成本、高效率、规模化、易控制、零排放及安全性高等诸多优点，因此，以大豆种子作为生产重组蛋白的载体具有无可比拟的优越性。目前，以大豆种子作为平台来生产相关的蛋白质的实验，已初步获得成功(Hudson et al., 2011)。预计这种诊断、治疗用的蛋白质的支出，在人类健康保障、农业用动物或宠物市场中占有的比例将呈逐年上升的趋势(Hudson et al., 2011)。现在，全球每年治疗用的医用蛋白质市场约达 1000 亿美元，同时每年用于诊断的融合蛋白质市场也达 500 亿美元，并且还在以每年 8 %～20%的速度递增(Bost and Piller，2011)。

众所周知，通过转入 5-烯醇丙酮莽草酸-3-磷酸合酶(5-enolpyruvylshikimate-3-phosphate synthase)基因，使大豆获得对除草剂的抗性(RoundupTM)，并培育出大家所熟悉的 Roundup Ready 大豆品种。此外，通过 *cry1A* 基因的表达，使大豆获得了对鳞翅目昆虫(lepidopteran species)的抗性(McPherson and MacRae，2009)；通过让 *AtPAP15* 基因过量表达，可以使大豆在缺磷土壤条件下，增加对磷元素的吸收利用率(Wang et al., 2009)；过量表达溶血磷脂酸酰基转移酶(lysophosphatidic acid acyltransferase)可使大豆油脂组分发生变化(Rao and Hildebrand，2009)；过量表达天冬氨酸激酶(aspartate kinase)可增加苏氨酸(threonine)的水平(Qi et al., 2010)。另据 Zeitlin 等研究，将大豆作为生物反应器，已成功地在大豆中表达了对Ⅱ型单纯疱疹病毒的糖蛋白抗体(Zeitlin et al., 1998)。上述一系列转基因新技术的成功开发与应用，为大豆分子设计育种由“理念的提出，到育种新理论的大胆探索，再到实际的育种的应用”，提供了坚实的基础。

目前，以孟山都等为代表的跨国公司，因其掌握的转基因技术、育种水平及所培育的大豆品种在世界范围内处于领先地位，使得 GMS 大豆除在其本土得到迅猛推广外，在南美洲的巴西、阿根廷等非传统大豆生产国也得到了大面积地应用。2013 年，美国大豆的总产量约为 8950 万 t，巴西约为 8750 万 t，分列世界前二位。照此趋势，巴西超越美国成为世界上最大的大豆生产国或第一出口大国，或将指日可待(吴志华，2013)。

虽然，巴西大豆的生产历史并不长，3 次“技术性的革命”对巴西大豆的发展具有重大的推动作用(吴志华，2013)。3 次“技术性的革命”首推杂交育种：杂交大豆是巴西大豆产业发展的第一个标志性的技术。20 世纪 60 年代，巴西从美国引进了优异的大豆种质资源，并自己培育出适于南方土壤、气候和水质条件的新品种。其二为热带大豆的选育：热带大豆的出现，与生育期基因的选育有关，*E6* 基因与 J 位点基因的发现，及其在育种中的应用(Bonato and Vell，1999；Ray et al., 1995)，使得温带大豆“移植”到热带地区种植成为可能，为巴西大豆种植区域的“北移”及大面积推广奠定了基础。其三为转基因大豆的普及推广：虽然长期以来学术界与民间的舆论对转基因大豆存在着激烈的争论，但转基因大豆带给巴西大豆生产的促进作用是显著的。至 2013 年，巴西转基因大豆种植面积已达 2800 万 hm^2，占其播种面积的 90%以上，成为可与美国比肩的世界大豆生产及出口强国。

我国大豆育种目前还是以传统的杂交育种为主，以高产、优质、抗逆为主要育种目标，但是，如果高产育种及高油育种在短期内仍不能有较大突破的话，通过常规育种培育适于大豆深加工企业加工的大豆品质改良品种，如高蛋白质大豆、脂氧酶完全缺失的无豆腥味大豆、低过敏-高凝胶稳定性大豆、低亚麻酸-高油酸大豆新品种，将成为我国大豆育种研究的热点。在大豆转基因技术及分子设计育种技术方面，在“十一五”规划、和“十二五”规划期间，都得到了国家重大转基因专项的连续支持，使我国大豆在该领域的相关研究，在国际上占据了一席之地。随着与功能基因组学研究相关联的微核心种质、核心种质资源的建立与筛选(Qiu et al., 2013)，大型 EMS 及 γ 射线库的建立与完善，大通量基因组、转录组、蛋白质组、代谢组学及表型组学的数据库的建立，克隆调控相关性状，特别是复杂的数量性状基因的效率已得到很大的提高。有理由相信随着我国大豆品种相关性状的研究与育种水平将不断提高，培育出能满足我国人民生活与健康需求的优质、特用、高产、多抗的大豆新品种是一定能够实现的。

(本章由夏正俊完成)

参 考 文 献

陈庆山, 张忠臣, 刘春燕, 等. 2005. 应用 Charleston×东农 594 重组自交系群体构建 SSR 大豆遗传图. 中国农业科学, 38(7): 1312～1316

陈子奇, 李夏, 王丕武, 等. 2012. 利用 RNA 干扰技术提高大豆脂肪含量. 大豆科学, 31(4): 529～533

顾铭洪, 刘巧泉. 2009. 作物分子设计育种及其发展前景分析. 扬州大学学报(农业与生命科学版), 30(01): 64～67

黎裕, 王建康, 邱丽娟, 等. 2010. 中国作物分子育种现状与发展前景. 作物学报, 36(09): 1425～1430

刘峰, 庄炳昌, 张劲松, 等. 2000. 大豆遗传图的构建和分析. 遗传学报, 11: 1018～1026

卢为国, 盖钧镒, 郑永战, 等. 2006. 大豆遗传图的构建和抗胞囊线虫(*Heterodera glycines Ichinohe*)的 QTL 分析. 作物学报, 32(19): 1272～1279

马建, 张君, 曲静, 等. 2009. 应用 RNA 干扰技术创造低脂肪氧化酶活性大豆新种质. 中国农业科学, 42(11): 3804～3811

邱丽娟, 王昌陵, 周国安, 等. 2007. 大豆分子育种研究进展. 中国农业科学, 40(11): 2418～2436

宛煜嵩. 2002. 大豆遗传图的构建及若干农艺性状的 QTL 定位分析. 博士毕业论文. 北京: 中国农业科学院

宛煜嵩, 王珍, 肖英华, 等. 2005. 一张含有 227 个 SSR 标记的大豆遗传连锁图. 分子植物育种, 3(1): 15～20

万建民. 2006. 作物分子设计育种. 作物学报, 32(03): 455～462

万建民. 2007. 超级稻的分子设计育种. 沈阳农业大学学报, 05: 652～661

王建康, 李慧慧, 张学才, 等. 2011. 中国作物分子设计育种. 作物学报, 37(02): 191～201

王贤智, 周蓉, 张晓娟, 等. 2008. 大豆遗传图的构建和含油量的 QTL 分析. 中国油料作物学报, 30(03): 272～278

吴晓雷, 贺超英, 王永军, 等. 2001. 大豆遗传图的构建和分析. 遗传学报, 28(11): 1051～1061

吴志华. 2013. 大豆科研三次“技术革命”造就巴西大豆“出口大国”. 人民网: http://scitech. people. com. cn/GB/n/2013/0305/c1007-20685370. html[2013-08-09]

徐云碧. 2010. 国际植物分子育种最新研究进展——植物分子育种的全基因组策略. 北京:《中国农业科学》创刊 50 周年暨第四届世界农业科学前沿高层论坛

杨喆, 关荣霞, 王跃强, 等. 2004. 大豆遗传图的构建和若干农艺性状的 QTL 定位分析. 植物遗传资源学报, 5(4): 309～314

张德水, 董伟, 惠东威, 等. 1997. 用栽培大豆与半野生大豆间的杂种 F2 群体构建基因组分子标记连锁框架图. 科学通报, 42(12): 1326～1330

张乐, 郭政阳, 刘玉林, 等. 2012. 大豆分子标记遗传图研究进展. 科技信息, 17: 135

张忠臣. 2004. 大豆基因组作图和重要农艺性状的基因定位. 硕士毕业论文. 哈尔滨: 东北农业大学
赵国顺, 颜清上, 刘传斌. 2007. 美国孟山都公司大豆育种新进展. 作物杂志, 1: 8～11
周斌, 邢邯, 陈受宜, 等. 2009. 大豆分子标记遗传图的整合及其应用. 大豆科学, 28(04): 557～565
周斌, 邢邯, 陈受宜, 等. 2010 大豆重组自交系群体 NJRIKY 遗传图的加密及其应用效果. 作物学报, 36(01): 36～46

Akkaya M S, Shoemaker R C, Specht J E, et al. 1995. Integration of simple sequence repeat DNA markers into a soybean linkage map. Crop Sci., 35: 1439～1445

Allen E, Howell M D. 2010. miRNAs in the biogenesis of trans-acting siRNAs in higher plants. Semin. Cell Dev. Biol., 21: 798～804

American Soybean Association, US Soybean Expert Council, United Soybean Board. 2010. Soybean industry protlolio: pipeline of bitech events and novel trait realeases. http://www. unitedsoybean. org/wp-content/uploads/RVSD_Biotech_Pipeline_01-11-10_revised_1. ppt.[2013-6-4]

Apuya N R, Frazier B L, Keim P, et al. 1988. Restriction fragment polymorphisms as genetic markers in soybean, *Glycine max*(L.) Merr. Theor. Appl. Genet., 75: 889～901

Bonato E R, Vello N A. 1999. E6, a dominant gene conditioning early flowering and maturity in soybeans. Genet. Mol. Biol., 22: 229～232

Bost K, Piller K. 2011. Protein expression systems: why soybean seeds? Soybean-molecular aspects of breeding// Aleksandra Sudaric. ISBN: 978-953-307-240-1, InTech, DOI: 10. 5772/15376. http://www. intechopen. com/books/soybean-molecular aspects-of-breeding/protein-expression-systems-why-soybean-seeds-

Cai C M, Van K, Kim M Y, et al. 2008. SNP discovery, linkage analysis and microsynteny in tentative consensus sequences derived from roots cDNA in a supernodulating soybean mutant. Euphytica, 164(1): 189～197

Chae L, Lee I, Shin J, et al. 2012. Towards understanding how molecular networks evolve in plants. Curr. Opin. Plant Biol., 15(2): 177～184

Chen L N, Xing G N, Xu Y J, et al. 2012. Identification of major responding proteins of abnormal leaf and flower in soybean with an integrative "omics" strategy. Comput. & Electr. Eng., 38(1): 3～10

Cook D E, Lee T G, Guo X, et al. 2012. Copy number variation of multiple genes at Rhg1 mediates nematode resistance in soybean. Science, 338(6111): 1206～1209

Cregan P B, Jarvik T, Bush A L, et al. 1999. An integrated genetic linkage map of the soybean. Crop Sci., 39: 1464～1490

Curtin S J, Kantar M B, Yoon H W, et al. 2012. Co-expression of soybean Dicer-like genes in response to stress and development. Funct. Integr. Genomics, 12(4): 671～682

Du J C, Tian Z X, Sui Y, et al. 2012. Pericentromeric effects shape the patterns of divergence, retention, and expression of duplicated genes in the paleopolyploid soybean. Plant Cell, 24(1): 21～32

Guo S, Kemphues K J. 1995. par-1, a gene required for establishing polarity in C. elegans embryos encodes a putative Ser/Thr kinase that is asymmetrically distributed. Cell, 81(4): 611～620

Hisano H, Sato S, Isobe S, et al. 2007. Characterization of the soybean genome using EST-derived microsatellite markers. DNA Res., 14: 271～281

Hollister J, Gaut B S. 2009. Epigenetic silencing of transposable elements: a trade-off between reduced transposition and deleterious effects on neighboring gene expression. Genome Res., 19: 1419～1428

Hudson L C, Bost K L, Piller K J. 2011. Optimizing recombinant protein expression in soybean, soybean-molecular aspects of breeding//Aleksandra Sudaric. ISBN: 978-953-307-240-1, InTech, DOI: 10. 5772/15111. Available from: http://www. intechopen. com/books/soybean-molecular-aspects-of-breeding/

optimizing-recombinant-protein-expression-in-soybean[2014-3-15]

Hwang T Y, Sayama T, Takahashi M, et al. 2009. High-density integrated linkage map based on SSR markers in soybean. DNA Res., 16(4): 213～225

Hyten D L, Choi I Y, Song Q J, et al. 2010. A high density integrated genetic linkage map of soybean and the development of a 1536 universal soy linkage panel for quantitative trait locus mapping. Crop Sci., 50: 960～968

Iqbal M J, Meksem K, Njiti V N, et al. 2001. Microsatellite markers identify three additional quantitative trait loci for resistance to soybean sudden-death syndrome (SDS) in Essex×Forrest RILs. Theor. Appl. Genet., 102: 187～192

Jeong N, Suh S J, Kim M H, et al. 2012. Ln is a key regulator of leaflet shape and number of seeds per pod in soybean. Plant Cell, 24(12): 4807～4818

Karlic R, Chung HR, Lasserre J, et al. 2010. Histone modification levels are predictive for gene expression. Proc. Natl. Acad. Sci., 107: 2926～2931

Kassem M A, Shultz J, Meksem K, et al. 2006. An updated 'Essex' by 'Forrest' linkage map and first composite interval map of QTL underlying six soybean traits. Theor. Appl. Genet., 113: 1015～1026

Keim P, Diers B W, Olson T C. 1990. RFLP mapping in soybean: association between marker loci and variation in quantitative traits. Genetics, 126: 735～742

Keim P, Schupp J M, Travis S E, et al. 1997. A high density soybean genetic map based on AFLP markers. Crop. Sci., 37: 537～543

Khatoon A, Rehman S, Hiraga S, et al. 2012. Organ-specific proteomics analysis for identification of response mechanism in soybean seedlings under flooding stress. J. Proteomics, 75(18): 5706～5723

Khraiwesh B, Zhu J K, Zhu J H. 2012. Role of miRNAs and siRNAs in biotic and abiotic stress responses of plants. Biochim. Biophys. Acta., 1819(2): 137～148

Kim M Y, Lee S, Van K, et al. 2010. Whole-genome sequencing and intensive analysis of the undomesticated soybean (*Glycine soja* Sieb. And Zucc.) genome. Proc. Natl. Acad. Sci., 107: 22032～22037

Kong F, Liu B, Xia Z, et al. 2010. Two Coordinately regulated homologs of FLOWERING LOCUS T are involved in the control of photoperiodic flowering in soybean. Plant Physiol, 154: 1220～1231

Kouzarides T, 2007. Chromatin modifications and their function. Cell, 128: 693～705

Lam H M, Xu X, Liu X, et al. 2010. Resequencing of 31 wild and cultivated soybean genomes identifies patterns of genetic diversity and selection. Nat. Genet., 42: 1053～1059

Lark K G, Weisemann J M, Matthews B F, et al. 1993. A genetic map of soybean (*Glycine max* L.) using an intraspecific cross of two cultivars: 'Minsoy' and 'Noir 1'. Theor. Appl. Genet., 86: 901～906

Lelandais-Briere C, Sorin C, Declerck M, et al. 2010. Small RNA diversity in plants and its impact in development. Curr. Genomics, 11(1): 14～23

Lin L, Li Y, Li S, et al. 2012. Comparison of next-generation sequencing systems. J. Biomed Biotechnol., 2012: 1～11

Liu B, Kanazawa A, Matsumura H, et al. 2008. Genetic redundancy in soybean photoresponses associated with duplication of the phytochrome A gene. Genetics, 180: 995～1007

Liu B, Watanabe S, Uchiyama T, et al. 2010. The soybean stem growth habit gene *Dt1* is an ortholog of Arabidopsis TERMINAL FLOWER1. Plant Physiol., 153: 198～210

Liu S, Kandoth P K, Warren S D, et al. 2012. A soybean cyst nematode resistance gene points to a new mechanism of plant resistance to pathogens. Nature, 492(7428): 256～260

Ma H Y, Song L R, Shu Y J, et al. 2012. Comparative proteomic analysis of seedling leaves of different salt tolerant soybean genotypes. J. Proteomics, 75(5): 1529～1546

Martin J A, Wang Z. 2011. Next-generation transcriptome assembly. Nat. Rev. Genet., 12: 671～682

Martin R C, Liu P P, Goloviznina N A, et al. 2010. microRNA, seeds, and Darwin?: diverse function of miRNA in seed biology and plant responses to stress. J. Exp. Bot., 61 (9) : 2229～2234

Ozsolak F, Milos P M. 2010. RNA sequencing: advances, challenges and opportunities. Nat. Rev. Genet., 12: 87～98

Peleman J D, van der Voort J R. 2003. Breeding by design. Trends Plant Sci., 8: 330～334

Qi Q, Huang J, Crowley J, et al. 2010. Metabolically engineered soybean seed with enhanced threonine levels: biochemical characterization and seed-specific expression of lysine-insensitive variants of aspartate kinases from the enteric bacterium Xenorhabdus bovienii. Plant Biotechnol. J., 9 (2) : 193～204

Qiu L J, Xing L L, Guo Y, et al. 2013. A platform for soybean molecular breeding: the utilization of core collections for food security. Plant Mol Biol, 83 (1-2) : 41～50

Quail M A, Smith M, Coupland P, et al. 2012. A tale of three next generation sequencing platforms: comparison of Ion Torrent, Pacific Biosciences and Illumina MiSeq sequencers. BMC Genomics, 13 (1) : 341

Rao S S, Hildebrand D. 2009. Changes in oil content of transgenic soybeans expressingthe yeast *SLC1* gene. Lipids, 44 (10) : 945～951

Ray J D, Hinson K, Mankono E B, et al. 1995. Genetic control of a long-juvenile trait in soybean. Crop Sci., 35: 1001～1006

Sayama T, Hwang T Y, Yamazaki H, et al. 2010. Mapping and comparison of quantitative trait loci for soybean branching phenotype in two locations. Breed. Sci., 60: 380～389

Schmutz J, Cannon S B, Schlueter J, et al. 2010. Genome sequence of the palaeopolyploid soybean, Nature, 463: 178～183

Shamimuzzaman M, Vodkin L. 2012. Identification of soybean seed developmental stage-specific and tissue-specific miRNA targets by degradome sequencing. BMC Genomics, 13: 310

Song Q, Jia G, Zhu Y, et al. 2010. Abundance of SSR motifs and development of candidate polymorphic SSR markers (BARCSOYSSR_1. 0) in soybean. Crop Sci., 50 (5) : 1950～1960

Song Q J, Marek L F, Shoemaker R C, et al. 2004. A new integrated genetic linkage map of the soybean. Theor. Appl. Genet., 109 (1) : 122～128

Song Q X, Liu Y F, Hu X Y, et al. 2011. Identification of miRNAs and their target genes in developing soybean seeds by deep sequencing. BMC Plant Biol., 11: 5

Tollefsbol T. 2011. Handbook of Epigenetics. San Diego: Academic Press: 25～48

Wang X, Wang Y, Tian J, et al. 2009. Overexpressing AtPAP15 enhances phosphorus efficiency in soybean. Plant Physiol., 151 (1) : 233～240

Watanabe S, Hideshima R, Xia Z J, et al. 2009. Map-based cloning of the gene associated with soybean maturity locus *E3*. Genetics, 182: 1251～1262

Watanabe S, Xia Z J, Hideshima R, et al. 2011. A map-based cloning strategy employing a residual heterozygous line reveals that the GIGANTEA gene is involved in soybean maturity and flowering. Genetics, 188: 395～407

Wu J X, Jenkins J N, McCarty J C, et al. 2011. Comparisons of four approximation algorithms for large-scale linkage map construction. Theor. Appl. Genet., 123: 649～655

Xia Z, Tsubokura Y, Hoshi M, et al. 2007. An integrated high-density linkage map of soybean with RFLP, SSR, STS, and AFLP marker using a single F2 population. DNA Res., 14: 257～269

Xia Z J, Sato S, Watanabe S, et al. 2005. Construction and characterization of a BAC library of soybean. Euphytica, 141: 129～137

Xia Z J, Watanabe S, Chen. Q S, et al. 2009. A novel manual pooling system for preparing three-dimensional pools of a deep coverage soybean bacterial artificial chromosome library. Mol. Ecol. Resour., 9(2): 516～524

Xia Z J, Watanabe S, Yamada T, et al. 2012. Positional cloning and characterization reveal the molecular basis for soybean maturity locus E1 that regulates photoperiodic flowering. Proc. Natl. Acad. Sci. USA, 109(32): E2155～E2164

Xu Y. 2010. Molecular plant breeding. Wallington : CAB International

Xu Y, Crouch J H. 2008. Marker-assisted selection in plant breeding: from publications to practice. Crop Sci., 48: 391～407

Zeitlin L, Olmsted S S, Moench T R, et al. 1998. A humanized monoclonal antibody produced in transgenic plants for immunoprotection of the vagina against genital herpes. Nat. Biotechnol., 16(13): 1361～1364

Zhang P, Dreher K, Karthikeyan A, et al. 2010. Creation of a genome-wide metabolic pathway database for *Populus trichocarpa* using a new approach for reconstruction and curation of metabolic pathways for plants. Plant Physiol., 153(4): 1479～1491

Zhang W K, Wang Y J, Luo G Z, et al. 2004. QTL mapping of ten agronomic traits on the soybean(*Glycine max*(L.) Merr.) genetic map and their association with EST markers. Theor. Appl. Genet., 108(6): 1131～1139